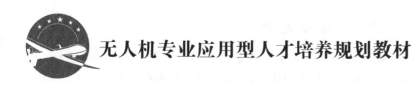

无人机专业应用型人才培养规划教材

无人机结构设计

何景武　谢长川　编著

北京航空航天大学出版社

内 容 简 介

　　无人机设计技术近些年发展较快,已经成为当今军用、民用装备领域一个突出的发展方向和技术前沿。本书针对多种类型无人机,特别是固定翼无人机的结构设计问题,进行了分析和阐述,论述了无人机的设计要求、设计依据、设计理念和设计方法;分析讲解了无人机的载荷问题、结构构成和特点、结构的设计和分析;同时,对多旋翼无人机、太阳能无人机、无人直升机、无人旋翼机等不同类型的无人机的结构设计分别进行了分析讲解;此外,还专门分析了一些无人机结构的典型设计案例,专门论述了无人机结构设计的选材问题。

　　本书可作为高等院校航空类专业和无人机专业的参考教材,亦可通过对章节的调整和选择性编排,作为高等职业技术学院的参考教材;同时也可供从事无人机设计研究的人员参考。

图书在版编目(CIP)数据

　　无人机结构设计 / 何景武,谢长川编著. -- 北京:
北京航空航天大学出版社,2021.11
　　ISBN 978 - 7 - 5124 - 3619 - 0

　　Ⅰ. ①无… Ⅱ. ①何… ②谢… Ⅲ. ①无人驾驶飞机
—结构设计 Ⅳ. ①V279

　　中国版本图书馆 CIP 数据核字(2021)第 212535 号

无人机结构设计

何景武　谢长川　编著

策划编辑　董 瑞　责任编辑　杨　昕

*

北京航空航天大学出版社出版发行

北京市海淀区学院路 37 号(邮编 100191)　http://www.buaapress.com.cn
发行部电话:(010)82317024　传真:(010)82328026
读者信箱:goodtextbook@126.com　邮购电话:(010)82316936
北京建宏印刷有限公司印装　各地书店经销

*

开本:787×1 092　1/16　印张:23.5　字数:617 千字
2021 年 11 月第 1 版　2021 年 11 月第 1 次印刷　印数:1 000 册
ISBN 978 - 7 - 5124 - 3619 - 0　定价:69.00 元

前　言

无人机同民用飞机、军用飞机等有人机相比，在飞机的设计要求、使用要求、任务使命等多方面都有所不同，所以，无人机在结构完整性设计要求等方面同有人机相比具有一定的差别。因此，不宜直接将民用、军用等方面的有人飞机的结构设计思想完全照搬应用到无人机的结构设计当中，而应该根据无人机研制的具体要求和特点进行无人机结构的设计和研制。

当然，无人机同有人机相比也有很多共同的特性，因此，在无人机的研制当中也有必要参考有人机多年设计、研制的经验和成熟的技术。如何把握好无人机同有人机在结构设计上的差别，在满足无人机使用要求的前提下，设计出经济的、合理的无人机结构是当前无人机结构设计中值得关注的一个问题。

由于没有驾驶员生理条件的要求，所以无人机飞行性能的可设计空间非常大，起飞、着陆的方式也可以多种多样。因此，各式各样的无人机、各种用途的无人机相继问世。由于无人机门类众多，使得人们对无人机的分类问题难以给出明确的定义，同时也使得总结无人机的设计、研制规律的难度增加。

本书根据目前已知的国内外无人机的研制和使用情况，在沿袭、分析并总结多年来有人机结构设计，以及总结、分析无人机结构设计、研制及使用经验的基础上，说明有关无人机结构设计的思想、规律、技术和特点。本书在编写过程中，力图尽量展现无人机结构设计的特点、思路和原则，突出介绍较为常用和受人关注的几类无人机的结构设计问题和设计方法，按照由浅入深、通俗易懂、图文并茂和专业系统的思路进行编写。

本书在编写过程中，重点参考了航空院校主流教材《飞行器结构学》(第2版)(郦正能主编)、《现代飞机结构综合设计》(陶梅贞主编)、《飞机结构设计》(王志瑾、姚卫星编著)，同时还参考了有关单位的资料和文献。所参阅的资料和文献均在每章后面的参考文献中列出。在此谨向这些参考文献、资料的作者和同行表示最衷心的感谢！

参与本书资料收集、整理和编写工作的有：潘阳、金楷杰、王帅、田丰、赵艳雄、李玉、杨翰雯、徐华聪、姜鹄、李配缘、尚柏荣、曾梦泽、郑美媛、胡哲、李安略、王凯剑，周煜婷等，在此一并表示感谢！

由于作者水平有限，书中的错误与不妥之处在所难免，恳请广大读者批评指证。

作　者
2021 年 1 月

目　　录

第1章　无人机系统简介

1.1　无人机系统

无人机系统(Unmanned Aerial System, UAS)是指与无人机的使用、维护有关的地面和空中所有设备及飞机机体部分的总称。

一个完整的无人机系统一般划分为：飞行器(飞机)分系统、测控与信息传输分系统、导航与飞控(飞行控制)分系统、任务载荷(设备)分系统、地面综合保障分系统及发射(起飞)回收(降落)装置等。对于不同类型、不同用途的无人机，组成该无人机系统的设备及装置会有所差别。

对于不同任务要求的无人机，其系统的组成和配备会有所差别。另外，在无人机系统的组成关系上和各分系统的名称上也不尽相同，其主要是根据所研制的无人机系统的功能和特点由订购方和研制方来决定。

通常，无人机系统的组成并不一定是越多越好、越全面越好，而是要求组成系统的各部分尽量简单，使用维护方便，运输调整快捷。如图1-1所示为普通无人机系统的构成情况。

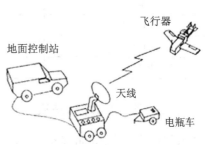

图1-1　普通无人机系统构成

1.1.1　无人机系统的特点

无人机具有无人驾驶、体积小、成本低、风险代价小、制造周期短、起飞/着陆较容易等优点，因而有广阔的市场开发前景。但是，无人机在体积、载荷、速度、飞行高度与半径、通信带宽等方面的限制，对其开发应用形成了制约。

在军用侦察卫星、空中预警机大发展的今天，无人机却能独树一帜，争得一席之地，这是因为它们具有不可替代的独特性能，其特点主要体现在以下几个方面：

① 可用多种方式起飞(发射)和降落(回收)，还可用机载或航母搭载方式空中投送部署。

② 续航时间长，飞行距离远。

③ 一机专用或一机多用，可配套发展，还可为某一用途、某一军种研制特殊型号的机型。

④ 执行任务或作战空间遍及低、中和高空。有些无人机兼有低、高空作战的双重性能。

⑤ 生存性高。使用雷达反射特征小的复合材料和隐身技术，提高了无人机的生存性。

⑥ 高性能的合成孔径雷达、相控阵雷达，电/光学与红外传感器，提高了监视与侦察的范围。通过军事卫星数据传输设备的控制，无人机可起到通信中继站的作用。

⑦ 在核、生、化环境下也能执行任务，避免了任务的风险和人员伤亡。

⑧ 能够及时地进行战场毁伤打击、校准、侦查和评估，以及灾情、疫情的实时检测、评判及分析。

⑨ 能对巡航导弹的精确攻击提供实时的情报。

⑩ 激光指示目标系统可提供精确的制导。

除了以上 10 个特点之外,无人机还在朝着更新的方向发展。无人机与有人机的对比如表 1-1 所列。

表 1-1 无人机与有人机的对比

项 目	无人机	有人机
最大使用过载	＞20g	≤10g
飞行员重量	机上不需要	约占飞机有效载重的 15%
与飞行员息息相关的救生和电子支援系统	不需要,可减少费用和重量	需要
性能相近的飞机	尺寸可减小约 40%	外形尺寸较大
价格	偏低	偏高
使用	简单	复杂
维护	方便	不方便
飞行包线	大	小
人员伤亡	没有	有可能
研制周期	短	长

1.1.2 飞行器(飞机)分系统

无人驾驶飞机(Unmanned Aerial Vehicle,UAV),简称无人机,是一种由动力驱动、无人驾驶的航空器,是利用无线电遥控设备和自备的程序控制装置操纵的不载人飞机。无人机是执行任务的载体,携带任务载荷,飞行至目标区域完成要求的任务。

无人机的外形和结构是根据其预定的任务和预定目的,也就是无人机的战术技术要求、使用技术要求来设计的。对不同任务要求的无人机,在外形设计、设备布置和结构形式等方面具有一定的差别。通常,对于长航时无人机,其翼展(展弦比)要大一些,以提高飞机的升力;而对于要求速度快、机动性强的无人机,通常翼展(展弦比)要小一些。此外还要考虑外形的隐身、气动性能、操纵性和稳定性、飞行品质等方面的要求。

无人飞行器从技术角度定义可以分为:无人固定翼飞机、无人垂直起降飞机、无人飞艇、无人直升机、无人多旋翼飞行器、无人伞翼机等。图 1-2 和图 1-3 分别给出了一个四旋翼无人机和一个固定翼无人机的实例。

图 1-2 大疆"精灵 4"四旋翼无人机　　　　图 1-3 "捕食者"无人机

1.1.3　测控与信息传输分系统

测控与信息传输分系统由视距数据链路(包括地面与机载部分)、卫星中继数据链路(包括地面与机载部分)和地面控制站组成。测控与信息传输分系统组成如图 1-4 所示,测控与信息传输分系统连接示意图如图 1-5 所示,测控与信息传输分系统配置图如图 1-6 所示。

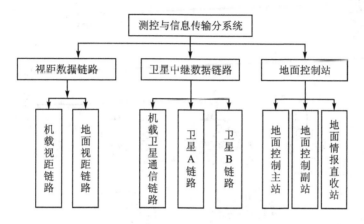

图 1-4　测控与信息传输分系统组成

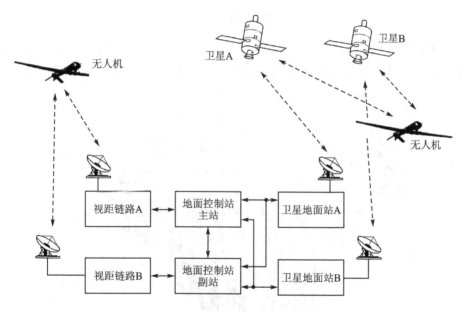

图 1-5　测控与信息传输分系统连接示意图

地面控制站(Ground Control Station,GCS)是整个无人机系统的"神经中枢"。地面控制站控制无人机的发射、飞行与回收,接收和处理来自任务载荷的传感器数据,控制传感器的运行(通常是实时的)以及提供无人机系统与外部世界的接口。

地面控制站有时也称为"任务规划与控制站"(Mission Planning and Control Station,MPCS),也有的称为"指挥控制站"(Command Control Station)。然而,由早期无人机获得的经验表明,地面控制站的任务规划功能对有效使用无人机系统来说至关重要,因而大多数系统

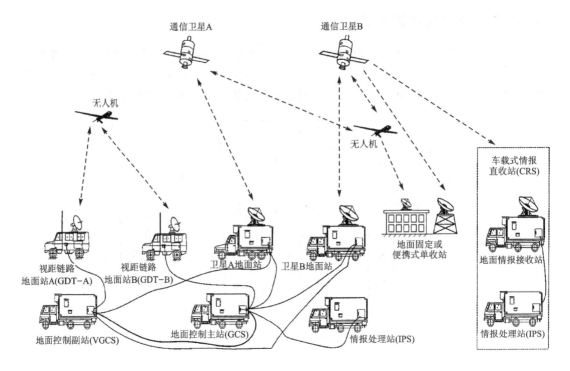

图 1-6　测控与信息传输分系统配置图

开发者明确地把任务规划功能作为地面控制站的一部分,这样,把地面控制站称为任务规划与控制站更为合适。任务规划与控制站硬件如图 1-7 所示,无人机数据链的组成如图 1-8 所示。

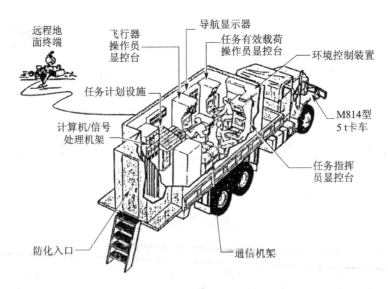

图 1-7　任务规划与控制站硬件

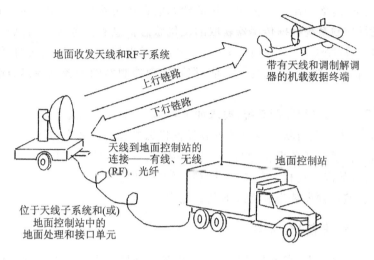

图 1－8　无人机数据链的组成

1.1.4　导航与飞控(飞行控制)分系统

　　飞控系统又称为飞行管理与控制系统,相当于无人机系统的"心脏"部分,对无人机的稳定性以及数据传输的可靠性、精确度、实时性等都有重要影响,对其飞行性能起决定性的作用。

　　目前,无人机普遍使用的控制方法是自动化电子控制系统。电子控制系统采用的是反馈或叫做闭环的工作方式。控制系统对无人机的实际状态,包括飞行轨迹、姿态、高度、速度等进行检测,将检测得到的量值与期望的状态值进行比较(相减)。根据差信号(误差信号)的大小给出需要调整的舵面的控制量值,使无人机返回到预定的飞行状态,逐步地使误差信号趋近于零。飞控系统包括飞行操纵设备、综合显示设备、飞行航迹与态势显示设备、任务规划设备、记录与回放设备、情报处理与通信设备,以及与其他任务载荷信息的接口等,主要由陀螺仪(感知飞行姿态)、加速计、地磁感应、气压传感器(悬停控制)、GPS 模块(选装),以及控制电路组成。其主要功能就是自动保持飞机的正常飞行姿态。典型的闭环自动控制系统的功能原理如图 1－9 所示。

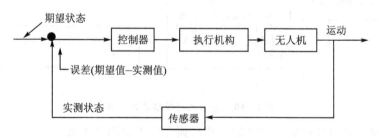

图 1－9　典型的闭环自动控制系统的功能框图

　　无人机的飞行控制系统是全时限、全权限的,飞行控制模式可以分为程序控制(时间程序控制)、遥控(通过地面站遥控指令控制)和自主飞行控制(二维、三维或四维)三种。前两种飞行控制方式常用作靶机、观测等类型无人机的飞行控制,第三种常用于侦察机、攻击机等类型无人机的飞行控制。

在遥控方式下,地面操作手根据无人机的状态信息和任务要求控制无人机的飞行;在自主控制方式下,飞行控制系统根据传感器获取的飞机状态信息和任务规划信息自动控制无人机的飞行。在半自主控制方式下,飞行控制系统一方面根据传感器获取的飞机状态信息和任务规划信息自主控制无人机的飞行;另一方面,接收地面控制站的遥控指令,以此来改变无人机的飞行状态。

对于现代无人机的飞行控制系统,要求如下:

➤ 有能力对无人机飞行状态参数及机载设备状态参数进行采集和计算;

➤ 对电气设备、机载任务设备、测控与信息传输设备进行监控和管理;

➤ 要求其具有故障自动检测与隔离及控制率重构功能;

➤ 具有航线、航点预先装定和无线电装定能力。

1.1.5 任务载荷(设备)分系统

任务载荷,通常也称为"有效载荷"或"任务设备",是指那些为了执行任务而装备到无人机上的设备,无人机是这些设备的平台和运输工具。

所有用于无人机飞行、导航及回收的设备都不属于任务设备,而作为无人机的基本组成部分考虑。任务设备不包括航空电子设备、数据链路和燃油,但包括传感器、发射机和执行侦察、电子战或武器的运送和发射等任务所需的设备。

1. 侦察、监视类任务载荷

无人机上使用最普遍的任务载荷是侦察设备。侦察设备也可以称为"传感器",其作用是把侦察到的图像等信息传送到地面控制站。侦察任务设备(传感器)又分为主动式和被动式任务传感器,如图 1-10 所示。

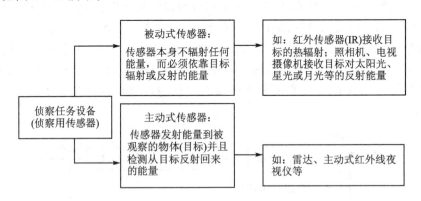

图 1-10 主动式与被动式传感器

主动式和被动式两种传感器在使用中都受到大气吸收和散射效应的影响。最常见、最重要的两种侦察成像设备是可见光成像传感器和红外成像传感器。图像传感器需要去探测、识别和认清目标。要顺利地完成这些任务依赖于系统的分辨率、目标的对比度、大气和显示器性能等诸要素间的相互关系。图像传输方式(即数据链路)也是一个重要的因素。另外,要保证任务设备能够很好地工作,必须有一个稳定的平台。由于任务设备是安装于飞机上的,因此要求任务设备安装处的机体结构在执行任务时不得产生较大的弹性变形、不得产生有害的振动,同时要保证任务设备机构的正常运动。

目前,常用的任务侦察设备有:电视摄像机、红外行扫描仪、热成像仪、照相机、激光测距机、合成孔径雷达(也称 SAR 雷达)、光电系统、光轴稳定平台等。

2. 电子战任务载荷

电子战(EW)任务载荷用于检测、利用、阻止或减少敌方对电磁频谱的使用。目前电子战分为三个部分:

➤ 电子支援(ESM):包括截获、定位和分析敌方电磁信号以支持下一步行动。与被截获信号有关的情报收集系统称为"信号情报"(SIGINT);关于雷达信号的情报收集称为"电子情报"(ELINT);关于通信信号的情报收集称为"通信情报"(COMINT)。目前无人机系统中使用最普遍的电子支援(ESM)任务载荷是无线电测向设备。通常由天线和信号处理器组成的测向设备(DF)能够测量接收到的无线电信号的方位,并能给出定位结果。

➤ 电子对抗(ECM):就是阻止敌方使用电磁频谱所采取的行动。通常采用干扰敌方电磁频谱的方法来实现电子对抗,如:采用通信干扰机和雷达干扰机。所谓干扰就是有意发射电磁能量去对抗敌方接收机接收到的电磁信号。干扰能量可以集中在接收机的工作频率点上或者扩展到一个频段。

➤ 电子反对抗(ECCM):就是阻止敌方对我方实施"电子对抗(ECM)"的行动。现代无人机设计必须考虑使用 ECCM 技术,以保护其任务设备和数据链路正常工作。

3. 化学检测任务载荷

化学检测任务载荷的作用就是检测化学物的存在,向部队发出告警,令其展开防护设备,以阻止或减少伤亡、降低污染。化学检测传感器的说明如图 1－11 所示。

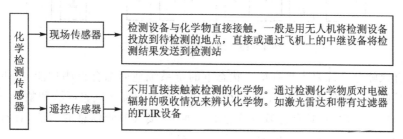

图 1－11　化学检测传感器

无人机是用于接触式检测的理想设备。它可以将传感器带进有污染的区域而不暴露任何人员。但是,如果不是一次性使用的无人机,则在无人机回收后,地面人员要及时地对无人机进行净化处理。

4. 核辐射传感器

核辐射传感器能执行两类任务:

➤ 检测放射性物质,为预测和告警提供数据,类似于化学传感器的作用。

➤ 检测所储存的武器或武器加工设备的放射性特征,以确定核发射系统的位置或监测条约的执行情况。典型的辐射传感器如图 1－12 所示。

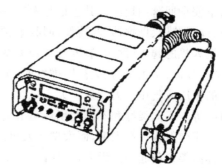

图 1－12　典型的辐射传感器

5. 气象传感器

气象信息对军事行动的顺利完成至关重要。大气压、周围环境温度和相对湿度是保证火炮和导弹系统工作性能以及预测未来天气情况的重要条件。将传感器投放到感兴趣的地点，可以得到当地最准确的气象信息。

1.1.6 地面综合保障分系统

综合保障分系统主要包括发射回收场地保障、气象保障、综合调度、维修保障、运输保障、训练保障等功能。地面综合保障分系统的组成情况如图 1-13 所示。

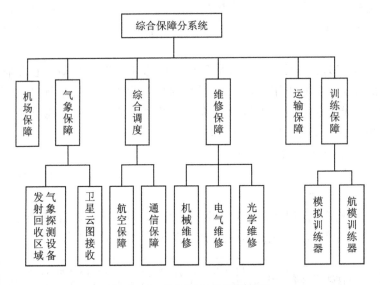

图 1-13 地面综合保障分系统

地面综合保障分系统要求具有待飞状态下的全系统地面综合检测功能，提供按级维修体制下基层级维修所需的维修设备、工具和相关备件，具有起降区气象探测和整个飞行航路上气象信息接收(收集)的功能，具有与航空管理部门通联、接收航管信息的功能，具有模拟训练的功能，保证全系统具有机动能力，可通过铁路、公路转场等。

1.1.7 发射(起飞)回收(降落)装置(系统)

发射回收系统，是保证无人机顺利升空以达到安全的高度和速度飞行，并在执行完任务后从天空安全回落到地面。其包括与发射(起飞)和回收(着陆)有关的设备或装置，如发射车、发射箱、弹射装置、助推器、起落架、回收伞、拦阻网等。

无人机的起飞(发射)装置有多种类型，主要的起飞(发射)方式有地面滑跑起飞、沿导轨发射、空中投放、手抛发射、火箭助推发射、车载发射等。有些小型无人机由容器式发射装置靠容器内的液压或气压动力发射。无人机的回收方式包括自动着陆、降落伞回收、空中打捞和拦截网回收等。不同类型和不同使用环境下的无人机，可选择不同的系统构成，比如，小型无人机通常采用弹射或火箭发射，而大型无人机则采用起落架或发射车进行发射。如图 1-14 所示为用弹射架弹射起飞的无人机，如图 1-15 所示为撞网回收的无人机。

图 1-14　"影子"战术无人机从发射架上弹射

图 1-15　撞网回收

1.2　无人机的分类

无人机具有多种分类维度,并且在同一维度的分类标准上也没有非常严格的范围界定,一般可以按功能、大小、速度、活动半径、实用升限、续航时间等方法进行分类。

1.2.1　按照无人机的功能分类

无人机可以分为军用无人机和民用无人机两大类。

军用无人机又分为信息支援、信息对抗、火力打击三大类,其中:

> 信息支援类无人机包括侦察监视、信号情报、目标指示、毁伤评估、预警探测、地形测绘、核生化/辐射和爆炸物侦测、水文监测、气象探测、作战搜索救援、通信中继、信息组网等类型无人机;

> 信息对抗类无人机包括电子对抗(含电子侦察、电子防护、电子攻击)、网络战、诱饵/欺骗、心理战等类型无人机;

> 火力打击类无人机包括时敏目标打击、对地攻击、制空作战、反潜/反舰、地雷/水雷探测、反水雷、防空反导等类型无人机。

按照军用无人机的作战任务,可按照表 1-2 对无人机做如下划分。特殊任务无人机可按照表 1-3 进行划分。对于军用无人机可按照图 1-16 进行分类。

表 1-2　军用无人机按照作战任务进行分类

作战类型	作战任务		说　明
软杀伤 (电子对抗 型 UAV)	雷达 干扰	机载式	主要通过机载电子设备实施对敌方雷达的干扰
		投放式	通常是投放金属箔条或镀铝塑料片等
	通信 干扰	机载式	主要通过机载电子设备实施对敌方通信系统的干扰
		投放式	投放干扰机或干扰物等
	光电 干扰	机载式	用机载光电器实施干扰,如用曳光管、闪光灯、红外增强器等
		投放式	主要是投放各种干扰物

作战类型	作战任务		说 明
硬杀伤 （战斗型 UCAV）	自杀式攻击		多数是由退役战机改装的无人机，直接自毁攻击目标
	反辐射 UAV		主要用来攻击雷达，根据雷达信号的导引来实现
	无人攻击机		直接从无人机上发射导弹、火箭、制导炸弹等武器来攻击各种固定目标或移动目标
	无人战斗机		空中格斗，攻击各种目标
	光电杀伤		使用激光、强光、微波等达到杀伤对方的目的
	特种战斗部		按需求而定
辅助作战	侦察	光学侦察	通常使用光学设备进行侦察，如航空相机、CCD 摄像机、红外行扫描（针对夜间/隐蔽/伪装的目标）等设备
		电子侦察	电子情报、通信情报、合成孔径雷达
		其他	磁探仪（探雷）、声纳、核/生/化取样
	战场支援		通信中继、激光照射、战效评估、诱骗/诱饵、心理战
新武器鉴定	靶标		靶机、靶弹、拖靶、伞靶等
	试验研究机		用于进行各种研究

表 1-3 特殊任务无人机分类

分 类	说 明
反辐射无人机	主要针对敌方雷达、坦克等地面目标进行自杀式打击
诱饵/诱骗无人机	主要用来诱导敌方雷达或地面武器系统暴露目标
自杀式无人机	其作用类似于地地导弹，多数是用退役战机改装的
电子战无人机	主要对敌方进行电子侦察；具有电子干扰、欺骗和反雷达作用

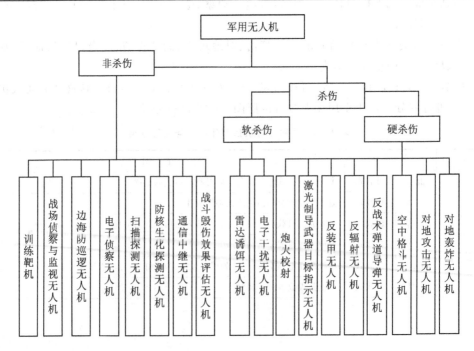

图 1-16 军用无人机分类示意图

对于民用无人机的分类没有明确说法,通常都是根据无人机的用途进行区分。按照民用无人机的用途可分为检测巡视类无人机、通信中继类无人机、遥感绘制类无人机和时敏目标(时间敏感目标,是指必须在有限的"攻击窗口"或"交战机会"内发现、定位、识别、瞄准和攻击的目标)打击类无人机等,如表1-4所列。

表1-4 民用无人机按照用途分类(1)

类 别	主要应用
检测巡视类无人机	气象监测、灾害(火灾、水灾、地震等)监测、环境(交通、水利、地形地貌)监测、电力线路和石油管路巡视
通信中继类无人机	通信中继、通信组网
遥感绘制类无人机	海洋、地质遥感遥测、地形测绘、矿藏勘测
时敏目标打击类无人机	公安、边防、海关巡逻和反恐维和中对时敏目标进行打击

民用无人机也可以根据无人机的用途按照表1-5和图1-17的形式进行分类。

表1-5 民用无人机按照用途分类(2)

飞机类型	用途说明
农用无人机	农业喷洒、农业施肥、农业土地监测、人工降雨等
探测、监测类无人机	灾害监测,环境监测,森林防护,输油管、仓库和道路的状态监视,火灾和水灾破坏区域的确定及监测,地震等自然灾害的后果调查,高位地区监测/取样,野生动物监视,污染监视等
城管、治安管理无人机	城市规划、市内监察/维持治安、毒品禁止与监控、应急反应/搜索与营救、沿海监视、公路交通监控等
科学探测无人机	气象探测、地质勘测、大地测量、地图测绘、地球资源勘探,石油和矿藏的勘定与鉴定,长久耐力地质科学/大气研究,陆地表面、海洋研究等
通信、中继无人机	电信、卫星中继、新闻广播、灾情援助、体育运动等

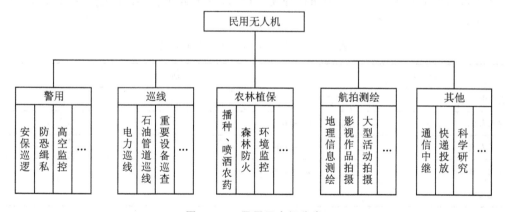

图1-17 民用无人机分类

1.2.2 按照无人机重量或外形尺寸的大小分类

无人机也可以按照其重量或外形尺寸大小进行分类,一般可分为微型无人机、轻型无人机、小型无人机、中型无人机和大型(重型)无人机,如表1-6所列。

表 1-6　按无人机的重量和外形尺寸的大小分类

类　别	大　小
微型无人机	小于 1 kg 或尺寸在 15 cm 以内
小型无人机	1～100 kg
轻型无人机	100～200 kg
中型无人机	200～800(或 500)kg,翼展在十米以内
大型(重型)无人机	大于 800(或 500)kg,翼展在十几米以上

1.2.3　按照无人机的飞行速度分类

无人机可以分为低速无人机、亚声速无人机、跨声速无人机、超声速无人机和高超声速无人机,如表 1-7 所列。

表 1-7　按照无人机的飞行速度分类

类　别	速　度
低速无人机	Ma 一般小于 0.3(Ma 为马赫数)
亚声速无人机	Ma 一般在 0.3～0.7
跨声速无人机	Ma 一般在 0.7～1.2
超声速无人机	Ma 一般在 1.2～5
高超声速无人机	Ma 一般大于 5

1.2.4　按照无人机的活动半径分类

无人机按照活动半径可以分为超近程无人机、近程无人机、短程无人机、中程无人机和远程无人机,如表 1-8 所列。

表 1-8　按照无人机的活动半径分类

类　别	活动半径/km
超近程无人机	5～15
近程无人机	15～50
短程无人机	50～200
中程无人机	200～800
远程无人机	≥000

1.2.5　按照无人机的实用升限分类

无人机按照实用升限可以分为超低空无人机、低空无人机、中空无人机、高空无人机和超高空无人机,如表 1-9 所列。

表 1-9　按照无人机的实用升限分类

类　别	实用升限/m
超低空无人机	0～100
低空无人机	100～1 000
中空无人机	1 000～7 000
高空无人机	7 000～20 000
超高空无人机	>20 000

1.2.6　按照无人机的续航时间分类

无人机按照续航时间可以分为正常航时无人机和长航时无人机,如表 1-10 所列。

表 1-10　按照无人机的续航时间分类

类　别	续航时间/h
正常航时无人机	<24
长航时无人机	≥24

随着无人机技术的发展,其应用范围越来越广泛,各种各样的无人机将进入到人们日常生活的各个方面。这样,也就导致了在无人机的分类方面不宜给出非常明确的、细致的划分,只是给出无人机分类的概念和理念。而无人机归类的主要理念一般是突出该无人机的性能和使用目的。

1.2.7　其他分类

军用无人机可按照表 1-11 进行分类。

表 1-11　军用无人机详细分类参考标准

分　类	缩　写	航程/km	飞行高度/m	续航时间/h
战术无人机				
微型无人机	μ	<10	250	1
小型无人机	MINI	<10	350	<2
近程无人机	CR	10～30	3 000	2～4
短程无人机	SR	30～70	3 000	3～6
中程无人机	MR	7～200	3～5 000	6～10
中程续航无人机	MRE	>500	5～8 000	10～18
低空突防无人机	LADP	>250	50～9 000	0.5～1
低空续航无人机	LAE	>500	3 000	>24
战略无人机				
中空长航无人机	MALE	>500	5～8 000	24～48
高空长航无人机	HALE	>1 000	15～20 000	24～48
攻击性无人机	UCAV	～400	3～4 000	3～4
诱饵(无人机)	DEC	0～500	50～5 000	1～2

民用无人机可参照 2016 年 7 月 11 日中国民用航空局(简称民航局)正式下发的《民用无

人机驾驶员管理规定》中对无人机的分类,如表 1-12 所列。

表 1-12　民航局民用无人机分类

分类	空机质量/kg	全机起飞质量/kg
Ⅰ	$0 < W \leqslant 1.5$	
Ⅱ	$1.5 < W \leqslant 4$	$1.5 < W \leqslant 7$
Ⅲ	$4 < W \leqslant 15$	$7 < W \leqslant 25$
Ⅳ	$15 < W \leqslant 116$	$25 < W \leqslant 150$
Ⅴ	植保类无人机	
Ⅵ	无人飞艇	
Ⅶ	超视距运行的Ⅰ、Ⅱ类无人机	
Ⅺ	$116 < W \leqslant 5\ 700$	$150 < W \leqslant 5\ 700$
Ⅻ	$W > 5\ 700$	

注:实际运行中,Ⅰ、Ⅱ、Ⅲ、Ⅳ、Ⅺ类在分类有交叉时,按照较高要求的一类分类。

1.3　无人机现状及发展趋势

1.3.1　国外无人机的发展

无人机最早出现于 20 世纪 20 年代,当时是作为训练用的靶机使用的,是一个许多国家用于描述最新一代无人驾驶飞机的术语。从字面上讲,这个术语可以描述从风筝、无线电遥控飞机,直到 V-1 飞弹发展来的巡航导弹,但是在军方的术语中仅限于可重复使用的比空气重的飞行器。

20 世纪 40 年代,第二次世界大战中无人靶机用于训练防空炮手。1945 年,第二次世界大战之后将多余或者是退役的飞机改装成为特殊研究飞机或者是靶机,开创了近代无人机使用趋势的先河。随着电子技术的进步,无人机在担任侦察任务的角色上开始展露它的重要性。在 1955—1974 年的越南战争,以及后来的海湾战争乃至北约空袭南斯拉夫的过程中,无人机都被频繁地用于执行军事任务。1982 年以色列航空工业公司(IAI)首创以无人机担任其他角色的军事任务。在加利利和平行动(黎巴嫩战争)时期,"侦察者"无人机曾经在以色列陆军和以色列空军的服役中担任重要战斗角色(以色列国防军主要用无人机进行侦察、情报收集、跟踪和通信)。在 1991 年的沙漠风暴作战当中,美军曾经发射专门设计用于欺骗雷达系统的小型无人机作为诱饵,这种诱饵也成为其他国家效仿的对象。

1996 年 3 月,美国国家航空航天局研制出两架试验机,即 X-36 试验型无尾无人战斗机(见图 1-18)。其大小相当于普通战斗机的 28%。该机使用的分列式副翼和转向推力系统,比常规战斗机更具灵活性。无人驾驶战斗机适合执行的理想任务是战场空中遮断、纵深遮断、压制敌防空、战斗损失评估、战区导弹防御以及超高空攻击等,特别适合在政治敏感区执行任务。

20 世纪中后期,美国军方在这类飞行器上的兴趣不断增长,因为他们提供了成本低廉,极富任务弹性的战斗机器,这些战斗机器可以被使用而不存在机组人员死亡的风险。20 世纪90 年代,海湾战争后,无人机开始飞速发展和广泛运用。美国军队在对伊拉克的第二次和第

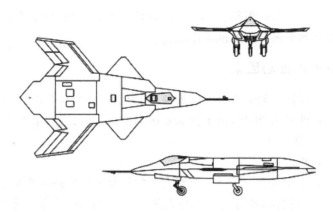

图 1-18　X-36 试验型无尾无人战斗机三视图

三次海湾战争中,曾经购买和自制先锋无人机系统。

20 世纪 90 年代后,西方国家充分认识到无人机在战争中的作用,竞相把高新技术应用到无人机的研制与发展上,如:新翼型的研发和轻型材料的使用,大大增加了无人机的续航时间;采用先进的信号处理与通信技术提高了无人机的图像传递速度和数字化传输速度;先进的自动驾驶仪使无人机不再需要陆基电视屏幕领航,而是按程序飞往盘旋点、改变高度和飞往下一个目标。

1.3.2　国内无人机的发展

目前,国内无人机市场呈现出一片欣欣向荣的景象,业界专家表示,虽然国内的无人机产业发展仍处于起步阶段,但我国无人机企业这几年厚积薄发,迅速成长,已成为全行业的佼佼者。2015 年,美国 CES 消费电子展上的无人机展区中,中国企业占了一半。全球每卖出 10 架消费级无人机,就有 7 架是中国制造的。

大疆创新科技有限公司公布其 2014 年总营收接近 30 亿元,5 年时间翻了 100 倍,企业也占据了全球小型无人机市场 70% 以上的份额,公司 80% 的产品销往国外;极飞科技完成了 A 轮 2 000 万美元的融资;雷柏科技也投入 5 000 万元注资零度智控,进军消费级无人机市场。大疆创新科技公司 Logo 及"精灵 3"发布会现场如图 1-19 所示。

图 1-19　大疆创新科技公司 Logo 及"精灵 3"发布会现场

移动互联网给无人机带来了新机遇,也降低了操作门槛。推出首款通过手机 APP 进行无人机飞行操作的亿航公司,新近又推出了一款体感操控模式无人机,将原来需由专业飞手操控的无人机飞行变得简单,而且极易上手。亿航创始人说,"公司研制的阿凡达体感模式将为无人机的血液里注入一种全新的智能基因,引领整个无人机行业进入体感操控的新时代。"当前民用无人机主要用于民用通信中继、气象探测、灾害监测、农药喷洒、地质勘测、地图测绘、城市规划、交通管制、边境控制、边境缉私、海上营救、森林检测、输油管线巡查、娱乐摄影等多个领域，对社会经济发展起到了强有力的推动作用。

1.3.3　无人机发展的推动因素

由于技术发展的限制，早期无人机发展很慢，直到 20 世纪 60 年代，由于战争的牵引，无人机才开始发展。到 20 世纪 90 年代，由丁技术发展的推动，无人机开始加速发展，目前，无人机已经进入到飞速发展时期。

1. 战争的牵引作用

1960 年冷战期间，美国曾多次派 U-2 有人驾驶侦察飞机前往苏联侦察导弹基地，其中有的 U-2 被击落后飞行员被俘，使得美国声誉大跌。后来美国改用间谍卫星，但由于当时卫星的不足，还无法完全代替有人侦察机。

1962 年美国 U-2 侦察机再次前往苏联，飞越古巴时，又被 SAM 导弹击毁，由此引发了采用无人飞行器进行侦察的思想，开始研制了 D-21 高速侦察机、AQM-34 无人侦察机，其主要功能是照相侦察。

越南战争期间进一步发展了 BQM-34 轻型无人机，其功能由照相侦察增加到实时影像、电子情报、电子对抗、实时通信、散发传单、战场毁伤评估等。随着战争的结束，人们对无人机的兴趣逐渐淡化，直至 1982 年以色列与叙利亚在贝卡谷地战争中，以色列使用无人机进行侦察、干扰、诱敌，无人机的作用再次被重视和开发。

在 1991 年初的海湾战争中，无人机已成为"必须有"的战场能力，6 套"先锋"（Pioneer）无人机系统参战。

科威特与伊拉克的战争让军事指挥者有机会在战斗中使用无人机，他们发现无人机有极高的价值。在这场战争中有 5 种无人机系统参战：① 美军的"先锋"（Pioneer）；② 美军的"敢死蜂"（Exdrone）；③ 美军的"指针"（Pointer）；④ 法军的小型远程遥控侦察机（MART）；⑤ 英军的 CL-289。虽然对无人机有许多奇闻轶事和成就的渲染，但在此次战争中并未起到决定性和关键性的作用，只是给了军方启发，使他们思考无人机"能做什么"，但可以肯定，无人机是一种很有潜力的重要武器系统。

科索沃战争中参战的无人机有"捕食者"（Tier Ⅱ）、"猎人"（Hunter）、"先锋"、"红隼"、"不死鸟"、"米拉奇 26"、"CL-289"等 7 种无人机，是历次战争中使用无人机架次最多的一次，也是发挥作用最大的一次。

1995 年在第一次俄罗斯车臣反恐战争和 1999 年第二次俄罗斯车臣反恐战争中，俄军使用了无人侦察机对战区进行侦察和监视，尤其在第二次车臣战争中，俄军的"蜜蜂"无人侦察机侦察了大量叛军资料，为俄军精确打击提供了准确资料。

在前述战争中，无人机担当的主要是侦察的角色，而在阿富汗战争中，美国用"捕食者"作为载机，发射了"AGM-114C"（海尔法）空地导弹，首次在实战中实现了无人机发射导弹直接对地定点攻击，进一步发展了作战无人机的功能，也是对无人作战飞机的实战使用进行丁验证，真正开始了无人化战争的起步。在 2003 年的伊拉克战争中，美军使用了 10 种以上的无人机支援作战行动，实现了有人驾驶飞机与无人机、空中与地面武器系统的灵活运用。

2. 技术的推动作用

航空技术的发展是推动无人机技术发展的基础。无人机是依赖空气动力承载飞行的航空器，如何让无人机能够稳定可靠地飞行，性能越来越好，依赖于航空技术的应用和发展。航空技术包括空气动力技术、飞行动力学技术、航空结构技术、航空材料技术、航空发动机技术、飞行控制与导航技术、航空电子电气技术等。早期的航空技术发展主要解决无人机等飞行器能够飞行的问题,现代航空技术的发展促进无人机向飞行性能越来越高、飞行可靠性越来越好、执行任务的能力越来越强的方向发展。

无线数据链技术的发展是推动无人机向可用化和实用化发展的条件。由于无人机是机上无人驾驶,必须靠地面控制站通过无线数据链实现对其操纵控制和飞行状态监视,因此无线数据链是推动无人机向可用化和实用化发展的条件。无人机数据链是双向体制,上行数据链实现对无人机的遥控,下行数据链实现对无人机的遥测。无人机早期数据链速度低、容量小、抗干扰能力差,只能解决无人机基本的操纵控制和飞行状态监视问题。现代数据链技术的发展使无人机数据链向着高速、宽带、保密、抗截获、抗干扰能力强的方向发展,推动无人机实用化能力越来越强。

任务设备技术的发展推动无人机向多用途、多功能方向发展。无人机通过装载不同的任务设备实现不同的功能,如无人机装载光电、红外侦察设备可实现侦察功能,无人机装载通信中继设备可实现通信中继功能,无人机装载精确制导武器可实现对空、对地(海)面目标攻击,任务设备的种类越多、性能越高,无人机的用途也就越多、功能也就越强。

科学技术的进步将对无人机发展的推动作用越来越强。自主飞行控制技术发展推动无人机向自主化和智能化方向迈进,材料科学技术的进步和微机电技术的发展将改变无人机系统平台设计理念,新能源技术的发展将推进无人机实现超长时间飞行能力,高速宽带网络化的数据链路技术将实现无人机组网和互联互通,并促进无人机向多机编队、无人机与有人机联合编队、无人机与其他(空中、地面、天空)装备联合执行多样化任务的方向发展。

1.3.4 无人机的发展现状

自20世纪90年代起,世界范围内掀起了无人机系统发展的新高潮。许多国家将无人机发展置于重要地位,投入逐年增加。目前,全球共有57个国家从事无人机的研制和发展,研制和发展的无人机系统高达上千种,其中已成为无人机产品的有500多种。美国占据无人机发展的制高点,以色列起步较早,并在战术无人机、长航时无人机方面具有特色和优势。俄罗斯始终没有放松先进技术的开发应用研究。欧洲各国则不甘人后,奋起直追。亚洲国家和地区也不断加快无人机发展的步伐。第三世界国家也在引进、开发中小型无人机。在当今无人机发展热潮中,各国都在结合实际、突出自身特点发展无人机。

美国是世界上无人机发展速度最快,水平最高的国家。美国凭借雄厚的经济实力和先进的技术支持,在几十年的时间里研制开发出上百种无人机,已经形成一个远、中、近,高、中、低,大、中、小,用于执行战术、战役、战略作战需要的各个层面的、梯次搭配的无人机体系。美国的无人机装备部队主要有十几种,数量达1 700多架。美国研制无人机的企业主要有:波音、诺斯罗普·格鲁门、通用原子航空系统以及洛克希德·马丁等几大公司,研制的无人机产品主要有"龙眼"(Dragon Eye)、"扫描鹰"(ScanEagle)、"探路者"、"大乌鸦"(Pathfinder Raven)、"影子-200"(Shadow 200)、"捕食者"(Predator)、"全球鹰"(Global Hawk)等固定翼无人机,以及"火力侦察兵"(Fire Scout)无人直升机等,正在研制的无人机有"鹰眼"倾转旋翼无人机、"鸬鹚"潜射无人机、"蜂鸟"无人直升机、X-47N无人战斗机等。美国研制的无人机代表世界无人机研制的最高水平,引领着世界无人机的发展方向。

以色列无人机研制水平处于紧随美国之后的世界第二位,其研制的无人机覆盖了所有大小和任务系列,包括"侦察兵"(Scout)、"先锋"(Pioneer)、"搜索者"(Searcher)、"猎人"(Hunter)无人机,以及中空长航时、多用途的"赫尔墨斯450"(Hermes 450)、"苍鹭"(Heron)无人机等,现正在研制具有侦察-打击能力的"艾坦"(Eitan)高空长航时无人机,其质量大于4 000 kg,任务载荷大于2 000 kg,续航时间大于50 h。以色列是无人机系统装备与技术最大的输出国之一。

作为航空大国的俄罗斯已发展的无人机大多为中小型战术无人机,如R-90无人机、图-141无人机、卡-137无人直升机等。随着俄罗斯经济的好转,目前俄军对发展长航时无人机、电子战类无人机给予高度重视,同时也在探索"鳐鱼"(SKAT)无人作战飞机的发展。除了自研项目外,俄罗斯主要航空制造商还积极参与欧洲军用无人机方面的合作。

进入21世纪后,欧洲为了缩短与美国和以色列在发展无人机领域的差距,提高独立自主能力,大大加强了无人机的研制力度。法国、英国、德国、瑞典、意大利等国家先后启动了各类无人机项目。

欧洲最具代表性的项目是由法国牵头研制的无人战斗机"神经元"。该项目有瑞典、意大利、西班牙、瑞士和希腊等国参与,计划在5年内开始演示验证工作。德国EADS公司正与美国的诺斯·格鲁门公司合作制造"欧洲鹰",它是"全球鹰"的欧洲版本,主要面向德国军用远程、高空侦察和监视需求,着重发展高级的信号情报获取能力。同时德国与西班牙还联合研制"梭鱼"(Barrracuda)无人作战验证机。英国已经研制了"大乌鸦"(Corax)低可探测性高空长航时无人机验证机,下一步计划研制"守望者"(Watch Keeper)无人机,将为英国地面部队提供增强的情报、监视、目标获取和监视能力。此外,瑞典启动了"高度先进研究布局"(SHARC)攻击型无人机设计研究项目,意大利研制了天空-X(Sky X)无人机。

亚洲国家和地区近年来也在加快无人机的发展。日本、印度、韩国、巴基斯坦等国以及中国台湾地区都已研制出自己的无人机,在近/短程战术无人机领域已经取得一定的突破,并不断增加对高空长航时无人机的投资。如日本正在研制飞行高度在20 000 m以上的长航时无人机,印度正在全面引进"苍鹭"无人机生产线,印度、印度尼西亚、日本、马来西亚、菲律宾、新加坡、泰国、韩国和斯里兰卡等将成立一个购买和使用"全球鹰"无人机的区域财团联合体。

近年来,国内民用无人机制造商也拥有十分良好的发展,国内涌现出很多从事无人机整机制造的民营企业,前文所提的大疆创新2014年总营收接近30亿元,占全球小型无人机市场份额的70%。在无人机制造领域,国内制造商已抢先占领世界市场。图1-20所示为《互联网周刊》给出的2015年全球无人机企业的排行榜。

全球民用无人机企业排行榜

排名	公司
1	大疆创新公司
2	GoPro公司
3	3D Robotics公司
4	Parrot公司
5	零度智控公司
6	AscTec公司
7	Xaircraft公司
8	microdrones公司
9	PowerVision公司
10	北京航空航天大学研究所
11	AeroViroment公司
12	亿航智能技术公司
13	普洛特无人飞行器科技公司
14	中科遥感信息技术公司
15	智能鸟无人机公司
16	爱生技术集团公司
17	Draganfly公司
18	Flying-Cam公司
19	senseFLY公司
20	Deltadrones公司

图1-20 2015年《互联网周刊》企业排行

1.3.5　无人机发展趋势与主要关键技术

随着新技术的快速发展和在实战中的广泛应用,无人机系统的概念、任务和技术要求都发生了根本性的变化。无人机系统的概念,从空间无人飞行器扩展到临近空间无人飞行器。无人机系统的任务,从单一的侦察监视领域进入到信息对抗、通信中继等领域,正在逐步扩展到精确打击、制空作战等领域。无人机系统的技术进一步向自主控制、高生存力、高可靠性、互通互联互操作等方向发展。目前,无人机的未来发展呈现出如下趋势:

① 无人机需求从以产品性能需求向以任务能力需求转变。在美国国防部发布的 2009 版《无人系统综合路线图》中明确了无人机系统所需提供的各种能力:战场预警能力、后勤保障能力、军事运用能力、支持网络中心能力、部队防护能力、军事支援能力、指挥控制能力,形成了基于任务能力的无人机系统需求规划与发展计划。

② 无人机平台向高空长航时大型化和微小型使用灵活化两极发展。一方面,各国均在发展中小型无人机的基础上,向新技术更密集、作战效率更高、覆盖面积更大、生存力更高的高空、高速、长航时大型无人机方向发展;另一方面,由于微小型无人机操作简便灵活,具有较强的机动性能和低空飞行优势,随着全球反恐和特种作战任务的需要,各航空强国对微小型无人机的发展也十分重视。

③ 无人机任务领域向多样化方向发展。在美国国防部发布的 2007 版《无人系统路线图》中指出:美国已经投入使用及正在发展的无人机系统覆盖了情报、监视与侦察,信息对抗,攻击/时敏目标打击,压制敌方防空力量,海面封锁行动等 21 个任务领域,这是到目前为止对于无人机系统可能涉及的任务领域较为全面的阐述。随着无人机技术的发展,无人机的任务领域和功能还在进一步拓展。

④ 无人机高度向临近空间发展。临近空间是航天与航空的空间接合部,是航空技术与航天技术的交叉,是一个大有作为的领域。高高空无人机等临近空间装备在对特定区域的持续广域侦察监视、通信中继、导航、电子战、导弹防御、空间对抗等方面有着独特的优势,是陆、海、空、天装备的重要补充力量,已成为世界武器装备发展的焦点领域。

当今无人机技术能够蓬勃发展,一个重要的原因就是无人机技术能够不断与相关领域的高新技术融合和互动,不断开拓新的前沿领域。目前,特殊布局、变体机翼、先进主动流动控制、一体化设计、多电/全电飞机、射频综合、纳米复合材料、微机电、高超声速飞行与高超声速推进、智能蒙皮与智能结构、特种动力装置等一系列前沿技术正在不断取得新的重大突破,无人机发展必然更加迅猛。

考虑未来无人机向更高、更快、更远、更机动、更高效的方向发展,其需要的主要关键技术如下:

① 平台技术(综合布局、气动、轻质结构、隐身);
② 大尺寸复合材料构件设计(规范)、加工工艺(成本);
③ 结构复合材料、抗紫外线材料、轻质材料、耐高温材料等;
④ 微型加工装配技术、智能材料的应用(无舵面柔性机翼,微型、仿生无人机);
⑤ 先进的发射回收技术;
⑥ 武器和设备的小型化及集成化;
⑦ 隐身技术;
⑧ 动力技术;

⑨ 通信技术。

1.4 无人机在一些领域的应用情况

1.4.1 军用无人机

无人机系统以其机动灵活、持久飞行和"零伤亡"等特点几乎渗透到战场空间的各个领域。在近期的几次局部战争中无人机的突出表现更加引起了各国军方,尤其是军事强国的高度重视,已成为信息武器装备体系的关键节点和重要组成部分,其在信息支援、信息对抗和火力打击等领域发挥着不可替代的作用。

与有人驾驶飞机相比,无人机的优势主要体现在以下 5 个方面:一是,可长时间执行空中任务;二是,可替代有人驾驶飞机进入核、生、化等污染环境执行任务;三是,不存在飞行员伤亡,政治和军事风险较小;四是,由于不考虑人的因素,可承受更大的载荷,在飞机的隐身性和机动性上可实现质的飞跃;五是,全寿命费用低、作战效费比高。与卫星相比,无人机系统具有时效性、针对性和灵活性强等优势。由于无人机系统的突出特点,决定了它的地位和作用。

1. 夺取战场信息权

无人机是夺取信息权的有利工具。无人机能够提供长期持久的战场信息支持服务,可实时获取战场信息,具有多维一体、全域覆盖、持续实时、准确精细的信息感知能力。不同类型不同高度的无人机系统组成了覆盖战场低空至临近空间区域范围的通信、导航和定位等信息支持网络,形成灵活、机动、多层次、立体化的空基和近天基综合信息支持能力,提高了指挥的效率,增强了作战的联合性和灵活性。

2. 信息对抗

无人机是未来战场信息对抗的重要支柱。信息对抗,是指对敌方信息系统实施电子干扰、电子欺骗、电子诱饵、网络攻击和反辐射摧毁等。不同类别的无人机系统能够满足战略、战役、战术多层次的信息对抗能力的需要,能够提供"软""硬"不同类型的信息对抗手段,提供从战术信息对抗支援到战略战役信息对抗打击的作战能力,实现对敌方信息系统全频段、全时域、全天候的信息攻击,形成多层次的信息作战能力体系。

3. 空中作战

无人机将成为空中作战的主导力量。无人机将具备时敏目标察打能力、对敌纵深重要目标精确打击能力、临近空间作战能力和跨大气层作战能力,成为 21 世纪空中作战的主导力量。在联合作战中,无人作战飞机可执行防空压制任务,协调各种力量对敌领土纵深实施打击;无人机与地面和海上力量配合,可为地面和海上兵器指示目标和实施火力校射,提高打击精度;无人机还可以执行战斗救援、战场管理、战区导弹防御、心理战等。

4. 执行危险任务

无人机是执行危险任务的最佳选择。高技术信息化战争使用精确制导武器的比重越来越大,核、生、化武器并存,杀伤力增大,参战人员将面临巨大危险。因此,无人机能够代替有人机执行危险的任务,最大限度地避免人员伤亡。

5. 反恐维和

2013 年 12 月 3 日,联合国刚果(金)稳定特派团举行无人侦察机启用仪式。这是联合国首次在维和行动中投入使用无人侦察机。据联合国此前公布的情况,无人机是从一家意大利公司采购的"鹰"式无人机(见图 1-21),能搭载数种类型的高清探测器,但没有配备武器。

图 1-21　"鹰"式无人机

1.4.2　民用无人机

随着无人机技术的不断发展成熟,其经济性提高,民用无人机的应用越来越广泛。

1.　航拍摄影

随着民用无人机的快速发展,广告、影视、婚礼视频记录等场合正越来越多地出现无人机的身影。纪录片《飞越山西》超过三分之二的镜头由航拍完成,许多镜头由无人机拍摄。2014 年年底,在第二届英国伦敦华语电影节上,《飞越山西》获得最佳航拍纪录片特别奖和最佳航拍摄影奖两项大奖。该片拍摄时规划并执行无人机拍摄点近 300 个,许多近景由无人机拍摄完成,产生了意想不到的绝佳效果。

2.　电力巡检

2015 年 4 月 9 日,济南供电公司输电运检室联合山东电科院对四基跨黄河大跨越高塔开

图 1-22　电力巡检

展了无人机巡视工作(见图 1-22)。无人机巡视具有不受高度限制、巡视灵活、拍照方便和角度全面的优点,特别适合于大跨越高塔的巡视,弥补了人工巡视的不足。

3.　石油管道巡检

对于石油管线的巡检项目,尤其是长距离输油输气管道(长度在 400 km 以内)、区域性油气田断块系统(面积在 100 km² 左右),这些项目经常要求"短平快",测量周期短、任务重、质量高,区域内地形、地貌复杂多变,常常穿越无人区如沙漠戈壁、森林、高山等,有时人员和测量仪器无法到达。

无人机不仅可以完成对长输管道及油气田领域规划的可行性研究、初设、施工各阶段的测量工作,还可以开展管道监测与维护工作,且成本较为低廉,具有实施便利、运输维护、作业成本较低,可以省去耗时、耗力的人工测量。航测成图速度快,信息反馈及时,能提高工作效率。

华测无人机石油管线巡检系统,采用无人机进行石油线路巡检作业,能极大地降低管道故障率,降低失窃率,降低石油线路运营成本,提高管网维护工作效率,变故障处置为隐患控制。该系统主要由无人机(固定翼或旋翼,这里主要以华测无人机 P700 为例)、高清图传收发设备、地面中继塔架、高清图传中继设备、天线、馈线、天线自动跟踪器(可选)、信息终端组成,如图 1-23 所示。

4.　新闻报道

美国有线电视新闻网络(CNN)已经获得由美国联邦航空管理局(FAA)颁发的牌照,将测试配备摄像头,用于新闻报道的无人机。早在 2013 年芦山地震抗震救灾中,央视新闻就采用深圳一电科技有限公司自主研发的某款无人机拍摄了灾区的视频。救灾人员无法抵达的地方,无人机可以轻松穿越,在监测山体、河流等次生灾害的同时,还能利用红外成像仪在空中搜

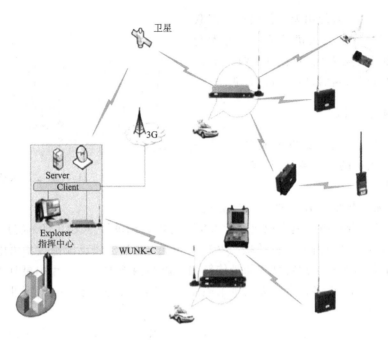

图 1-23 石油管线巡查结构图

寻受困人员。

5. 保护野生动物

位于荷兰的非营利组织影子视野基金会等机构正在使用经过改装的无人飞行器,为保护濒危物种提供关键数据,其飞行器已在非洲广泛投入使用。经过改良的无人机还能够被应用于反偷猎巡逻。英国自然保护慈善基金——皇家鸟类保护协会也将越来越多的无人机应用于鸟类和自然栖息地的保护工作。

6. 环境监测

环保部曾组织 10 个督查组在京津冀及周边地区开展大气污染防治专项执法督查,安排无人机对重点地区进行飞行检查。无人机已经越来越频繁地被用于大气污染执法。从 2013 年 11 月起,环保部门开始使用无人机航拍,对钢铁、焦化、电力等重点企业排污、脱硫设施运行等情况进行直接检查。2014 年以来多个省份使用无人机进行大气污染防治的执法检查,以实现更到位的监管(见图 1-24)。

图 1-24 环境监测

7. 快递送货

2015 年 2 月 6 日,阿里巴巴在北京、上海、广州三地展开为期 3 天的无人机送货服务测试,使用无人机将盒装姜茶快递给客户。这些无人机不会直接飞到客户门前,而是会飞到物流站点,"最后一公里"的送货仍由快递员负责。

在国外,亚马逊在美国和英国都有无人机测试中心。去年,亚马逊表示其目标是利用无人飞行器将包裹送到数百万顾客手中,顾客下单后最多等半小时包裹即可送到。亚马逊无人机测试如图 1-25 所示。

8. 提供网络服务

早在 2014 年 Google 就收购了无人机公司 Titan Aerospace,目前研制成功并开始测试无人机 Solara 50 和 60,通过吸收太阳能补充动能,在近地轨道持续航行 5 年而不用降落(见图 1 - 26),Titan 表示通过特殊设备,使其高空无人机最高可提供每秒高达 1 GB 的网络接入服务。Facebook 也收购了无人机产商 Ascenta,成立 Connectivity Lab,开发包括卫星、无人机在内的各自互联网连接技术。

图 1 - 25　亚马逊无人机测试

图 1 - 26　Titan 无人机

综上,可以看到无人机具有广阔的商用前景,用无人机 waiter 为客人送酒水,无人机拍摄火山喷发,利用无人机巡视边境线、喷洒农药等,都在逐步实现中。业内人士认为,无人机已成为发展热点,投资价值明显,前景乐观。

习　题

1. 请简述无人机系统包括哪些部分?
2. 被称为无人机系统"心脏"部分的是哪一个系统?请简述其主要功能。
3. 请通过查阅资料等方式,熟悉无人机的发射、回收过程。
4. 请简述无人机系统的一般分类维度。
5. 请简述无人机按照大小分类的分类标准。
6. 除了本章介绍的分类方式外,你还知道哪些分类方式?
7. 请简要概括无人机的现状和发展趋势。
8. 举出几个你知道的无人机型号,描述其所属国家、分类及特点。
9. 在未来无人机发展的关键技术中,选择一项你最了解或与专业最相近的技术,进行进一步的学习研究,撰写报告。
10. 军用无人机的主要应用有哪些?
11. 航拍摄影一般采用哪一类无人机?
12. 经过本章的学习,以及过去你对无人机的了解,你觉得无人机未来还有哪些应用?
13. 无人机的普及目前还面临哪些问题?

参考文献

[1] 李辉.无人机的分类.航天,2000(8).
[2] 中国民用航空局飞行标准司.民用无人机驾驶员管理规定.北京:民航局.2014.7.11.

第2章 无人机结构设计的原则和要求

2.1 无人机结构设计的主要依据

无人机结构设计的主要依据包括：无人机研制要求、结构的总体设计要求、《无人机强度刚度规范》、相关手册和指南、工程设计经验以及相关专业文献和资料等。这些主要依据来源于对设计对象的具体要求、生产制造条件、实际使用条件和工程经验总结。

1. 无人机研制要求(合同要求)

无人机按照功用可分为军用和民用两大类。军用无人机主要用于国防事业,完成规定的侦察监视任务、战术任务、运输任务以及其他支援任务等;民用无人机则主要用于勘探测量、农业生产、气象监测、航拍摄影等。为了在不同的场合完成不同的任务,对于无人机就会有一些技术指标的要求,例如无人机的巡航速度、任务载荷、最大飞行时间及升限等,包括主要性能指标、主要使用条件、机载设备等。对于军用无人机这些要求称为战术技术要求,对于民用无人机则称为使用技术要求。一般这些要求主要由使用单位根据自身需求或市场上潜在购买方的需求提出初步意见,再由使用单位和设计单位共同协商后进行拟定。研制要求需要制定得科学、合理,既要考虑实际需求,也要考虑客观条件。设计单位要保证新飞机能达到制定的研制要求,使用单位或订货方也会根据最初商定的研制要求进行验收。所以无人机研制的相关要求就是无人机结构设计的重要依据。这些要求可以通过技术报告的形式,也可以通过研制合同的形式确定下来。

2. 结构总体设计要求

结构的总体设计要求是针对无人机研制要求的具体化和指标化,是在总体设计要求的基础上制定出来的。根据先前制定的无人机研制要求,设计单位应进一步分析确定无人机结构的总体设计要求;分析研究无人机的使用情况、载荷情况及特点。在与有关专业人员协调的基础上,确定与结构设计相关的无人机主要设计参数,如全机总重、强度设计重量、最大飞行速度、最大设计过载、安全系数、发动机推力、翼载荷以及安全裕度等;确定与机翼、尾翼、机身的形状和尺寸相协调的结构布置方案,对无人机部件的安排提出意见,对无人机的主要受力构件和内部布置做初步的安排与协调;确定主要结构、部件的连接设计方案,提出无人机各部分的重量控制指标。

3. 《无人机强度刚度规范》GJB 5435—2005

此规范规定了无人机结构强度和刚度的设计要求,以及为达到这些要求应遵循的原则,其适用于有固定翼和可调固定翼的无人机,适用于新研制的、改进的、改型的或改变用途的无人机,但不适用于微型无人机和无人战斗机。

对于中小型无人机,结构的强度和刚度特性校核可以以分析计算为主,或配合简单的地面试验进行校核。由于中小型无人机结构较为简单,使用条件、使用方式和使用要求也较为明确,可较为方便地对结构进行调整和更改,故通常依靠经验和分析计算来明确结构的强度、刚度特性。对于大型无人机,则应在分析计算的基础上进行一些地面试验来确定其强度、刚度特性。现阶段使用的无人机大多数的飞行和使用方式都较为常规,不会有太大的机动动作,相对来说其载荷情况和载荷大小都较为清楚,故无人机结构的受力特点和传力情况也较为明确,采用分析计算的手段替代地面试验不仅较为准确,而且降低了研制费用,缩短了研发周期。所以,对于一般的无人机来说,通常不需要全面地进行各项地面研制试验,在根据无人机研制要求的基础上,可选择性地进行部分地面或空中试验。但是,对于功能复杂、要求较高的大型或超大型无人机,应考虑较为全面的地面强度、刚度验证试验,甚至还要考虑飞行验证试验。

4. 相关手册和指南

根据不同无人机结构设计的需求可参考对应的相关手册和指南。例如一般情况下常见类型的无人机可考虑参考《无人机通用规范》、民航《适航条例第 23 部》、各种类型的《飞机设计手册》以及北约、国内的一些无人机适航相关规范、通报等。

5. 工程设计经验

对于无人机结构的设计工作,除了要参考相关手册、规范和指南以外,工程设计经验在无人机结构的设计当中也具有重要的指导意义。由于无人机上不需要驾驶员,故影响结构的总体参数主要根据无人机的技术要求来决定,因而无人机的设计范围也将大大地超过了有人机的设计范围。正是由于无人机在设计、使用和研制要求上的差异,因此形成了无人机结构设计和使用维护方面的一些特点,这些特点主要体现在总体参数的确定、安全系数的取用、安全裕度的控制、结构材料的选取、设备的布置以及设计模型的建立和简化等。设计的目的是为了使用,而工程经验正是来源于飞机使用中对设计问题的反馈。合理运用工程经验,可以在结构设计过程中避免很多弯路,使结构更加合理可靠。

6. 相关专业文献、资料等

相关专业文献、资料等主要包含飞机结构设计及其基础课程的书籍及各类期刊发表的文章、资料,还有以往的飞机设计报告,当然也包括有人机的设计资料。

2.2 无人机结构设计遵循的设计准则

飞机结构设计最初采用的是静强度和刚度的设计理念。直到 20 世纪五六十年代又提出了疲劳安全寿命的设计要求,70 年代又提出了损伤容限和耐久性设计要求,现阶段已发展为保证结构的可靠性设计要求。随着飞机结构设计思想的演变,总结出了保证飞机强度、刚度、寿命和可靠性的设计准则:

- ➢ 静强度设计准则;
- ➢ 刚度设计准则;
- ➢ 热强度设计准则;
- ➢ 疲劳、耐久性设计准则;
- ➢ 损伤容限设计准则;
- ➢ 气动弹性设计准则;
- ➢ 动强度设计准则。

以上准则要符合或参考(不限于)下列文件或规范的要求:

- ➢ GJB 368 装备维修性通用规范维修性管理大纲;
- ➢ GJB 450 装备研制与生产的可靠性通用大纲;
- ➢ GJB 776 军用飞机损伤容限要求;

> GJB 67—2008 军用飞机强度规范；
> GJB 2018 无人机发射系统通用技术要求；
> GJB 2019 无人机回收系统通用技术要求；
> GJB 2347—95 无人机通用规范；
> GJB 5435—2005 无人机强度和刚度规范。

在飞机的实际使用过程中，人们通过经验总结和科学归纳，明确了飞机结构设计的首要任务是保证飞机结构安全。随着科学技术和研发水平的不断提高，结构设计随之演变，也就总结出了上述准则，无人机的结构设计也不例外。

从 20 世纪 30 年代开始，飞机结构设计一直采用静强度设计，设计方法为设计载荷法。设计载荷为使用载荷乘以安全系数，静强度设计准则是指结构的强度大于结构所受的载荷时的结构安全，如不满足，则结构失效。一般中小型无人机以满足静强度设计准则为主。

随着飞机的飞行速度和性能要求的提高，飞机机翼采用后掠翼和薄翼型，但是气动弹性问题也随之而来。到了 20 世纪 40 年代，飞机结构不仅要保证静强度，还要有足够的刚度，以避免飞机结构在使用中产生有害的、过度的振动，保证结构不出现过大的、有害的变形以至影响飞机的性能。

对于无人机而言，特别是长航时一类的无人机结构设计，为了增加航程和续航时间，均采用大展弦比机翼构型（通常展弦比大于 5）以产生较大的升力，美国的长航时无人机"全球鹰"（Global Hawk）和"暗星"（Dark Star）的展弦比甚至达到了 25 和 14.83。大展弦比机翼具有大柔性的特点，而显著的结构柔性效应又影响着无人机的气动弹性特性、结构稳定性、气动伺服弹性和突风响应等其他方面的特性。由于采用了高强度的复合材料，大展弦比机翼的强度设计可以保证，但在大展弦比机翼结构的设计中要重视结构刚度设计，要分析结构刚度特性与各种响应的关系，注意提高和改善结构的局部刚度和整体刚度。

1954 年英国"彗星号"客机的爆炸坠毁事故震惊世界，由此疲劳破坏现象引起人们的重视。此后飞机结构设计不仅要满足强度和刚度的要求，还要保证飞机结构在使用寿命期间承受交变载荷不发生可检裂纹，即满足疲劳安全寿命设计的准侧。安全寿命设计的目标是通过对疲劳关键部位进行合理选材，开展抗疲劳结构细节设计，使飞机结构在载荷谱作用下，保证飞机在安全使用寿命内破坏概率最小。

根据安全寿命的设计原则，认为结构在设计时，每个结构件都是无缺陷的，在寿命期间结构不会产生可见的裂纹。但实际情况并非如此，材料在加工制造时就有可能产生裂纹或其他形式的损伤。为了进一步完善和发展安全寿命设计，1975 年美国空军提出了首部损伤容限设计规范。损伤容限的设计思想就是承认结构在未使用前就存在一定程度的未被发现的初始缺陷、裂纹或其他损伤，通过损伤容限测试分析与试验，对于不可检查结构给出最大初始缺陷的最大允许值，对于可检查结构给出检查周期，以此来保证飞机在使用过程中的结构安全。

2.3 无人机结构设计的基本要求

2.3.1 气动要求

对于与气动外形有关的结构，所设计的结构应构造出满足规定的准确度和表面质量要求的外形。这些准确度和表面质量的要求主要与气动阻力和升力特性有关。无人机的机翼、尾翼和机身结构,在飞行使用当中不得有过大(有害)的变形,以保证无人机在气动上具有所要求的良好气动特性、稳定性和操纵性。

2.3.2 结构完整性要求

结构完整性是指关系到飞机安全使用、使用费用和功能的机体结构的强度、刚度、损伤容限及耐久性等飞机所要求的结构特性的总称。

结构设计的任务就是在确保结构完整性的同时,最大限度地发挥结构的使用效率。具体来说就是结构设计要保证结构在承受各种规定的载荷和环境条件下,具有足够的强度,不产生不能容许的残余变形;具有足够的刚度,避免出现不能容许的气动弹性问题和振动问题;具有足够的寿命和损伤容限及高可靠性。

1. 强度设计要求

(1) 分析计算及相关试验

在各种设计情况下,结构应该保证足够的强度,结构的分析计算及相关试验应保证:在使用载荷作用下,计算或试验应力不应超过材料的许用屈服应力;在设计载荷作用下,计算或试验应力不应超过材料的许用破坏应力;在疲劳载荷作用下,疲劳寿命应等于或大于包括分散系数在内的设计寿命。

(2) 安全系数

安全系数(f)是指设计载荷与使用载荷的比值。安全系数的确定主要考虑以下因素:

➢ 在使用载荷作用下无人机结构没有永久变形或屈服;

➢ 无人机结构所用的材料本身或在制造加工过程中不可避免地存在或引入缺陷;

➢ 分析中的不确定因素和分析手段的不尽完善;

➢ 满足结构的刚度要求;

➢ 在使用中可能会出现超过规定的使用载荷。

除另有规定,一般情况下,安全系数 f 应选取下列数值:

➢ 运输、装卸情况,f 取 1.5~2.0;

➢ 舰上发射情况,f 取 1.3~1.5;

➢ 地面发射情况,f 取 1.3~1.5;

➢ 机载发射情况和投放情况,f 取 1.5;

➢ 伞降回收情况,f 取 1.5~1.8;

➢ 拦网回收情况,f 取 2.0;

➢ 轮式滑跑起降情况,f 取 1.5~1.65;

➢ 操纵系统,f 取 2.0;

➢ 飞行情况,f 取 1.25~1.5。

当安全系数取下限值时,应有充分的计算、试验等方面的依据,并应征得甲方的同意。当需增加结构的安全性、保证结构的可靠性,以及防止过度磨损或其他原因时,可适当增大安全系数或另行规定安全系数;对于不同的结构件也可根据其重要程度、构件特点、所选材料的性能、加工工艺等情况,使用不同的安全系数。

对于承受热载的无人机结构,除应考虑外载荷安全系数外,还应单独考虑热应力的安全系数。热应力安全系数一般可取 1.2。

（3）载荷因数（过载）

载荷因数简称过载，是除重力外，作用在飞机某一方向上的所有外力的合力与当时飞机重力的比值，称为该方向上的载荷因数（过载），通常用 n_x 表示，其下标表示过载的方向。

载荷因数（尤其是法向载荷因数 n_y）直接与使用载荷有关，如无人机在做机动时的瞬时升力即等于该时 $n_y G$（G 为无人机重力）。所以无人机的机动能力与无人机结构可承受的过载有关，它是无人机结构强度水平的重要参数。

（4）安全裕度

安全裕度是指无人机结构强度"富裕"的部分。无人机由于机上无人，不需要设计座舱，同时考虑通常无人机功能和执行任务的单一性，所以无人机结构相对较为简捷，传力形式较为清晰，零部件外形也可以较为规则。因此，在结构设计时较容易控制各部分的安全裕度，也减少了结构安全裕度的分散性，有利于减轻结构的重量。同时，也可以更有效地发挥各部分结构件的功能。通常情况下，对无人机的大多数金属结构件的强度裕度可控制在 0.10～0.15（即 10%～15%），复合材料件的强度安全裕度控制在 0.20 以内。若需要考虑进行后续型号的改进和发展，则在结构设计时就要预留较多的强度裕度储备。

无人机结构件的安全裕度表示为

$$\text{M. S.} = \frac{[\sigma]}{\sigma} - 1 \qquad (2-1)$$

式中：M. S. 为安全裕度；$[\sigma]$ 为许用应力；σ 为工作应力。

在无人机结构设计时，对于下列情况（但不限于），应考虑使用安全裕度。

➤ 由于没有进行必要的试验或结构强度计算中存在某些难处理的因素或二者兼有而引起的结构强度分析不准确。

➤ 由于腐蚀、磨损等因素引起的材料表面侵蚀，导致结构强度降低。

➤ 由于老化引起的材料内部结构变化，导致结构强度降低。

➤ 材料特性数据的分散性较大。

➤ 未进行疲劳强度分析计算、试验的结构件。

在无人机结构设计中，对于安全裕度的取值，如有要求或有特殊情况，则需在型号规范（或方案）中予以说明。通常情况下，下述结构件应具有一定的安全裕度，具体安全裕度的取值可按如下要求：

➤ 对于主要承载或经常拆卸的接头、耳片，以及载荷作用下的经常运动的部件的旋转轴，其安全裕度取 0.20。

➤ 对于给定的接头，连接件与被连接件应取同样的安全裕度。

➤ 对蒙皮壁板之间的铆接、梁肋之间的铆接、桁条之间的铆接等一类均匀分布的固定连接形式的连接结构，通常安全裕度可取 0。

无人机与有人机并不完全相同，其结构也有自身的一些特点。由于无人机机上不需要驾驶员，没有驾驶舱，不存在驾驶员的生理需求问题，所以在机体结构的安全要求、结构形式以及结构的强度刚度方面可以适当做出调整，可以把结构设计得较为简单、轻便和灵活。设计中应优先考虑使用整体结构设计技术，即把数个零部件设计成为一个整体结构，以减少连接件、紧固件的数量，从而减少机体的应力集中区，减少机体的危险部位，简化机体的维护和修理。对于发射回收形式的无人机，还可以省去起飞、着陆装置；对于伞降回收等形式回收的无人机，有些零部件应设计得较脆弱，以便吸收机体着陆时的撞击能量，减少机体结构和机载设备的损伤。结构设计中亦可采用组合式结构、插入式零部件,这样方便无人机的维护和修理,提高其可靠性,缩短发射(起飞)准备时间。无人机的任务载荷舱要考虑互换性的要求,以便根据具体的飞行任务来装载不同的任务设备。军用无人机应大面积甚至全机机体使用雷达吸波材料和复合材料,采用隐身构型和布局。无人机的结构通常划分为:机翼、机身、平尾、垂尾、起落架等部件。无人机的结构设计大量地使用了各种先进的复合材料,如碳纤维/环氧复合材料、玻璃纤维/环氧复合材料、蜂窝夹层复合材料等。

2. 刚度设计要求

刚度的定义是指,受外力作用的材料、构件或结构抵抗变形的能力。材料的刚度取决于材料的弹性模量 E 和剪切模量 G;构件的刚度取决于构件所用的材料及构件截面形状特性;结构的刚度取决于结构各构件的刚度、构件之间的连接情况、构件的安排情况和结构的边界条件等。

在无人机结构设计中,与结构刚度设计有关的主要问题(不限于)包括:

① 结构的变形设计要求;

② 各种减振防振问题(如仪器设备、运输等);

③ 结构的传力关系,载荷(或内力)的分配问题;

④ 结构的屈曲和后屈曲问题;

⑤ 结构的固有动力特性;

⑥ 结构的动力响应问题;

⑦ 噪声问题;

⑧ 结构的抗坠毁设计问题;

⑨ 燃料储箱晃动(流固耦合)问题;

⑩ 动强度问题;

⑪ 气动弹性问题。

3. 疲劳寿命要求

无人机结构的疲劳寿命问题与有人机相比有所不同。无人机在使用、维护方面与有人机区别较大。无人机平时停放在仓库中,使用频次较低;即使是军用无人机在战时使用频率也不会太高,远低于有人机的使用频率。由于无人机在使用上的特点,其坠毁的概率、被敌方击毁的可能性都较大。有的军用无人机还设计有自毁系统。为避免在坠毁后相关技术落入敌方手中,会在发生意外的情况下启动自毁程序将飞机炸毁。有的无人机设计成在完成侦察监视任务后转为类似导弹的攻击武器,利用自杀式攻击杀伤目标。这就是说,实际服役或使用的无人机很少是由于正常或过度使用导致损坏的,即由于周期性的疲劳载荷使得结构发生破坏。无人机的损坏或失效,多数情况下是由于其他非疲劳原因导致的。比如无人机在长时间停放的过程中,没有按照规程进行保养和维护,或保养方案存在问题,从而导致无人机结构功能退化或损坏。还有就是,无人机在执行任务时被敌方击落;当然也有不少无人机是由于操纵不当或机载设备出现问题导致无人机坠毁。

无人机机体结构的疲劳寿命问题应在结构设计中加以考虑。这主要体现在,首先在结构的细节设计中,应注意防止产生严重的应力集中,减少局部高应力,以控制结构的整体应力水平。在无人机的使用期间,若其长期处于停放状态,则需要着重考虑环境因素,如温度、湿度、盐雾等对无人机寿命的影响。对于飞行载荷和地面载荷组成的无人机疲劳载荷谱,其各种载荷任务型较为规范,各级载荷在规定的循环周期内出现的频次相对稳定,分散性较小,故可以较为准确地给出无人机的使用载荷谱。由于无人机在整个寿命周期内使用频次不高,而且大多数无人机在达到全寿命之前就已报废或停止使用,所以对应无人机在疲劳载荷下的结构应力可以设计得高一些,没有必要按照无限寿命或高寿命方案进行结构设计。

对于中小型无人机,其结构疲劳寿命应主要以设计、分析为主,必要时可考虑进行一些典型元件、关键零部件的疲劳验证试验。对于大型无人机,尤其是大型侦察类、通信中继类、运输类等无人机,除了进行疲劳寿命的分析计算,还应考虑进行必要的部件甚至全机的疲劳验证试验。无人机结构疲劳寿命设计分析的主要工作如下:

- ➢ 无人机使用情况、任务特性分析;
- ➢ 编制疲劳载荷谱(包括环境谱);
- ➢ 全机谱载下的应力分析;
- ➢ 确定飞机结构的关键、危险部位;
- ➢ 关键、危险部位的细节应力分析;
- ➢ 分析给出关键、危险部位的应力谱;
- ➢ 计算关键、危险部位的结构疲劳强度;
- ➢ 给出结构的寿命。

4.损伤容限和耐久性要求

损伤容限设计要求如下:

① 当结构存在裂纹或损伤时仍能承受破损安全载荷。

② 承认结构使用前就有缺陷,但这些缺陷或损伤在规定的未修使用期内的增长可以控制在一定的范围内。

③ 受损伤的结构满足规定的剩余强度要求。

损伤容限分析主要包括裂纹扩展分析和剩余强度分析。分析应假定最大的初始缺陷(裂纹)存在于作用应力和材料性能最不利的位置或方面上。分析中应考虑变载迟滞效应,变幅载荷和环境的相互影响。损伤容限分析的目的是预计结构的损伤容限特性,设计初期,允许用设计载荷/环境谱,但最终的损伤容限分析和全尺寸损伤容限验证试验应考虑用飞行实测的飞—续—飞载荷/环境谱。同时,还应考虑结构断裂特性的可变性对分析结果的影响。

损伤容限的具体要求主要包含以下一些内容:

- ➢ 结构类型分析(结构概念、可检查度);
- ➢ 初始缺陷尺寸分析与假设;
- ➢ 损伤情况分析与假设;
- ➢ 紧固件细节特性分析;
- ➢ 裂纹扩展寿命的分析计算;
- ➢ 剩余强度的分析计算。

关于耐久性设计的要求如下:

① 在无人机预期使用条件下,经济寿命必须大于一倍设计使用寿命。

② 在至少一倍设计使用寿命期内,不得出现诸如失去刚度、燃料泄漏和影响无人机正常工作的功能性损伤。

耐久性分析的方法,应考虑对裂纹或当量损伤尺寸扩展到经济修理极限所需的与时间有关的各种因素,包括初始重量及其可变性、化学/热/气候环境、加载顺序和环境的相互影响,材料性能的变化以及分析中的不确定因素等。所谓经济寿命,就是指结构出现某种损伤时进行修复反而是不经济的时限。

关于无人机结构损伤容限、耐久性的设计问题,不可简单地套用有人机的设计方法,一定要根据无人机的大小、功能、用途、设计要求、使用特点等具体情况进行设计分析。这主要是因为无人机的损伤特性和损伤成因与有人机有所差别。与前面提到的结构疲劳寿命一样,很多无人机在达到全寿命之前就已报废或停止使用了。

5. 气动弹性设计要求

无人机结构不可能是绝对刚硬的,在空气动力作用下会发生弹性变形。这种弹性变形反过来又使空气动力随之改变,从而又导致进一步的弹性变形,这样就构成了一种结构变形与空气动力交互作用的所谓气动弹性现象。气动弹性对飞行器的操纵性和稳定性会产生显著影响,严重时会使结构破坏或造成飞行事故。因此气动弹性问题是无人机设计中需要考虑的一个重要问题。

无人机的气动弹性设计的主要要求是:无人机的设计、制造和材料应使无人机及其部件在全部飞行包线内的各种重量、装载、外挂物组合以及引起较大刚度损失的机动飞行等条件下,飞行速度直到 1.15 倍极限速度都不发生颤振、发散、嗡鸣以及其他动态气动弹性和气动伺服弹性不稳定现象。对于超声速无人机,如果由于空气动力加热引起较大的刚度损失,那么还应考虑气动热弹性不稳定现象。

为了确保安全,在分析、试验的同时还应满足以下条件:

➤ 在等马赫数和等高度线上所求得的无人机极限速度包线的所有点上,提高 15% 当量空速不会发生颤振、发散、嗡鸣以及气动热弹性、气动伺服弹性和其他动态气动弹性不稳定现象;

➤ 在所有高度上,飞行速度直到极限速度,任何危险颤振模态的阻尼系数 g 至少应为 0.03。

在无人机极限速度包线以外,由于结构失稳或热影响等引起的刚度降低原则上可以不予考虑。

2.3.3　使用维护要求

无人机的维修性应参考使用 GJB 368 的有关要求。在无人机结构的维护、保养方面应在设计阶段给予充分的关注,设计时要注意结构的开敞性及提高无人机外场的可维护性。对于结构主要承力构件和结构关键部位、危险部位的维护,检查应该有明确的要求,确保飞机结构使用的完好性,可以随时执行任务。

影响维修性的基本因素主要有两个:维修时间和维修频率。

维修时间——包括排除故障维修和预防维修的时间。

维修频率——系统或装备在一定工作小时内出现的排除故障维修与预防维修的次数。

1. 可达性要求

机体结构必须为无人机的系统和设备提供良好的通路,以便在无人机的使用、维护中可以接近这些系统和设备。机体结构本身需要保养、更换或维修的零件和组件必须可达,保证维修人员和所使用的维修工具可以方便地接近。要保证电子和电气设备检测及动力装置检测具有良好的可达性。

2. 可修性要求

可达性和可修性是相辅相成的。可达不一定可修。凡是在使用寿命期内可能出现故障的结构件必须是可以修理的,故在结构设计时就应预估其修理方法,预留足够的空间,赋予其可修性。

3. 使用维护的简易性要求

无人机所涉及的结构应在复合功能要求和预期使用条件下,采用尽可能简单的维修方案进行维修。设计中应对以下部件的拆卸、安装和更换提供便利条件,包括机翼、尾翼、动力装置、机载电子、电气设备、操纵面和缆索等。在重要的分离面和调整处,操纵线路、电缆和液压管路的连接接头应具有防错连接的措施。应设计合适位置和数量的维修口盖。

4. 使用维护的安全性要求

设计时要避免在维修活动中可能导致人员伤亡和造成结构、设备损伤的潜在因素。

2.3.4　适航性要求

对于无人机适航,各国和一些区域性组织都仅有一些相应的规范。在欧洲地区,英国的无人机适航相关规定较为完善。美国联邦航空管理局 FAA 关于无人机适航的相关标准还在制定中,我国的无人机适航要求尚处于起步阶段。

1. 欧洲无人机的适航相关政策

表 2-1 给出了欧洲无人机的适航相关政策。

表 2-1　欧洲无人机的适航政策

时　间	颁布部门	政　策
2002-7	EASA 欧洲宇航局	The EASA Regulation and Implementing Rules No 1592/2002
2003-7	EASA	The EASA Regulation and Implementing Rules No 1643/2003
2004-6	UCAA 英国民航局	CAP 733 Permit to Fly Aircraft
2005-7	UCAA	The Air Navigation Order 2005
2007-3	UCAA	The Rules of the Air Regulation 2007
2009-7	EASA	The EASA Regulation and Implementing Rules No 1108/2009
2010-3	EuroUSC	Light UAS Scheme
2010-4	UCAA	CAP 722 Unmanned Aircraft System Operations in UK Airspace-Guidance
2012-8	UCAA	CAP 722 Unmanned Aircraft System Operations in UK Airspace-Guidance
2015-1	UCAA	CAP 393 Air Navgiation:The Order and the Regulations

CAP 722 是英国民航局在英国领空内对无人机使用的指导准则,第 4 版的 CAP 722 发布于 2010 年 4 月以配合空中导航法 2009 的推出。所有关于无人机的法规现在都收录在空中导航法 2009 中。在此之前,CAP 722 是行业的参考标准并被全世界所模仿学习与实施。这份文件强调了在英国操作无人机前需要注意的适航性和操作标准方面的安全要求。最新版的 CAP 722 发布于 2012 年 8 月,并且对民用无人机采取了较为开放的态度。

欧洲法规 2008 第 216 号适用于所有全机质量超过 150 kg 的无人机。无人机的设计和生产也必须和常规飞机一样遵循相关的认证规范(该规范由 EuroUSC 公司主导,该公司获得欧洲民航局的授权实施轻型无人机计划),并且必须获得适航认证或准飞许可。在英国,整机质量在 20～150 kg 的无人机需要具有英国法律下的适航性资质。如果飞行器在半径 500 m 和低于 400 ft(1 ft＝0.304 8 m)高度的范围或者在隔离的飞行区域内,并且无人机和该飞行有一定的适航性保证,英国民航局可以豁免适航性认证的需求。英国民航局也会在自己调查和被推荐的基础上颁发豁免权,当前仅有一家组织获得了此项许可。现阶段政策并没有对整机质量 20 kg 以下的无人机有过多要求,但是领航法第 98 号文中设立了一些条件,这些条件包括:禁止在管制区域或者飞机场附近飞行,除非获得空管局的许可,最大飞行高度为 400 ft,禁止在没有英国民航局特别许可的情况下高空作业。

当前在英国无人机适航的相关规定中,对于操控无人机并不需要官方认证的飞行员执照。但是英国民航局要求所有无人机操控者都必须具有飞行资质。飞行资质可以通过完成指定课程获得,并有 4 家认证机构运营,负责培训与考试。

2. 美国无人机的适航相关政策

2015 年 2 月 15 日美国联邦航空管理局公布了无人机管理办法草案。这份规则主要适用于全机质量 25 kg 以下的无人机,主要内容如下:

> 对于飞行时间、高度、速度、搭载限制,它规定无人机只能在白天飞行,且全程都必须保持在操作人员的视线范围内;飞行高度不得超过 150 m,时速不得超过 160 km;不得从人头顶上飞过,不得从无人机上扔东西,机体外侧不得搭挂包裹。

> 对于飞行路线及地点限制:无人机必须避开有人驾驶飞机的飞行路线和飞行限制区,必须严格遵守相关临时限飞令;无人飞机应避开有人驾驶飞机的机场至少 8 km;无人机飞行时,应始终处于操纵者视线以内。

> 驾驶员资格要求:无人机操作人员至少年满 17 岁,需考取美国联邦航空局无人机操作人员资格证书,并且通过 TSA(美国运输安全管理局)的审查要求。

> 对于航空爱好者自制的模型无人机,不妨碍空中交通即可。

表 2－2 给出了美国无人机的适航相关政策。

表 2－2　美国无人机的适航政策

时　间	政　　策
2014－4－21	首个无人机测试基地运行
2014－2－6	FAA 考虑豁免电影和电视业商用无人机
2014－5－5	阿拉斯加无人机测试基地开始飞行研究
2014－6－9	内达华州测试基地运行
2014－6－10	FAA 批准商用无人机在国土上飞行
2014－6－20	德克萨斯州无人机测试基地运行
2014－8－7	纽约无人机测试基地运行
2014－8－13	弗吉尼亚理工学院无人机测试基地运行
2014－9－25	美国交通部长 Foxx 宣布在电影和电视业部分公司可以使用商用无人机
2014－12－10	FAA 颁发了五款商用无人机的豁免
2015－2－15	交通部和 FAA 提交了小型无人机系统的新法案

3. 中国无人机的适航相关政策

表 2－3 给出了中国无人机的适航相关政策。

表 2-3　中国无人机的适航政策

时　间	相关部门	政　策
2009-6	民航局	《关于民用无人机管理有关问题的暂行规定》
2009-6	民航局	《民用无人机空中交通管理办法》
2010-1	民航局	《关于加快通用航空发展的措施》
2010-11	空管委	《关于深化中国低空空域管理改革的意见》
2012	工信部	《民用无人机研制单位基本条件及评价方法》
2012-1	民航局	《民用无人机适航管理有关问题的暂行规定》
2013-11	民航局	《民用无人驾驶航空器系统驾驶员管理暂行规定》
2014-4	民航局	《关于民用无人驾驶航空器系统驾驶员资质管理有关问题的通知》
2014-7	民航局	《低空空域使用管理规定(试行)》

2009 年 6 月民航局颁发的《关于民用无人机管理有关问题的暂行规定》,明确无人机需办理 I 类特许飞行证,且要按照现行有效规章和程序的适用部分对民用无人机进行评审。我国现阶段无人机评审的基本原则如下:

> 进行设计检查,但不进行型号合格审定,不颁发型号合格证;
> 进行制造检查,但不进行生产许可审定,不颁发生产许可证;
> 进行单机检查,但不进行单机适航审查,不颁发标准适航证。

在《民用无人机适航管理工作会议纪要》中,进一步明确了单机检查时以 AP-21-AA—2008-05《民用航空器及其相关产品适航审定程序》为基础,制定具体检查单和检测方法;以具体使用环境下能安全飞行为标准,以确定使用限制为重点,颁发 I 类特许飞行证;对于设计标准来说,可以通过借鉴有人机成熟的规章或标准再增加部分无人机设计特征相关的条件综合而成,如数据链、地面站等。例如对于轻型无人直升机来说,就可以采用 CCAR 27 部配合无人机相关的设计条件给出其设计标准。

2.3.5　材料选择及工艺性要求

无人机的结构设计应该优先使用先进复合材料,例如碳纤维复合材料、玻璃纤维复合材料和蜂窝夹层复合材料等。目前,复合材料在无人机设计制造领域得到了广泛使用,是无人机使用的主要结构性材料。与传统金属材料相比,复合材料具有比强度和比刚度高、热膨胀系数小、抗疲劳能力和抗振能力强的特点,再加上复合材料本身具有可设计性,能够在结构重量不变的情况下根据飞机的强度、刚度要求进行优化设计,对无人机的结构轻质化、小型化和高性能化起到了关键的作用。通常情况下,无人机的材料选择要满足下列要求:

> 所选材料必须满足无人机的使用和技术要求。在保证无人机安全、使用可靠性、提高结构效率、减轻结构重量的前提下,还要考虑配套性、工艺性和经济性,按照不同使用部位的环境及受载情况合理选材。
> 为减轻结构重量,应适当采用钛合金、碳纤维复合材料及与先进的工艺方法相适应的其他材料。
> 优先选用其他机型使用过的同时满足设计要求的材料,适当选用新材料。对所选用新

材料应有稳定的供应渠道和验收标准,能为设计、制造提供有关的材料性能文件,并经试用合格。

➤ 所选材料的品种、规格等应尽量标准化,并符合国家相关标准,以便于管理和降低成本。

无人机完成设计阶段后就进入工程研制阶段,对于复合材料的加工制造要特别注意。复合材料结构件的设计、工艺、加工和最后成型是一个一体化的过程。例如碳纤维复合材料层板结构件,在结构设计之初就要给出明确的工艺要求,包括模具的设计、铺层的方式以及零件之间的连接形式;低温成型或是高温成型;一次成型或是二次胶结成型等,这些问题都要在设计阶段得到确定。工艺性的设计要求主要如下:

➤ 选择合理的外形。尽量选择采用 CAD/CAM 建立无人机的外形数学模型,以便适用于数控绘制模线,制造样板,加工工艺装备和零件。

➤ 设置合理的设计分离面和工艺分离面,提高结构的装配工艺性。

➤ 选择合适的材料、制造方法保证零件的工艺性,有利于结构的继承性和规格化。

2.3.6　经济性要求

无人机的成本控制非常重要,成本优势可以转化为竞争优势。经济性要求主要体现在对设计、制造及维护成本的控制。尤其对于民用无人机,良好的成本控制应该贯穿在整个设计和工程研发阶段,要针对实际情况制定技术要求并进行研发设计,从设计之初就采取多种手段和细节设计控制研发周期和成本,更要提前考虑工程研发阶段的成本和周期。在满足设计要求的前提下还有如下要求:

➤ 尽量采用成熟的结构布局和结构形式;

➤ 尽可能采用成熟的结构材料;

➤ 尽量选用成品件、标准件,减少加工件;

➤ 采用低成本连接技术;

➤ 做好结构的维修性设计,简化技术保障条件;

➤ 了解无人机结构常见故障,提前考虑,制定设计对策;

➤ 贯彻材料选择和工艺性要求,为降低制造成本创造条件。

2.3.7　重量要求

结构设计应保证结构在承受各种规定载荷状态下:① 具有足够的强度,不产生不能容许的残余变形;② 具有足够的刚度,以避免出现不能容许的气动弹性问题与振动问题;③ 具有足够的使用寿命。在上述条件得到满足的同时,应使结构重量尽可能轻。结构重量特性包括结构的重量、重心、转动惯量以及无人机结构重量沿一定坐标系的分布等计算。结构重量的影响因素如图 2-1 所示。结构重量的设计要求如下:

1. 综合优化总体布局参数,合理选择结构受力形式与传力系统

需要权衡无人机的气动力布局、总体布局与结构增减重量三者间的关系。合理地选择总体布局,为结构合理传力、综合利用及选取合理的结构形式创造有利条件。同时布置构件也应该满足力传递的三个准则:①传力路线最短;②结构材料利用率最高;③结构综合利用最充分。合理选择满足结构稳定性的结构形式。在进行分析计算和结构优化时,要选择接近实际的静、动、热力学计算模型和强度计算方法,利用各种手段优化设计。

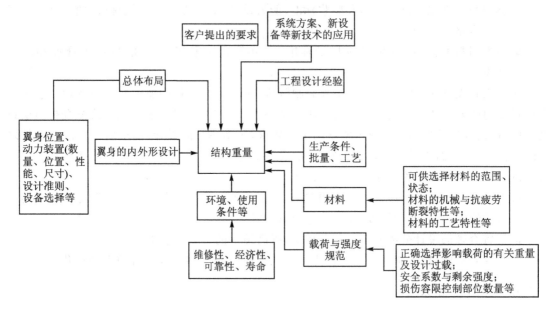

图 2-1 结构重量的影响因素

2. 合理选择结构用材及结构所需的成附件

选择结构材料,在满足飞机结构设计要求的前提下,要以减轻结构重量,且既经济又实惠的材料为主。在结构性能、重量与经济性发生矛盾的时候,应优先保证结构性能和重量的要求。同样,在结构成品件、标准件的选用上,也要贯彻减轻飞机重量的理念。

3. 合理选择零件的截面形式及其尺寸

在具体选择时,要争取满足等强度设计原则、满应力设计原则,使零件受力截面的强度剩余系数接近于1。为了减轻结构重量,设计时需要尽量去除既不参与传力,又无其他功能的多余材料,如孔边距的多余部分、零件的一些边边角角等。但对于局部强度不够处,应采用局部加强的方法处理。

4. 合理选择连接形式与紧固件

对于组合结构,其连接部位尽量选在受力较小处。应充分利用紧固件抗剪性能高的特点设计连接件。根据受力特点,在布置紧固件群时,应使紧固件的刚心与受力点最近,以减少扭矩产生的附加剪力。焊接件宜采用承剪的焊缝,不宜设计成受拉的焊缝。

5. 采取多种减重设计措施,以及新技术、新结构和新工艺

设计方面主要包括:选择受力形式较好的结构;受压结构尽量设计成总体失稳与局部失稳同时产生;设计受压原件要注意提高相邻元件对其的支撑作用;尽量减少偏心受力状态以减小偏心引起的附加弯矩。工程方面包括:提高零件的整体性;采用低密度材料为填充物、维修件及非受力件;严格控制一般铸造件的公差。

2.3.8 防雷击要求

无人机结构广泛应用复合材料,而复合材料的抗雷击损伤能力比铝合金要差,且无人机的滞空时间一般较长,遭受雷击的可能性也较大,所以无人机在设计时要考虑具备可靠的防雷击系统。

雷击是高密度正、负空间电荷集中区边界上的放电现象。雷击一般由起始高电流脉冲、持续电流和高电流反复脉冲组成。雷击开始时是一个高电流脉冲，已经记录到的峰值电流可达到 200 kA。一般情况电流上升率为 10 kA/μs，但有 20% 的雷击其电流上升率高达 20 kA/μs；持续电流出现在起始脉冲之后，一般情况电流从数千安培至数万安培，持续时间 1～2 s，放电量可达 500 C。每次雷击后都有反复脉冲，平均有 4 次，个别高达 40 次，其最大峰值电流毫无规律，但有超过 200 kA 的情况。正、负空间电荷集中区的位置分布与云层高度有关，在距离地面高度 3 km 以下的云层中，正、负空间电荷处于同一高度，而在高度为 3～8.8 km 的空间，正、负空间电荷集中区上下配置，正上负下。

据统计，68% 的雷击发生在 3 km 以下。雷击对飞机的伤害主要体现在飞机结构、燃油系统和电气系统三个方面。在遭受雷击时，雷击中的高电压会击穿绝缘材料和局部结构，雷击的高电流会使导电不连续处起火、材料烧蚀，造成机械性能大幅度下降，甚至威胁结构安全。电气系统任一部位遭到雷击都会导致整个电气系统的破坏，而对燃油系统的危害主要是起火和爆炸。

飞机遭受雷击时，影响结构损伤的主要雷击参数有三个：雷击附着点的驻留时间、雷击电荷的传输量和高电压。而雷击的防护原则就是，当无人机遭受雷击时，它只能成为雷击放电通路上的组成部分而不是放电的终点，无人机上存在着雷击的进入点和离开点。

防雷击设计的要求如下：

> 雷击放电必须限制在无人机的外表面，不得进入无人机内部；
> 在无人机表面上从雷击进入点到离开点之间应该形成良好的通路，设计时阻抗要低，使电荷传输时电压最小；
> 对于复合材料部件主要采用金属箔、喷涂铝和金属织网的方式进行雷击防护。

2.3.9　抗腐蚀设计要求

从飞机设计和制造来看，不同金属的零部件相接触，造成不同金属之间的电位差和导电通路。而各个部件组装在一起时，缝隙会存水和脏物形成电解质。有些结构由于受力的需要又处于高应力状态形成应力腐蚀的根源。而在制造过程中，由于生产工艺不当，保护性涂层做得不好，缺乏腐蚀控制措施等原因，都可能带来腐蚀的隐患。

飞机的腐蚀按其成因来分，主要可分为电化学腐蚀、表面锈蚀、应力腐蚀三大类，而电化学腐蚀是目前飞机最普遍和最严重的结构腐蚀之一。电化学腐蚀是金属材料与电解质溶液接触时，在界面上发生有自由电子参加的广义氧化和广义还原反应，使金属元素以及晶格间的排列顺序发生改变，从而改变了原有金属的化学、物理、力学等性能。

飞机金属结构件的腐蚀大多数属于电化学腐蚀。飞机的结构腐蚀如果不能得到有效的预防和控制，会造成结构修理工作量加大、修理周期延长、结构件大面积的加强和更换，由此导致很大的直接和间接经济损失，并造成飞机自身的不安全隐患。

造成腐蚀的主要原因有以下几个方面：

1. 潮湿空气腐蚀环境

潮湿空气是造成飞机结构腐蚀的重要因素之一。潮湿空气与地理环境是紧密相连的，我国地理环境和气候条件十分复杂，受季风影响明显，全国大部地区都处在温暖而潮湿的东南季风和西南季风控制下，暖季节时比世界上同纬度的国家和地区的温度高，相对湿度和降雨量大。这些都是造成我国各机场的飞机腐蚀问题较为严重的一个非常重要的原因。

2. 海洋大气腐蚀环境

海洋大气的特点是湿度高、含盐量高,也就是说含有大量的氯离子。这些氯离子沉降在飞机上,对结构件起到催化腐蚀的效果。所以,海洋大气中的氯离子对飞机结构有很大的腐蚀作用。

3. 工业大气腐蚀环境

工业大气中含有大量的腐蚀性气体,这些污染物中对金属腐蚀最大的是 SO_2 气体。如果大气中含有超过 1% 的 SO_2 时,腐蚀会急剧加快,特别是相对湿度超过 76% 时,腐蚀急剧加速,同时对镀锌、镀铬层也有相当严重的腐蚀作用。

4. 机上腐蚀环境

当地面气温高、湿度大时,机内空气在地面处于水饱和状态。飞机起飞后,随飞行高度上升,机舱内温度逐渐下降,潮气就凝结成水分,停留在隔音层和蒙皮之间。这些水分是飞机结构的严重腐蚀环境。

飞机做短程飞行时,油箱内燃油较少,含有大量的潮湿空气。随着飞行高度升高,气温下降,油箱内会凝结大量水分。一种细菌会在燃油和水面之间滋生、繁殖,形成一种酸性物质腐蚀飞机。非金属材料挥发出的气体也有可能使一些金属,以及镀锌、镀铬层产生腐蚀。

对于无人机的防腐蚀工作要做到:

➢ 机体结构零件应尽可能做到可达、可检、可修,以便在飞机的使用寿命期内,对其腐蚀情况进行监控;

➢ 对于不可达零件,应从设计、选材和防护系统的选用等方面综合权衡,保证在使用寿命期内不会发生必须修理的腐蚀;

➢ 对于可达、可检、可修的零件,要从经济性角度考虑防腐蚀费用和更换、维修费用,保证在维修间隔和使用寿命期内不会发生必须修理的腐蚀;

➢ 采用杜绝渗透,加强排水、通风等设计措施,改善结构的腐蚀环境。

2.4 关于无人机结构设计原则和要求的使用

前面就无人机结构设计的原则和要求,从结构设计的各个方面都做了阐述。由此可以看出,结构设计所要考虑的问题很多,涉及机械设计的各个方面。然而,在实际无人机结构设计中,在考虑设计原则和要求时,可以根据所要研制无人机的功能、特点及总体研制要求,有所选择地考虑无人机结构设计的原则和要求,并不一定、也没必要做到面面俱到,能够满足无人机的研制要求即可。为此,需要设计人员具体情况具体分析,给出无人机结构设计具有针对性的相应的技术方案。

习 题

1. 试说明无人机结构设计的主要依据,以及不同依据间的关系。
2. 简述无人机结构设计的强度和刚度要求。
3. 简要分析说明无人机结构疲劳寿命的设计要求问题。

参考文献

[1] 郦正能.飞行器结构学.北京：北京航空航天大学出版社,2010.

[2] 奥斯汀.无人机系统——设计、开发与应用.陈自力,董海瑞,江涛,译.北京：国防工业出版社,2013.

[3] 王志瑾.飞机结构设计.北京：国防工业出版社,2004.

[4] 余旭东.飞行器结构设计.西安：西北工业大学出版社,2010.

[5] 何景武,范曼华,张晓鸥.关于无人机结构设计技术的讨论.国际航空,2006(9)：187-193.

第3章 无人机载荷设计分析

3.1 无人机外载荷

无人机结构受到的外载荷的大小和特性是结构布局与结构元件(含零件与构件)尺寸设计的基本依据。无人机结构所受到的外载荷按照无人机强度刚度规范和设计要求,通过分析计算或风洞试验给出。无人机结构各零部件的载荷主要由分析计算得到。无人机结构的载荷特性主要取决于无人机的使用情况、结构设计准则和强度要求。

在结构设计时必须明确结构的受力特性,即需要明确结构所受的外载是静载还是动载、是集中力还是分布力;是否需要考虑寿命要求、刚度要求、破损安全要求和损伤容限要求;是否要考虑气动弹性问题、热强度刚度等问题。

无人机的外载荷是指无人机在起飞、飞行、着陆和地面滑行等使用过程中,作用在机体各部分上的气动力、质量力(含重力和惯性力)和地面反力等外力的总称。外载荷的大小取决于无人机的重量、飞行性能要求、外形的气动力特性、起落架的减震特性以及使用情况等许多因素。在无人机结构设计中,选定各结构件的剖面尺寸时,必须先确定它所承受的载荷;而结构件的载荷,要根据无人机外载荷的设计情况来决定。因此,无人机的外载荷及强度规范是结构设计、强度计算的重要依据。

无人机结构在使用过程中应考虑的外载荷有:

① 无人机在大气中运动时所受到的空气动力。

② 与无人机的质量 m 有关的质量力,即无人机的重力 mg(g 为重力加速度)和分别由法向加速度 a_n 和切向加速度 a_τ 决定的惯性力 ma_n 和 ma_τ。质量力是与质量 m 成正比例,并按结构整个体积分布的。

③ 起飞(或发射)和着陆(或回收、水面溅落)时受到空气动力和冲击载荷。

④ 无人机推进系统所作用的载荷。

⑤ 大气中的水平阵风和垂直阵风引起的载荷。

⑥ 运载或运输过程中运载装置作用于无人机上的载荷。

⑦ 在大气层中高速飞行时产生的气动加热温度载荷。

⑧ 飞鸟和陨石等外来物的撞击载荷。

⑨ 无人机地面维护载荷。

⑩ 无人机失事或迫降情况的非正常载荷。

以无人机在垂直平面内做曲线飞行为例,介绍作用于无人机上的力,如图 3-1 所示。无人机在飞行过程中,外界作用于无人机的载荷主要有:升力 L、阻力 D、发动机推力 F、无人机重力 G 以及惯性力 ma_n 和 ma_τ。将与质量无关的外力用其合力 R_{bi} 表示,而质量力用其合力 R_m 表示。在质心处合力平衡为

$$R_{bi}=R_m \tag{3-1}$$

按作用方式,载荷主要分为集中载荷和分布载荷。集中载荷是指集中作用于一点上的载

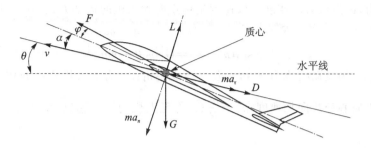

图 3-1　在垂直面内曲线飞行中作用于无人机上的外力

荷。分布载荷是指作用于一个面积或长度上的载荷。如果分布载荷的作用面积相对较小,可以把它近似看作是集中载荷,这样在实际中可使问题简化。例如,吊装在机翼上的发动机对机翼的载荷可认为是集中载荷。

　　按载荷作用于构件的性质不同,载荷可分为静载荷和动载荷。如果载荷是逐渐加到构件上去的,或者载荷加到构件上后,它的大小和方向不变或变化很小,此载荷叫做静载荷。例如,无人机停放时起落架所承受的载荷就是一种静载荷;千斤顶顶无人机时,所承受的载荷是逐渐增大的,它也属于静载荷。如果载荷是突然加到构件上去的,或者载荷加到构件上后,它的大小和方向(或其一)有显著变化,即载荷的大小或方向随时间有显著的变化,这样的载荷就称为动载荷。如无人机着陆时起落架所受到的地面撞击力,无人机着陆滑跑时因为跑道不平而使各部分承受的力,都属于动载荷。

3.2　过载和过载系数

　　在讨论作用在无人机及其部件上的载荷大小时,通常用一个无量纲量——过载或叫过载系数(也称载荷因数)n 表示。无人机的过载系数 n 定义为作用在无人机上的表面力的合力 $\boldsymbol{R}_{bi}$ 与无人机重力 G 之比,即

$$n = \frac{\boldsymbol{R}_{bi}}{\|G\|} \qquad (3-2)$$

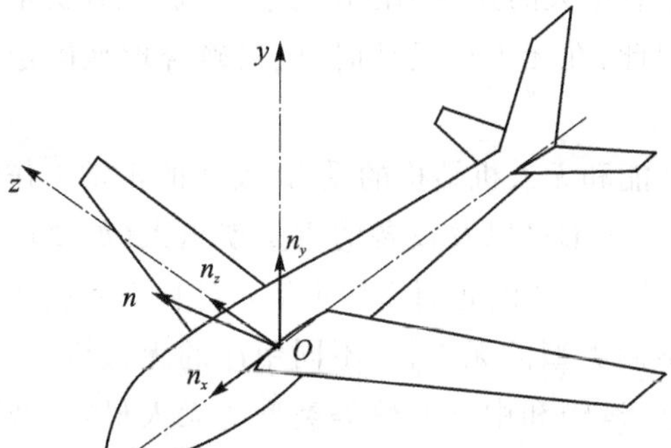

　　过载 n 是矢量,它的方向与表面力的合力 $\boldsymbol{R}_{bi}$ 方向一致,并且在一般情况下它的方向与机体坐标系各轴不一致。如图 3-2 所示,机体坐标轴为:x 轴沿机体轴线,y 轴向上并垂直水平面,z 轴按右手定则并垂直 Oxy 面。n 在机体坐标轴上的投影分别为 n_x、n_y 和 n_z,则

$$n = \sqrt{n_x^2 + n_y^2 + n_z^2} \qquad (3-3)$$

式中:n 为无人机质心的总过载。

　　无人机在垂直平面内做曲线飞行是一种常见的飞行状态,无人机上作用的升力为 L,阻力为 D,发动机推力为 F。无人机质量 $m = G/g$,

图 3-2　无人机主坐标轴方向的过载系数

G 为无人机重力，g 为重力加速度。取速度坐标系时无人机的运动方程为（见图 3-1）

$$
\left.
\begin{aligned}
F\cos(\alpha+\varphi)-D &= G\sin\theta+ma_\tau \\
L+F\sin(\alpha+\varphi) &= G\cos\theta+ma_n
\end{aligned}
\right\}
\tag{3-4}
$$

式中：α 为迎角；φ 为发动机推力 F 和无人机轴线夹角；a_τ 为无人机质心处切向加速度，$a_\tau=\dfrac{\mathrm{d}v}{\mathrm{d}t}$；$a_n$ 为无人机质心处法向加速度，$a_n=\dfrac{v^2}{R}$（v 为无人机的飞行速度，R 为无人机运动轨迹的曲率半径）。

将式（3-4）除以 G 得

$$
\left.
\begin{aligned}
n_{x0} &= \frac{F\cos(\alpha+\varphi)-D}{G}=\sin\theta+\frac{1}{g}\cdot\frac{\mathrm{d}v}{\mathrm{d}t} \\
n_{y0} &= \frac{L+F\sin(\alpha+\varphi)}{G}=\cos\theta+\frac{1}{g}\cdot\frac{v^2}{R}
\end{aligned}
\right\}
\tag{3-5}
$$

当以机体坐标系表示过载时，则有

$$
\left.
\begin{aligned}
n_x &= n_{x0}\cos\alpha+n_{y0}\sin\alpha \\
n_y &= n_{y0}\cos\alpha-n_{x0}\sin\alpha
\end{aligned}
\right\}
\tag{3-6}
$$

当 α 和 φ 角很小并有侧向力时，过载沿各主轴分量 n_x、n_y、n_z 分别为

$$
\left.
\begin{aligned}
n_x &= \frac{F-D}{G}=\sin\theta+\frac{1}{g}\cdot\frac{\mathrm{d}v}{\mathrm{d}t} \\
n_y &= \frac{L}{G}=\cos\theta+\frac{1}{g}\cdot\frac{v^2}{R} \\
n_z &= \frac{C}{G}
\end{aligned}
\right\}
\tag{3-7}
$$

由式（3-7）可知，过载 n_x 决定了沿轨迹的加速度值 a_τ，并且它不可能超过无人机的推重比 F/G。当采用阻力板或反推力装置时，过载 n_x 可能是负值。过载 n_y 决定无人机的机动性。无人机在侧滑飞行时，$C>0$，则 $n_z>0$。这里 C 为无人机的侧向力。

无人机的过载系数是无人机设计时的重要原始参数。一般来说，在中高空过载系数愈大，无人机的机动性愈好。也就是说，过载系数可以作为无人机的重要指标。但过载系数愈大，就要求无人机能提供更大的升力或推力，并且结构能有更大的强度和刚度，这将引起无人机重量的相应增加，反过来又会影响无人机的机动性。因此，在无人机设计时，应正确合理地确定过载系数。

无人机过载系数的选取与无人机战术、技术性能和无人机结构的受力、设备的正常工作等有很大关系。载荷系数越大，结构受力就越大，结构的重量以及设备的重量就越大（如要产生一定数值的载荷系数，必须有相当大的剩余推力，动力装置因此而增加重量），各种设备就要在很大的惯性力下工作，对设备的要求就要提高。不同类型的无人机、不同用途的无人机，其过载系数的要求是不一样的。一般情况下，对于侦察、运输和中继通信等类型的无人机，过载要求不高，根据实际情况可取 1.5~3.5；对于无人战斗机、无人攻击机等一些机动性要求高的无人机，其过载系数要大一些，可以取 7~10，有时还可能更大一些，最大过载系数甚至可以超过 20。

3.3　无人机典型飞行情况及对称机动飞行包线

3.3.1　等速平飞

无人机作水平直线等速飞行情况如图 3-3 所示。无人机上所受载荷处于静平衡状态,无人机无任何方向的加速度,此时外载荷的特点是升力等于重力,推力等于阻力,即

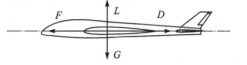

$$L = G = mg \qquad (3-8)$$
$$F = D \qquad (3-9)$$

过载系数

$$n_y = \frac{L}{G} = 1 \qquad (3-10)$$

图 3-3　水平直线等速飞行情况

3.3.2　俯冲拉起

无人机在垂直水平面内做曲线机动飞行是军用无人机的主要机动飞行情况。俯冲拉起是严重的机动飞行情况之一,如图 3-4 所示。此时,作用在无人机上的外载荷有 L、F、D、G 和离心惯性力 N_y。设无人机的速度为 v,航迹的曲率半径为 R,则法向(Oy 向)加速度为

$$a_y = \frac{v^2}{R} \qquad (3-11)$$

离心惯性力为

$$N_y = -ma_y = -\frac{G}{g} \cdot \frac{v^2}{R} \qquad (3-12)$$

将这些力投影到升力的方向,得到动平衡方程式,即

$$L = G\cos\theta + \frac{G}{g} \cdot \frac{v^2}{R} = G\left(\cos\theta + \frac{v^2}{gR}\right) \qquad (3-13)$$

用过载系数 n_y 表示 L/G,则

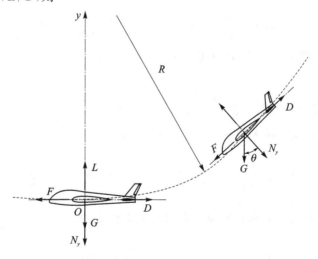

图 3-4　无人机俯冲后拉起时的受载情况

$$n_y = \frac{L}{G} = \cos\theta + \frac{v^2}{gR} \tag{3-14}$$

由式(3-14)可知,当做曲线飞行时,升力在经常变化中,过载系数也不断变化,无人机的机动动作越剧烈,所需的升力就越大,过载系数 n_y 值也较大。

3.3.3 进入俯冲

如图 3-5 所示为无人机进入俯冲的情况,无人机在此情况下 y 轴方向平衡方程为

$$L = G\cos\theta - \frac{G}{g} \cdot \frac{v^2}{R} \tag{3-15}$$

$$n_y = \frac{L}{G} = \cos\theta - \frac{v^2}{gR} \tag{3-16}$$

根据进入俯冲时情况不同,即当 v 和 R 为不同情况时,n_y 可能为正,也可能为负或为零。

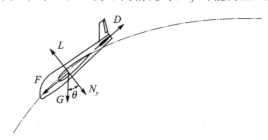

图 3-5 进入俯冲情况

【例 3-1】 无人机进入俯冲(见图 3-5)时,求下列情况的过载系数 n_y。

(1)已知飞行速度 $v=82.44$ m/s,$R=800$ m,$\theta=30°$。

解:

$$n_y = \cos\theta - \frac{v^2}{gR} = \cos 30° - \frac{82.44^2}{9.81 \times 800} \approx 0$$

(2)已知飞行速度 $v=96.27$ m/s,$R=800$ m,$\theta=30°$。

解:

$$n_y = \cos\theta - \frac{v^2}{gR} = \cos 30° - \frac{96.27^2}{9.81 \times 800} \approx -0.315$$

(3)已知飞行速度 $v=96.27$ m/s,$R=800$ m,$\theta=0°$。

解:

$$n_y = \cos\theta - \frac{v^2}{gR} = \cos 0° - \frac{96.27^2}{9.81 \times 800} \approx -0.181$$

由以上计算可知,飞行进入俯冲时速度 v、航迹角 θ 等的不同,引起的过载系数 n_y 也不同。

3.3.4 垂直俯冲

如图 3-6 所示为无人机垂直俯冲时作用在无人机上的外力,此时,

$$L = 0 \tag{3-17}$$

$$n_y = 0 \tag{3-18}$$

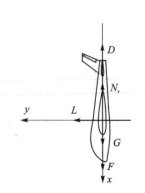

图 3-6 无人机垂直俯冲的情况

但由图 3-6 可知在 x 方向可能存在过载，即

$$n_x = \frac{F-D}{G} = \frac{N_x-G}{G} \tag{3-19}$$

如果无人机在发动机推力 F 为零的状态下进行垂直俯冲，略去空气阻力 D，此时，$n_y = 0$，即相当于自由坠落的失重情况。

3.3.5　等速水平盘旋

如图 3-7 所示为无人机做等速水平盘旋时所受的载荷。无人机在水平面内做曲线飞行一般靠无人机倾斜 γ 角，由升力 L 的水平分量 $L\sin\gamma$ 使轨迹改变。在无侧滑（$C=0$）、高度不变、以恒定速度（$F=D$）等速水平盘旋时，n_z 和 n_x 将等于零。由 $L\cos\gamma=G$ 和 $n_y=L/G$ 条件得到

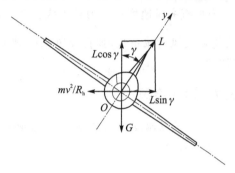

$$n_y = \frac{1}{\cos\gamma} \tag{3-20}$$

盘旋时的离心力 mv^2/R_h 与升力的分量 $L\sin\gamma$ 平衡，R_h 为盘旋半径。由此可得到

$$R_h = \frac{v^2}{g\sqrt{n_y^2-1}} \tag{3-21}$$

图 3-7　等速水平盘旋情况

盘旋的过载 n_y 越大，当 v 为常数时，R_h 值越小，转弯角速度 $\omega=v/R_h$ 值就越大，即无人机的机动性也就越高。

盘旋时水平方向的过载 n_h 为

$$n_h = n_y\sin\gamma = \frac{L\sin\gamma}{G} \tag{3-22}$$

等速水平盘旋是无人机的主要机动飞行之一，当飞行速度增大时，如做小半径盘旋，则需要用大迎角飞行以产生大的升力，从而产生较大的升力的水平分量 $L\sin\gamma$ 与盘旋所产生的离心惯性力平衡，很明显需要大的倾斜角，此时将产生相当大的过载。同时，升力增加引起阻力增加，故需要增大推力。

3.3.6　垂直突风

如图 3-8 所示为平飞时的垂直突风情况示意图。垂直突风是各种方向突风中最严重的情况。此时机翼上的升力增量为

$$\Delta L = K\Delta C_L Sq \quad (\text{运动坐标系}) \tag{3-23}$$

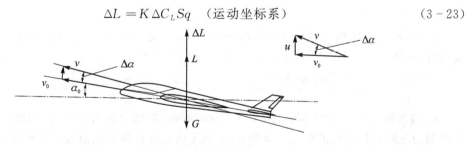

图 3-8　垂直突风情况

因为 $\Delta C_L = C_L^\alpha \Delta\alpha$，$\Delta\alpha = \dfrac{u}{v_0}$，$q = \dfrac{1}{2}\rho_H v_0^2$，故

$$\Delta L = KC_L^\alpha \frac{u}{v_0} S \frac{1}{2}\rho_H v_0^2 = KC_L^\alpha \frac{\rho_H u v_0}{2} S \tag{3-24}$$

于是

$$n_y = \frac{L_0 \pm \Delta L}{G} = 1 \pm KC_L^\alpha \frac{\rho_H u v_0}{2P} \quad (\text{运动坐标系}) \tag{3-25}$$

式中：ΔC_L 为升力系数增量；$\Delta\alpha$ 为迎角增量；v_0 为无人机原平飞速度；L_0 为无人机原平飞升力；u 为垂直突风速度；C_L^α 为升力线斜率；ρ_H 为飞行高度 H 上的空气密度；$P = \dfrac{G}{S}$ 为翼载荷；K 为垂直突风衰减系数，垂直突风来得越突然（扰动气流影响区越小），v_0 越大，K 值就越接近于"1"。

3.3.7 水平突风

当无人机以速度 v 水平飞行时，在某一瞬间遇到迎面而来的水平突风 u，升力便有一个增量，其总升力为

$$L = C_L \cdot S \cdot \frac{1}{2}\rho_H (v+u)^2 \tag{3-26}$$

相应的过载为

$$n_y = \frac{L}{G} = \frac{(u+v)^2}{v^2} = \left(1 + \frac{u}{v}\right)^2 \approx 1 + \frac{2u}{v} \tag{3-27}$$

即使水平突风非常强烈，u/v 也不会超过 0.15，因此由水平突风引起的过载增量不大（总过载不会大于 1.3～1.5），对强度影响很小，可以不考虑。

3.3.8 考虑飞机转动时的过载

无人机在空中飞行时，通常既有平移运动，又有旋转运动。这里所说的旋转运动，是指无人机绕自身坐标轴的转动运动。若飞机在飞行当中操纵副翼，则飞机就会产生绕飞机纵轴（x 轴）的旋转运动（即滚转运动）；若飞机在飞行当中，操纵升降舵，则无人机就会产生在对称平面内的曲线运动；若飞机在对称面内做曲线运动，则平尾上会产生使飞机作机动的载荷 P，使飞机产生绕 z 轴的旋转角速度 ω_z 和角加速度 $\dot{\omega}_z$。

考虑距重心 x_i 处，有一物体，重力为 G_i，该点处 y 向线加速度增量为

$$\Delta a = \dot{\omega}_z \cdot x_i \tag{3-28}$$

则在 i 点处 y 向的总加速度为

$$a_i = a_n + \Delta a = a_n + \dot{\omega}_z \cdot x_i \tag{3-29}$$

这样，x_i 处物体所受的惯性力为 $G_i\cos\theta + ma_i$（见图 3-9(b)）。所以，可得出 i 点处的过载系数 n_i 为

$$n_i = \frac{G_i\cos\theta + ma_i}{G_i} = \cos\theta + \frac{a_n}{g} + \frac{\dot{\omega}_z \cdot x_i}{g} = n_y + \frac{\dot{\omega}_z}{g}x_i \tag{3-30}$$

n_i 随飞机各处 x_i 的不同而不同。x_i 有正有负，附加力矩有方向性，因此，旋转惯性力及其附加的旋转过载也有正有负。也就是说，当飞机有绕自身坐标轴做加速转动运动时，无人机机体各处的过载，在大小和方向上将会是不一样的，这一点要加以注意。

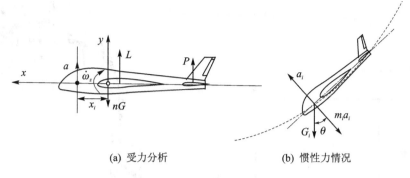

(a) 受力分析　　　　(b) 惯性力情况

图 3 - 9　考虑飞机转动时的过载情况

3.3.9　对称机动飞行包线

上一小节我们对无人机飞行情况的分析,实际上就是给出了飞行包线图($n_y - v_{dl}$),这里 n_y 是无人机的载荷系数;v_{dl} 是当量速度。

飞行包线用当量速度 v_{dl} 作为参考,是因为载荷大小不能单纯依靠 v 来判断,还要考虑飞行高度 H 的影响。由 $L = C_y \dfrac{1}{2}\rho v^2 S$ 可知,高空 ρ 小,当以较大 v 飞行时,气动载荷的大小实际上是综合了 v 和 H 两个因素的影响。

不同高度以不同速度飞行的两种情况,如果速压相同,则这两种情况对于载荷来说并无区别。在强度计算中,通常将各高度上的飞行速度 v 按速压相等原则折算成海平面的飞行速度,并称之为当量速度 v_{dl}。所以

$$v_{dl} = v \sqrt{\frac{\rho_H}{\rho_0}} \tag{3-31}$$

式中:v 为真空速度,即无人机相对于周围没有扰动的大气速度;ρ_H 为高度 H 处的空气密度;ρ_0 为海平面的空气密度。

可见,用 v_{dl} 来分析气动载荷,与 q 一样,反映了 v 和 H 两个因素的影响。

为了保证结构所受载荷不超过规定值,必须对 q 实行限制。有了当量速度的概念之后,只需对当量速度实行限制即可。

无人机只限于在飞行包线范围内飞行,超出飞行包线范围则有可能发生危险,甚至造成事故。如图 3-10 所示为某一高度上对称机动飞行的包线图。

飞行包线是根据无人机的飞行性能、操纵性、稳定性、战术技术要求、结构强度来确定的。设计飞行包线准则的目标是为在包线内和包线上的任一飞行状态提供一个可接受的强度水平。

下面结合图 3-10 和图 3-11 简单介绍飞行包线的设计意义。

首先,由于机动性、强度及其他条件的限制要求,无人机设计一开始就规定了最大过载系数 n_{max} 和最小过载系数 n_{min},因此机动飞行的载荷系数被限制在 n_{max}(水平线 AB)和 n_{min}(水平线 ED)之间。

第二,飞行速压 q 也是受限制的。例如俯冲时最大速压不能超过最大允许速压 $q_{max,max}$。但是 $q_{max,max}$ 的值过大,会使结构的重量增加,从而影响无人机性能。与 $q_{max,max}$ 对应的速度为 $v_{max,max}$,所以直线 BC 段即表示设计规定的极限速度。

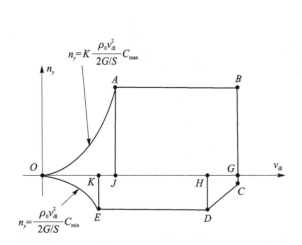

图 3-10　无人机对称机动飞行包线

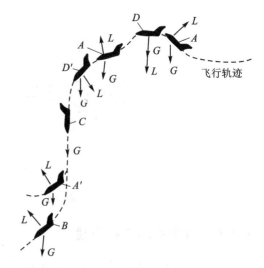

图 3-11　与飞行包线相应的飞行状态

无人机的最大速压 q_{max} 对应于无人机设计要求中所给定的某一高度上的最大平飞速度 v_{max}，无人机在从某一高度大速度平飞转入下滑俯冲或其他飞行过程中，很可能突破 q_{max} 值，而 $q_{max,max}$ 就是对这些飞行情况的限制值。

$$q_{max,max} = K q_{max} \qquad (3-32)$$

第三，无人机升力系数 C_L 限制在 $C_{L,max}$ 和 $C_{L,min}$ 之间，所以曲线 OA 为

$$n_y = K \frac{\rho_0 v_{dl}^2}{2G/S} C_{L,max} \qquad (3-33)$$

曲线 OE 为

$$n_y = \frac{\rho_0 v_{dl}^2}{2G/S} C_{L,min} \qquad (3-34)$$

上两式中，$C_{L,max}$、$C_{L,min}$、S、G 在设计论证阶段和外形选定后，就已确定下来，K 也是经过风洞试验所确定的参数。无人机的载荷系数受到上式的限制，但不能超过正、负载荷系数界限线。飞行包线图也可用其他形式或其他参数作为坐标画出，如图 3-11 所示，图中还表示了与飞行包线所对应的飞行状态。

3.4　突风过载飞行包线

突风对无人机的作用是一种外激励，会引起无人机迎角和运动的改变，并产生附加的气动力和惯性力。突风载荷是无人机结构强度设计的重要依据之一。

进行无人机突风载荷分析，可参照中国民航条例第 25 部和第 23 部的相关规定。规定中给出的突风飞行包线（见图 3-12），规定了三种不同速度下遇到的突风飞行包线，规定了三种不同速度下遇到的突风速度，如表 3-1 所列。

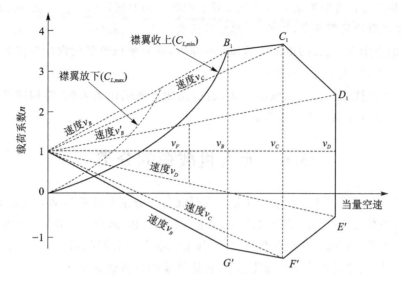

图 3-12　突风载荷包线

表 3-1　三种不同速度、两种高度下遇到的突风速度

速度/(m·s⁻¹)　　　高度/m	0～6 098	6 098～15 245
低速 v_B	±20.1	按线性减到 11.57
中速 v_C	±15.25	按线性减到 7.625
高速 v_D	±7.62	按线性减到 3.81

在图 3-12 和表 3-1 中：

v_B——对应最大突风强度的设计速度。v_B 应大于最大升力系数 $C_{L,\max}$ 曲线和强突风速度线在 v-n 图上交点相对应的速度，或大于失速速度 v_{SI}。

v_C——设计巡航速度。v_C 应大于 v_B+22.12 m/s，并且 v_C 限制在某一选定的 Ma 上，小于 $0.8v_D$。

v_D——设计俯冲速度。

v_F——设计襟翼速度。v_F 应大于各相应阶段的使用速度，并且 v_F 应大于 $1.6v_{SI}$。

图 3-12 中 E' 情况到 G' 情况之间呈线性关系变化。

3.5　无人机载荷的弹性修正

无人机在飞行过程中，结构在载荷的作用下会产生弹性变形，由此将导致无人机的外形产生一定的变化。这种弹性变形会使飞行中的无人机的载荷也随之产生变化。因此，对于使用中弹性变形相对较大的无人机，在进行气动载荷分析的时候，应考虑结构弹性变形对无人机载荷的影响，也就是要对气动载荷进行弹性修正。

例如,结构的弹性变形通常会造成机翼延展向各切面的扭转角产生变化,而扭转角的变化相当于改变了机翼的局部攻角,如此,必然导致机翼上的气动载荷产生变化。对于后掠翼无人机,在外载荷的作用下,机翼的扭转变形和弯曲变形,都会使机翼延展向顺气流各切面的扭转角产生变化,所以,问题相对会更加突出。

对于使用中弹性变形相对比较小的无人机,比如小展弦比无人机、结构刚度较强的无人机,可以考虑不进行气动载荷的弹性修正。

3.6 无人机载荷的分类

无人机的载荷可按图3-13进行区分。飞行载荷部分主要涉及气动力这部分,也就是与飞机的飞行有关系的载荷。而地面载荷,主要指与着陆过程、地面维护及采用地面发射或回收有关的载荷。除了飞行载荷与地面载荷之外,其余的载荷部分都归到其他载荷部分里,比如:操纵机构载荷、固定发动机的支架载荷、无人机运输装卸时的载荷等。

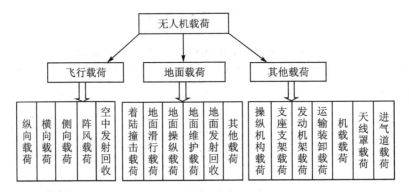

图3-13 无人机载荷的划分

对于飞行载荷、地面载荷和其他载荷,还可根据所设计的无人机的实际情况和要求进一步进行区分。

3.7 无人机载荷设计分析的流程

在无人机载荷的设计当中,首先是要确定载荷设计的依据。就是说,依据什么进行载荷设计工作。通常,进行一款无人机的设计及研制,必然要有研制合同,或者是研制总要求之类的顶层文件。那么,就可以根据研制合同的要求来分析确定该款无人机的载荷设计要求。依据研制合同,首先要制定无人机的总体设计方案。这个总体设计方案也就是研制合同的具体反映,因此,也就可以按照总体设计方案确定无人机载荷设计分析工作的具体方案。除了依据研制合同确定无人机载荷设计工作外,《无人机强度和刚度规范》(GJB 5435—2005)也是无人机载荷设计分析的重要依据。

《无人机强度和刚度规范》对无人机的载荷问题有明确的要求和说明,亦可依此来进行无人机载荷分析、确定。同时在无人机载荷设计分析中,亦可参考其他飞行器的强度规范和有关的设计手册,比如:《直升机强度规范》《导弹强度刚度规范》、《中国民用航空规章》第25部、第

23 部,以及《飞机载荷设计指南》、《飞机起落架强度设计指南》、《飞机设计手册》(第 9 册)等。当然,在进行无人机载荷设计分析方面,也可以参考以往无人机的设计资料、有关的专业书籍及文献。

在无人机设计、研制过程中,无人机载荷的分析确定是一项十分关键的工作,它关系到无人机设计的好坏与成败。载荷的设计工作在无人机研制中是一个反复迭代的过程,一般要进行三轮的分析计算,也可根据实际情况增加或减少设计的轮次。这三轮的载荷分析计算分别是:方案设计阶段的载荷计算、打样设计阶段的载荷计算和详细设计阶段的载荷计算。三轮载荷分析计算对应的飞机设计状况如表 3 - 2 所列。

表 3 - 2　三轮载荷分析计算对应的飞机设计状况

飞机状态及数据	方案设计	打样设计	详细设计
总体数据,包括外形尺寸、主结构布置方案	基本确定	确定	明确确定
飞机性能要求、使用要求、飞行包线	基本确定	确定	明确确定
气动数据,主要是气动导数	初步确定	基本确定	明确确定
质量数据,含全机及各部件、成品、装载的重量重心、转动惯量	初步确定,可以先不考虑质量分布	基本确定	确定
操纵面要求	有明确要求	基本确定	确定
结构弹性影响	可以不考虑	初步考虑	要考虑

对于无人机载荷分析计算的要求包括:

① 设计载荷一定要能够反映出无人机的实际使用情况;

② 设计载荷一定要具有代表性;

③ 设计载荷要考虑周全,不允许遗漏严重的和可能的设计情况;

④ 要考虑载荷分析、计算和试验的不准确性;

⑤ 要在充分分析、研究的基础上,确定安全系数;

⑥ 要充分考虑飞机各零部件、结构部位,特别是关键、危险部位的零部件或严重载荷的分析、确定及选取;

⑦ 对意外的、非设计包线范围内的可能的载荷情况应给予适当的考虑;

⑧ 要考虑载荷的弹性修正问题。

无人机载荷分析的范围应考虑,无人机的各种构型布局(包括燃油布局和外挂组合方式);飞行包线(包括速度-高度、速度-过载包线)范围内的不同点;不同的机动飞行情况,如俯仰、滚转和偏航机动,突风,外挂物投放,着陆,滑行等。也就是说,要在无人机的实际飞行使用、维护维修的范围内,寻找设计载荷的情况和状态。在设计载荷确定的问题上,要特别注意关键、重要的结构件,结构部位的受载情况;要关注无人机结构在某种方式的载荷情况下内力最大,或具有高应力等情况。载荷分析设计的最终目的,就是要给出该型号无人机在全寿命周期内可能出现的所有载荷情况中可能出现的最为严重的载荷情况,以及对应该严重载荷情况的所有相关设计参数。载荷分析最终给出的结果应包括,全机及部件的设计载荷情况,以及该设计载荷情况所对应的无人机的状态及相关设计参数。

无人机载荷分析计算步骤可参考图 3-14。

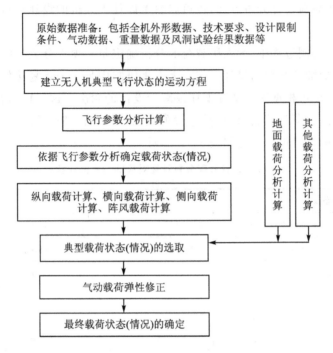

图 3-14 无人机载荷分析流程

习 题

1. 什么是过载系数？作出俯冲拉起状态时无人机上作用外力示意图。

2. 什么是飞行包线？其有何物理意义？

3. 如图 3-15 所示，无人机进入俯冲，已知此时 $\theta=45°$，无人机运动轨迹曲率半径 $r=1\,000$ m，测得无人机的 $n_y=0$，求此时无人机的飞行速度。

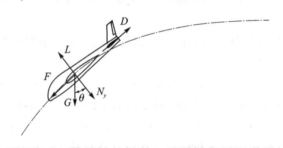

图 3-15 习题 3 用图

4. 叙述一下无人机载荷设计的流程。

参考文献

[1] 郦正能,等.飞行器结构学.北京：北京航空航天大学出版社,2005.

[2] 《飞机设计手册》总编委会.飞机设计手册：第 9 册.北京：航空工业出版社,2001.

[3] 陶梅珍,等.现代飞机结构综合设计.西安：西北工业大学出版社,2014.

[4] 王志瑾,姚卫星.飞机结构设计.北京：国防工业出版社,2010.

[5] 闫晓鹏,武瑛.材料力学.北京：清华大学出版社,2013.

第4章 无人机结构总体设计

4.1 无人机结构设计思想

飞机结构设计思想是保证飞机结构安全的指导思想,源于飞机的发展需求和使用实践,对飞机不断提出更高更新的要求,促使飞机结构设计思想不断发展和演变。同时飞机结构设计思想也受到科技水平和生产力水平的制约。最早的无人驾驶飞机可以追溯到20世纪20年代前后,其结构设计思想同有人机相比还是有一定差异的。因此,不宜直接将民用、军用等方面的有人机结构设计思想直接照搬到无人机设计过程中,而必须根据无人机研制的具体要求和特点进行设计和研制。当然无人机与有人机在结构设计中也存在许多共性,在无人机结构设计过程中有必要参考有人机多年的研制经验和成熟的研制技术,在满足战术技术要求的前提下,设计出经济的、合理的无人机结构。

据统计,在有人驾驶的战斗机上,飞行员的体重占飞机有效载重的15%,与飞行员相关的救生系统、座舱环控系统、氧气冷气系统和电子支援系统等也占据了飞机相当部分的重量。对于无人机,则不需要这些系统和装备,或可以适当进行减免。这样,飞机结构就会省出很多空间,结构的布局和机载设备的安排就可以重新考虑。由于不需要考虑飞行员的生理要求,无人机结构在设计时可以根据需要放宽一些限制,包括:速度、高度、过载、航时等,机动性能也可以进行较大幅度的提高。同时无人机上也不需要座舱及相关设备,这样就可以缩小飞机的外形尺寸。

同有人机设计一样,无人机结构设计必须满足强度和刚度要求。按静强度设计,通常采用设计载荷法,即设计载荷为使用载荷乘以安全系数。静强度设计准则为结构的强度 P_u 大于此结构所受的载荷时,结构安全,反之此结构失效。此准则的表达式如下:

$$P_d = fP_e \tag{4-1}$$

$$P_u \geqslant P_d \tag{4-2}$$

式中:P_d 为结构设计载荷;P_e 为结构使用载荷;P_u 为结构极限载荷;f 为安全系数。

为补偿由于外载荷计算、分析计算方法、材料特性等一系列不确定因素造成的误差,保证结构承载能力,结构设计时采用大于1的安全系数。由于无人机重量的苛刻要求,各部件、构件受力大小及重要程度也有所不一,所以结构各零部件的安全系数的选取也不尽相同。多数结构件的安全系数可考虑在 $f=1.2\sim1.35$ 的范围内选取。具体安全系数的选取可参考《无人机强度和刚度设计规范》的相关规定。

也可用元件极限应力大于或等于设计应力作为设计准则,即

$$[\sigma] \geqslant \sigma_d \tag{4-3}$$

式中:$[\sigma]$ 为极限应力,当元件受拉时为材料抗拉极限应力(抗拉强度 σ_b),当元件受压时为抗压临界应力;$[\sigma]$ 也可以视为材料的许用应力,即允许零件或构件承受的最大应力值。σ_d 为由设计载荷引起的元件应力。

早期材料强度较低时,式(4-2)为静强度设计准则。随着材料强度不断提高,在结构受压

的情况下,结构稳定性性能远低于受压强度。所以要对结构元件的抗失稳能力提出要求,即要求无人机,尤其是高速无人机,其结构在使用载荷作用下不允许失稳,则有

$$\sigma_u \leqslant [\sigma]_{cr} \tag{4-4}$$

式中:$[\sigma]_{cr}$ 为受压时的失稳临界应力;σ_u 为受压极限应力(对应极限载荷)。

对于低速无人机的结构失稳要求,可适当放宽。但对于无人机主承力结构和关键、重要的结构件,应该不允许产生失稳现象。

随着飞机飞行速度和战术技术性能要求的提高,飞机机翼采用薄翼型和后掠翼,气动弹性问题变得突出。因此要求飞机结构不仅要有足够的静强度,还应有足够的刚度;不仅要避免结构出现危险的振动,还要保证结构不出现过大变形而影响飞机的功能和性能。为此研究人员提出了结构刚度设计准则,即

$$\delta \leqslant [\delta] \tag{4-5}$$

式中:δ 为结构在设计载荷下的变形量;$[\delta]$ 为结构容许的变形量。

对气动弹性问题提出的刚度要求,其表达式为

$$fV_{max} \leqslant V_{cr} \tag{4-6}$$

式中:V_{max} 为飞机最大飞行速度;V_{cr} 为飞机的临界颤振速度。

通常,对于中小型无人机,在无特别需要的情况下,应主要通过分析计算和必要的地面试验来保证无人机的结构强度和刚度;对于大型无人机,在进行分析计算的基础上,还应通过一些地面试验和必要的飞行试验来验证无人机的结构强度和刚度。

随着飞机性能的提高、使用寿命的延长、新结构形式和高强度材料的采用,飞机结构在使用中疲劳破坏和安全可靠之间的矛盾逐渐暴露。据统计,从 1948—1965 年间,仅英、美两国就陆续发生 20 余次因疲劳强度不够而造成的重大事故。事后大量分析研究表明,只按静强度和刚度设计并不能保障飞机结构的安全,必须考虑结构的疲劳寿命问题。为此,明确了疲劳设计原则,即"安全寿命"设计原则。其设计准则为

$$N_e \leqslant N_s = N_{ex}/n_f \tag{4-7}$$

式中:N_e 为飞机实际使用寿命;N_s 为飞机结构安全寿命;N_{ex} 为结构疲劳试验寿命;n_f 为疲劳分散系数,一般取 4。

在无人机结构设计中应贯彻疲劳设计思想,特别是主要承力件和疲劳结构件,在细节上提高结构抵抗疲劳破坏的能力,如可采用强化钉孔表面、减少应力集中等方法。在设计选用材料的许用强度值时,也应考虑疲劳载荷和持续振动对材料强度的影响。

在 20 世纪 70 年代初的几年中,按照疲劳安全寿命设计的多种美国空军的飞机出现了一些典型的疲劳断裂事故,如表 4-1 所列。

表 4-1　典型飞机结构疲劳断裂事故

年　份	机　型	疲劳破坏情况	试验寿命/h	使用破坏寿命/h
1969	F-111	机翼枢轴接头板断裂	>40 000	约 100
1970	F-5A	机翼中部切面断裂	约 16 000	约 1 000
1972	KC-135	机翼蒙皮壁板断裂	—	—
1973	F-4	机翼机身连接接头下耳片断裂	>11 800	1 200

由表 4-1 可以看出,按照安全寿命设计的飞机并不安全,而且有可能会有较大的偏差。其中的原因,就是实际飞机结构在材料组成成分和性能上,并不是完美无缺的,再加上高强度

和超高强度合金的断裂韧性偏低。另外,飞机结构件在生产加工和使用过程中不可避免地会产生漏检和各种形式的损伤。这些都是导致结构后期使用过程中发生疲劳破坏的原因。因此,为保证飞机安全,又提出损伤容限和可靠性设计思想。损伤容限设计概念就是承认结构在使用之前就带有初始缺陷,但必须把这些缺陷或损伤在规定的未修使用期内的增长控制在一定范围内,在此期间,受损结构应满足规定的剩余强度要求,以保证飞机结构的安全性和可靠性,同时又不致使飞机结构过重。它有两种结构类型:一为缓慢裂纹扩展结构,二为破损安全结构。

对于无人机来说,其疲劳强度设计问题和损伤容限设计问题与有人机差别较大,主要差别体现在:一是无人机的使用方式,二是无人机事故(或损坏)的特点。因此在无人机结构疲劳强度的问题上,应结合所要设计的无人机的特点和功用,选择合适的疲劳强度设计思路,注意关键结构件和结构细节的设计,同时,也可以通过必要的检修和维护来解决一些疲劳强度设计问题。

无人机结构设计除了需增加结构安全性,保证可靠性等要求外,还需考虑维修性和经济性问题。使飞机结构在整个使用寿命期内结构强度、刚度、维形、保压和运动等功能可靠和维修最经济,使飞机经常处于良好的备用状态。尤其对民用无人机来说,其优先考虑的因素主要是经济性,要注意维修维护性能和经济性的关系。因此,在产品设计初期就应当进行相应的技术分析、技术论证、投入产出和经济性效果评估。

4.2　无人机结构设计基本内容

4.2.1　"结构"与"结构设计"的含义

无人机结构设计是无人机设计的主要内容。"结构"是工程上常用的术语,我们这里所指为有若干个零件相互连接的结合体,它能承受指定外载,并满足规定的强度、刚度、寿命等要求。只用以维持外形或仅供装饰用的元件可以不包括在结构内,譬如飞机表面(如机翼根部)整流包皮、旅客舱内装饰板等。

"结构设计"是指根据结构设计的原始条件,结合结构设计的基本要求,提出合理的设计方案以及进行具体细节考虑,绘制出结构图纸,在需要时还需编写相应的技术文件,以使生产单位能根据这些图纸和技术文件进行生产。

无人机的整个结构主要包括无人机的机身、机翼、尾翼、起落装置(发射回收装置)、操控装置等各飞机部件及各装置(系统)的结构部分。像机身这样一个大的结构称为部件结构。机身又可沿纵向分成几个大段,这样的一大段结构常称为组件结构。组件结构还可以分成小组件、构件等结构。零件为不需装配的基本单位,构件由很少的几个零件装配而成,零件与构件(零构件)也常称为结构元件。

4.2.2　无人机设计过程

一般把飞机设计分为概念设计阶段(Conceptual Design,亦可称为方案设计阶段)、初步设计阶段(Preliminary Design,亦可称为打样设计)、详细设计阶段(Detail Design)。飞机设计过程如图 4-1 所示。

无人机的结构设计,必须是在总体设计的基础上进行。因此,在进行无人机详细结构设计之前,需要对无人机总体设计做一个简要说明。总体设计主要包括概念(方案)设计和初步(打

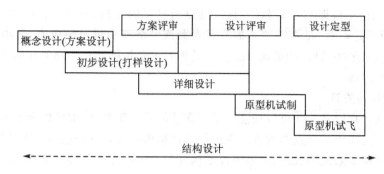

图 4-1　飞机设计过程

样)设计阶段的工作。无人机的总体设计主要包含(不限于)以下内容:

①确定无人机的三面图和总体布置图;

②确定机体结构部件的结构形式,包括发射回收装置(非轮式起降);

③确定无人机系统的主要设备及其安装的位置,包括电器设备、导航飞控设备、通信设备、发射回收设备、地面通信维护设备等;

④确定无人机系统的各功能系统和装置,包括燃油系统、滑油系统、电源供电系统、进排气系统、伺服液压系统、地面维护及综合保障系统、起飞(发射)及着陆(回收)装置等;

⑤进行无人机重量、重心特性计算;

⑥进行无人机隐身性能计算;

⑦进行气动性能和操纵安定性计算。

图 4-2 所示为无侦-5 型无人侦察机的总体布局。

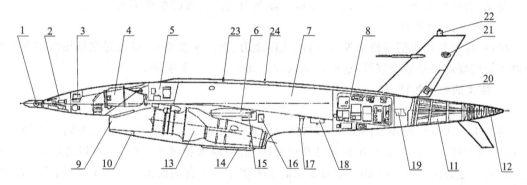

1—攻角传感器舱;2—多普勒雷达舱;3—高压电源舱;4—照相舱;5—变流机舱;6—机翼油箱;7—机身油箱;

8—控制设备舱(电子舱);9—进气道;10—滑油箱;11—主伞舱;12—减速伞舱;13—发动机;14—触地开关;

15—扰流片舵机;16—副翼舵机;17—应急放油口;18—倒飞油池;19—升降舵舵机;20—方向舵舵机;

21—磁罗盘;22—"测控标"天线;23—前吊环;24—后吊环

图 4-2　无侦-5 型无人机总体布局图

4.2.3　结构设计原始条件

进行飞机结构设计前必须把结构设计的原始条件分析清楚,主要包括以下几点:

1. 结构外载荷以及对结构受力特性的要求

飞机结构必须保证在所受外载荷下有足够的强度、刚度、寿命和高可靠性,因此首先必须确定结构的外载荷。根据对外载荷的形式、特点所进行的分析,来对结构提出受力特性的要求,例如是静载还是动载,是否需要考虑疲劳寿命或经济寿命以及热应力、热刚度和振动等。结构特性还包括对某些结构,如机翼、尾翼等,是否要求有足够的总体刚度和局部刚度;有时还须考虑气动弹性问题。

2. 结构的协调关系

飞机结构的形状通常并非可以任意选定。在总体设计阶段,一般已确定了各部件的外形、相对位置以及相互间连接交点的位置。在进行部件结构打样设计时应尽量保持它们的协调关系。对于飞机零构件来说,则需明确本零件或构件与其他构件在连接尺寸上的协调关系,以及各构件间、或各构件与内部装载之间的形状协调。

3. 结构的使用条件

飞机结构的使用条件分下述几个方面:

(1) 环境条件

飞机在运输、储藏和飞行过程中,可能遇到各种复杂的环境条件,可能包括以下几种:

➤ 气候条件:温度、湿度、气压、风雨、霜露、雪冰、沙尘、盐雾、油雾、游离气体和腐蚀气体等。

➤ 动力条件:振动、冲击和加速度等。

➤ 辐射条件:太阳辐射、核爆炸辐射等。

➤ 电磁条件:磁场、电场、放电和闪电等。

➤ 压力条件:低压、高压和超高压等。

(2) 起飞着陆场所条件

起飞、着陆场所条件的不同,会使结构受载和对起落装置的要求不同。

(3) 维护、检修条件

维护、检修条件包括维修周期与次数、维修能力、维修速度要求,以及对维修场所如在外场维修还是到场站或基地维修等,这些在结构设计前都应了解和明确。

4. 结构的生产条件

结构的生产条件主要指生产制造飞机的工厂的加工能力与装配能力,还有就是飞机批量生产的要求。飞机产量要求的不同,在选择结构的设计和工艺方案时会有所不同。例如只生产几件零构件时,一般不宜采用模锻件和精密铸造件;当大批量生产时,就可以考虑适合于批量生产的工艺方法。工厂的加工能力是指需要了解工厂具有的设备、装备,工艺员和工人的技术水平与加工经验,以及工厂采用新材料与新工艺的可能性。飞机结构设计人员应对生产厂的情况很熟悉,这样才能设计出具有良好工艺性的结构,保证无人机结构生产、制造的顺利进行。

4.2.4　无人机结构设计工作内容

下面列出无人机结构设计的基本内容,可供无人机设计时参考。按照之前三个阶段的划分,如果仅考虑设计工作,传统的结构设计所要完成的工作可简述如下:

1. 方案设计阶段

该阶段结构设计的主要工作,是考虑无人机整机的结构形式和特点,完成各种结构和强度设计的顶层文件的编写(比如:XX无人机强度设计准则);主承力结构的安排;结构材料的选取意向;结构重量的估计和分配;需要进行的结构和强度试验;设计分离面和工艺分离面的确定等问题。该阶段的主要工作包括：

　　① 结构方案、布局分析选择、分离面分析确定。

　　② 结构重量指标分析论证。

　　③ 新结构、新材料和新工艺确定。

　　④ 制定结构设计原则。

　　⑤ 提出需要考虑进行的结构和强度试验。

　　⑥ 进行风险分析。

2. 初步设计阶段

该阶段进行主要传力路线和结构形式的确定。在给定结构载荷的基础上，进一步确定各部分主承力结构形式及传力路线，布置主要受力构件，完成主承力结构的初步设计，包括加强框、加强肋、主承力梁、主要连接件等。该阶段的主要工作包括：

　　① 结构布置与主承力构件设计。

　　② 重量分配、控制。

　　③ 部件、组件打样。

　　④ 强度、刚度初步设计、分析和试验。

　　⑤ 结构与系统协调。

3. 详细设计阶段

详细设计的目标就是完成各个零部件的设计工作，使之达到可实际生产、制造状态。在此阶段，要对结构细节精心设计，如开孔、连接、圆角等的设计，进行必要的优化设计和分析。要对结构的生产工艺提出明确要求，如光洁度要求、工差要求、装配要求，是锻造还是铸造等一系列问题。该阶段的主要工作包括：

　　① 完成所有结构零部件的设计工作，发生产图。

　　② 强度分析与研制性试验。

　　③ 气动弹性分析与试验验证。

　　④ 疲劳和损伤容限分析与验证试验。

　　⑤ 工艺性审查。

　　⑥ 重量、重心和惯性矩计算。

如果除设计工作外还考虑试制与试验、试飞与设计定型、生产定型等工作，那么，完整的飞机结构设计过程可大致分为以下步骤和典型阶段：

　　① 了解结构的使用条件、生产条件，了解总体设计的思想及要求。按照总体设计要求，确定结构设计的总体参数，初步确定结构的外形尺寸、主要部件的结构形式和各种协调关系。

　　② 对外载荷进行分析计算，亦可参考强度规范确定外载荷、载荷分布和安全系数等参数，并进行结构的传力分析，合理规划传力路经。

　　③ 进行部件打样设计。通过比较初步选定结构方案后进行结构布局和受力构件协调。

　　④ 进行结构强度初步估算，或结合经验，或参考原准机，或根据以上综合，初步定出各结构的基本尺寸；然后进行结构优化设计和结构方案的进一步比较，最后确定结构的基本尺寸。

　　⑤ 画出结构详细打样图，并进行细节设计。

　　⑥ 对结构进行强度计算，注意关键重要件的疲劳分析。如有必要则需进行相关零构件选型试验或验证试验。如结果不能满足设计要求，则需调整设计。

　　⑦ 进行零构件详细设计，绘制全套结构生产图纸，编制相应的技术文件。

⑧ 根据具体情况,对全机进行疲劳寿命和疲劳强度计算,进行耐久性和损伤容限分析、结构可靠性分析、动强度计算,给出结构使用寿命和检查周期。

⑨ 进行试造、全机静力试验、试飞、全机疲劳试验、地面共振试验等。针对发现的问题对设计做必要修改。

图 4-3 所示为无侦-5 无人机的结构分解图。

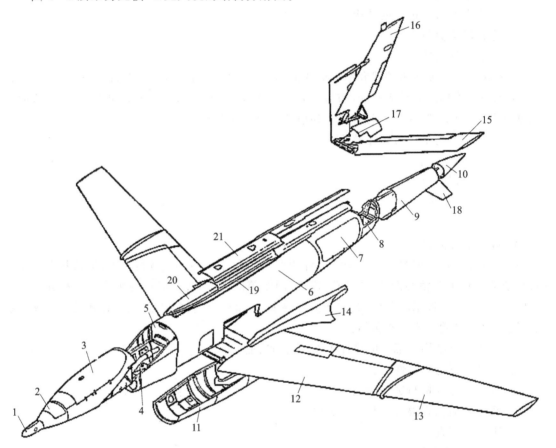

1—攻角传感器舱;2—多普勒雷达舱;3—照相舱;4—滑油箱;5—变流机舱;6—机身整体油箱;
7—控制设备舱(电子舱);8—舵机舱;9—伞舱;10—尾伞舱;11—发动机短舱;12—中翼;
13—外翼;14—机翼机身整流包皮;15—水平尾翼;16—垂直尾翼;17—尾翼机身整流包皮;
18—下立尾;19—电缆罩;20—背鳍;21—背鳍外罩

图 4-3　无侦-5 结构分解图

4.3　无人机结构总体布局

无人机结构的总体布局设计主要突出的是无人机结构设计的理念和思想。从无人机结构设计的角度出发,分析与结构布局、主承力结构布置和结构设计中需要重点关注的问题。依据无人机的总体设计要求,提出针对结构总体设计、设计理念、布局设计,以及相应的结构设计的原则和思路。

4.3.1　无人机结构布局设计

无人机结构布局的基本任务是,在满足飞机总体设计对结构设计的各种要求的前提下,设计出结构最轻、成本最合理的机体结构。飞机结构布局设计在满足使用要求的基础上,同时要确保结构重量轻,因而是一个复杂的设计过程,一般有以下步骤及内容。

①　飞机结构总体布局设计。这里包括结构总体方案的确定、全机结构分离面的确定。

②　部件结构布局设计。这里包括部件结构形式选择、传力结构的布置、工艺分离面的确定及主要结合面形式的选择。

③　全机承力、传力系统综合分析检查。

④　根据结构选材要点,确定拟使用的主要结构材料。

4.3.2　无人机总体布局选择

可用于无人机的总体布局种类与有人机相比,选择的空间更大,可用的布局形式更多。其主要原因是无人机采用非常规解决方案的经济风险要小得多,操作员的抵触心理比有人机小得多。根据无人机起飞着陆方式,可将无人机的总体布局分为三类。

1. 水平起降飞机布局 HTOL

经过多年有人机发展,水平起降飞机布局可归纳为三种基本类型,分别是"后置水平安定面""前置水平安定面""无水平安定面",其外形如图 4-4 所示。

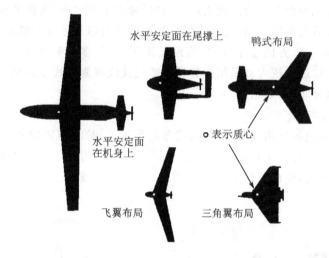

图 4-4　HTOL 飞机结构布局

（1）主翼在前,控制面在后

这是一种传统的布局,目前在飞机中应用普遍。这类无人机与其他无人机的区别在于尾翼安装形式,即单尾撑或双尾撑,以及发动机数量。飞机质心位于机翼气动中心之前,由水平安定面上的向下载荷平衡,保证水平方向上速度和姿态的稳定。航向静稳定性由垂直尾翼保证,横向静稳定性由机翼上反角、后掠角和垂直尾翼保证。这种成熟的布局是其他飞机布局的对照标准。

其中双尾撑布局在中程和近程无人机中常见。推进系统安装在机翼后面,方便任务载荷在机身前部的安装,同时对发动机和螺旋桨起到一定保护作用。这种布局具有气动方面的优势,发动机和螺旋桨在质心之后并靠近质心,减小了飞机在俯仰和偏航方向上的惯性;螺旋桨接近尾翼,提高了气流流经升降舵和方向舵时的操纵性。图4-5所示的"猎人"无人机就采用这种布局形式。

图4-5 "猎人"无人机

(2)鸭式布局

鸭式布局飞机在机翼前面安装有水平安定翼,或水平稳定器。飞机质心位于机翼之前,依照前舵面产生向上的升力保持平衡,实现飞机水平方向的稳定。鸭式布局的优点在于前后安定面都产生向上的升力,比"后置水平安定面"飞机气动效率更高。另一个优点是前舵面仰角比主翼要大,这样前舵面会在主翼之前失速。与"后置水平安定面"飞机失速情况相比,造成升力损失小,产生轻微低头俯仰运动,通过降低少量高度就可恢复原飞行状态。

鸭式布局的缺点在于方向稳定性差,为延长尾翼力臂,多数鸭翼布局飞机采用后掠式机翼,翼尖安装垂翼。推进系统大多采用后置涡轮喷气式或螺旋桨式发动机。以色列"蓝色地平线"无人机就采用这种布局,如图4-6所示。

(3)飞翼或无尾布局

飞翼或无尾布局包括三角翼飞机,与鸭式布局类似,后掠式机翼增加了方向稳定性,但尾翼在俯仰轴和偏航轴上的效率降低。由于去掉水平安定面,可减去其表面剖面阻力,但飞翼布局在翼尖段产生负升力,使诱导阻力增大。图4-7所示的波音公司的"扫描鹰"就采用这种布局。

图4-6 E.M.I.T公司的"蓝色地平线"无人机

图4-7 "扫描鹰"无人机

2. 垂直起降飞机布局 VTOL

根据旋翼转矩平衡手段不同,有人直升机的布局有很多不同类型,如图 4-8 所示,其中除纵列式双旋翼外,均在无人机设计中有所应用。

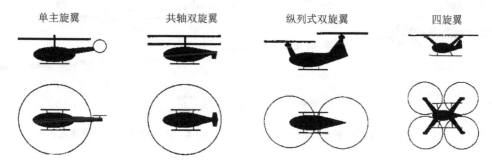

单主旋翼　　　　　共轴双旋翼　　　　纵列式双旋翼　　　　四旋翼

图 4-8　旋翼飞机布局

多数垂直起降无人机生产商倾向于单主旋翼布局,原因是一些无人直升机可由有人直升机改装而来,还有一些是对业余商用直升机模型进行了改装,如图 4-9 所示。

图 4-9　中程垂直起降无人机系统"火力侦察兵"无人机

共轴双旋翼布局采用上下共轴反转的两组旋翼平衡旋翼扭矩,不需要尾桨,相比单主旋翼布局功率有所提高。

随着小型化和微型化无人机技术的发展,能够灵活垂直起降,自由悬停,可完成多种侦察、监视、干扰等复杂任务的四旋翼无人机系统正逐渐被开发应用,目前已有成功商业化案例,如图 4-10 所示为德国 MD4-200 四旋翼无人机。关于旋翼无人机的具体内容将在后面专门的章节中进行介绍,这里只做简要说明。

3. 混合式飞机布局

为了综合直升机和固定翼两者的优点,目前比较成功的一种布局是倾转旋翼飞机,在水平起降无人机每个主翼端部安装一组旋翼,垂直飞行时旋翼水平,巡航飞行时向前倾斜 90° 作为推进器。目前比较具有代表性的是图 4-11 所示的美国"鹰眼"无人机,由贝尔公司研制。

图 4-10 德国 MD4-200 四旋翼无人机

图 4-11 "鹰眼"倾转旋翼无人机

4.3.3 无人机结构总体方案确定

在确定无人机结构的总体方案之前,应先了解以下问题:

① 无人机总体三面图,关注无人机的外形要求;

② 无人机的重量特性及要求;

③ 无人机主要设备(如发动机)的布置情况;

④ 无人机的性能要求,无人机的载荷情况;

⑤ 可选的结构材料和结构件的生产、制造及维护能力。

在此基础上,提出无人机结构的总体方案。所谓结构总体方案,就是给无人机设计(提出)一套主承力、传力结构方案。为此,要进行(不限于)以下各项工作:

① 主要部件(如机翼、尾翼、起落架、发动机短舱)设计载荷情况及特点分析;

② 机翼机身连接形式分析、载荷的传递及平衡分析;

③ 机翼展向主承力结构的分析确定,加强肋位置、形式的分析确定;

④ 机身纵向主传力构件的分析确定,加强框位置、形式的分析确定;

⑤ 尾翼、起落架、发动机支架(短舱)、任务载荷舱等其他部件的主承力结构分析确定。

无人机结构布局方案设计主要是在满足任务载荷和使用维护要求等情况下,确定机翼、尾翼、机身、起落架等最主要结构的安排。其中最主要的是机翼与机身的总体结构布置形式,包括机身与机翼主结构的排布、连接,以及相对位置的确定。其他结构的布置可在机翼机身主结构确定的基础上加以分析、确定。基于机翼与机身载荷传递情况,机翼的弯矩、扭矩和剪力要通过机身传递,与机身的载荷相平衡。在这三种载荷中,弯矩是最主要的载荷,这一弯矩如何在机身内进行传递将对结构重量和气动力布局都有很大影响。全机结构布局要重点考虑该载荷(弯矩)的传送。从这一点出发,总体结构布局一般有以下几种形式:

1. 机翼翼盒穿过机身

对于上下单翼布局的飞机,可在对应左右机翼的机身区域,安排一盒段结构,将左右两边的机翼连接起来。这一盒段结构可称为"机翼翼盒",或叫做"中央翼盒",也可叫做"中央(机)翼"。这样机翼结构即分为了左翼、中翼(即中央翼盒)和右翼三部分。这种布局形式,即为机翼主受力盒(机翼翼盒)穿过机身的布局结构。

对于中小型无人机,也可考虑将左翼、中翼和右翼三部分结构设计成一个整体结构,以此来简化结构设计,减少安装和维护工作。

这种布局形式,将结构总体的最主要载荷——左右机翼的弯矩在整个机翼结构内部相互平衡,这样机身结构可不承受机翼传来的弯矩,只承受机翼通过接头传来的剪力和扭矩,如图 4-12 所示。这种结构布局,机翼受力盒要占据一些机身空间,因此,对于上、下单翼布局的无人机较为适用。

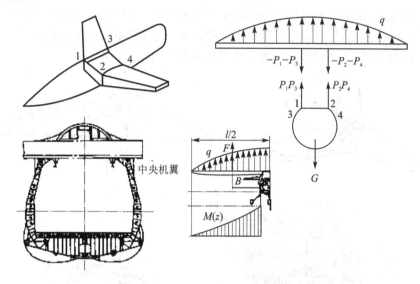

图 4-12　机翼翼盒穿过机身布局,机翼机身传力情况

2. 通过加强框传递机翼载荷

由于气动力要求,高速无人机常采用中单翼布局。这种布局的机翼翼盒无法穿过机身,机翼上的载荷只能通过接头传递给机身框,如图 4-13 所示。这样机身的加强框要传递机翼上的弯矩、扭矩和剪力。注意,要传递机翼弯矩要付出一定的结构重量,加强框和传力接头设计都要特别精心。

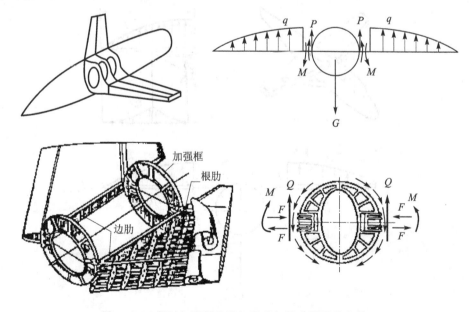

图 4-13　通过加强框传递机翼弯矩的布局及传力情况

3. 翼梁穿过机身

在有些情况下,中单翼布局的飞机允许机翼的梁穿过机身,通过穿过机身的梁自身平衡机翼的弯矩,而剪力和扭矩则是通过机身框接头传递,如图 4 – 14 所示。这种结构与翼盒穿过机身布局传力的不同点是:由于机翼翼盒不能穿过机身,所以机翼要将外翼传递过来的弯矩在翼根部集中到梁上,扭矩也要通过加强肋集中到翼根接头上,机翼根部要加强,机身接头传载也加大,这样要付出一部分结构重量代价。从受力观点看,该结构优于通过框传载布局,但不如机翼穿过机身布局。这种布局,多用于梁式结构布局的机翼情况。

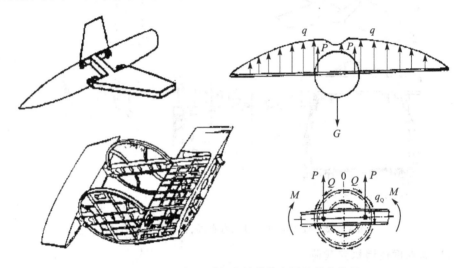

图 4 – 14　机翼梁通过机身的结构布局及传力情况

4. 带外撑杆

如图 4 – 15 所示的这种布局在机翼与机身间允许布置撑杆。撑杆使机翼上的弯矩卸载,

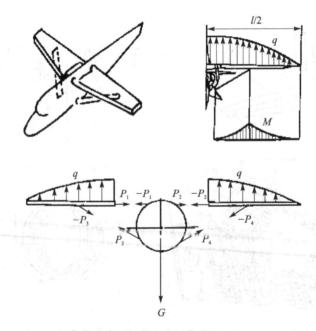

图 4 – 15　带外撑杆结构布局和传力情况

大大降低了机翼根部的弯矩。机身结构通过机翼接头与撑杆接头传递机翼的弯矩、扭矩和剪力,受力十分合理,是结构重量相对较轻的布局方案。

图 4 - 16 所示为实际无人机结构布局情况及机翼、机身连接情况,可以看出由于机翼和机身装载要求和总体布局要求,情况比以上典型情况复杂得多,但其基本结构布局方案及传力路线原则是一致的。

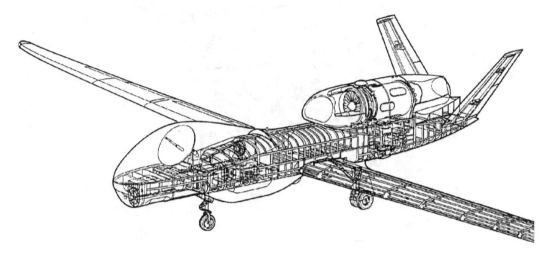

图 4 - 16　典型无人机全机结构布局

4.3.4　确定设计分离面

这部分工作包括:确定设计分离面及分离面间的连接形式。

设计分离面也称为使用分离面。设计分离面在无人机使用过程中要进行多次分离和拆装。分离面的数量、位置应根据无人机使用维护要求确定,具体要求如下:

① 根据运输的尺寸要求,确定划分飞机结构部件分离面;

② 对经常需要维修或更换的部分,要划分结构分离面,如起落架;

③ 根据使用要求需要划分结构分离面,如座舱盖部分。

设计分离面时要考虑以下原则:

① 满足使用维护要求,便于拆卸与安装;

② 各部件主要传力结构在分离面处通过连接合理传递载荷;

③ 力求结构分离面与工艺分离面统一。

机翼与机身结构设计分离面,是一个主要的设计分离面,通常其连接形式有:

① 集中接头连接形式,即通过梁式接头,采用少量的螺栓连接。这种形式拆卸比较方便,适用于集中传力布局。

② 周边连接形式,即机翼与机身间通过周边螺栓进行连接。该形式拆卸比较困难,但适用于以蒙皮或壁板传弯矩的机翼结构布局。

图 4 - 17 所示为按设计分离面绘出的 B - 1 军用飞机结构分解图。

除飞机机体按设计分离面划分为部件、段件和组件外,为了生产上的需要,需将部件进一步划分为段件,段件进一步划分为板件和组件。如机身、机翼的壁板、框、翼肋、梁等。这些板件或组件之间一般采用不可拆卸连接,它们的分离面称为工艺分离面。工艺分离面为保证飞

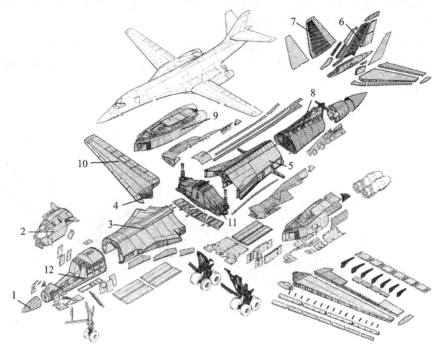

1—雷达天线罩；2—乘员（救生）舱；3—中机身前段；4—变后掠翼枢轴区；5—中机身后段；
6—垂直安定面；7—水平安定面；8—后机身；9—吊舱；10—外翼；11—机翼贯穿部分；12—前机身

图 4-17　B-1军用飞机结构分解图

机装配工艺而划分，是飞机机体装配连接的结合面。

4.4　无人机机体设计

无人机机体结构的设计，在很多思路和方法上都与有人机相似，但在设计理念和实际应用中还是存在一些差异。无人机在设计时要考虑多方面的要求，不仅仅是易于实现初始生产、寿命、可靠性、可达性、经济性和维修性等基本要求。下面对无人机总体设计中的一些显著问题、设计理念、具体使用情况和设计需要等方面，以及需要注意的问题进行说明。

4.4.1　安全系数、安全裕度和总体参数选择

无人机结构设计的要求同有人机的主要差异之一表现在安全系数的选取、安全裕度的控制以及总体设计参数的确定上。由于无人机上不需要安置座舱及其相应的设备，飞机的主体结构可以根据飞机的外形及强度、刚度需要，尽量使用简捷的结构形状和明确的传力特征。同时由于各种管路、油路、气路及电缆等相对较少，且传递路线较为直接，所以，结构件上的各种开口、开槽也就相对较少。因此，无人机的结构分析计算准确性也相对较好。目前的无人机多数为侦察、监视、通信类无人机，属于低速飞机或亚声速飞机。所谓高速无人机一般也是指高亚声速的无人机；再考虑无人机的使用方式比较规范，机动情况相对较少，所以无人机的载荷情况和载荷大小可以相对确定得较为准确。另外，由于无人机结构相对简捷，零部件的外形较为规范，因此也给零部件的工艺设计及机械加工带来了一些方便，可以较好地保证零部件的生产质量。

总之,在无人机结构的设计当中,可确定的因素较多,各种因素对结构的影响相对更加明确,所以,无人机结构设计的安全系数完全可以取得低一些。综合以上诸多因素的考虑,无人机结构设计中各种安全系数的取值普遍要比有人机低一些。对于一般的载荷情况,有人机通常取 1.5,而无人机通常可以取到 1.2～1.3 或更低一些。为此,无人机结构设计可按使用载荷进行设计。

至于安全裕度,有人机由于结构、载荷和使用的复杂性,导致飞机结构安全裕度分散性较大,结构个别地方强度裕度很紧张,而有些部位强度裕度却很大。但对于无人机来说,由于结构相对简捷,传力形式较为明了,零部件外形较为规则,所以设计时对结构的各方面的裕度储备较容易控制,减少了结构安全裕度的分散性,从而可以更有效地发挥各部分结构件的效能和功能,减轻结构重量。通常,对于无人机的大多数金属结构件的强度裕度可以控制在 0.10～0.50(10%～50%)以内;复合材料结构件的强度裕度可以控制在 0.20 以内。当然,如果考虑型号以后的改型和发展,则可以在结构设计时预留较多的强度裕度储备。

影响无人机结构设计的总体参数很多,而关系较大的莫过于飞机的飞行速度、发射速度、着陆速度(回收降落速度)、飞行高度和过载。由于无人机上不需要驾驶员,所以影响结构设计的总体参数主要是根据无人机的战术技术要求来决定。由此,无人机结构的可设计范围大大超出了有人机的设计范围。当然,如果要设计超常规性能的无人机,则会增加一些无人机结构的设计难度。

4.4.2　整体结构设计技术

无人机的结构设计为了突出其简捷的特征,可以把几个零部件设计为一个整体结构。这样可以减少结构的连接件、紧固件,从而减轻结构重量,减少结构应力集中区域个数,从而减少机体结构的关键危险部位个数,简化机体结构的维护和修理。采用整体结构设计技术,还可以保证结构强度、刚度特性的连续性,简化飞机的传力关系,易于对结构设计进行调整和改进,易于实施一些先进的结构设计技术,从而可以更精确地进行结构设计。

从无人机的特点出发,采用整体结构件设计技术、减少零部件的设计思想是完全可行的。对于有人机来说,由于必须构架出一个(或多个)驾驶舱(工作舱),而驾驶舱又必须在飞机的头部(前机身),以保证飞行员的正常视线,这使机身结构的连续性遭到破坏,从而不得不设计出更多的结构件并加以复杂的连接将结构连为一体。由于驾驶员的生理需要,必须对飞机的驾驶舱进行环境调控,有些飞机还需要设计一套救生系统。同时,由于飞行员的驾驶舱是飞机的控制中心,飞机上的不同部位的各种设备和各种操作及控制都必须通过各种管路、油路、电缆、机械操纵或传动装置,穿过飞机结构连接到驾驶舱。这样,就给飞机整体结构的设计带来了很多麻烦,难以实现结构件的组合和分割。

而无人机则不一样,无人机的控制中心是飞控计算机,无人机上的各种设备和各种操作及控制都是电传控制,只需要电缆连接即可,这样就给结构设计提供了很多方便,较容易实现结构件的组合和分割。因此,考虑无人机的实际特点,在无人机的结构设计当中,应尽量采用整体结构设计技术、组合式结构件设计技术、插拔式零部件设计技术,突出结构件的互换性,这样比较便于飞机的维护和修理,提高飞机的可靠性,缩短发射(起飞)准备时间。

4.4.3　模块化结构设计

图 4-18 给出了中程或近程固定翼无人机(HTOL)模块结构的可能配置。该图解释了在

这样的飞机上如何实现模块化。

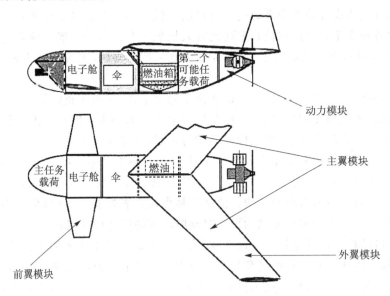

图 4 - 18 HTOL 飞机的模块化结构

观察飞机的结构布局可以看出,在飞机前端的主任务载荷上有一个可移动的盖子。不同类型的任务载荷,或者发生故障时通过后面的固定装置,可以完整地更换。所用结构连接器插拔方便,电气连接件方便适用。机内测试设备在控制站内的监视器上可及时告知某些机械连接和电气连接件是否正常。每个可更换的任务载荷相对飞机质心都具有同样的重力力矩,这样任务载荷的更换对飞机质心带来的影响很小。

拆除任务设备或将其往前拉,就会看到电子模块,电子部件也可以拆装,如果要在测试台上进行测试,可将其整体搬出。类似地,如果需要,通过拆卸结构连接件、供油和控制连接件,可拆卸动力模块。通过拆除结构上的连接和控制连接,升力面模块也是可以更换的。由于翼尖部分在着陆或发射时易受到损坏,因此建议外翼设计为单独的模块(易损件模块),与内部其他模块连接的电缆也是模块的一部分。

图 4 - 18 所示的水平起降飞机的模块结构是一种假定情况,而图 4 - 19 给出的是垂直起

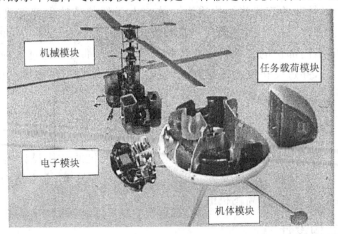

图 4 - 19 "小精灵"垂直起降无人机的主要模块

降无人机的部件装配示意图,是"小精灵"无人机的实际结构情况。根据示意图,无人机包括机体模块、机械模块、电子模块和可更换的任务载荷模块。

4.4.4　任务载荷舱设计

无人机的任务载荷能力是无人机整体性能的一个重要指标,大多数无人机升空执行任务,通常需要搭载任务载荷。无人机的设计通常围绕所应用的任务载荷进行。任务载荷一般与侦察、武器投射、通信、遥感或运载货物有关。任务载荷的大小和重量是无人机设计时最重要的考虑因素。有些无人机可携带多种任务载荷,有一部分小型无人机制造商采用可快速拆卸和替换的任务载荷。因此,在对任务载荷舱进行设计时,应尽量提高任务载荷的能力和互换性,以便无人机有能力装载不同的任务设备,执行不同的飞行任务。为适应任务领域多样化发展的需求,今后无人空中系统发展的一个重要途径将是采用开放式系统架构,根据不同的任务搭载不同的传感器或武器载荷,实现"一机多用"或"即插即用"。

4.4.5　隐身技术

目前的无人机多数为侦察、监视、通信类无人机,为了提高无人机的生存能力,应强调使用隐身构型和布局,合理控制外形,避免表面采用较大的平面和凸状弯曲面,用小平板外形代替曲面外形,消除镜面反射。此外无人机在外形上,采用机翼、机身、尾翼和短舱连接处光滑过渡,且机翼与机身高度融合的构型,采用内倾双垂尾或无垂尾、翼端(或翼上)安定面等构型来克服角反射器效应。对发动机进气道、尾喷口等具有较强雷达信号特征的部位采用有效的遮挡和屏蔽,如进气口斜切及将进气道设计成 S 形遮挡电磁波直射到压气机叶片上,有效减小进气道的散射效应。图 4-20 所示的"观察者"无人机就采用了上述方法以减小探测特征。

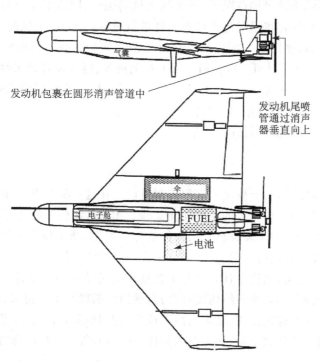

图 4-20　"观察者"无人机减小探测特征

无人机隐身的另一项重要工作是提高反红外探测能力。发动机是主要红外辐射源之一，无人机红外隐身的基本思想是降温和屏蔽。

在传统的隐身技术基础上，一些新的隐身机理正在不断研究发展中，如等离子体隐身技术、微波传播指示技术等。

图 4-21 所示的 RQ-170 是由洛克希德·马丁公司研制的一种主要用于对特定目标进行侦察和监视的隐形无人机，也被称为"坎大哈野兽"，是被证实采用隐身技术设计的无人机。

图 4-21　RQ-170"哨兵"隐身无人机

4.4.6　复合材料的应用

无人机的结构设计使用了大量先进的复合材料，如碳纤维复合材料、玻璃纤维复合材料、蜂窝夹层复合材料等。目前复合材料在无人机设计领域已经得到广泛应用，成为无人机设计的主要结构性材料。复合材料的应用对飞机结构轻质化、小型化和高性能化起到了至关重要的作用。

与传统金属材料相比较，复合材料具有比强度和比刚度高、热膨胀系数小、抗疲劳能力和抗振能力强的特点，将它应用于无人机结构中可以减重 25%～30%。同时复合材料本身具有可设计性，在不改变结构重量的情况下，可根据飞机的强度、刚度要求进行优化设计。目前的研究与应用表明，使用优化技术对复合材料部件进行设计，可以在飞机的结构、气动和控制性能等方面提供较大的裕度。如美国比例复合材料公司研制的高空长航时无人机"普洛透斯"（Proteus）全部采用了复合材料结构。通常无人机的机翼、尾翼及各种天线罩、护板、蒙皮等结构件大量使用复合材料，而机身、起落架等结构件的复合材料的使用量相对较少。另外，在中小型无人机上，木质材料、轻型塑料、塑料薄膜等非金属材料也得到了大量使用。具体的无人机材料的选择会在后续章节进行详细介绍。

4.4.7　工程研制

无人机设计出来之后，马上就进入工程研制阶段。在这一阶段中，要进行各个结构件的生产加工制造，还要进行和结构有关的各种地面试验。无人机结构件的加工制造，对于金属结构来说，没有什么特别之处；对于复合材料结构件的加工制造，则要特别加以注意。复合材料结构件的设计、工艺、加工及最后的成型，实际上是个一体化的过程。

在结构件的设计之初，结构设计人员与工艺技术人员就必须紧密地配合。以碳纤维复合材料层合板结构件为例，其必须在结构设计之初，就给出明确的工艺要求，包括：模具的设计、铺层的方式、零件之间的连接方式；是采用高温成型还是低温成型，是采用一次成型还是二次胶接成型；如何控制结构件的重量，如何对结构件进行检验等。这些问题都必须在发图之前加以确定。

　　研制阶段结构件的地面试验通常是指材料特性试验、结构刚度试验、结构强度试验、地面振动试验、地面颤振风洞试验等。对于无人机来说,通常并不需要全面地进行各项地面研制试验,可根据所研制的无人机的战术技术要求,有选择地进行部分试验。对于中小型无人机,结构的强度、刚度特性的校核应以分析计算为主,或辅以一些简易的地面试验进行校验。由于中小型无人机结构简单,使用方式和使用要求非常明确,结构调整和更改容易实现,所以,通常依靠经验及一些分析计算即可明确结构的强度、刚度特性,如有问题也可随时进行更改和调整。

　　对于大型无人机,其结构的强度和刚度特性,则应在进行分析计算的基础上,有选择地进行一些地面试验。由于目前的无人机多数为侦察、监视、通信类无人机,在实际使用当中,飞行的航线、姿态、动作、高度、速度等各个方面都是数字式的控制方式,相对来说比较规范,所以,无人机的载荷情况和载荷大小可以相对确定得较为准确。再则,无人机的结构相对较为简捷,结构传力特性较为明确,所以分析计算的结果可以较为准确。因此,对于无人机来说,完全可以以较准确的分析计算来代替一些地面试验,这样既可以减少研制经费、缩短研制周期,又可以保证研制质量。

4.4.8　使用维护

　　无人机在使用、维护方面与有人机差别较大。由于无人机缺少一定的"智能",当出现故障时,本身不能及时排除,做出瞬时调整,通常要返回基地。因此,无人机坠毁的概率较大,被敌方击毁的可能性也较大。另外,有些无人机还设计有一套自毁装置,根据战场实际情况的需要,为避免飞机落入敌方手里,迫不得已时启动无人机的自毁装置,将飞机炸毁。有些无人机还要设计成具有导弹的功能,在执行任务中,如确认已经无法进行回收时,则指示无人机与敌方武器装备(空中或地面的)同归于尽。实际上服役的无人机,很少是由于周期性的疲劳载荷使结构发生破坏,多数是由于其他原因而损坏。比如,在长时间的停放过程中,没有进行很好的维护、保养或规定的维护,保养方案(大纲)存在问题;在执行任务中,被敌方击落;或由于操作不当,或由于控制系统问题导致飞机坠毁等。

　　无人机在使用上与有人机相比差别较大。飞机与操纵人员之间的交互作用、协调和变化的程度要比有人作战飞机复杂。一方面要求机载设备的智能化程度高,要有安全可靠且冗长的数据链;另一方面对操纵人员的素质要求也很高。操纵人员不仅要监控飞机的飞行状态,适时改变航向,更重要的是,必须在关键时刻从"控制中心"发送动作指令,使飞机能够实时快速地执行任务、机动飞行或进行攻击。

　　根据无人机的这些使用特点和实际使用中可能出现的情况,在无人机的结构设计中就要考虑这些问题。与此相关的结构特性包括结构的抗坠毁性能、结构的疲劳强度特性、结构的使用寿命问题等。

　　在无人机的结构设计中,要考虑结构的抗坠毁能力,或提高结构防止产生坠毁现象的能力。比如在飞机上加装具有一定智能(或地面可控)的伞降机构,当由于某种原因导致无人机将要发生坠毁时,无人机能够及时自动(或被动)地关闭发动机,打开降落伞,对飞机进行回收。同时,在无人机结构设计上要安排一些易损零部件或具有减振、吸振特性的零部件,以便吸收机体在着陆、回收时对地面的撞击能量,减少机体结构和机载设备的损伤。对于要求具有自毁能力,或具有导弹功能的无人机,其爆炸药的安放位置要选择好,以保证自毁时,能够将飞机上的各种情报信息彻底毁灭。

无人机机体结构的寿命问题是结构设计中必须考虑的。首先在结构的细节设计时，应注意防止过分的应力集中，减少局部高应力，控制结构的整体应力水平。由于无人机在服役期间，可能会长时间地处于停放状态，所以必须考虑环境因素（如高温、低温、湿度、盐雾等）对结构的影响，即无人机的日历寿命问题。对于飞行载荷和地面载荷组成的无人机使用载荷谱，其各种载荷任务型相对较为规范，各级载荷在规定的循环周期内出现的频次相对较为稳定，分散性较小，所以可以较为准确地给出无人机的使用载荷谱（或设计载荷谱）。对于有些用途的无人机，由于其在整个寿命期内，使用的频次不高，而且大多数无人机在没有达到全寿命之前即已报废（如被敌方击落或使用不当坠毁等），所以对应于无人机在疲劳载荷下的结构应力可以设计得高一点，完全没必要按无限寿命或高寿命的方案设计。

在无人机结构的维护、保养方面应给予特别的关注。设计时要注意结构的开敞性及提高无人机外场的可维护性。对于结构主要承力构件和结构关键部位、危险部位的维护、检查应有明确的要求，确保飞机结构使用的完好性，随时可以执行任务。

4.5　无人机结构设计方法

4.5.1　数字化设计

随着计算机辅助设计（CAD）技术的发展，设计人员可以利用实体建模软件（如 CATIA）在计算机上直接对产品进行三维设计。当零件在计算机上建立三维数字模型后，设计人员就可在计算机上很方便地进行后续环节的设计工作，如工程分析与仿真、部件的模拟装配、总体布置、运动模拟、干涉检查、数控加工编程及模拟等，从而为产品的整个寿命期内所有环节采用统一的产品信息模型奠定了基础，并由此引发了产品设计方法的一次重大变革，即数字化设计。

数字化设计技术以全面采用数字化产品定义、数字化预装配、产品数据管理、并行工程和虚拟制造技术为主要标志，从根本上改变了飞行器传统的设计与制造方式，大幅度提高了设计制造技术水平。其应用使并行作业成为可能，飞行器的总体设计、气动设计、结构设计、工艺设计等紧密融合在一起，各个部件设计组、系统组、专业分析组、试验组及生产准备组都可以及时从屏幕上看到产品的总体布置，及早进行各专业协调。在设计阶段就可用三维几何模型模拟零件、部件、设备的装配和安装，及早发现结构布局和系统安装的空间干涉。

近年来数字化设计技术及其应用已获得重大进展，在航空航天领域得到成功应用。波音777 型飞机的研制全面采用了数字化设计技术。从其研制来看，数字化设计的技术主要包括产品数字化定义、产品数字化预装配和并行产品定义三个方面。

1. 数字化产品定义

数字化产品定义（DPD）指应用计算机对产品的研制进行描述和定义的过程，它的目的是描述和定义产品全寿命周期的数字化过程中所包含的信息以及这些信息之间的相互关联关系。

全寿命周期的产品数字化定义模型包括：产品几何信息和非几何信息。几何信息包括产品的实体建模、特征建模等三维模型数据；非几何信息包括物料表、设计文件、计算报告、工艺文件和数控加工程序等。其建立过程是渐进的，即从设计、制造、销售，直到支持服务的整个产品生命周期，通过各阶段把相应的信息加入并逐渐完善。为便于产品全生命周期各阶段信息管理和共享,必须建立相应的关系模型,这种关系模型是通过定义产品结构树来完成的。建立一个从整个产品到部件、零件的产品结构树,产品各类数据通过定义产品名称、类型、生成方式、存储方式等,以实现与产品结构树相对应。

在设计、制造、生产管理、售后服务等环节中采用统一的产品数字化定义模型,就可以通过数据库和网络技术在组织内部以至协作单位的国际范围内建立畅通的信息流,实现更大范围的集成,同时提高各个环节的自动化程度。

2. 数字化预装配

数字化预装配(DPA)是在产品数字化定义的基础利用计算机技术模拟产品的装配过程。它主要用于在研制过程中及时进行装配干涉检查、装配及拆卸工艺路径规划。采用 DPA 可以有效地评价产品的可装配性,减少因设计原因造成的更改或返工,改善产品的可装配性,显著降低研制成本,缩短研制周期,提高竞争能力。

数字化定义和预装配是一个产品由粗到细的设计迭代过程。由于采用了数字化定义,设计制造过程中可采用数字化传递和共享数据技术,改变了以往需要依靠实物、样件的研制方法,工装设计可以与设计并行展开,零件制造可以并行进行。并行工程的组织实施技术是缩短研制周期的最主要因素。

3. 并行产品定义

并行产品定义(CPD)是一种并行工程法,它包括产品各部分的同时设计和综合,以及对设计、制造和支持过程的协调。这一方法使开发人员一开始就能考虑产品全寿命周期里的所有环节,包括从项目规划到产品交付的有关质量、成本、周期和用户要求等。

4.5.2　结构有限元分析方法

结构设计、分析的目的,就是要了解结构在设计载荷作用下,结构内部的应力、应变和结构受载后的位移、支持反力等一系列反应结构实际受载情况的数据,并以此来分析判断结构是否满足相应的强度、刚度的设计要求。它是分析和评估结构承载能力、使用寿命、可靠性和进行优化设计的基础,又是修改设计和制定试验方案的依据。因此,建立一个合适的计算模型(也可称为分析模型)和采用合适的计算方法就显得十分重要。计算模型关系到分析结果的准确性,而计算方法则影响分析结果的精确度。

自 20 世纪 60 年代以来,随着大容量、高速度计算机的出现和有限元法的成熟,极大地提高了计算能力,为结构分析采用更合理的计算模型和比较精确的计算方法提供了物质基础,成功地发展了适用于飞行器复杂结构的有限元分析方法和结构优化设计方法,使结构设计从定性和初定量设计逐步发展到比较精确的定量设计和优化设计。

1. 有限元法的基本概念

有限元法是求解复杂工程问题的一种近似数值分析方法,其基本概念是将一个(或多个)形状复杂的连续体(如整个结构)的求解区域离散化,分解为有限个形状简单的子区域(单元),即将一个连续体简化为由若干个单元组成的等效组合体,然后进行求解。求得的位移、应力、应变的近似数值解的近似程度取决于所采用的单元模型、单元数量以及所选择的单元插值函数。

将实际结构的力学问题合理转化为一个有限元分析模型,即建立有限元分析模型,是结构分析求解的关键。建立有限元分析模型主要有三个方面:

① 将实际结构的受力、传力情况给予模型化,选取合适的单元及单元的属性来模拟。

② 对结构承受的载荷进行模拟,就是将结构所受的设计载荷(包括气动力、分布力、集中力、惯性力等)等效地分配到有限元模型的节点上。

③ 建立结构的支撑(支持)模型,结构的支撑情况,在计算分析中反映为所建模型的边界条件,是分析求解的重要基础,通常可分为固支、简支、自由及弹性支撑等。

合理的模型需在结构传力分析等基本概念指导下,对结构的布局、支撑条件和受力特点,特别是对连接部位和受力复杂区进行仔细分析、判别;此外还应利用以往的成功经验,经过反复论证和必要的试验、试算才能产生。无论对何种结构,用有限元法解题的操作步骤都是一样的,典型步骤一般为:

① 根据实际结构的情况,将结构划分为能够表征结构特性的各种单元。单元的划分又称为网络划分。

② 单元分析。找出单元节点上对单元的作用力与单元节点位移、应变和应力的关系,列出每个单元的刚度矩阵,建立单元的刚度方程。

③ 结构的整体分析。组集为联系整个结构的节点位移与节点载荷的总刚度方程,即

$$\boldsymbol{F} = \boldsymbol{K}\boldsymbol{\delta} \qquad (4-8)$$

式中:$\boldsymbol{F}$ 和 $\boldsymbol{\delta}$ 分别为节点力列阵和节点位移列阵,$\boldsymbol{K}$ 为总刚度矩阵。

④ 数值求解。先求减缩后刚度矩阵的逆矩阵,再按公式

$$\boldsymbol{\delta} = \boldsymbol{K}^{-1}\boldsymbol{F} \qquad (4-9)$$

求解各节点位移。最后根据所求得的各单元节点位移,利用单元分析得到的关系,就可以求出各单元内的应力和应变。在具体操作时,后三个步骤是可以相互交叉的。上述程序大致可用图 4 - 22 表示。

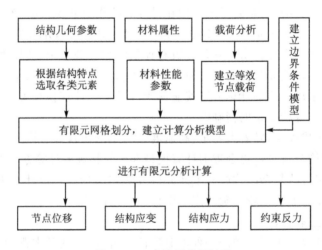

图 4 - 22 有限元分析过程

2. 有限元法在飞机结构设计中的应用

利用有限元法可以对无人机结构进行整体解(例如取整个机翼或机翼-机身组合)。一般可把全机分成几个子结构,每个子结构又离散化成若干个单元。单元的类型应符合结构的受力特点,如把机翼、机身的蒙皮以及梁、框、肋的腹板离散为受剪板元素或平面应力板元素;而长桁、梁与肋的缘条离散为杆元素等。对于应力变化较大的区域(如集中载荷作用点和结构不连续区附近)网格要相应密一些;而在应力变化较小或应力水平较低的区域,网格可相应疏一

些。图 4 - 23、图 4 - 24 所示为某型螺旋桨无人机 CAD 模型图及有限元模型图。

利用有限元法进行应力分析是在已有各构件的尺寸条件下进行的,因此一般应根据经验、原准机或初定量计算等定出构件的初步尺寸。当在结构设计中需对某些结构做出局部更改时,只要更改相应子结构的原始数据,即可进行全机应力再分析。有的飞机公司建立了两套程序:一套用于初步设计,离散化模型用粗网格,所用单元也做了较粗糙的简化,如轴力杆和受剪板,这样可减少修改设计时的计算工作量;另一套用于详细设计,离散化模型取细网格,所用的杆元、板元根据实际情况,可采用考虑弯曲影响的较为精确的模型。目前国际上常用的大型通用有限元软件有 MSC/NASTRAN、ANSYS、ABAQUS 等。

图 4 - 23　螺旋桨无人机 CAD 模型

图 4 - 24　有限元模型

图 4 - 25 所示为某变后掠翼结构示意图,其有限元计算模型如图 4 - 26 所示。

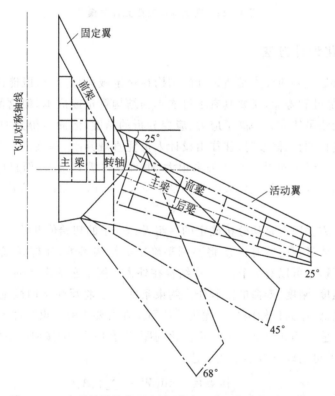

图 4 - 25　变后掠翼结构示意图(共有 25°、45°、68°三个后掠角)

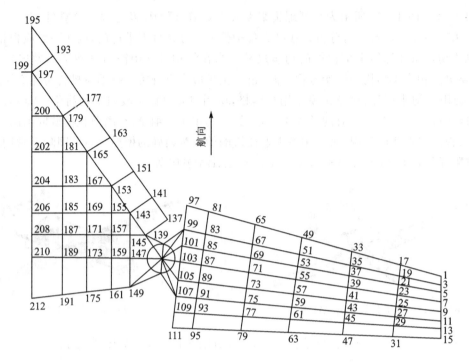

图 4 - 26　变后掠翼有限元计算模型

4.5.3　结构优化设计方法

飞机结构设计最主要的要求是所设计的结构在规定载荷作用下,既能满足结构完整性要求,并有足够的可靠性和寿命,又要具有尽可能小的结构重量或成本,但这两方面的要求通常是矛盾的。有限元法虽然大大提高了应力、应变分析的精度,但面对得到的大量计算结果,在需要对结构参数进行调整、修改时,往往由设计人员凭直观判断、调整,"人为"的因素很大,与设计人员本人的设计经验和设计水平关系很大,很难取得满意结果,而且由于设计过程周期长,效率低,要得到一个真正的优化方案几乎是不可能的。而优化设计方法可在一定程度上解决这个问题。

结构优化设计方法通常是从分析确定的一组设计变量的初始值开始,按一定的规律,逐步趋向优化解。其具体过程内容有:① 将要调整确定的结构参数,如杆元截面积、板的厚度等尺寸,作为设计变量,它可以有 i 个。② 将结构在外力作用下必须满足的一系列条件,如变形协调方程以及对强度、刚度、寿命的限制作为约束条件。③ 将反映结构最重要性能的指标,如重量最小或成本最低,作为目标函数。优化设计即是在所要求的约束条件下,确定出能满足目标函数的设计变量值。例如最常见的结构优化问题,即在应力、位移和最小尺寸限约束下的结构最小重量设计,就可用以下数学公式表达:

$$目标函数:\min W = \sum \gamma_i A_i l_i$$

$$约束条件:\sigma_i/[\sigma_i] \leqslant 1$$

$$\delta_i/[\delta_i] \leqslant 1$$

$$A_i \geqslant A_{i\min}$$

式中:γ_i 为密度;l_i 为杆长或板面积;A_i 为设计变量,杆截面积或板厚;σ_i,δ_i 为实际应力,实际位移；$[\sigma_i]$，$[\delta_i]$ 为许可应力，许可位移。

从数学形式看，上述式子构成一个求解有约束的优化问题，也可称为条件极值问题，即要找到一组最有利的各元件尺寸值，以使整个结构重量达到最小值。

求解这样的优化问题主要有两大类方法。

① 数学规划法。该方法分为两种：第一种可用解析法直接求解。但由于结构设计问题的复杂性，一般不可能用解析方法处理。第二种是用数值解，或称迭代解，即根据当前设计方案提供的信息，按照某些规定的步骤进行搜索，一步一步逼近优化点。

② 优化准则法。其要点是对规定的某类设计条件建立起相应的准则和使这些准则能够得到满足的一组迭代式，按这组迭代式修改设计，直到收敛。目前已导出了应力、位移、失稳、屈曲等约束条件下的结构优化准则。满应力优化准则是解应力约束优化问题用得较多的一种最直观的优化准则，即认为所有元件的设计变量若满足强度约束条件 $\sigma_i = [\sigma_i]$ 时，则重量最轻。

需说明的是，这两种方法一般只能找到局部最优解，而不一定是真正的最优方案。若从几个不同的初始设计值出发，得到的优化结果相同，那么它可能是"全局"最优解。目前已开发出许多结构优化设计程序系统，如：PATRAN/NASTRAN、ABAQUS、TOSCA、ANSYS 等。

习　　题

1. 试简述无人机设计思想及设计准则。
2. 无人机结构设计原始条件包括哪几点？
3. 简述无人机结构设计过程。
4. 选择一种无人机布局方式简要说明其特点。
5. 如何确定设计分离面？分离面的连接形式有哪几种？
6. 何谓结构设计的有限元法？有限元分析的一般过程是什么？

参考文献

[1]《飞机设计手册》总编委会. 飞机设计手册 第 10 册：结构设计. 北京：航空工业出版社,2001.

[2] 杨乃宾,张怡宁. 复合材料飞机结构设计. 北京：航空工业出版社,2001.

[3] 郦正能,等. 飞行器结构学. 北京：北京航空航天大学出版社,2005.

[4] 王志瑾,姚卫星. 飞机结构设计. 北京：国防工业出版社,2010.

[5] 陶梅珍,等. 现代飞机结构综合设计. 西安：西北工业大学出版社,2014.

[6]《世界无人系统大全》编写组. 世界无人系统大全. 北京：航空工业出版社,2015.

[7] Reg Austin. Unmanned Aircraft Systems UAVS Design,Development and Deployment. John Wiley & Sons,2010.

第 5 章　无人机选材分析

材料是构成这个世界的物质基础。材料科学的发展水平不仅体现着一个国家的科技以及工业发展水平,而且材料产业也是一个国家重要的经济支柱产业,同时先进材料在国防军事上也有着重要的战略意义。

从人类第一次制造航空器开始,研究人员就对航空器使用的材料十分重视。对于航空器来说,其结构制造所选用的材料,既要保证航空器具有足够的强度,又要尽量使航空器的结构重量要轻。这一苛刻的要求,对材料科学的发展,以及航空器设计技术的发展影响重大。航空材料的发展主要经历了五个阶段。

第一阶段,从莱特兄弟进行人类第一次有动力飞行开始,一直到第一次世界大战结束后。由于这个阶段的飞行器的发动机动力有限,而且由于空气动力学的发展水平的限制,所以本阶段主要采用各式各样轻质的木头与布作为材料。

第二阶段,到 20 世纪 40 年代末结束。伴随着第二次世界大战给各主要国家带来的科技进步,飞机设计师们开始采用铝和钢等金属材料,一些享誉世界对后世影响深远的著名战机也脱颖而出。

第三阶段,从 20 世纪 50 年代开始,到 20 世纪 70 年代结束。本阶段的一个特征就是钛合金开始走进了飞机设计师的视野。

第四阶段,从 20 世纪 70 年代开始,到 20 世纪末结束。本阶段复合材料开始兴起,形成了以铝合金、合金钢、钛合金为代表的金属材料和以复合材料为首的非金属材料并驾齐驱的局面,但总体上来说,这一阶段还是以铝合金材料为主。

第五阶段,也就是最后一个阶段,是从 21 世纪初开始至今。本阶段复合材料开始成为飞机结构材料的主角,比如空客公司的大型旅客机 A380 客机,复合材料的用量达到了 22%,波音 787 客机上的复合材料用量更是高达 50% 以上。复合材料在军用领域的应用,也极大地提高了战机的性能,可以说,人类已经进入了复合材料的崭新时代。

传统有人飞机材料的范围较广,是根据飞机结构不同部位的需求,分门别类地选取材料。其中最主要的是机体结构材料(包括结构材料和非结构材料)和发动机材料。非结构材料包括各类透明材料、舱内设施和装饰材料、天线罩和电磁材料、轮胎材料等。非结构材料使用量较少,但是材料品种繁多,有:玻璃、塑料、纺织品、橡胶、铝合金、镁合金、铜合金和不锈钢等。飞机材料的分类如图 5 - 1 所示。

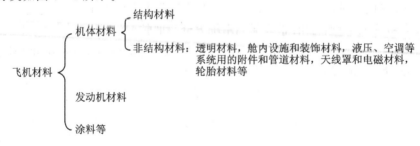

图 5 - 1　飞机材料的分类

目前,无人机越来越多地出现在公众的视野中,发展的趋势相当迅速,无论是在民用领域还是军用领域均得到了迅猛的发展。总的来看,未来无人机的发展趋势主要有高空、长航时,智能化,隐身性,微型化,强攻击能力和作战任务拓展化等特点。与传统的有人机相比,无人机不需要驾驶员来操控飞机,因此在设计无人机的时候不需要考虑飞机在机动过载飞行时机上人员的生理承受能力,设计时过载系数可以达到 $15g\sim20g$,甚至更高。飞机上的供氧系统、空调系统,以及弹射座椅等救生防护系统也可以因此简略,但相应地需要增加飞行控制系统和自控驾驶装置等先进的机载设备。整体来看,无人机与传统有人飞机有很多相似相通之处,尤其是在使用的材料方面。但与此同时,无人机在结构选材设计方面,也有自身独特的一些地方。

目前,无人机结构所选用的材料,主要是复合材料。原则上能用复合材料的地方尽量都用复合材料,其主要原因是因为在满足结构承载能力要求的情况下,复合材料的重量轻。同时,复合材料在构件成型方面和加工方面,也有很多优势,其成本也比较低。还有就是复合材料构件的加工制造、经济成本可根据无人机的设计要求进行选择,选择的空间较大。由于无人机结构的特点:薄壁结构、骨架结构较多,所以在无人机使用的复合材料中,更多的是复合材料板件类结构,主要用的是碳纤维复合材料和玻璃纤维复合材料。

另一方面,复合材料也并不是适合于制作所有的无人机构件。从构件的性能、功能和工艺等方面考虑,对于有些无人机构件,还需要使用其他材料更合适,比如:铝合金、钛合金、合金钢等。

下面将对无人机结构的选材问题和选材特点做一简要介绍。考虑无人机中大量使用了复合材料,故在此先对复合材料进行简单介绍,在选材分析之后再对复合材料构件的成型工艺进行一些简单的介绍。

5.1　复合材料简介

复合材料是由纤维等增强材料与基体等两种或两种以上性质不同的材料,通过物理或化学的方法,在宏观或微观上组成具有新性能的材料。增强材料主要起承载作用,基体材料主要起支撑作用,将外载荷传递给增强材料,并对增强材料起保护作用。各种材料在性能上互相取长补短,产生协同效应,使复合材料的综合性能优于原组成材料而满足各种不同的要求。

复合材料的应用从古至今伴随着人类的生产生活已经具有了很长的历史,古代劳动人民建造房屋,砌筑院墙时使用的掺杂秸秆的泥土,以及近代发明的钢筋混凝土均由两种材料复合而成,因此可以把它们都看作是复合材料。20 世纪 40 年代,由于战争形势需要性能先进的战机,人类发展了玻璃纤维增强塑料,俗称玻璃钢,从此出现了复合材料这一名称。由于玻璃钢的拉伸强度等性能赶不上使用的需求,50 年代以后,碳纤维、石墨纤维和硼纤维等一系列高强度和高模量的高性能纤维相继问世,70 年代还出现了芳纶纤维和碳化硅纤维。为了与第一代玻璃纤维增强树脂复合材料相区别,将这种复合材料称为先进复合材料。这些高强度、高模量纤维与基体复合,构成各具特色的复合材料。

复合材料的基体材料分为金属和非金属两大类。金属基体常用的有铝、镁、铜、钛及其合金。非金属基体主要有合成树脂(高聚物)、橡胶、陶瓷、石墨、碳等。增强材料主要有玻璃纤维、碳纤维、硼纤维、芳纶纤维、碳化硅纤维、石棉纤维、晶须、金属丝和硬质细粒等。复合材料的承载能力主要取决于增强材料,复合材料的损伤容限、使用温度以及成型工艺性主要取决于基体材料。

从应用上来说,复合材料可分为功能复合材料和结构复合材料。

功能复合材料主要是具有特殊物理性能的复合材料,如导电、半导、阻燃、隔热、摩阻、吸波等。功能复合材料主要由功能体和增强体及基体组成。功能体可由一种或多种功能材料组成。多元功能体的复合材料可以具有多种功能。同时,还有可能由于复合效应而产生新的功能。多功能复合材料是功能复合材料的发展方向。

结构复合材料是作为承力结构使用的材料,基本上由能承受载荷的增强体组元与能连接增强体成为整体材料同时又起传递力作用的基体组元构成。增强体包括各种玻璃、陶瓷、碳素、高聚物、金属以及天然纤维、织物、晶须、片材和颗粒等。由不同的增强体和不同基体即可组成名目繁多的结构复合材料,并以所用的基体来命名,如高聚物(树脂)基复合材料等。结构复合材料的特点是可根据材料在使用中受力的要求进行组元选材设计,还可进行复合结构设计,能合理地满足需要并节约用材。

此外,复合材料按其结构特点又分为:

① 纤维增强复合材料,将各种纤维增强体置于基体材料内复合而成,如纤维增强塑料、纤维增强金属等。

② 夹层复合材料,由性质不同的表面材料和芯材组合而成。通常面材强度高、薄;芯材质轻、强度低,但具有一定刚度和厚度。夹层复合材料一般分为实心夹层和蜂窝夹层两种。

③ 细粒复合材料,将硬质细粒均匀分布于基体中,如弥散强化合金、金属陶瓷等。

④ 混杂复合材料,由两种或两种以上增强相材料混杂于一种基体相材料中构成。与普通单增强相复合材料比,其冲击强度、疲劳强度和断裂韧性显著提高,并具有特殊的热膨胀性能。

由于复合材料热稳定性好,比强度、比刚度高,在航空航天领域可用于制造飞机机翼和前机身、卫星天线及其支撑结构、太阳能电池翼和外壳、大型运载火箭的壳体、发动机壳体、航天飞机结构件等。国内外的各种型号和用途的无人机,也无一例外地大量使用了复合材料结构,有些甚至是全复合材料结构,因此以复合材料为核心的无人机结构设计制造技术是影响无人机发展的关键技术之一。据统计,目前世界上各种先进无人机的复合材料用量一般占机体结构总重的60%～80%,复合材料的总用量可达90%以上。在无人机上大量采用复合材料的益处是多方面的。

5.1.1 复合材料的特点和性能

复合材料与传统材料相比,具有比强度高、重量轻、比模量高、抗疲劳性能好及减振性能好等诸多优点。复合材料的各个组成材料在性能上起协同作用,具有单一材料无法比拟的优越综合性能。复合材料的力学性能相比于单一金属材料,其力学性能比较复杂,主要体现在其不均匀性,不连续性和各向异性。

复合材料是各向异性的非均质材料,与其他材料相比,具有以下突出特点:

① 密度小。将它应用于无人机结构中可以减轻空机机体重量的25%～30%,从而增加有效载荷。

② 比强度高。比强度是指材料的强度与材料的密度之比,习惯上有时也将比强度称为强度。优质的结构材料应具有较高的比强度,才能尽量以较小的截面满足强度要求,同时可以大幅减小结构体的自重。比强度越高,零件自重越小。

③ 比模量高。比模量是指材料的弹性模量与其密度的比值,也称为比模数或比刚度,是结构设计,特别是航空、航天结构设计对材料的重要要求之一。比刚度较高说明相同刚度下材

料重量更轻,或相同重量下刚度更大。

比强度和比模量高对高速运转的结构件或需要减轻自重的运输工具具有重要意义。

④ 抗疲劳能力强。纤维增强复合材料中的纤维与基体间的界面能够有效地阻止疲劳裂纹的扩展,外加载荷由增强纤维承担。大多数金属材料的疲劳强度极限是其拉伸强度的 $30\% \sim 50\%$,而复合材料则可达到 $60\% \sim 80\%$。

⑤ 化学稳定性优良。纤维增强酚醛塑料可长期在含氯离子的酸性介质中使用,用玻璃纤维增强塑料,可制造耐强酸、盐、酯和某些溶剂的化工管道、泵、阀及容器等设备。如用耐碱纤维与塑料复合,还能在强碱介质中使用。耐碱纤维可用来取代钢筋与水泥复合。

⑥ 耐高温烧蚀性好。纤维增强复合材料中,除玻璃纤维软化点较低(700～900 ℃)外,其他纤维的熔点一般都在 2 000 ℃以上,用这些纤维与金属基体组成的复合材料,在高温下强度和模量均有提高。例如:用碳纤维或硼纤维增强后,400 ℃时复合材料的强度和模量基本可保持室温下的水平。同样用碳纤维增强金属镍,金属镍不仅密度下降,而且高温性能也有所提高。由于玻璃钢具有极低的导热系数,可瞬时耐超高温,故可做耐烧蚀材料。

⑦ 工艺性与可设计性好。复合材料的性能除了取决于纤维和基体本身的性能之外,在很大程度上还取决于纤维的含量和铺设方式,因此自行设计材料,可满足构件强度和刚度等性能要求。制造工艺简单,对于一些复杂和大型的结构可一次成型,减少了零部件、紧固件和接头数目,材料利用率大大提高,缩短了生产周期。在不改变结构重量的情况下,可根据飞机的强度、刚度要求进行优化设计;在设计制造技术上满足了大多数无人机的高度翼身融合结构所需的大面积整体成型这一特点。

5.1.2　复合材料的缺点

复合材料的缺点如下:

① 材料的各向异性严重,垂直纤维方向的力学性能与平行纤维方向的力学性能差异比较大,一般来说垂直纤维方向的力学性能相对较弱,其主要取决于基体的力学性能,还有基体与纤维的结合程度。这也导致了复合材料抗冲击性能不是很好。

② 高强度、高性能的复合材料,成本相对较高。相对于金属材料而言,高性能的碳纤维增强复合材料较为昂贵。

③ 机械连接性差,复合材料层合板不宜开口。复合材料层板构件,如有开口,对构件的强度影响较大。所以,对于具有开口的复合材料层板类制件,要慎用。

④ 内部出现裂缝损伤难以及时发现,现有的金属探伤设备起不到作用,给质量的检测与控制带来了一定的难度。

5.1.3　复合材料与金属的不同点

复合材料与金属的不同点如下:

① 金属材料属于各向同性材料,在考虑材料性质以及失效时一般与坐标系的方向无关。而复合材料属于各向异性材料,其性质与方向有关,失效准则较金属来说也更为复杂。

② 金属材料开口处的应力集中问题主要考虑开口的形状,而复合材料开口处的应力集中问题则主要从铺层方式的角度考虑,情况相对复杂,不宜开口。

③ 复合材料疲劳强度较金属材料好。

④ 金属属于塑性材料，大多数树脂基复合材料属于脆性材料。

⑤ 常用的复合材料的力学性质容易受温度、湿度以及辐射等影响而改变，复合材料几乎无腐蚀问题存在，但与不同材料接触时可能存在电化学腐蚀以及热应力问题。

5.2　无人机主要结构选材分析

通常无人机结构选用的材料，首先考虑的是复合材料，如该构件不适合于用复合材料，则再考虑其他材料。选用构件材料的原则应按以下顺序：

① 满足构件的承载能力要求和功能要求。

② 尽最大可能选择轻质材料，如复合材料、铝合金。

③ 考虑构件成型的加工性能及成本，即尽量选择容易加工成型的、成本低的材料及加工工艺。

④ 构件的使用维护尽量简单、方便。

5.2.1　机　身

无人机机身用以装载货物、武器和机载设备，它将机翼、尾翼、发动机、起落架等部件连成一个整体。机身主要由梁、桁条、框、蒙皮等部件组成。机身结构材料应具有高的比强度和比刚度，以减轻飞机的结构重量，改善飞行性能或增加经济效益，同时还应具有良好的可加工性，便于制成所需要的零件。对于小型无人机来说，其自重较轻，所受载荷较小，内部应力环境简单，因此可考虑采用全复合材料。对于大型无人机来说，其所受载荷较大，内部结构复杂，应力环境也较为复杂，考虑到复合材料的各向异性、生产工艺及成本等问题，对受力较大的构件，如内部的梁、桁条、框等，如能保证构件的功能要求和承载要求，可选用复合材料。如满足构件承载能力困难，或工艺成型或成本难以接受，则可考虑选用金属材料制造。蒙皮等材料所受应力简单，面积较大，采用复合材料可以满足要求，可以大幅减轻自重，因此大型无人机的蒙皮可采用复合材料制造。

无人机机身内部承力结构可采用铝合金和镁合金等制造。铝合金至今仍然是航空航天结构构件的主要备选材料，其主要是由铝合金的优越性能所决定的。下面简要介绍铝合金这种常用的航空材料。

纯铝的密度 $\rho = 2.7\ \text{g/cm}^3$，熔点低，约 $660\ ℃$，具有良好的导热性、导电性、抗腐蚀性和工艺性。但因其强度低，不能用作结构材料。工业中一般使用添加一定元素形成的铝合金。铝合金除了继承纯铝密度低等优点外，比强度和比刚度比较高，强度接近或超过很多合金钢，且成本低，可加工性强，是工业上广泛使用的理想的结构材料。

铝合金目前仍是飞机的主要结构材料，飞机上的蒙皮、梁、肋、桁条、隔框和起落架都可以用铝合金制造。根据铝合金的材料制造加工方式，可分为变形铝合金和铸造铝合金，飞机结构中主要选用变形铝合金，如板材，型材，锻件等，铸件的使用量较少。根据结构件所在位置和功能性方面的不同，主要应用了三种不同类型的铝合金材料：耐热铝合金、耐蚀铝合金、高强铝合金。耐热铝合金由于其良好的耐高温性而主要应用于发动机之类的发热量比较大的部位。耐腐蚀铝合金则主要应用于一些特殊的飞行器，如水上飞机。而高强铝合金则因其出色的强度和韧性，一般用来制作飞机外壳以及内部支撑的骨架结构。

飞机依用途的不同,其铝的用量也不一样。着重于经济效益的民用机因铝合金价格低而大量采用,如波音 767 客机采用的铝合金约占机体结构重量的 81%。军用飞机因要求有良好的作战性能而相对地减少铝的用量,如最大飞行马赫数为 2.5 的 F-15 高性能战斗机仅使用 35.5% 铝合金。航天飞机的乘员舱、前机身、中机身、后机身、垂尾、襟翼、升降副翼和水平尾翼都是用铝合金制作的,各种人造地球卫星和空间探测器的主要结构材料也都是铝合金。长期以来,通过总结飞机结构使用经验和飞行事故等教训,人们逐步意识到,对结构材料的性能要求不能只考虑比强度,还要具有优良的综合性能。目前通过提高铝合金的纯度和改进热处理工艺等手段,铝合金材料的耐应力腐蚀性能、断裂韧度,以及抗疲劳性能等方面都取得了新的突破。

铝合金作为一种重要的航空材料,在无人机上也有着广泛的应用,比如我国的"长空-1"靶机,是一种大型喷气式无线电遥控高亚声速飞机,可供导弹打靶或防空部队训练之用。该机经过适当改装也可执行大气污染监控、地形与矿区勘察等任务。"长空-1"无人机机身的前、后段为铝合金半硬壳式结构,机翼和尾翼均为铝合金单梁式薄壁结构。又比如美国的"全球鹰",机身结构也是铝合金。还有国产大飞机 C919,也大量地使用了铝合金材料。图 5-2 所示为使用了铝合金生产的 C919 客机的机头部分。

图 5-2　国产大飞机机头采用铝合金材料

除铝合金外,对于一些追求性能指标的军用无人机来说,镁合金也是一种选择。镁合金是最轻的金属结构材料,密度为 $1.75 \sim 1.90 \ \mathrm{g/cm^3}$,比强度和比刚度高,能承受较大的冲击载荷,有很好的切削加工性。但是,镁合金的抗腐蚀能力较差,在潮湿的海洋气候条件下极易腐蚀。因此要着重考虑腐蚀与防护问题。另外,镁合金与其他的金属材料直接接触时极易发生接触腐蚀,因此要采用涂层、镀层,或隔离材料等措施加以保护。在制造过程中,如采用适当的工艺和措施,并经过表面处理和涂漆,即可较好地提高镁合金构件在大气条件下的长期存放与使用。图 5-3 所示为美国洛克希德公司使用镁合金制造的 F-80C"流星"战斗机。

图 5 - 3　F - 80C"流星"战斗机

5.2.2　翼　面

翼面是机翼、尾翼、鸭翼等及其舵面等的统称,是飞行器重要的部件之一。翼面的主要作用是提供升力,平衡飞行器的重力。升降舵、方向舵和副翼等翼面还可以操纵飞机起降,操纵飞机进行俯仰、偏航和滚转等机动,并控制飞机姿态,保持稳定。翼面设计的水平很大程度上决定了整个飞行器的性能。

翼面结构在组成上主要分为蒙皮与骨架结构两大部分,骨架结构主要有翼梁、长桁、腹板、普通肋、加强肋等。由于机翼的特殊几何外形,在设计时需要侧重考虑气动要求、质量要求、刚度要求、使用和维护要求。对于高速飞行器,还需要考虑气动加热对结构强度和刚度的影响。

作用在翼面上的载荷主要有三种:一是气动载荷,二是结构质量力,三是外挂等其他载荷。在大中型无人机翼面结构设计中,承受剪力、扭矩、弯矩,参与整体传力的构件,如翼梁等,需具备较好的弯曲刚度和扭转刚度,一般采用金属材料为宜。用于维持气动外形的维形件,如桁条、蒙皮、普通肋等,只承受局部气动载荷,所受应力小,可考虑采用复合材料,常用的如玻璃钢。对于小型无人机来说,也可考虑采用全复合材料。由于复合材料技术的快速发展以及复合材料结构设计技术的不断完善,目前在大中型无人机翼面结构的研制中,已经实现了全复合材料翼面结构的设计及生产制造。

树脂基复合材料是最常见的一种复合材料,主要体现在价格低廉、技术成熟、应用广泛、性能出色、可设计性强等方面,是无人机结构的首选材料,可满足大多数构件的设计要求。

树脂基复合材料,主要分为热固性树脂和热塑性树脂两类。热固性树脂是指树脂加热后产生化学变化,逐渐硬化成型,再受热也不软化,也不能溶解的一种树脂。热固性树脂的优点是刚性大,硬度高,耐热性高,受压不易变形,不易燃,制品尺寸稳定性好。其缺点主要是机械性能较差。常用的热固性树脂有酚醛、环氧、氨基、不饱和聚酯以及硅醚树脂等。其中以环氧树脂的应用最为广泛,其粘结力强,与增强纤维表面浸润性好,固化收缩小,有较高的耐热性,固化成型方便。热塑性树脂具有受热软化、冷却硬化的性能,而且不起化学反应,无论加热或冷却重复进行多少次,均能保持这种性能,因此这一大类树脂可反复加热软化、冷却固化。常见的热塑性树脂有:聚乙烯、聚氯乙烯、聚苯乙烯、聚酰胺(尼龙)、POM－聚甲醛、橡胶等。热塑性树脂的优点是加工成型简便,具有较好的机械能,缺点是耐热性和刚性较差。在飞机上多用于蒙皮、舵面、整流罩等。

树脂基复合材料,具有价格低廉,技术成熟,结构重量轻,可设计性强,大型构件易于成型,比强度、比刚度高等特点。因此将其引入无人机结构中对于增加有效载荷、减小空机重量、提高安全性有重要作用。无人机的机身蒙皮、机翼蒙皮、整流罩等结构形状复杂,需要可设计性强的材料,同时其面积较大,使用低密度材料可显著降低结构重量,因此选用树脂基复合材料完全可以胜任结构设计的要求。在实际设计工作中,可根据不同的设计要求并综合考虑预算因素,可采用不同性能、不同价位的树脂作为基体。此外,树脂基复合材料的透波性也很出色,可以用作制造无人机的天线罩。表 5－1 所列为几种树脂的性能。

表 5－1　几种树脂的性能

序　号	名　称	相对密度 γ	拉伸强度 σ_b	伸长率 δ/%	$10^{-3}\cdot$ 模量 E/MPa	抗压强度/MPa	抗弯强度/MPa
1	环氧	1.1~1.3	60~95	5	3~4	90~110	100
2	酚醛	1.3	42~64	1.5~2.0	3.2	88~110	78~120
3	聚酯	1.1~1.4	42~71	5	2.1~4.5	92~190	60~120
4	聚酰胺 PA	1.1	70	60	2.8	90	100
5	聚乙烯	—	23	60	8.4	20~25	25~29
6	聚丙烯 PP	0.9	35~40	200	1.4	56	42~56
7	聚苯乙烯 PS		59	2.0	2.8	98	77
8	聚碳酸酯 PC	1.2	63	60~100	2.2	77	100

树脂基复合材料在航空航天、汽车、船舶工业中有广泛的应用,常见的增强材料部分,可选用玻璃纤维、碳纤维、芳纶纤维等。玻璃纤维是一种性能优异的无机非金属材料,种类繁多,其优点是绝缘性好、耐热性强、抗腐蚀性好,机械强度高,但缺点是性脆,耐磨性较差。它是以玻璃球或废旧玻璃为原料经高温熔制、拉丝、络纱、织布等工艺制造成的。玻璃纤维单丝的直径为几微米到二十几米微米,相当于一根头发丝的 1/20~1/5,每束纤维原丝都由数百根甚至上千根单丝集束组成。树脂基复合材料如图 5－4 所示。

图 5－4　树脂基复合材料

玻璃纤维(见图5-5)比有机纤维耐温高,且不燃,抗腐,隔热、隔音性好,抗拉强度高,电绝缘性好。但性脆,耐磨性较差。其用来制造增强塑料或增强橡胶,作为补强材,玻璃纤维具有以下特点,这些特点使玻璃纤维的使用较其他种类纤维来得广泛,发展速度也遥遥领先。

玻璃纤维的主要特性如下:

- 拉伸强度高,伸长小(3%);
- 弹性系数高,刚性较好;
- 弹性限度内伸长量大且拉伸强度高,故吸收冲击能量大;
- 玻璃纤维为无机纤维,不易燃烧,耐化学性佳;
- 吸水性小;
- 尺度安定性、耐热性均佳;
- 加工性佳,可做成股、束、毡、织布等不同形态的产品;
- 透明,可透过光线;
- 与树脂粘结性良好;
- 不易燃烧,高温下可熔成玻璃状小珠。

图5-5 玻璃纤维

飞行器结构中常用的有E型玻璃和S型玻璃。

无碱玻璃也称E-玻璃,是一种硼硅酸盐玻璃,其碱金属氧化物的含量低,国内目前规定不大于0.5%,国外一般为1%左右。无碱玻璃纤维手感光滑,散发银色光泽,在被树脂浸润后,接近完全透明,没有白色残色。它的缺点是易被无机酸侵蚀,故不适合在酸性环境下使用。有碱玻璃含有一些杂质,纤维色泽不均匀,暗淡无光,强度等物理特性明显不如无碱玻璃纤维,价格也低很多。

高强玻璃纤维又称S-玻璃纤维,其特点是具有高强度、高模量,它的单纤维抗拉强度为2 800 MPa,比无碱玻璃纤维抗拉强度高25%左右,弹性模量为86 000 MPa,比E-玻璃纤维的强度高。用它们生产的玻璃钢制品多用于军工、空间、防弹盔甲及运动器械。但是由于其价格昂贵,如今在民用方面还不能得到推广。

在增强纤维材料中玻璃纤维最为便宜,良好工艺条件下,环氧树脂和无碱玻璃纤维的复合材料的最终物理性能通常可以满足使用要求。至于碳纤维,或者芳纶纤维等特种纤维,因为价格比较昂贵,操作过于复杂,所以在无人机的生产制造中,应该有重点地使用,尽量少用,以降低成本。

　　碳纤维是一种含碳量在 95% 以上的高强度、高模量纤维的新型纤维材料。它是由片状石墨微晶等有机纤维沿纤维轴向方向堆砌而成,经碳化及石墨化处理而得到的微晶石墨材料。碳纤维不仅具有碳材料的固有本征特性,还兼备纺织纤维的柔软可加工性,无论军用领域还是民用领域都是重要材料。如图 5-6 所示为碳纤维材料。

图 5-6　碳纤维材料

　　碳纤维具有许多优良性能:首先其密度低,为 $1.5 \sim 2.0 \ \mathrm{g/cm^3}$,比铝还要轻,不到钢的 $1/4$;碳纤维的轴向强度和模量高,拉伸强度为 $2 \sim 7 \ \mathrm{GPa}$,远高于钢铁;拉伸模量为 $200 \sim 700 \ \mathrm{GPa}$,与传统的玻璃纤维相比拉伸模量是其 3 倍多;与凯夫拉纤维相比拉伸模量是其 2 倍左右。

　　碳纤维在非氧化环境下耐超高温、耐疲劳性好,比热容及导电性介于非金属和金属之间,热膨胀系数小且具有各向异性,X 射线透过性好。碳纤维在有机溶剂、酸、碱中不溶不胀,所以抗腐蚀性能较好。在不接触空气和氧化剂时,碳纤维能够耐受 3 000 ℃ 以上的高温,具有突出的耐热性能,与其他材料相比,碳纤维要温度高于 1 500 ℃ 时强度才开始下降。碳纤维的径向强度不如轴向强度,因而碳纤维忌径向予以强力。

　　碳纤维是火箭、卫星、导弹、战斗机和舰船等尖端武器装备必不可少的战略基础材料。将碳纤维复合材料应用在战略导弹的弹体和发动机壳体上,可大大减轻重量,提高导弹的射程和突击能力。碳纤维复合材料在新一代战斗机上也得到了大量的使用,如美国第五代战斗机 F-22 采用了约为 24% 的碳纤维复合材料,从而使该战斗机具有超高声速巡航、超视距作战、高机动性和隐身等特性。

　　早期的无人机制造材料多为合金材料等。金属材料密度较大,比强度、比钢度偏低,限制了无人机的有效载荷;同时,金属材料容易反射雷达信号,形成二次波段,降低了军用无人机的隐身性能。先进的碳纤维复合材料正好弥补了这些缺点,它比强度高,电磁屏蔽效果好,使无人机结构重量减轻,拥有更长的航程和续航时间。美国的"全球鹰"无人侦察机机翼就是由碳纤维复合材料制成的,翼梁和翼盒由 Cytec 公司提供的高模碳纤维环氧预浸料制造而成。美国的 X-45 系列无人战斗机机身蒙皮由碳纤维预浸带采用铺层方式制成,喷管的蒙皮则采用了 Cytec 公司生产的 BMI‐5250‐4 型碳纤维预浸料。我国自主研发的"雷鸟"无人机机身和机翼均采用了全碳纤维复合材料。直升机的桨叶、旋翼机的螺旋桨也都逐渐地使用了碳纤维复合材料。

硼纤维也可用作增强材料。20 世纪 60 年代末,美国开发出了硼纤维增强的环氧树脂复合材料,并于 1971 年成功应用于 F‐14 战斗机尾翼和后机身蒙皮上。硼纤维是在金属丝上沉积硼而形成的无机纤维,通常用氢和三氯化硼在炽热的钨丝上反应,置换出无定形的硼沉积丁钨丝表面获得。硼纤维属脆性材料,比强度和比模量很高,但造价高昂,因而限制了其适用范围。

5.2.3 起落架

起落架在飞行器安全起降活动中担当重要的角色,同时是飞行器地面运动和停放的必需装置。在具有足够强度、刚度的同时,起落架还要具备良好的减震、抗冲击等性能。

对小型无人机来说,其自重较小,可采用复合材料或低碳钢制造起落架。市面上常见的微型四旋翼无人机和固定翼航模等,起落架多采用碳纤维增强等复合材料。对于中大型无人机来说,其自重和任务载荷较大,在着陆的瞬间主起落架要承受很大的冲击载荷,因此宜采用冲击韧性好的高强度结构钢和铝合金等金属材料。图 5‐7 所示为某大型无人机金属主起落架,图 5‐8 所示为常见小微型无人机复合材料起落架。

图 5‐7　某大型无人机金属主起落架

图 5‐8　常见小微型无人机复合材料起落架

结构钢主要用于制造飞机结构的受力构件、连接件、紧固件等,结构钢具有高的比强度、良好的工艺性能,在航空工业中得到了广泛的应用。对于一些承力较大、承受复杂载荷的部位,以及重要的结构部件,如大型无人机机身的加强框和机翼主梁等,也可采用高强度结构钢。

5.2.4　螺旋桨

螺旋桨将发动机的功率转化为飞机的动力,从第一家有动力飞机到第二次世界大战后期,几乎所有的飞机都是螺旋桨飞机。目前很多支线客机、通用航空飞机、轻型公务机、运动飞机,也都是螺旋桨飞机。从无人机的角度来看,对于一些旋翼无人机和小型无人机来说,通常也是采用螺旋桨提供动力飞行的。

相比船用螺旋桨,空气桨的转速要快很多。航模用螺旋桨转速可达到 5 000~20 000 r/min,直升机为 400~800 r/min。这就要求设计和选取螺旋桨材料时,需采用轻质、抗拉伸好、强度高的材料,同时要兼具良好的动平衡特性。

目前芳纶纤维/环氧树脂复合材料已用于螺旋桨结构,它的密度比碳纤维要小。对于采用 4 个及 4 个以上螺旋桨做动力飞行的无人机来说,这种材料的应用具有相当大的优势。低密度的芳纶纤维使螺旋桨的惯性减小,从而降低了振动,有助于使无人机在飞行过程中保持稳定。

芳纶或凯芙拉纤维,是一种新型高科技合成纤维,具有超高强度、高模量和耐高温、耐酸耐碱、重量轻、绝缘、抗老化、生命周期长等优良性能。芳纶的发现,被认为是材料界一个非常重要的历史进程。其广泛应用于复合材料、防弹制品、建材、特种防护服装、电子设备等领域。

芳纶纤维具有良好的机械特性,其强度是钢丝的 5~6 倍,模量为钢丝或玻璃纤维的 2~3 倍,韧性是钢丝的 2 倍,而重量仅为钢丝的 1/5 左右;具有优异的阻燃、耐热性能,在 560 ℃ 的温度下,不分解,不融化;化学性质稳定,可耐大多数高浓度的无机酸,常温下耐碱性能好;耐辐射性优异;耐久性良好,它具有良好的抗老化性能,具有很长的生命周期。

除芳纶纤维外,碳纤维也可以用作螺旋桨材料。目前应用在无人机结构上的材料主要是碳纤维和芳纶纤维增强树脂基复合材料。此外,芳纶纤维的电磁透射率较高,也可与树脂等制成透波或吸波材料,提高无人机的隐身性能。

5.2.5　热防护材料

对于常规无人机来说,常规的金属材料和复合材料可以很好地满足其性能要求,但对高超声速飞行器来说,激波与机体间高温压缩气体的加热,机体表面与空气强烈摩擦,会使飞行器表面的温度随马赫数的提高而急剧上升。当 $Ma=2.0$ 时,机头处的温度略微超过 100 ℃。而当 $Ma=3.0$ 时,飞行器机头和机翼前缘等部位的温度会升至 350 ℃ 左右。当 $Ma=6$ 时,可达 1 480 ℃,已超过了某些材料的极限温度,导致其力学性能发生显著减弱,还会产生热应力和热变形,给飞行器结构带来破坏。这就是所谓的"热障",因此在高超声速飞行器设计工作中需要考虑气动加热问题。

为了显著克服热障,其主要的工作有两种:一种是选用耐高温的材料作为飞机结构材料,如某些耐高温的合金钢,或者是钛合金等;另一种是采用烧蚀材料或隔热材料作为隔热防热装置,相当于给飞行器加装了一层保护壳。

树脂基复合材料通常只能在 300 ℃ 以下的范围内使用,而金属基复合材料可以满足300~1 200 ℃ 工况下使用的需求。金属基抗侵蚀效果好,导电性、导热性良好,主要用于承受高温的场合,比如超声速飞机的表面以及火箭发动机的热区等。基体材料一般有铝及其合金、钛合金、镍、镁、铜等,目前应用较多的是铝。但由于金属基复合材料加工工艺要求高,成本高,技术也稍显不成熟,因此适用范围较小。常用金属基复合材料的性能如表 5-2 所列。

表 5-2 常用金属基复合材料的性能

序 号	纤维名称	金属基体	抗拉强度/MPa	$10^{-3}\cdot$拉伸模量/MPa	$10^6\cdot$线膨胀系数/$^{\circ}\text{C}^{-1}$	其 他
1	石墨	纯铝基	680 650	178 147		$C_f=32\%$ $C_f=35\%$
2	石墨	铝镁基	680	195		$C_f=31\%$
3	石墨	铜镍基	560(400 ℃)			$C_f=30\%\sim50\%$
4	石墨	镍基	800~830	240~310		$C_f=50\%$
5	$\alpha-Al_2O_3$ 晶须	镍基	48~38			$C_f=20\%\sim21\%$
6	涂 SiC 硼纤维	钛合金 (70 ℃)	965 965 689 455	286 254 215 206	1.39 1.75	纤维方向 0° 15° 45° 90°
7	SiC	钛合金	979 930 779 738 656	250 240 220 210 190	泊松比 $\nu12$ 0.28 0.28 0.35 0.35 0.25	方向 0° 15° 30° 45° 90°
8	碳纤维 T300	201 铝合金	1 050	148		$C_f=40\%$
9	硼纤维(W)	6061 铝合金	1 400	239		$C_f=50\%$
10	SiC(W)	6061 铝合金	1 510	232		$C_f=50\%$

注:C_f 为纤维体积含量。

烧蚀材料按烧蚀机理分为升华型、熔化型和碳化型三类。

石英和玻璃类材料属于熔化型烧蚀材料,它的主要成分是二氧化硅。二氧化硅在高温下有很高的粘度,熔融的液态膜具有抵抗高速气流冲刷的能力,并能在吸收气动热后熔化和蒸发。在众多烧蚀材料中,陶瓷类性能出色。陶瓷基复合材料除具有陶瓷类材料耐高温性良好等优点,力学性能也能满足要求,因此可用作热防护材料以及应用在高超声速无人机结构上。

陶瓷基体耐高温、化学稳定性好、模量高、耐压强度高,但质地较脆、耐冲击性差。许多高强度、高模量的纤维,如碳纤维、硼纤维、碳化锆纤维和氧化铝纤维,用它们制成的碳化物、氮化物复合陶瓷均是优异的烧蚀材料,成为飞行器克服热障的首选材料。另外,陶瓷透波性良好,因此也可以用来制造飞行器的天线罩,尤其是高超声速飞行器的天线罩。几种陶瓷基体复合材料的力学性能如表 5-3 所列。

表 5-3 几种陶瓷基体复合材料的力学性能

序 号	纤维(晶须)	基 体	弯曲强度/MPa	断裂韧性/(MPa·m$^{1/2}$)	其 他
1	碳纤维	全云母微晶玻璃	480	1.1	—
2	SiC 晶须	Si3N4	770 855 890 621	5.14 8.79 7.84 6.23	$C_f=0$ $C_f=10\%$ $C_f=20\%$ $C_f=30\%$
3	SiC 晶须	TZP 多晶四方相氧化锆	1 060 800 780 640 560	10.4 11.7 12.6 13.1 13.8	$C_f==0$ $C_f=10\%$ $C_f=15\%$ $C_f=20\%$ $C_f=25\%$
4	SiC 纤维	SiC	320 300		相对密度 2.4 2.3

注：C_f 为纤维体积含量。

碳素基体主要用于碳纤维增强碳基体复合材料,也被称为碳-碳复合材料,分为碳纤维增强碳、石墨纤维增强碳和石墨纤维增强石墨。碳-碳复合材料 C-CA 和 C-CE 采用碳布叠层化学气相沉积、石墨化处理制成。其中 CA 和 CE 表示碳纤维分别是用聚丙烯腈基氧化法和催化法生产的。

石墨、碳-碳复合材料属于升华型烧蚀材料。碳的辐射系数较高,抗烧蚀性良好,在高温下升华、吸收热量。聚四氟乙烯(泰氟隆)也属于这一类型的烧蚀材料。碳-碳复合材料在高温下升华、吸收热量,应用在高超声速的无人机上,可以达到对机体结构的热防护。两种国产碳-碳复合材料的力学性能如表 5-4 所列。

表 5-4 两种国产碳-碳复合材料的力学性能

材 料	抗拉强度/MPa	抗压强度/MPa	抗拉模量/GPa	拉伸断裂应变/%	抗弯强度/MPa	抗弯模量/GPa	剪切强度/MPa	冲击韧性/(J·cm^{-2})	相对密度 γ	10^6·线膨胀系数/℃$^{-1}$
C-CA	149	138	52.4	0.40	107	39	7.88	2.12	1.67	0.36~0.37
C-CE	122	97	45.3	0.35	69.7	31.8	5.27	1.80	1.57	0.18~0.20

纤维增强酚醛塑料属于碳化型烧蚀材料。它是以纤维或布为增强材料,以浸渍酚醛树脂为基体制成的复合材料。选用酚醛树脂作基体是因为它具有抗烧蚀、碳层强度高、碳含量高和工艺性能好等优点。

5.2.6 其 他

1. 不锈钢
不锈钢主要用于制造飞机、发动机中的燃油导管、液压导管、排气总管及支管、喷管、散热器以及在潮湿介质中工作的零件和焊接件等。不锈钢具有的耐腐蚀的环境有：空气、水、盐溶液、酸以及其他腐蚀介质。在航空工业产品中,有些结构钢制造的零件采用不锈钢来代替,从而可以减少表面防护及其他防锈措施,降低零件失效的概率。对于一些常年部署在海岸、海岛、高盐、高湿环境下的无人机,其暴露在外面的一些结构,如接头导管等可考虑采用不锈钢制件。

不锈钢分为奥氏体型不锈钢、马氏体型不锈钢和沉淀硬化不锈钢。奥氏体型不锈钢通常指含铬 18%、含镍 8% 的不锈钢。奥氏体型不锈钢无论在高温或者室温始终保持奥氏体组织,这类钢无磁性,通常在固溶状态下使用,具有良好的耐腐蚀以及抗氧化性能。马氏体型不锈钢含铬量通常在 12%～18%。这类钢加热到高温时组织为奥氏体,冷却到室温时转变为马氏体,故可以热处理强化。这类钢有磁性,耐腐蚀以及抗氧化性能不如奥氏体型不锈钢。沉淀硬化不锈钢通常为奥氏体-铁素体双相型、半奥氏体型及马氏体-铁素体型不锈钢,该类钢可以热处理强化,具有良好的耐腐蚀及抗氧化性能。

2. 高温合金

高温合金又被称作热强合金、耐热合金或者超合金,它可在 600～1 100 ℃ 的氧化和燃气腐蚀条件下承受复杂的应力,能长期可靠地工作。高温合金主要用于制造发动机的热端部件,也可用于制造发动机与飞机机体连接处的接头、螺栓、螺母等零件,在结构重量中的占有量很少。

3. 碳化硅纤维

碳化硅纤维是以有机硅化合物为原料经纺丝、碳化或气相沉积而制成的无机纤维,属陶瓷纤维类。碳化硅纤维主要用作耐高温材料和增强材料,以及耐高温材料包括热屏蔽材料、耐高温输送带、过滤高温气体或熔融金属的滤布等;用作增强材料时,常与碳纤维或玻璃纤维合用,以增强金属(如铝)和陶瓷为主。碳化硅纤维的最高使用温度达 1 200 ℃,其耐热性和耐氧化性均优于碳纤维,强度达 1 960～4 410 MPa,在最高使用温度下强度保持率在 80% 以上,模量为 176.4～294 GPa,化学稳定性良好,抗氧化,耐腐蚀。

碳化硅纤维从形态上分有晶须和连续纤维两种。晶须是一种单晶,碳化硅晶须的直径一般为 0.1～2 μm,长度为 20～300 μm,外观是粉末状。连续纤维是碳化硅包覆在钨丝或碳纤维等芯丝上而形成的连续丝或纺丝和热解而得到纯碳化硅长丝。碳化硅纤维增强的钛基复合材料具有密度小、比强度、比刚度高,耐温性好等特点,在航空发动机的压气机叶片、整体叶环、盘、轴、机匣、传动杆等部件上已得到广泛应用。

5.3 常用的复合材料加工工艺介绍

复合材料的成型方法随基体材料不同而各异。树脂基复合材料的成型方法较多,有手糊成型、喷射成型、纤维缠绕成型、模压成型、拉挤成型、RTM 成型、热压罐成型、隔膜成型、迁移成型、反应注射成型、软膜膨胀成型、冲压成型等。金属基复合材料成型方法分为固相成型法和液相成型法。前者是在低于基体熔点温度下,通过施加压力实现成型,包括扩散焊接、粉末冶金、热轧、热拔、热等静压和爆炸焊接等。后者是将基体熔化后,充填到增强体材料中,包括传统铸造、真空吸铸、真空反压铸造、挤压铸造及喷铸等,陶瓷基复合材料的成型方法主要有固相烧结、化学气相浸渗成型、化学气相沉积成型等。

复合材料按照基体种类的不同,可分为聚合物基复合材料、金属基复合材料、陶瓷基复合材料,基体不同的复合材料成型方法不同。与传统金属材料等单一材料相比,复合材料产品和构件的制备技术具有以下几个方面的特点：

①　材料成型和构件成型同时完成。

②　采用多种性能不同、加工特性不同、成本不同的材料作为组分材料。

③　材料性能、几何性能和成本受成型过程影响，故应在设计阶段及早确定构件的成型工艺路线。

5.3.1　聚合物基复合材料成型加工技术

复合材料的性能在纤维与树脂体系确立以后，主要取决于成型固化工艺。所谓的成型固化工艺包括两方面的内容：一是成型，就是将预浸料根据产品的要求，铺覆成产品的形状；二是进行固化，即将铺覆成一定形状的叠层预浸料，在时间、温度和压力等因素的影响下使形状固定下来，并能达到预计的性能要求。

复合材料及其制件的成型方法，是根据产品的外形、结构与使用要求，结合材料的工艺性来确定的。聚合物基复合材料的成型工艺方法多种多样，各有所长，常用方法的特点与适用范围如表 5 - 5 所列。

表 5 - 5　几种聚合物基复合材料成型加工技术对比

方法名称	特　　点	适用范围
热压罐成型	热压罐提供均匀的高温度、高压力场，构件质量好，设备昂贵，耗能大	大尺寸复杂型蒙皮壁板高性能构件
真空袋成型	真空压力(小于 0.1 MPa)均匀温度场，设备简单，投资少，易于操作	1.5 mm 以下板件和蜂窝件
软模成型	同真空袋成型，压力袋压力为 0.2～0.3 MPa	低压成型板、蜂窝件
缠绕成型	纤维在线浸渍并连续缠绕在模具上，再经固化成型	叶片等小板壳结构
模压成型	借助橡胶膨胀或橡胶袋充气加压，要求模具刚度足够大，并能加热	共固化整体成型件
自动铺带法	纤维带(宽 75～300 mm)在线浸渍后自动铺放在模具上，并切断、压实，再经固化成型	凸模型面零件批量生产
纤维自动铺放法	多轴丝束或窄宽(宽 3 mm)在线浸渍后自动铺放在模具上，并切断、压实，再经固化成型	凸凹模型面零件批量生产
拉挤成型	纤维在线浸渍后直接通过模具快速固化成型，连续、快速、高效生产	型材，规则板条
预成型件/树脂转移成型法(RTM 法)	树脂在面内压力下注射到预成型件内后再固化成型。要求模具强度、刚度足够，并合理安排树脂流向和注射入口与冒口；制件重复性好，尺寸精度高，Z 向性能好	复杂高性能构件
预成型件/树脂模熔浸法(RFI 法)	树脂模熔化后沿厚度方向浸透预成型件，再固化成型。可采用单面模具，制件 Z 向性能好，重复性好，尺寸精度高	复杂高性能构件
低温固化成型	低温(80 ℃以下)、低压(真空压力)固化树脂体系复合材料的成型工艺。目前构件性能与普通环氧树脂构件相当	小批量生产的构件
电子束成型	利用电子加速器产生的高性能电子束引发树脂固化，空隙率低(<1%)，力学性能好，固化时间短，热应力小，减少环境污染，需专用树脂	正在走向实用化

1. 手糊或湿法铺覆工艺

手糊工艺是聚合物基复合材料制造中最早采用和最简单的方法。其工艺过程是先在模具上涂刷含有固化剂的树脂混合物,再在其上铺贴一层按要求剪裁好的纤维织物,用刷子、压辊或刮刀压挤织物,使其均匀浸胶并排除气泡后,再涂刷树脂混合物和铺贴第二层纤维织物,反复上述过程直至达到所需厚度为止;然后在一定压力作用下加热固化成型(热压成型),或利用树脂体系固化释放出的热量固化成型(冷压成型);最后脱模得到复合材料制品。手糊工艺是一种简单有效的工艺,广泛应用在样品和小批量生产中。手糊工艺中最常见的材料是玻璃纤维和聚酯树脂,也可以使用其他的高性能材料。手糊成型采用单面模具和室温固化树脂成型,增强材料一般为短切毡或定向纤维丝织物。手糊成型法工艺流程图如图5-9所示。

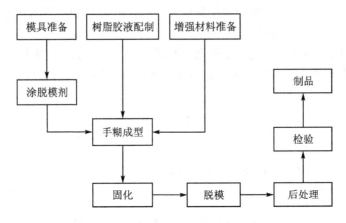

图5-9 手糊成型法工艺流程图

手糊成型的主要特点是阴模成型。阴模一般由玻璃纤维增强材料(GRP)阳模翻制而成。GRP壳体常采用木质框架或轻质钢材局部补强以承受操作载荷。为了保证制品表面光洁和脱模性良好,模具表面必须十分光洁,因此需要在模具胶衣上涂覆脱模剂,作用是避免基体树脂和模具表面粘接,利于脱模。

由于手糊成型工艺方法非常灵活而且可以制造非常复杂的制件,所以这种方法现在仍是航空航天领域生产复合材料常用的工艺方法。随着自动铺放技术的发展和经济方面压力的增加,手糊成型将逐渐被新的自动化技术代替或改进。

手糊成型工艺的优缺点如表5-6所列。

表5-6 手糊成型工艺优缺点对比

优　点	缺　点
· 操作简单,容易培训; · 设备投资少,生产费用低; · 能生产大型和复杂结构的制品; · 制品的可设计性好,且容易改变设计; · 模具材料来源广; · 可做夹层结构	· 是劳动密集型的成型方法,生产效率低; · 制品质量与操作者的技术水平有关; · 制品只有一面光滑; · 产品强度较其他方法低; · 生产周期长

2. 真空袋压、真空成型和热压罐成型

真空袋压、真空成型和热压罐成型工艺与手糊工艺的相似之处是均采用手工将增强材料和树脂放入单面模具中。不同之处是采用预浸料和相对昂贵的真空袋材料,成本相应增加。

采用真空袋可挤压出手糊成型中的过量树脂。但使用预浸料主要是制备高品质层合板用于航空工业。

基本工艺过程是将预浸料按照设计要求铺覆在模具上并与其他工艺辅助材料一起构成一个真空袋组合系统,然后放入热压罐。热压罐内,通过施加一定的压力(包括真空袋内的真空负压和袋外正压)和温度,来固化成型各种形状的结构。

使用预浸料构建结构,通过热压罐、真空袋等成型工艺方法制造的结构件,可获得高纤维体积含量($C_f \approx 60\%$)、力学性能优良、尺寸精确、重复性好的高质量结构件。共固化整体成型技术可制备大型整体飞机结构件,大大减轻装配、连接工作量,提高工作效率。目前,飞机上的复合材料结构件主要采用这类方法成型。这类方法预浸料的制备与储存投资和热压设备投资均较大,而且耗能高,再加之以手工铺层,制造成本较高。热压成型工艺如图 5-10 所示。

图 5-10　热压成型工艺

3. 缠绕成型

缠绕成型工艺是将浸有树脂的纤维束按照一定规律绕到一个芯模上,然后在加热或常温下固化制成一定形状的制品。这种工艺包括在线浸润、预浸料缠绕和热塑性缠绕(在适当加热的情况下)。由于纤维是张紧的,所以纤维只能走最短路径,这限制了纤维的取向。

缠绕成型的主要设备是缠绕机,辅助设备有浸胶装置、张力装置、加热固化装置以及纱架装置等。与其他工艺相比,缠绕成型制品的优点是:比强度高,制品质量高而且稳定,易实现机械化自动化生产,成本较低,生产效率高;不足之处是:制品的各向异性,强度方向性比较明显,层间的剪切强度低,制品几何形状有局限性。缠绕成型一般适合制造圆柱体、球体及某些正曲率的回转体制品。缠绕成型制品的表面光洁度欠佳,设备及辅助设备较多,投资较大。缠绕成型工艺大量用于火箭发动机罩、管材、压力容器等类似形状产品的制造。缠绕成型工艺如图 5-11 所示。

4. 自动纤维束铺放

自动纤维束铺放是在缠绕和自动铺带技术的基础上开发的先进的高度自动化、机械化的铺层方法。铺层技术又称 ATP 技术,其关键技术是研制高度自动化的多轴纤维自动铺放机。与缠绕成型技术相比,其优点是纤维不被拉张,可以铺放非最短路径成型。自动纤维束铺放的特点是铺放速度快,生产效率高,精度高,质量好,但机器设备成本高,机器的启动和停止非常烦琐。这种工艺非常适合制造大型壳体结构,如机身和机翼的蒙皮,S 形进气道等结构。

图 5 - 11　缠绕成型工艺

5. 拉挤成型

拉挤成型工艺的基本形式是使纤维通过浸胶槽浸胶,然后在拉入加热的模具中固化,在牵引机构的拉力作用下,连续引拔出无限长的型材制品,零件一般在现场按一定长度切割。拉挤成型工艺已经发展了许多形式。拉挤型材生产工艺示意图如图 5 - 12 所示。

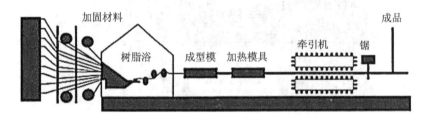

图 5 - 12　拉挤型材生产工艺示意图

这种工艺一般适用于制造各种不同形状的管、杆、棒、角型材,以及夹板、工字梁和板材等标准型材。这种工艺的特点是:设备造价低,生产效率高,便于形成自动化生产线,适合于批量生产高质量系列化的制品;原材料的有效利用率高,基本没有边角废料。但它只能加工不含凹陷、浮雕结构的制品,制品性能具有鲜明的方向性,长制件会存在直度和翘曲的问题。

6. 模压成型工艺

模压成型是一种对热固性树脂和热塑性树脂都适用的纤维复合材料成型方法。将定量的模塑料或颗粒状树脂与短纤维的混合物放入敞开的金属对模中,闭模后加热使其熔化,并在压力作用下充满模腔,形成与模腔相同形状的模制品,再经加热使树脂进一步发生交联反应而固化,或者冷却使热塑性树脂硬化,脱模后得到复合材料制品。

模压成型工艺是一种古老的工艺技术,具有生产效率较高、结构致密、表面光洁、制品性能好以及尺寸较精确等优点。多数结构复杂的制品可一次成型,无须再进行有损制品性能的二次加工,制品外观及尺寸的重复性好,容易实现机械化和自动化。缺点是此工艺对模具要求较高,模具设计制造复杂,压机和模具投资高,制品尺寸受设备限制,一般只适合制造批量大的中小型制品。

7. RTM/RFI 成型工艺

树脂传递成型 RTM(Resin Transfer Molding)是一种闭模成型的工艺方法。其基本工艺过程为：首先用缝纫、编织或粘胶等方法将增强纤维或织物制成构件形状（即预成型件）；成型时，将预成型件放入模具中，采用压力注射方法或将树脂膜熔化后，在自上而下的压力作用下流经整个预成型件厚度，从而完成树脂的浸渍，再经固化、脱模、加工而制成制品。树脂传递成型法的优点是：适用于各种铺放形式与毛坯构型的复杂构件，构件整体性好，减少机械连接，近无余量加工，与手工铺放工艺相比，工时少，可采用低成本的纤维/树脂体系，可有效地改善劳动强度和环境条件，可提高复合材料的设计许用应变。

RTM 工艺用真空辅助压紧增强材料和锁紧模具，是生产大面积板的有效方法。RTM 成型工艺，要求树脂有较低的粘度。

当今先进复合材料的基体树脂，如双马来酰亚胺和环氧树脂的粘度都较高，较宜采用树脂膜渗透成型 RFI（Resin Film Infusion）技术。树脂膜渗透成型工艺是一种树脂膜熔渗和纤维预制体相结合的树脂浸渍技术。其工艺过程是将预催化树脂膜或树脂块放入模腔内，然后在其上覆以采用缝合或三维编织等方法制成的纤维预制体等增强材料，再用真空袋封闭模腔，抽真空并加热模具使模腔内的树脂膜或树脂块融化，使得树脂在真空状态下渗透到纤维层（一般是由下至上），最后进行固化制得制品的一种复合材料成型工艺技术。RFI 工艺被认为是目前行之有效的低成本、高质量的一项制造技术，是一种十分有发展前景的成型工艺。RTM 成型工艺示意图如图 5 - 13 所示，RFI 成型工艺示意图如图 5 - 14 所示。

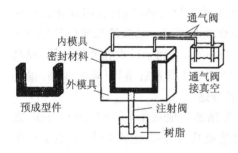

图 5 - 13　RTM 成型工艺示意图

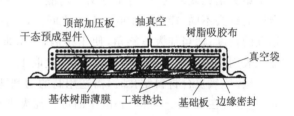

图 5 - 14　RFI 成型工艺示意图

5.3.2　金属基复合材料成型加工技术

金属基复合材料的成型加工技术因基体材料的不同而不同，一般有以下几种加工方法：喷射分散法、机械搅拌法、压力铸造法、离心铸造法、中间合金法、涂覆铸造法、渗透铸造法。

① 喷射分散法：一般用于航空航天工业。用粉末冶金工艺，铝和铝锂复合材料通过充填陶瓷颗粒可以提高强度、模量和耐热性。喷射分散工艺是在威尔士大学于 1969 年前推出的喷射分散工艺的基础上发展起来的。后者是将熔融的铝喷到模板上，集聚沉积成锭块，而新工艺则可使整块锭的性能保持恒定。通过对整个喷雾沉积过程进行控制，可以制造出具有均匀一致的显微结构的材料，并可使增强颗粒在铝复合材料中的分布均匀一致。粉末冶金复合法是颗粒强化复合材料最常用的制备方法。

② 机械搅拌法：通过高速旋转的搅拌使金属液产生漩涡，然后向漩涡中逐渐投入颗粒，使其分散。

③ 铸造凝固复合法：铸造凝固复合法是在基体处于熔融状态下进行复合的方法，主要有铸造法、加压或非加压含浸法以及原生（In - Situ）复合法。

5.3.3　陶瓷基复合材料成型加工技术

纤维增强陶瓷基复合材料的性能取决于很多因素,故在实际中针对不同的材料,制作方法也会不同,成型技术的不断研究与改进正是为了能获得性能更为优良的材料。目前采用的纤维增强陶瓷基复合材料的成型方法主要有三种:

①　泥浆烧铸法:在陶瓷泥浆中把纤维分散,然后浇铸在石膏模型中。

②　热压烧结法:将长纤维切短,然后分散并与基体粉末混合,再用热压烧结的方法即可制得高性能的复合材料。

③　浸渍法:适用于长纤维。首先把纤维编织成所需形状,然后用陶瓷泥浆浸渍,干燥后进行焙烧。

5.3.4　复合材料的机械加工

在加工复合材料时,由于基体比较脆弱,而增强纤维的强度和刚度均比较高,因此在加工过程中类似于刀具对砂轮进行研磨。工件固化成型后外形的修整、装配时的制孔、锪窝都比较困难。

1. 钻孔与锪窝

钻孔、锪窝时,由于碳纤维的硬度高,高速钢、碳化钛等钻头材料磨损很快,用碳化钨硬质合金钻头钻孔效果更好,每个钻头平均能钻 100 个孔,但要及时磨刃。钻头的几何形状与加工金属的钻头不同,锋角在 $100°\sim118°$ 之间。锋角小,轴向抗力小,有利于减少孔处的分层,提高钻孔的精度;适当加大螺旋角,便于排屑,一般取 $25°$ 左右即可。增大后角,可减少摩擦,提高加工表面质量和钻头的耐用度,后角一般取 $12°\sim13°$ 比较合适。

碳/环氧复合材料钻孔时,需选用高的切削速度,钻头钻速一般在 $1\,400\sim2\,500$ r/min 之间,进给量在 $0.008\sim0.02$ mm/r 即可。加大进给量,易造成孔边分层;进给量太小,也会产生分层和钻头磨损。钻孔时,在复合材料板的上下需加衬板进行保护,可防止分层的发生。衬板用硬铝板效果较好。

2. 切　割

(1) 机械加工

复合材料的结构件装配时需要切除余量,以保证对缝间隙符合要求。切割复合材料用的刀具材料应具有较高的硬度,刀刃要有足够的韧性,耐冲击,耐高温,切割时硬质合金刀具难以满足这些要求。用金刚石砂轮片切割复合材料壁板,目前已取得了良好的效果,其直线度较理想,壁板装配对缝间隙在 $0.3\sim0.8$ mm 之间。用金刚石砂轮片切割时,加工质量与砂轮主轴的转速、砂轮片的进给速度、砂轮片伸出工件下边的高度以及工件的厚度等因素有关。

(2) 激光切割

用激光切割复合材料板时,工件边缘整齐,质量较高。现已研制出 1 kW 以上的二氧化碳激光切割机,可用来切割碳/环氧复合材料板、硼/环氧复合材料板和芳纶/环氧复合材料板。若复合材料厚度增加,则需用大功率激光切割机,但成本较高。激光切割后有时会出现毛边,切割缝处会有烧蚀现象,使材料碳化而影响工件质量。这个问题限制了其应用和推广,其一般只用于切割 $2\sim3$ mm 的板材,且仅限于单层材料。

(3) 高压水切割

用高压水射流切割复合材料是近年来发展迅速的一种加工方法,用它来加工碳/环氧、硼/

环氧,芳纶/环氧等复合材料,已取得良好的效果。高压水射流切割,即把高速液体(水或水添加剂的混合物)所具有的能量通过直径较小的喷嘴,用 3～4 倍于声速的高速射流对工件进行切割或开孔等加工。

高压水射流切割有很多的优点,无刀具磨损问题,无纤维粉尘,环境洁净,切缝窄,切口质量好,工件无变形,无毛刺,切割速度快,效率高等。它的缺点是加工时使工件部分变湿,对树脂不利,高压水装置的密封要求严格,喷嘴需定期更换,成本较高。

以上三种切割方法的性能比较如表 5 - 7 所列。

表 5 - 7　三种复合材料切割方法对比

序　号	对比项目	机械切割	激光切割	高压水切割
1	切割原理	热切削	热切削	冷切削
2	对材料性能的影响	有局部高温及热影响区,有烧蚀	有局部高温及热影响区,有烧蚀	无热影响区,无烧蚀
3	切削质量	易分层,易损伤工件边缘	切缝有毛刺,需补充加工	切缝窄(1 mm)表面光整
4	切削厚度	太厚太薄均不适用	仅限单层切割	切割厚度达 100 m
5	切削速度	190 mm/s	单层127～177 mm/s	切10层330 mm/s
6	有无粉尘	有粉尘噪声需保护	无粉尘	无粉尘
7	设备成本	低	较高	高

5.3.5　复合材料的连接设计

复合材料的连接主要有三种类型:机械连接(包括铆接和螺栓连接)、胶接和混合连接。

机械连接适用于可靠性要求高和传递较大载荷的情况,铆接一般用于受力较小的结构,螺栓连接一般用于承力较大的构件上。螺栓连接可以重复装配和拆卸,可以传递较大载荷,加工简单,连接可靠。但由于复合材料自身的特殊性质,孔边会出现高度应力集中,为了弥补开口处的强度下降,可能需要局部补强,使得重量增加。另外螺栓和复合材料接触的位置可能会发生电偶腐蚀。机械连接的主要破坏形式有通过孔剖面拉伸破坏、螺栓对孔边的挤压破坏、沿孔边剪劈破坏、螺栓拔出破坏以及螺栓破坏,通常破坏的形式为其中的一种或几种的组合。

胶接是借助胶粘剂将零件连接成不可拆卸的整体。胶接无应力集中,连接部位重量较轻,可粘接不同的材料,但是胶接受环境的影响较大,易受湿热腐蚀等影响,存在老化问题,胶接不能传递较大载荷。在胶粘之前需要对胶接表面进行处理,较为复杂,且不可拆卸,而且复合材料的胶接存在层间剥离等问题。一般来说,胶接主要有被胶接件拉伸破坏、胶层剪切破坏、接头端部胶接件剥离破坏等破坏形式。

混合连接是机械连接和胶接的组合,可以提高抗冲击、抗剥离、抗疲劳、抗蠕变等性能,但也增加重量与成本,只在特定情况下使用。

5.4　国内外无人机复合材料的应用

复合材料在飞机结构中的应用情况大致可以分为三个阶段。

第一阶段,是应用于受载不大的简单零部件,如各类口盖、舵面、阻力板、起落架舱门等,可减重 15%~20%。

第二阶段,是应用于承力大的部件,如安定面、全动平尾、鸭翼、前机身段等,可减重 25% 左右。

第三阶段,是将复合材料应用于复杂的受力部位,如机翼、中机身段、中央翼盒等,据统计可减重约 30%。

根据统计,目前小型商务机和直升机的碳纤维复合材料用量已经可以达到 50% 以上;军用飞机通常可达到 25% 左右;大型客机一般在 20% 以上,有些达到了 50% 以上。小型商务机、直升机、运动飞机等通用类飞机,以及各类无人机,复合材料的用量都比较高。

几种典型的无人机结构选材实例如表 5-8 所列。

表 5-8　几种典型的无人机结构选材实例

机　型	结构选材情况
彩虹 4 系列无人机	机体除了主梁,其他大部分结构均由复合材料组成。最大起飞质量超过 1 300 kg,有效载荷可达 345 kg
"全球鹰"系列无人机	世界上著名的高空长航时无人侦察机。 机身大量使用碳纤维/环氧复合材料,复合材料占全机结构重量的 65%。翼展 35.4 m,整机起飞质量 11 640 kg,燃油质量 6 727 kg,具有从美国本土起飞对全球任何地点进行战术侦察和战略侦察的能力。 机身主结构为铝合金,机翼尾翼、发动机短舱、后机身采用石墨-环氧复合材料,雷达罩、整流罩采用玻璃纤维复合材料。 机翼由高模碳纤维/环氧预浸料制造,蒙皮采用了复合材料层压板结构,前后缘均采用蜂窝夹芯结构
X-47 系列无人机	采用翼身融合布局,是先进复合材料大面积整体成型的典型。全机除一些接头部位采用金属合金,基本都采用先进复合材料。 X-47B 无人机机身骨架采用钛合金和铝合金,机身蒙皮、机背口盖和活动舱门由复合材料建造。90% 的机体表面由碳纤维复合材料覆盖,比单纯的铝合金结构减重 20%~30%
X-45 系列无人机	机身由高速切削的铝合金龙骨、梁及隔框覆以复合材料蒙皮构成。进气道、舱门和部分喷管由复合材料构成
某型号高空高速无人侦察机	由我国自主研究和设计的一种大型无人机,机身长 14.33 m,翼展 24.86 m,高 5.413 m,起飞质量 6 800 kg,任务载荷 600 kg,巡航高度 18 000~20 000 m 该无人机大量采用复合材料,飞机的雷达天线罩采用了吸波复合材料,机身的尾部背鳍上装有复合材料发动机舱,机翼设计采用全复合材料机翼
MQ 1"捕食者"系列无人机	全机除主梁外几乎全部采用复合材料结构,包括碳纤维、玻璃纤维、芳纶纤维复合材料以及蜂窝、泡沫、木块等夹层结构,用量约为结构总重量的 92%。 机身大量采用碳纤维织物/Nomex 蜂窝夹芯结构加肋壁板,内部关键位置有碳纤维梁肋结构保证刚度,改进型的机翼盒型梁顶端采用了硼纤维/碳纤维/环氧预浸料。该机最大起飞质量为 1 020 kg

机　型	结构选材情况
英国"西风"系列太阳能动力高空长航时无人机	由英国国防科技集团下属公司研制,质量仅为 53 kg,飞行高度达 21.6 km,飞行时间可达 14 d。该无人机机身和机翼均采用超轻质碳纤维树脂基复合材料制造。 该无人机大展弦比机翼主要由主梁、副梁、翼肋和蒙皮构成。管状主梁和翼肋均采用碳纤维/环氧复合材料,主梁为碳纤维/环氧树脂蜂窝夹层结构,采用热压成型工艺;翼肋分为碳纤维/环氧复合材料泡沫夹层翼肋和碳纤维/环氧复合材料蜂窝夹层翼肋两种,翼肋和主梁之间采用微球增强玻璃环氧胶进行粘接,机翼前缘两个翼肋之间采用轻质刚性泡沫填充并与主梁粘接,机翼蒙皮采用聚酯薄膜

对于恶劣环境下停放的无人机,如我国南海岛礁等高盐、高温、高湿环境中,使用复合材料制造无人机,利用其耐腐蚀性能,可以大大提高储存寿命,降低维护成本。同基体的复合材料,如树脂基、金属基和陶瓷基复合材料,其使用温度分别达 250～350 ℃、350～1 200 ℃和 1 200 ℃以上。因此可根据不同的实际使用需要利用不同的基体来设计复合材料。

在飞机结构设计的过程中,设计人员应考虑飞机的定寿问题。但是在无人机的结构设计工作中,由于无人机的使用特点,通常没必要按照高寿命的标准进行设计。因为在无人机的整个使用周期中,大多数无人机在达到全寿命之前可能已经报废或因为各种原因坠毁。因此,在进行无人机结构设计的工作时,应主要考虑减少应力集中,控制整体应力水平,并充分考虑长时间停放的环境对结构的影响。

复合材料的结构形式主要反映出复合材料以纤维为承载和传力主体以及固化成型工艺制造等特点,同时借鉴了金属构件的形式。复合材料结构设计具有如下设计特点:

> 因为纤维平直状态下承载和传力最佳,故复合材料适合制造各种平板和小曲率板;
> 复合材料屈曲对疲劳损伤性能的影响难以评估,因而一般要求复合材料主结构梁承载时不允许腹板失稳;
> 对于层合板复合材料不宜开孔,应尽量减少开孔要求;
> 对于复合材料结构件设计,可尽量考虑整体化结构的设计形式,减少零件数目。

因为复合材料的可设计性,结构件成型和材料形成同时完成,促使复合材料结构设计比金属结构更加强调材料性能、结构设计与分析及生产制造工艺三方面的综合协调。因此,复合材料结构设计应注意以下几方面的问题:

> 设计选材与许用值确定;
> 静强度设计和刚度剪裁设计;
> 耐久性/损伤容限设计;
> 开口补强设计;
> 细节设计结构损伤修理。

表 5 – 9、表 5 – 10 和表 5 – 11,分别给出了各主要纤维材料与金属丝的基本性能、几种复合材料的主要力学性能,以及飞机常用材料与复合材料力学性能比较,可供无人机设计选材时参考。

表 5-9 各主要纤维材料与金属丝基本性能

材料		直径/μm	熔点/℃	相对密度 γ	10^{-1}·拉伸强度 σ_b/MPa	10^{-5}·模量 E/MPa	10^6·热膨胀系数 α/℃$^{-1}$	伸长率 δ/%	10^{-1}·比强度 (σ_b/γ)/MPa	10^{-5}·比模量 (E/γ)/MPa
玻璃纤维	E	10	700	2.55	350	0.74	5	4.8	137	0.29
	S	10	840	2.49	490	0.84	2.9	5.7	197	0.34
硼纤维		100	2 300	2.65	350	4.1	4.5	0.5~0.8	132	1.55
		140		2.49	364	4.1			146	1.65
碳纤维	普通	6	3 650	1.75	250~300				143~171	
	高强	6		1.75	350~700	2.25~2.28		1.5~2.4	200~400	1.29~1.30
	高模	6		1.75	240~350	3.5~5.8	−0.6		137~200	2.0~2.34
	极高模	6		1.75	75~250	4.6~6.7	−1.4	0.5~0.7	43~143	2.63~3.83
芳纶纤维	K-49Ⅲ	10		1.47	283	1.34	−3.6	2.5	193	0.91
	K-49Ⅳ	10			304	0.85		4.0	207	0.58
碳化硅纤维	单相	100	2 690	3.28	254	4.3	3.8		77.4	1.31
	复相	8~12		2.8	250~450	1.8~3.0			89~161	0.64~1.1
氧化铝纤维		100	2 080	3.7	138~172	3.79			37~46	1.02
钢丝			1 350	7.8	42	2.1	11~17		5.4	0.27
铝丝			660	2.7	63	0.74	22		23	0.27
钛丝				4.7	196	1.17	9		41.7	0.25

表 5-10 几种复合材料的主要力学性能

材料	相对密度 γ	10^{-1}·纵向拉伸强度 σ_b/MPa	10^{-5}·纵向拉伸模量 E/MPa	10^{-1}·比强度 (σ_b/γ)/MPa	10^{-5}·比模量 (E/γ)/MPa
玻璃/环氧	1.80	137	0.45	76.1	0.25
高强碳/环氧	1.50	133	1.55	88.7	1.03
高模碳/环氧	1.69	63.6	3.02	37.6	1.79
硼/环氧	1.97	152	2.15	77.1	1.09
Kevlar49/环氧	1.38	131	0.78	94.9	0.57
碳/石墨	2.20	73.8	1.37	33.5	0.62
碳/铝	2.34	80	1.20	34.2	0.51
碳/镁	1.83	51	3.01	27.9	1.64
硼/铝	2.64	152	2.34	57.6	0.89
铝合金	2.71	29.6	0.70	10.9	0.26
镁合金	1.77	27.6	0.46	15.5	0.26
钛合金	4.43	10.6	1.13	23.9	0.26
高强钢	7.83	134	2.05	17.1	0.26

表 5 - 11　飞机常用材料与复合材料力学性能比较

材　料	密度/(g·cm^{-3})	拉伸强度/GPa	10^{-2}·弹性模量/GPa
钢	7.8	1.03	2.1
铝合金	2.8	0.47	0.75
钛合金	4.5	0.96	1.14
玻璃纤维复合材料	2.0	1.06	0.4
碳纤维 I/环氧复合材料	1.6	1.07	2.4
硼纤维/铝复合材料	2.65	1.0	2.0

习　　题

1. 目前世界上各种先进无人机的复合材料用量一般占机体结构总重的_____，复合材料的总用量可达_____以上。

2. 无人机上受力较大、应力复杂的部位，如机翼主梁、机身加强框和起落架等，通常采用_____材料制造。

3. 常用的复合材料连接形式有_____和_____。

4. 对于性能指标要求不突出的常规无人机，通常选用哪种基体和增强纤维组合的复合材料？简述这么做的理由。

5. 简述复合材料和金属材料的不同之处（答出三点即可）。

参考文献

[1]《飞机设计手册》总编委会.飞机设计手册 第 5 册：结构设计.北京：航空工业出版社,2001.

[2] 何景武,贾玉红.现代飞行器制造工艺学.北京：北京航空航天大学出版社,2010.

[3] 郦正能,等.飞行器结构学.北京：北京航空航天大学出版社,2005.

[4] 沈观林,胡更开.复合材料力学.北京：清华大学出版社,2013.

[5]《世界无人系统大全》编写组.世界无人系统大全.北京：航空工业出版社,2015.

[6] 黄春芳,等.先进复合材料在无人机和太阳能飞机上的应用.长沙：国防科技大学,2013.

[7] 王耀先.复合材料结构设计.北京：化学工业出版社,2001.

[8] 闻荻江.复合材料原理.武汉：武汉工业大学出版社,2007.

第6章 无人机翼面结构设计

翼面是飞行器最重要的部件之一,是机翼、尾翼、前翼(或鸭翼)及其舵面等的统称。尾翼部分,包括垂尾和平尾。垂尾包括垂直安定面和方向舵;平尾通常包括水平安定面和升降舵,也有将水平安定面和升降舵合为一体的全动平尾。翼面结构设计的优劣在很大程度上决定了飞行器的整体性能。

6.1 翼面的功用与设计要求

6.1.1 机翼的功用

机翼的主要功用是产生升力,以平衡飞机的重力。

机翼的前后缘安装有各种附加的翼面,如后缘布置有横向操纵用的副翼和扰流片等。为提高飞机的起降或机动性能,前缘和后缘也越来越多地装有各种形式的襟翼及缝翼等增升装置。翼面本身以及安装在翼面上的副翼还为飞行器提供横侧稳定性、操纵性以及增升装置的效能。

机翼又可以作为起落架、发动机等部件的固定基础。机翼的内部空间常用来收藏主起落架或其部分结构和储存燃油。此外,机翼内常安装有操纵系统和一些小型设备和附件。机翼布置如图 6 - 1 所示。

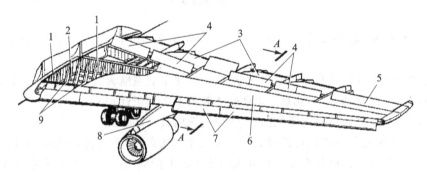

1—骨架翼梁;2—腹板和桁条;3—襟翼;4—扰流片;5—副翼;6—蒙皮;7—前缘缝翼;8—挂架;9—翼肋

图 6 - 1 机翼布置

6.1.2 尾翼的功用

尾翼用于保证飞机的纵向和航向的平衡与安定性,以及实施对飞机的纵向(俯仰)和航向(偏航)的操纵。一般飞机的尾翼由水平尾翼(简称平尾)和垂直尾翼(简称垂尾)两部分组成。正常式平尾包括水平安定面和升降舵。在跨声速或超声速飞机中多用全动水平尾翼。垂尾一般由垂直安定面和方向舵组成。

6.1.3　翼面结构设计要求

翼面结构设计要求与飞行器结构设计的基本要求是一致的。其包括空气动力外形和表面品质要求,结构质量要求,静、动力和热强度要求,气动弹性品质要求,使用寿命要求,维修性要求和工艺性要求。但是,由于翼面的功用、载荷以及外形特征等与其他部件差别很大,因此,翼面结构设计的重点就会有所不同,具体包括:

（1）气动要求

机翼主要用于产生升力,因此主要是空气动力方面的要求。机翼的气动特性由其外形参数（展弦比 λ、相对厚度 $\bar{c}$、后掠角 χ 等）来保证,这些参数在总体设计时已经确定。结构设计时,则从强度、刚度、表面光滑度等各方面保证机翼气动外形要求。

（2）重量要求

在外形、装载和连接情况已定的条件下,重量（包括重量分布）要求是机翼结构设计的主要要求,就是要设计出一个既能满足强度、刚度要求,而又尽可能轻的结构来。

（3）使用和维护要求

要求飞机使用方便,并便于检查、维护和修理。机翼内部通常有操纵系统零构件、燃油管路、电器线路、液压管路等,对这些系统和线路要经常检查调整。机翼内部安排有整体油箱时,需常对油箱进行检查维护,以保证油箱的密封可靠。按破损安全原则设计的结构,对影响飞行安全的结构需定期检查。对所有要求检查维护的部位,都应有良好的可达性,必须设置一定数量的开口。

（4）工艺性和经济性要求

与一般的飞机结构相同。

6.2　翼面的载荷与内力

6.2.1　机翼的外载荷

翼面的外载荷有以下三种类型:

1. 空气动力

空气动力载荷 q_a 是分布载荷,直接作用在翼面的蒙皮上,形成了整个翼面的升力和阻力,其中升力部分即是翼面最主要的外载荷。无人机在飞行过程中,翼面上的气动力也在随着飞行状况的变化而不断地变化。因此,机翼的结构受力情况也将发生变化,形成了不同的机翼设计载荷情况。机翼上的各种辅助翼面（如襟翼、副翼等）也和主翼面一样承受分布的气动载荷,但因它们都以有限的连接点与机翼主体相连,因此这些载荷均要通过接头以集中力的形式传给机翼主体。翼面所受的各种外载荷如图 6-2 所示。

2. 机翼结构质量力

机翼结构本身的质量力 q_c（包括重力和惯性力）作用在翼面结构的实体上,其大小与分布取决于机翼结构质量的分布规律。它的量值比气动载荷小得多。在工程估算时,质量力的分布规律可近似认为与弦长成正比。

3. 其他部件和外挂传来的集中载荷

机翼上固定连接的其他部件（如起落架、发动机、襟翼、副翼、外挂物等）,通常是通过几个

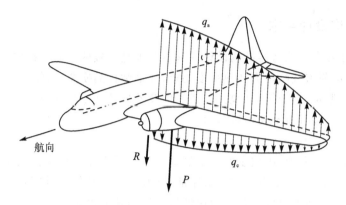

q_a—空气动力分布载荷；q_c—翼面结构质量力分布载荷；

P—发动机或其他部件传来的集中载荷；R—机身支反力

图 6-2　翼面所受的各种外载荷

连接接头与机翼相连。如此，这些部件所受的载荷(包括气动力、惯性力、撞击力等)，便通过连接接头，以集中力的形式，把载荷传递给机翼的主翼面结构。机翼油箱内燃油的惯性力，以及油箱内的增压载荷，可按照分布力作用于机翼上。

6.2.2　机翼的内力

机翼上的载荷向机身传递过程中，在机翼中引起的内力有：剪力 Q_n、Q_h、弯矩 M_n、M_h 和扭矩 M_t，如图 6-3 所示。通常 $Q_n \gg Q_h$，$M_n \gg M_h$，而弦平面内的结构宽度和惯性矩很大，Q_h 和 M_h 引起的正应力和剪应力比 Q_n 和 M_n 引起的应力小得多，故近似分析通常不考虑 Q_h 和 M_h，只考虑 Q_n、M_n 和 M_t，并且将它们简写为 Q、M 和 M_t。

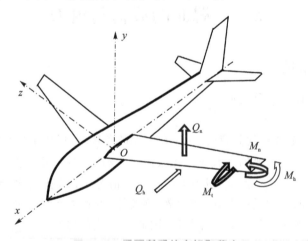

图 6-3　翼面所受的力矩和剪力

机翼任一剖面处的剪力和弯矩都可以用积分方法求得(从翼尖向翼根方向积分)，即

$$Q = \int_{l/2}^{z} q \, \mathrm{d}z + \sum P_i \tag{6-1}$$

式中：$q = q_a - q_c$。

$$M = \int_{l/2}^{z} Q \, \mathrm{d}z \tag{6-2}$$

翼面剪力、弯矩、扭矩分布如图 6-4 所示。

分布载荷引起的翼剖面扭矩可按下式求得，即

$$M_t = \int_{l/2}^{z} m_t \mathrm{d}z \tag{6-3}$$

式中：$m_t = q_a e + q_c d$，如图 6-5 所示。通常直接取刚心轴线为相对轴，这样可以将机翼弯扭分开，以便于动力分析。在机翼具体结构设计出来以前，刚心线的位置尚属未知，这时可以近似取一根垂直于 x 轴的直线作为相对轴。对相对轴的扭矩虽然不是真正的扭矩，但在弯扭未曾分开计算的情况下，求得的正应力和剪应力与弯扭分开计算的结果完全相同。分布载荷引起的扭矩与集中载荷引起的扭矩叠加在一起，即可得到翼剖面的总扭矩。

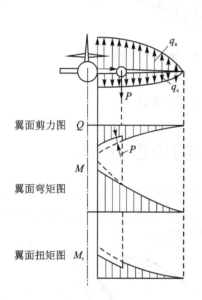

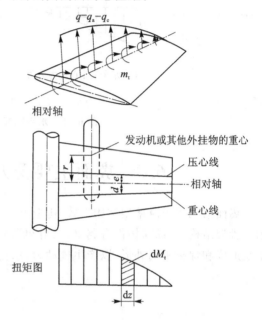

图 6-4　翼面剪力、弯矩、扭矩分布图　　　图 6-5　翼面扭矩分布计算

6.2.3　尾翼的外载荷与内力

无人机的尾翼分为平尾和垂尾，其外载荷分析、内力分析的思路及方法与机翼类似。

对于全动平尾和舵面结构，其载荷包括有分布的气动载荷和自身的质量力。对于安定面结构，其结构除作用有这类载荷之外，还有舵面悬挂处传来的集中力。由于舵面与安定面的连接、全动平尾与机身的连接情况有所不同，因此，安定面或机身各自提供的支持力的形式也不同。从图 6-6 可知，安定面的受力情况及内力情况与机翼相似。

尾翼上的气动力外载荷，按照所起的作用区分，有以下三类：

① 平衡载荷。用于保证飞机纵向气动力矩平衡的平尾上的载荷。此时水平安定面载荷往往与升降舵的载荷方向相反，所以平尾受较大扭矩。

② 机动载荷。在不平静气流或机动飞行时偏转升降舵或方向舵产生的载荷，这是尾翼的主要受力情况。

③ 不对称载荷。对平尾来说由侧滑或横滚引起的载荷是不对称载荷，它们一般比机动载荷小得多。但此不对称载荷引起的 M_x 却较大，所以对机身结构有影响。垂尾除上述横滚影响外，不对称的发动机推力也会引起垂尾上的载荷。

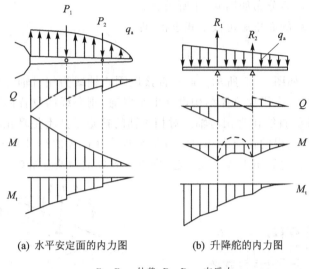

(a) 水平安定面的内力图　　　(b) 升降舵的内力图

q_a,P_1,P_2—外载；R_1,R_2—支反力

图 6-6　水平尾翼的剪力、弯矩、扭矩图

6.3　翼面主要受力构件的用途和结构

翼面结构属于薄壁型结构形式，构造上主要分为蒙皮和骨架结构两大部分，如图 6-7 所示。骨架结构中，纵向构件有翼梁、长桁和纵墙（腹板）；横向构件有翼肋。翼面元件的基本功用是形成和保持机翼外形，以产生气动力，承受和传递外载荷。

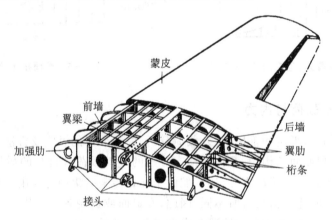

图 6-7　翼面的典型结构件

6.3.1　蒙　皮

蒙皮的直接功用是形成流线形的机翼外表面，并参与机翼的总体受力。目前无人机大量使用复合材料进行制造，蒙皮大多为复合材料层合板、蜂窝夹层板，如图 6-8 和图 6-9 所示。某些结构形式（如多墙式翼面）蒙皮很厚，可从几毫米到几十毫米，常做成整体壁板形式，如图 6-10 所示。除此以外，蒙皮也可以选择使用传统金属材料进行设计，金属蒙皮结构如图 6-11 所示。

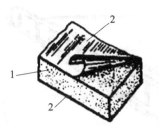

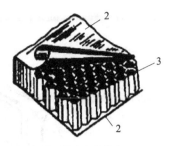

(a) 泡沫夹芯蒙皮　　　　　　　　(b) 蜂窝夹芯蒙皮

1—泡沫夹芯;2—面板;3—蜂窝夹芯

图 6 - 8　复合材料蒙皮　　　　　　图 6 - 9　夹芯蒙皮

图 6 - 10　整体蒙皮　　　　　　　　图 6 - 11　金属蒙皮

6.3.2 桁 条

桁条(也称长桁)是翼面结构中沿纵向布置的细长杆件。长桁和翼肋在一起,对蒙皮起支撑作用,承受翼面弯曲引起的轴向力和蒙皮上的气动力引起的剪力。这些力的大小取决于翼面结构的形式,并对桁条截面形状和面积起着决定作用。各种截面形式的长桁如图 6 - 12 所示。

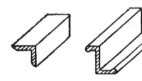

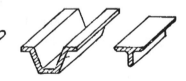

图 6 - 12　各种长桁

对一般无人机而言,由于机翼尺寸相对有人机较小,其桁条截面形状较为简单,有些机翼结构甚至没有桁条。

6.3.3 翼 梁

翼梁由腹板和缘条组成,如图 6 - 13 所示,截面呈工字形或槽形。翼梁是单纯的受力件,缘条承受由弯矩引起的拉压轴力,腹板(通常有加强支柱)承受剪力 Q 以及扭矩 M_t。在有的结构形式中,它是翼面的主要纵向受力件,承受翼面全部或大部分弯矩。翼梁大多在根部与中翼段或机身固接。

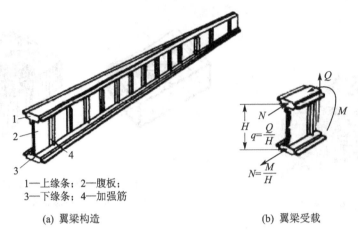

1—上缘条；2—腹板；
3—下缘条；4—加强筋

(a) 翼梁构造　　　　　　　　　　(b) 翼梁受载

图 6 - 13　翼　梁

6.3.4　纵　墙

纵墙的缘条比梁缘条弱得多，但还是强于一般的桁条，与机身的连接为铰接。纵墙一般不能承受弯矩，而是与蒙皮组成封闭盒段，以承受扭矩。纵墙对蒙皮有支持作用，后墙（纵墙）还有封闭机翼内部容积的作用。普遍使用的纵墙结构如图 6 - 14 所示。

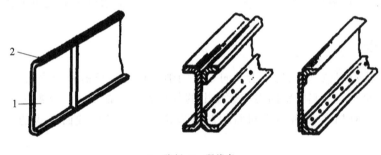

1—腹板；2—弱缘条
图 6 - 14　纵　墙

6.3.5　翼　肋

普通翼肋（见图 6 - 15）的主要功用是维持机翼剖面的形状。它与长桁、蒙皮相连，并以自身平面内的刚度给长桁、蒙皮提供垂直方向的支持。同时，翼肋沿周边支持在蒙皮（或墙）的腹板上，在翼肋受载时，蒙皮、腹板给翼肋提供各自平面内的支承剪流。

加强翼肋也具有上述作用，但其主要是用来承受自身平面内较大的集中载荷，或承受由于结构不连续（如大开口）引起的附加剪流。

除了以上这些基本构件外，翼面结构还有翼身连接接头，它是重要的受力件。接头的具体形式由翼面结构的受力形式决定。连接接头至少要保证翼面静定地固定于机身上，即能提供 6 个自由度的约束；实际上，该连接一般都是静不定的。

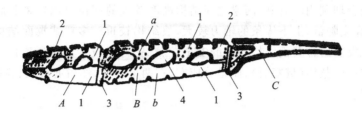

1—腹板;2—周缘弯边;3—与腹板连接的弯边;4—减轻孔;

A—前段;B—中段;C—后段;a—上部分;b—下部分

图 6-15　腹板式翼肋

6.4　翼面结构形式

　　用于承受作用在翼面上的力和力矩的构件的总和构成了翼面的主承力系统,翼面的其他构件将局部载荷传递到主承力系统构件上,并与它一起形成翼面的整个承力系统。所谓翼面结构形式是指结构中主承力系统的组成形式。各种不同的受力形式表征了翼面结构不同的总体受力特点。翼面结构典型受力形式有蒙皮骨架式、整体壁板式和夹层结构等。

6.4.1　蒙皮骨架式翼面

　　蒙皮骨架式翼面,即薄壁结构形式。随着飞行器飞行速度的增大和翼载荷的提高,为了增大翼面的局部和总体刚度,开始全部采用硬蒙皮,于是出现了薄壁结构形式。起初的薄壁结构翼面,蒙皮很薄,只承担扭矩,不能承受弯矩,称为梁式结构。随后蒙皮不断加厚,支持蒙皮的桁条相应加强,蒙皮不仅承扭还参与承弯,并且承弯程度越来越高,以致蒙皮与桁条一起组成的加筋壁板成为主要承弯构件,结构发展成单块式翼面形式。蒙皮进一步加厚,取消桁条,由多根纵墙对蒙皮提供支持,蒙皮单独成为承弯元件,结构发展成为多墙式形式。因此,按照抗弯材料的配置,蒙皮骨架式翼面又可分为梁式、单块式和多墙式三种结构形式。

6.4.2　梁式翼面结构

　　梁式翼面结构的主要特点是蒙皮较薄,经常用轻质铝合金或碳纤维的复合材料制造,纵向翼梁很强,纵向长桁较少且弱,梁的缘条剖面与长桁剖面相比要大得多,可近似地认为翼面各切面弯矩的绝大部分或全部由梁缘条承担。按翼梁的数量可将梁式翼面分为单梁式(如图 6-7、图 6-16 所示)、双梁式(如图 6-17 所示)和多梁式(3～5 根梁)。单梁式翼面的翼梁通常放在翼剖面最高处,这样可充分利用结构的高度来提高翼梁的弯曲刚度,减小缘条中由弯矩引起的拉压轴力,减轻翼梁重量。这种翼面通常布置 1～2 根纵墙形成闭室,以提高翼面抗扭能力。前后纵墙还可用来固定副翼、襟翼及缝翼。双梁式结构对

图 6-16　"太阳神"太阳能无人机机翼结构

翼面内部空间的合理利用较有利,两梁之间结构高度较大的部位可以用来收藏起落架或布置燃油箱,但梁的高度降低,上下缘条的轴力较大,故结构较重。多梁式翼面结构多用于弦长较大的小展弦比机翼。这种翼面结构形式的安全性较高,可以设计成多通道传力。这种形式的翼面通常不做成一个整体(贯穿翼),而是分成左、右两个翼面,然后通过梁、墙根部的几个集中接头与机身连接。

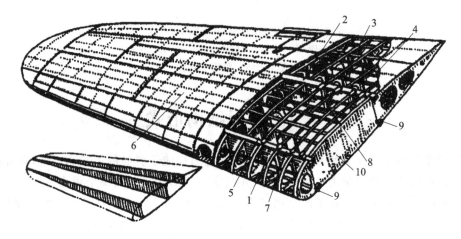

1—前梁;2—后梁;3—后墙;4—桁条;5—普通翼肋;6—蒙皮;
7—梁缘条;8—立柱;9—接头;10—加强翼肋

图 6 - 17 双梁翼面

梁式结构的主要优点:结构比较简单;抗弯材料集中在梁缘条上,受压缘条的失稳临界应力接近于材料的极限应力;蒙皮上大开口方便,并对结构承弯能力影响很小。另外,中、外翼或翼身之间,通过翼梁根部的接头连接,对接点少,连接简单。梁式结构的主要缺点:未能发挥蒙皮的承弯作用,蒙皮材料利用不充分;蒙皮失稳后出现的皱屈会影响气流质量,增大飞行阻力,并易导致早期疲劳破坏;与其他承弯材料分散性大的结构形式相比,其生存性能较低。

6.4.3 单块式翼面结构

单块式翼面结构从构造上看,蒙皮较厚,与长桁、翼梁缘条组成可受轴力的加筋壁板,承受绝大部分弯矩;纵向长桁布置较密,长桁截面积与梁的横截面比较接近或略小;梁或墙与蒙皮壁板形成封闭盒段,增强了翼面结构的扭转刚度。

单块式结构的优点:蒙皮在气动载荷作用下变形较小,气流质量高;材料向翼型剖面外缘分散,抗弯、抗扭刚度与强度均比较高;安全可靠性比梁式结构好。单块式结构的缺点:结构比较复杂;大开口后,抗弯能力下降,故需加强周围结构以补偿承弯能力。如果加口盖,需要对口盖和口框加强,以保证传力连续。单块式翼面结构,其与中翼或机身连接时,接头必须沿周边分布,结合点多,连接复杂。为充分利用单块式结构的受力特性,左、右翼面最好连成整体贯穿机身。有时为使用、维修方便,可在展向布置设计分离面,分离面处采用沿翼盒周缘分散连接的形式将翼面连成一体,如图6-18所示。整个翼面通过几个集中接头与机身相连。

6.4.4 多墙式翼面结构

多墙式翼面布置了较多的纵墙(一般多于5个),蒙皮厚(可从几毫米到几十毫米),无长

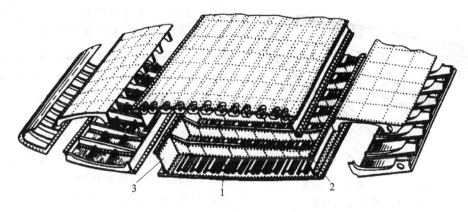

1—长桁；2—翼肋；3—墙或梁的腹板

图 6-18　单块式翼面

桁。多墙式厚蒙皮结构很好地解决了高速薄翼型翼面的强度和刚度与结构减重之间的矛盾。由于多墙式结构的厚蒙皮和多纵墙足以保持准确的翼面外形，因此可取消普通翼肋，为了满足承受集中力的需要，只在每侧翼面上布置 3～5 个加强翼肋，如图 6-19 所示。

多墙式结构的优点：抗弯材料分散在翼剖面上下缘，受压上蒙皮通过墙得到受拉下蒙皮的支持，因而能够提高薄翼结构的承载能力和结构效率；翼面局部刚度与总体刚度大；受力高度分散（多墙抗剪、蒙皮分散受弯以及多闭室承扭），破损安全性能好，生存性高。多墙式结构的缺点：不宜大开口，与机身连接点多。当左右翼面连成整体时，翼面与机身的连接与单块式结构类似。但有的多墙式翼面结构与梁式翼面结构类似，分成左右翼面，在机身两侧与之相连。此时，在翼面的根部往往是由多墙式结构过渡成多梁式结构，然后通过梁根部的集中对接接头与机身连接，如图 6-20 所示。多墙式结构多用于高速飞机的小展弦比薄机翼上。

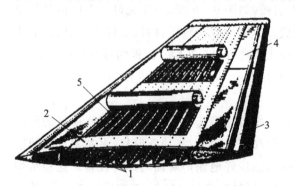

1—纵墙；2—蒙皮；3—襟翼；4—副翼；5—纵墙的缘条

图 6-19　多墙式机翼

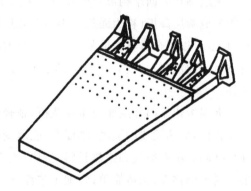

图 6-20　F-104 机翼根部构造

6.4.5　整体壁板翼面

为了减小翼面阻力，应采用相对厚度较小的翼型；而为了提高翼面的承载能力，则需增加蒙皮厚度。若采用蒙皮骨架结构翼面，则会给装配工作带来困难，于是将多个结构件设计组合成一体的整体件，如此就形成了由整体件组成的整体结构。整体件是由整块毛坯加工制成的大型结构受力元件，整体结构是由大型整体件（如整体蒙皮壁板、整体梁和整体肋）组合而成的

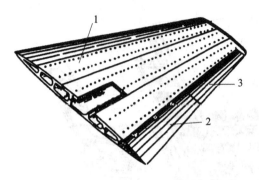

1—整体壁板；2—襟翼；3—副翼

图 6-21　整体壁板翼面

结构。整体壁板翼面由蒙皮与纵向构件、横向构件合并而成上下两块整体壁板，如图 6-21 和图 6-22 所示，然后再铆接装配而成。

整体壁板翼面的特点是：蒙皮容易实现变厚度，加强筋可以合理布置，蒙皮材料离翼剖面中心最远，受力效果好，强度、刚度较大；构造简单，重量轻；铆缝少，表面光滑，气动外形好；零件少，装配协调容易，提高了生产效率，成本较低。整体壁板结构除了用金属材料制造以外，还可用复合材料制造而成。

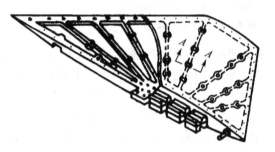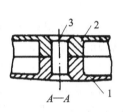

1—上壁板；2—下壁板；3—铆钉

图 6-22　辐射式加强筋整体弹翼

6.4.6　夹层结构翼面

夹层结构翼面结构形式的特点是采用了夹层板（如图 6-9 所示）作元件。夹层板是将单层板分成两层薄板（称为面板），中间夹芯层构成。芯层一般是轻质材料，如轻质木材、硬泡沫塑料，也可以用金属材料或复合材料制成波纹板或蜂窝格作为芯层。面板的材料有铝合金、不锈钢、钛合金和各种复合材料。芯层与面板一般用胶粘结在一起，也可用熔焊、焊接连接成整体。

夹层板依靠内外层面板承受载荷，很轻的夹芯则对它们起支持作用。与同样质量的单层蒙皮相比，夹芯蒙皮的强度、刚度大，能承受较大的局部气动力，气动外形好；夹芯蒙皮的两层面板之间充满着空气和绝热材料，耐热、绝热性好，能较好地保护翼面内部的设备。这种结构形式受力构件少，构造简单，装配工艺性好，密封好，但制造工艺较复杂，工艺质量不稳定，特别是接头和分段处加工制造更困难，且夹层结构上不宜开口。如图 6-23 所示的翼面，蒙皮和腹板均用夹层板，内部空间用做整体油箱。

对于相对厚度很小的翼面，上下夹层蒙皮的内层面板过于靠近，以至不能充分发挥承弯作用。对于这种情况，一般就将翼面做成全厚度夹层或全充填夹层结构，称为全高度夹层结构或翼面整体夹层结构、夹层盒翼面结构，即上下蒙皮作为面板，内部空间全部填入芯层。如图 6-24 所示为采用泡沫塑料填充的夹层翼面。全高度蜂窝结构与多墙结构相似，受拉的下蒙皮支持受压上蒙皮，可以产生很高的屈服应力。夹层盒翼面靠纵墙腹板承受垂直剪力。如果用蜂窝格填充，那么结构只承受分布载荷，而且载荷不大，甚至可以不要纵墙，靠蜂窝格箔片

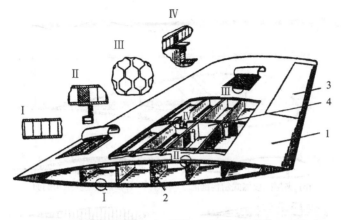

1—蜂窝夹芯蒙皮；2—纵墙；3—副翼；4—翼肋

图 6-23　蜂窝夹层翼面

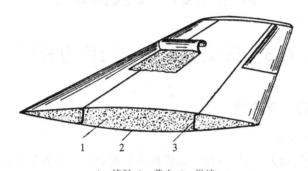

1—填料；2—蒙皮；3—纵墙

图 6-24　实心夹层盒翼面

分担承剪。

根据无人机总体设计的需要，对于不同类型、不同速度、不同使用要求的无人机翼面，会设计成不同的平面形状，如平直翼、后掠翼和三角翼等。平直翼主要用于低速飞行器，后掠翼主要用于高亚声速和超声速飞行器，三角翼和小展弦比直机翼用于超声速飞行器。不同类型平面形状的翼面，往往采用不同形式的翼面结构。即使是同一种类型的平面形状，其结构形式也会由于飞行器具体设计要求的不同而有所差异。从现代无人机的翼面结构来看，薄蒙皮梁式结构在高空长航时飞机中应用较为广泛，例如"太阳神"无人机、"阳光动力号"无人机等。大型高亚声速的现代无人侦察机采用多梁单块式翼面结构，如"全球鹰"无人机；而马赫数较大的超声速无人机，多采用多墙（或多梁）式机翼结构，或采用混合式结构形式。

另外，在小型无人机领域，由于翼载荷较小，且一般用性能优良的复合材料制造，所以其机翼结构往往在以上介绍的结构形式的基础上，进行了不同程度的简化，可以归纳为夹层板梁式结构、夹层壁板墙式结构、蒙皮空腔结构、全高度泡沫夹芯结构、夹层盒结构几种形式，如图 6-25所示。

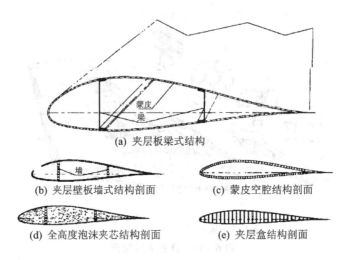

(a) 夹层板梁式结构

(b) 夹层壁板墙式结构剖面　　　　　　(c) 蒙皮空腔结构剖面

(d) 全高度泡沫夹芯结构剖面　　　　　(e) 夹层盒结构剖面

图 6-25　小型无人机典型翼面结构形式

6.5　典型翼面结构的传力分析

6.5.1　传力分析的一般原理

1. 传力分析基本概念

作用在飞机上的气动力、质量力和发动机推力等都是分布在各处的,分别作用在不同的结构件上,而作用在某一构件上的载荷,通过连接处传向另一个(或几个)构件,最后传向支撑部分(结构),并以此取得构件之间的相互平衡,这样就导致了结构的传力问题。传力分析就是分析各种载荷如何通过结构各个元件逐步向结构支持基础的传递,分析传力过程中各元件怎样受力,怎样工作。传力分析有助于深入了解结构受力的物理本质,并弄清每个主要受力元件在结构中的作用和地位。传力的概念是建立在作用力与反作用力的基础上的。载荷在结构中的传递过程,实际上就是作用力和反作用力这一对力的相互依存、相互转化的过程。

实际翼面结构一般都是高度静不定的复杂结构,在结构分析、设计、计算或强度校核时均需进行必要的简化。由于各阶段的设计工作对计算值的精确度要求不同,各结构件的功能和设计要求不同,所取的简化模型和简化程度也会有所不同。传力分析主要是以结构力学理论、工程梁分析理论为基础,基于力的平衡和按刚度分配原则,将结构分成各单独受力元件,对结构的传力规律进行定性和定量相结合的分析工作。通过传力分析可以较好地研究翼面的传力规律和参加承受翼面总体力的主要结构的受力特点。结构传力分析有利于建立正确的翼面结构有限元分析模型,从而得到更加准确的工作应力,更好地进行翼面结构设计。翼面传力设计时应考虑的基本准则是结构的工作应力不超过许用应力。翼面传力设计时除了利用传力分析得到工作应力外,还可以分析构件的承载能力和强度裕度。受压构件的承载能力通过结构稳定性计算得到,受拉构件的承载能力通过结构静强度和疲劳断裂计算得到。

2. 薄壁结构元件的受力特点

飞行器机体结构及其典型构件大多是薄壁结构,即由最基本的板、杆元件连接组合而成。

设计中应根据薄壁构件的最佳受力特性进行恰当组合,使它们各自分担最符合自身受力特性的载荷,才能使设计的结构重量轻、刚度大。这也是传力路线分析的基本依据。构件的受力特性是指它在各方向(平面)上的承载及变形情况。显然,在构件最佳受载特性的方向上作用载荷,构件产生的变形小,内力也小,效率就高。在进行传力分析时,可按各自的受力特性合理简化各构件、元件(如对梁的缘条可简化为杆元处理),这样既可使分析工作大大简化,又不致引起太大的误差。

(1) 板

薄板可以承受垂直于板平面(横向)的分布载荷,如气动载荷、燃油舱燃油质量载荷和气压载荷等。如果弯曲变形太大,则应增加板厚或缩小加强条间距,以适宜承受板平面内的分布载荷,包括剪流和拉压应力,如图 6 – 26(a)和(b)所示。一般抗拉能力最强,抗剪次之,抗压能力最低。薄板不适宜受集中力,由于板的厚度较薄,很易撕裂,所以要传递板平面内的集中力就必须附加一些构件,将集中力扩散成分布剪流,否则板不能直接承受此集中力,如图 6 – 26(c)所示。对于横向集中载荷薄板则根本不能承受。纵墙、翼梁和翼肋的腹板常简化成薄板。厚板可以承受横向分布载荷、板平面内的分布载荷(拉、压应力及剪流)和各方向的集中力。如果仅仅为了承受集中力而采用厚板,那么在质量上是不利的。

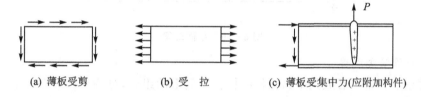

(a) 薄板受剪　　　　(b) 受　拉　　　　(c) 薄板受集中力(应附加构件)

图 6 – 26　薄板受载情况

(2) 杆

细长的薄壁杆只能承受和传递沿杆轴方向的集中力和分散力。杆本身受拉能力强,受压易失稳(局部或总体),承弯能力极低。长桁和翼梁缘条就属于此类元件。

(3) 平面板杆结构

平面板杆结构适宜承受板杆平面内的载荷,可沿板杆结构中的任何杆件加以沿杆轴方向的力,或在两根不同方向的杆的交点上加以在该平面内任意方向上的集中力。薄板与杆构成的平面板杆结构,由于杆不能承受横向载荷,所以杆、板之间只能相互传递剪流而不能传递拉伸应力,如图 6 – 27 所示。

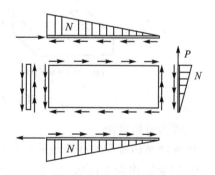

图 6 – 27　平面板杆结构受载

但当板杆结构为三角形时不能受剪,因为若三角形薄板周边上承受纯剪流,则根据板的平衡可知,此时对板的任一顶点取力矩均不能平衡,如图 6 – 28 所示。飞行器结构中最常见的平面板杆结构是长桁加强的蒙皮壁板结构(如图 6 – 29 所示),这种结构能受拉伸、压缩和剪切载荷。

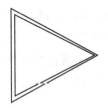 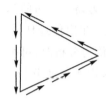

图 6-28　三角形板杆结构不受剪

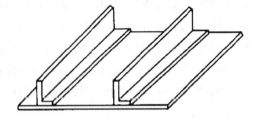

图 6-29　由蒙皮和长桁组成的壁板结构

（4）平面梁

平面梁可以是组合梁，也可以是整体梁，适于受梁平面内的载荷。图 6-30 所示为一由腹板和上、下缘条组成的薄壁翼梁，可近似认为腹板只受分布剪流形式的剪力，而缘条作为杆元受轴向力，上、下两缘条分别受拉和受压，即可承受梁平面内的弯矩。

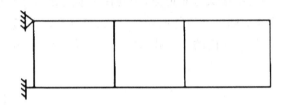

图 6-30　平面翼梁

（5）空间薄壁盒式梁

空间薄壁盒式梁可看成是平面板杆结构在空间上的组合，分为单闭室（如图 6-31（a）所示）或多闭室结构形式（如图 6-31（b）所示）。多闭室为静不定结构。翼面结构都可简化成薄壁盒式梁结构，经合理设计可承受空间任意方向的力。

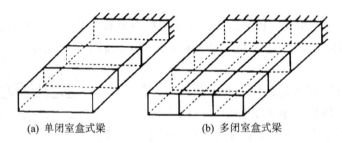

（a）单闭室盒式梁　　　　（b）多闭室盒式梁

图 6-31　空间薄壁盒式梁结构

3. 传力分析方法

① 弄清结构所受的载荷最后应传向何处。通常分析翼面时，以机身作为支持基础；分析机身时，以翼面作为支持基础。在进行传力分析时，除了要了解结构中各构件能否承受某种载荷外，还必须考察结构中各构件的连接能否传递该种载荷，即某个力能否传到某构件上（传入），又是否能从该构件传到另外一些构件上（传出），最后能否传到支承该结构的基础上（传至基础），三个条件缺一不可。

② 分清结构主要和次要受力元件，以及主要和次要的受力部分。首先要着重研究在总体受力中占主导地位的受力部分和元件的受力传力作用，略去次要构件和次要结构部分。例如，图 6-32 所示的双梁式直机翼，若前、后缘闭室仅占整个盒段扭转刚度的 10% 以下，则可略

去,使结构简化为只有两根梁之间的单闭室翼盒结构来承受机翼的总体内力。这样,既降低了结构的静不定数,又抓住了结构传力的主要部分。

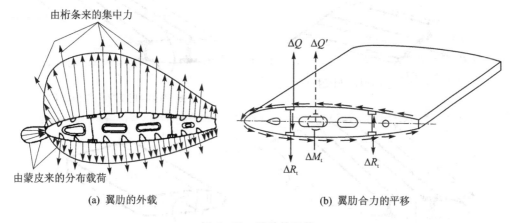

（a）翼肋的外载　　　　　　　　　　（b）翼肋合力的平移

图 6 - 32　翼肋的承载

③ 弄清各主要元件的连接关系、连接方式,以便正确地确定支持形式和传力方式。将集中连接简化为铰支或固支,将分散的铆接简化为连续连接。这种简化使传力分析在一个相对较为理想的结构模型中进行;但在安全寿命、损伤容限等分析工作中,这种简化是不合适的,它忽略了构件连接的细节效应,而这种效应往往是导致结构失效的危险因素。

④ 从结构的外载荷作用处开始,依次取出各个构件部分或元件作为分离体,按它们各自的受力特性合理简化成典型的受力构件——如盒式梁、平面梁、板和杆等,并根据与该部分结构相连的其他构件的受力特性及它们相互间的连接,由静力平衡条件,确定出各级分离体上的"外载"（作用力）和支承力。这样才能反映出正确的传力路线,同时又可以了解各构件的传力功用和大致的内力分布。

⑤ 传力分析,还须具备刚度概念。刚度是指元件（构件）在载荷作用下抵抗变形的能力,即元件产生单位变形所需的外载荷数值,包括拉伸刚度、弯曲刚度和扭转刚度。对静不定系统,除去静力平衡方程外,还必须同时根据变形协调条件才能求出各元件所受的力,即力的分配还和各元件本身的刚度和支承条件有关。刚度大,分配到的载荷就大;刚性支持分配到的载荷大,弹性支持分配到的载荷小。静不定系统传力的多少还与传力路线长短有关,传力路线短的元件传力效率高。

用刚度分配法分配载荷的具体办法如下:如图 6 - 33（a）所示将两杆并排在一起受拉,杆的拉伸刚度定义为 $K = EF/l$,则两杆分担的拉力可直接按其拉伸刚度比分配,即

$$P_1 = \frac{K_1}{K_1 + K_2} P \tag{6-4}$$

$$P_2 = \frac{K_2}{K_1 + K_2} P \tag{6-5}$$

式中:K_1、K_2 分别为杆 1 和杆 2 的拉伸刚度;E 为材料的弹性模量;F 为杆的截面积;l 为杆的长度。

与此类同,根据翼面构造情况,一般认为对于中等以上展弦比的翼面,除根部、开口区以及集中力作用处等局部区域外,平剖面假设基本成立。现若取 P 为广义力,则在各种受载形式下,静不定结构中各元件分担的载荷均可按下式计算,即

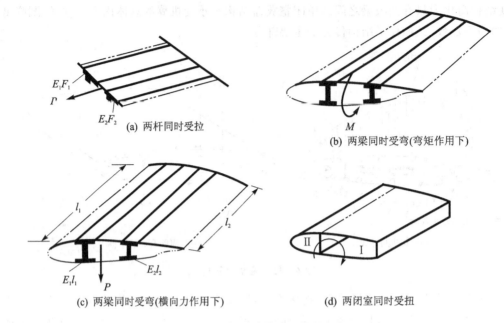

(a) 两杆同时受拉

(b) 两梁同时受弯(弯矩作用下)

(c) 两梁同时受弯(横向力作用下)

(d) 两闭室同时受扭

图 6-33 不同受载情况下的刚度分配

$$P_i = \left(\frac{K_i}{\sum K_i} \right) P \qquad (6-6)$$

式中：K 为广义力 P 相对应的刚度，可分别按下式计算：

当有几根梁同时受弯时，如图 6-33(b)所示，有

$$K = \frac{EI}{l} \qquad (6-7)$$

当有几根梁受横向力而受弯时，如图 6-33(c)所示，有

$$K = \frac{2EI}{l^2} \qquad (6-8)$$

当翼面为双闭室盒式梁受扭时，如图 6-33(d)所示，有

$$K = \frac{GJ_P}{l} \qquad (6-9)$$

式中：I 为剖面惯性矩；J_P 为扭转剖面系数，$J_P = \Omega^2 / \oint \dfrac{\mathrm{d}s}{\delta}$，$\Omega$ 为 2 倍闭室面积，δ 为闭室的壁厚，s 为闭室的周长；G 为材料的剪切弹性模量。

6.5.2 翼面典型结构形式的传力分析

1. 梁式翼面的传力分析

这里重点以双梁式平直翼(如图 6-34 所示)为例，详细分析载荷在结构中的传力过程。

(1) 气动载荷的传递

1) 蒙皮把气动载荷分别传给长桁和翼肋

作用在蒙皮上的气动吸力或压力是垂直于蒙皮中面的横向载荷。现取出相邻的两长桁、两普通翼肋之间的一小块蒙皮作为分离体分析，如图 6-34(a)所示。蒙皮一般通过铆钉以分散连接形式和长桁、翼肋相连，因此可把这块蒙皮看成四边支承在长桁和翼肋上的矩形薄板，

常称为屏格。若屏格四边用单排铆钉连接,则可看成四边铰支;若用双排铆钉连接,则可看成四边半固支或固支。

当蒙皮受到气动吸力时,蒙皮产生的局部挠曲为鼓起,如图 6-34(c)所示,则长桁和翼肋将通过铆钉受拉对蒙皮提供支反力,使蒙皮处于平衡状态。若气动力为压力时,则蒙皮发生凹陷变形,蒙皮将直接压在翼肋和长桁上,此时可认为铆钉不受力。根据作用力与反作用力的相互关系原理,蒙皮把外载传给了翼肋和长桁。气动力的分配可近似认为如图 6-34(b)所示。当该蒙皮屏格长宽不很悬殊时,可按对角线划分。长桁 $a \sim c$ 直接受相邻两个蒙皮屏格上传来的阴影面积 $abcd$ 上的气动载荷。

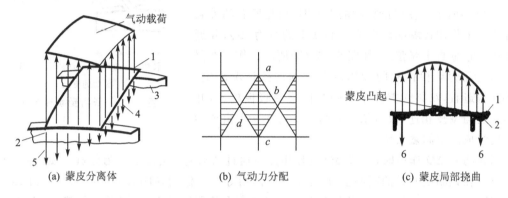

(a) 蒙皮分离体　　　　(b) 气动力分配　　　　(c) 蒙皮局部挠曲

1—蒙皮;2—长桁;3—翼肋;4—长桁支反力;5—翼肋支反力;6—铆钉支反力

图 6-34　机翼蒙皮受气动载荷

当蒙皮很薄,且曲率较大时(如前缘蒙皮),它主要以软板形式受力,即蒙皮主要受链应力(沿蒙皮厚度均匀分布的正应力)。但当蒙皮曲度不大(如中段主翼盒区)、蒙皮较厚时,蒙皮内主要为垂直于蒙皮的横向力引起的弯曲应力。

2) 长桁把自身承担的气动载荷传给翼肋

长桁与翼肋直接用角片(或间接地通过蒙皮)相连,如图 6-35 所示。由于气动载荷方向垂直于长桁轴线,且处于翼肋平面内,在此种载荷下,翼肋的刚度比长桁大得多,因此翼肋向长桁提供支持。此时长桁可看做支持在一排翼肋上的多支点连续梁受横向弯曲(如图 6-36 所示),作用在长桁上的分布载荷由翼肋提供支反力来平衡,这样就将长桁上的载荷传给了翼肋。至此,作用在蒙皮上的气动载荷全部传给了翼肋,一部分是直接传给翼肋的,另一部分是通过桁条间接传给翼肋的。

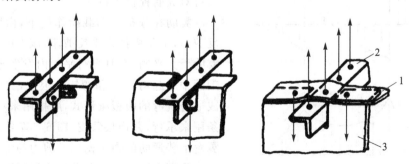

1—蒙皮;2—长桁;3—翼肋

图 6-35　长桁与翼肋的连接形式

3）翼肋将载荷传给翼梁腹板和蒙皮

翼肋分普通肋与加强肋。加强肋除与普通肋的作用相同外，更主要的是用于传递集中载荷。这里只分析气动载荷的传递情况。翼肋的受载特性与梁相同，但一般的梁通常具有集中的刚性支点（铰接、固接），而翼肋却是分散的弹性支持。

翼肋的外载有蒙皮直接传来的部分初始气动载荷（分布载荷）和由长桁传来的气动载荷（小的集中力），如图 6-32(a)所示。在讨论翼肋的平衡时，可把所有的外载合并成一个作用在翼剖面压力中心线上的合力 ΔQ，并近似地认为它垂直于翼弦线，如图 6-32(b)所示。作用在翼肋上的支反力要根据翼肋和周围元件的连接情况来定。从实际构造看，双梁式翼面中翼肋与两梁的腹板相连，并且周缘还与蒙皮相连，故可认为翼肋是支持在一个由翼梁和蒙皮组成的空间盒式梁上。

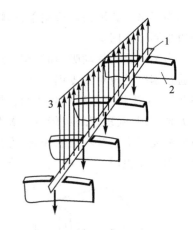

1—长桁；2—翼肋；3—蒙皮传来的载荷；
4—翼肋的支反力

图 6-36　长桁受载与传力

当翼肋受 ΔQ 作用时，一般 ΔQ 的作用点不通过结构剖面的刚心。为分析方便，将 ΔQ 平移至翼盒在该肋剖面处的刚心上，使原 ΔQ 的作用等效为作用在刚心处大小相等的力 $\Delta Q'$ 和一个绕刚心的力矩 ΔM_1。作用在刚心上的力 $\Delta Q'$ 有使翼肋做上、下平移的趋势，从而使翼盒产生弯曲变形，而力矩 ΔM_1 将使翼肋有绕刚心转动的趋势，并使翼盒产生扭转变形。

翼梁腹板和蒙皮都是薄壁元件，虽然它们在其自身平面的垂直方向刚度很差，但在自身平面内刚度却很大，可以提供足够的支反剪流。因此，当翼肋受到作用在刚心上的垂直载荷（大小为 ΔQ）时，就由两根翼梁腹板向它提供支反剪流来平衡；而力矩 ΔM_1 则由腹板和蒙皮组成的闭室提供一圈闭合的支反剪流来平衡。与此同时，外载也就分别以垂直载荷和力矩的形式传给了翼梁腹板和组成翼盒的各个元件。

从以上分析可知，翼肋和蒙皮之间存在着相互支持又相互传力的关系。当蒙皮受到气动载荷时，因为它在垂直于板平面的方向很容易变形，所以要依靠翼肋支持；而当翼肋受到肋平面内的扭矩 ΔM_1 时，由于蒙皮在平面方向十分刚硬，所以又可对翼肋提供支持。

翼肋在分布气动载荷作用下，由腹板提供支反剪力，由蒙皮提供支反剪流，该力的共同作用使翼肋受力平衡，在其自身平面内发生弯曲，并在其剖面中引起剪切力和弯矩。因此，翼肋一般都做成适合抗弯的腹板梁形式，腹板用来承剪，上下缘条用来承弯，并连接蒙皮。图 6-37 给出了双梁式翼盒上普通肋的力平衡图及剪力与弯矩图。

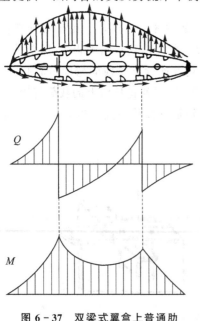

**图 6-37　双梁式翼盒上普通肋
的平衡及内力图**

作用在刚心上的载荷使机翼只弯不扭。翼肋只是上下平移。据此可以近似确定 ΔQ 在前、后梁中的分配，即按梁剖面的弯曲刚度 EI 在前、后

梁中进行正比分配。设前梁分担的剪力为 ΔQ_1，后梁分担的剪力为 ΔQ_2，则

$$\Delta Q_1 = \frac{E_1 I_1}{E_1 I_1 + E_2 I_2} \Delta Q \tag{6-10}$$

$$\Delta Q_2 = \frac{E_2 I_2}{E_1 I_1 + E_2 I_2} \Delta Q \tag{6-11}$$

两梁腹板上的剪流分别为

$$\Delta q_1 = \frac{\Delta Q_1}{H_1}, \quad \Delta q_2 = \frac{\Delta Q_2}{H_2} \tag{6-12}$$

式中：H_1 和 H_2 分别为前、后梁腹板的高度。

以上是将翼肋看作整肋进行分析的，有时实际结构并非如此，如图 6-37(a) 所示的翼肋是由前、中、后三段肋组成的，且不在同一平面内，下面分别对其进行传力分析。

前缘肋：如图 6-38 所示，前缘肋垂直于前梁的轴线，与中肋不在同一平面内。它支持在前梁、中肋和蒙皮上。它的载荷是蒙皮传给的。该载荷使前缘肋受弯和受剪，如图 6-38(b) 所示。前梁和蒙皮通过铆钉受剪提供支反力使其平衡。前缘肋传给前梁的弯矩 M 使前梁或辅助墙受扭，由于开剖面梁的抗扭能力很弱，以及有中肋的支持，所以 M 将分两路传递：M_1 传给中肋，M_2 传给前梁，如图 6-38(c) 所示。这里我们假定前缘肋相对于中肋有弯折，如无弯折，则 M 均由中肋传递，当前梁很强时，M 在前梁和中肋之间按刚度分配。

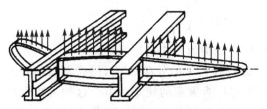

(a) 翼肋的受载(图中未示出蒙皮)

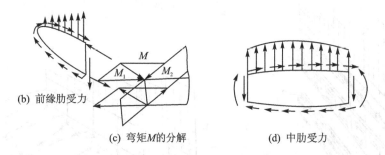

(b) 前缘肋受力

(c) 弯矩M的分解　　　　(d) 中肋受力

图 6-38　分段翼肋的受载

后缘肋：它垂直于后梁，与中肋在同一平面内。载荷将使后缘肋受弯受剪，当这些力传到后梁处，因为开剖面的翼梁承扭能力很弱，所以弯矩传给中肋，剪力传给后梁腹板。

中肋：中肋一般比前后肋段强一些。它所受到的作用力是：蒙皮和桁条传来的力，前、后缘肋传来的弯矩，如图 6-38(d) 所示。这些外力也可以合成为作用在刚心上的剪力 ΔQ 和弯矩 ΔM。为了平衡这两个力，两个梁的腹板能够提供平衡剪力 ΔQ 的支反剪力，蒙皮与两梁腹板通过周缘铆钉受剪提供平衡 ΔM 的支反剪流。将这些支反力反个方向，就是中肋传给梁和蒙皮的力。

4）翼梁将翼肋传来的载荷 ΔQ 向根部传递

翼梁腹板受到由翼肋传来的剪力，使翼梁的腹板受剪。由于翼梁的腹板与很多翼肋相连，翼肋传给翼梁腹板的剪力也就一个一个地累加上去，所以从翼尖至翼根，翼梁腹板上的剪力成阶梯形增加（假设忽略翼梁上直接承受的气动载荷）。腹板上所有剪力的总和最终由翼根上的连接接头提供 y 向支反力 R_2 来平衡，如图 6-39 所示。

这种横向剪力还会引起弯矩。由于梁腹板的抗弯能力比梁的缘条小得多，故认为腹板只能承受剪力。而这些剪力在向根部传递时引起的弯矩则依靠梁的上、下缘条提供一对沿着翼展、方向相反的支反剪流所形成的支反力矩来平衡。与此同时，腹板就将弯矩以轴向剪流的形式传给了翼梁的上、下缘条。当气动载荷向上时，梁的上缘条受轴向压力，下缘条受轴向拉力，两者大小相等，方向相反，大小沿展向按折线规律分布，从翼尖向翼根渐增，最后由根部提供一对水平（z 向）支反力 R_1 来平衡，如图 6-39 所示。这对轴力就构成了翼梁的弯矩，最后在翼根通过固接接头传给机身。

已知剖面总弯矩，要求各梁负担的分弯矩，可按梁的弯曲刚度作近似分配。设前梁分担的弯矩为 M_1，后梁分担的弯矩为 M_2，剖面上前后梁之间的弯矩分配和梁剖面的弯曲刚度 EI 成正比

$$M_1 = \frac{E_1 I_1}{E_1 I_1 + E_2 I_2} M \tag{6-13}$$

$$M_2 = \frac{E_2 I_2}{E_1 I_1 + E_2 I_2} M \tag{6-14}$$

5）翼盒闭室将力矩（扭矩）ΔM_t 以剪流形式向根部传递

翼盒受到各个翼肋以剪流 Δq 形式传来的外载 ΔM_t，使翼剖面相对于邻近剖面绕刚心轴转动，引起翼面的扭转变形，故称 ΔM_t 为翼面的扭矩。由于这种力矩也是通过一个一个翼肋叠加上去的，所以扭矩由翼尖向翼根呈阶梯状变化规律逐渐增大，如图 6-40 所示。

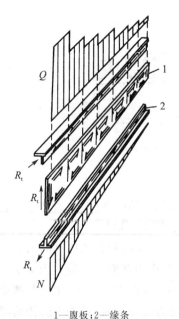

1—腹板；2—缘条

图 6-39　翼梁的平衡及内力图

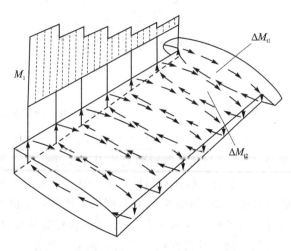

图 6-40　翼面的扭矩

如果只考虑两梁之间上下蒙皮和梁腹板围成的单闭室承扭,则闭室周缘的剪流为

$$q = \frac{M_1}{\Omega} \tag{6-15}$$

Ω 为闭室面积的 2 倍。如果有两个或两个以上的闭室,则翼剖面扭矩在各闭室中按扭转刚度 GJ_p 正比分配。对于双闭室,前后两个闭室分配的扭矩分别为

$$M_{t1} = \frac{G_1 J_{p1}}{G_1 J_{p1} + G_2 J_{p2}} M_t, \quad M_{t2} = \frac{G_2 J_{p2}}{G_1 J_{p1} + G_2 J_{p2}} M_t \tag{6-16}$$

扭矩传到翼根,由于翼面是用梁上的集中接头和其他部件(如:机身)连接,因此,根部必须设置加强肋,以便将扭矩从分散剪流形式转变成一对力偶传给前后梁,再通过加强支柱或加强垫板之类的构件传递给连接接头。

需要说明的是,在静不定结构受力的定性分析和粗略的定量计算(设计计算)中,按各元件本身的刚度大小比例来分配它们共同承担的载荷(剪力、弯矩和扭矩),只是载荷的大致分配,不能代替精确计算,因为它仅满足部分变形一致条件,变形后结构会发生不连续现象。结构力学的精确计算则是全面地满足变形一致条件。

(2)集中载荷的传递

翼面是一种薄壁结构,这类结构的特点是适宜承受分布载荷,而承受集中力的能力极差。翼面上较小的集中力可以直接由普通翼肋承受。普通肋由于工艺刚度的需要,通常比承受局部气动载荷所需腹板厚度更大一些。其强度略有富裕,因此可以承受较小的集中力。翼面结构还要承受副翼、襟翼、发动机、起落架以及各种外挂和装载通过悬挂支臂或固定接头传来的集中力,这些集中力都属于比较大的集中力。

在受有集中力时,必须在力的作用点处布置相应的构件来承受和扩散集中力。例如当传递展向集中力时,可布置辅助梁等纵向构件;而在传递位于翼肋平面内的集中力(可以是弦向的,或位于垂直面内的),则可布置一加强肋,用于承受和扩散集中力,使之转化成分布剪流,以适应薄壁结构的受力特性,然后再传到机翼的主要构件翼梁和蒙皮上去。图 6-41 所示的副翼支持在两个加强翼肋上。图 6-41 中,N 为副翼舵机的作用力,P 为副翼上气动载荷的合力,它作用在翼的压力中心上。当力 N 和力 P 绕副翼转轴的力矩相等时,副翼就保持一定的偏转角。这时,支持副翼的两加强翼肋只需提供垂直和水平的支反力,使副翼处于受力平衡状态。将支反力反个方向,就是副翼传给加强翼肋的力。

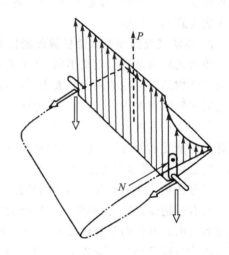

图 6-41　副翼的受载

从图 6-42 所示的加强肋的平衡可知,该肋在集中力 P 作用下也有垂直向上和绕剖面刚心转动两种运动趋势,因此加强肋上的载荷传递完全与前面普通肋上受气动载荷时相同。其不同的是集中力作用处,加强肋本身的某些内力将有突变;整个翼面的剪力、扭矩在集中力所在剖面也会有突变,并对翼面总体弯矩有影响,如图 6-42 所示。加强肋受集中力时,肋剖面中有相当大的剪力和弯矩,因此,肋腹板和上下缘条都相当强,与翼梁腹板和蒙皮连接也很强,

必要时腹板上还要铆上支柱。

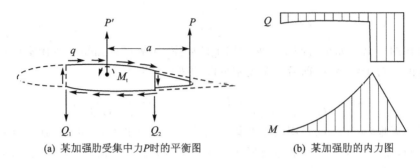

(a) 某加强肋受集中力P时的平衡图　　(b) 某加强肋的内力图

图 6-42　某加强肋的受载

前面分析的是垂直于弦平面的法向载荷的传递过程,弦向载荷的传递可以运用同样的原理和方法自行分析。

单梁式与双梁式翼面的结构和传力基本相同,不同的是只有一根比较强的梁,一般梁布置在翼剖面最大的高度处。另外,还布置 1～2 根纵墙,以便与梁的腹板和蒙皮构成较大的闭室来承受机翼的扭矩。墙的缘条很弱,根部与机身铰接,只能传递剪力。所以可以假设它不参与承受弯矩,翼面的全部弯矩都由梁承受。梁的根部设有可传剪力和弯矩的固接接头与机身连接。

多梁式翼面的结构和传力也与双梁式基本相同,只是梁的数量比较多,由几根梁共同承担弯矩和剪力,由多闭室盒段受承扭。另外,由于各根梁的刚度可能不同,又由翼肋和蒙皮将各梁连接在一起。因此,为使变形一致,各梁还可能相互提供支持。当梁间距较小时,有关情况与多腹板式翼面相似。

2. 单块式翼面和整体壁板翼面的传力分析

单块式翼面结构与梁式不同,翼梁的数量少而且较弱,甚至只有墙,但长桁比较强,蒙皮也比梁式结构的厚。在单块式翼面中,气动载荷由蒙皮、桁条、翼肋,一直到梁(墙)腹板的传递过程与梁式翼面基本相同,以后的传力区别在于单块式翼面梁(墙)腹板受到的剪力向根部传递时引起的弯矩不再由梁的缘条单独承受。长桁和蒙皮组成的壁板承受大部分翼面总弯矩,而梁缘条仅承受部分弯矩,其大小由壁板和梁缘条的拉、压刚度比来决定。一般梁仅承担 7%～15%的总弯矩,最多不超过 20%。

在分析单块式翼面受力与力的传递时,一般都将蒙皮承受正应力的能力折算到长桁上,简化成只有长桁受正应力;梁腹板上的剪力除一部分作用在梁缘条上外,大部分通过蒙皮受剪传递给各长桁。其传递过程如图 6-43(a)所示,即梁腹板上的剪力传给梁缘条一部分后,剩余部分传给与缘条相连的蒙皮上。通过蒙皮与第一根长桁的连接铆钉传到第一根长桁附近,小部分传给第一根长桁,大部分通过蒙皮受剪继续向第二根长桁附近传递,接下来又分成两路,如此向后继续传递,使蒙皮中的剪力逐渐减少,直至轴向剪力全部传给梁缘条和长桁,缘条和长桁的轴向剪流由根部提供的支反力来平衡。它们的内力沿展向斜折线规律分布,由翼尖向翼根斜率渐增,因此壁板越向根部越强。另一腹板中的剪力也以同样方式逐渐向中间蒙皮和长桁传递。上下壁板中的轴力就形成翼剖面的总体弯矩。

由于剪流是借助蒙皮传递的,因此必将同时有附加剪流作用在翼肋上。又由于两根梁腹板在传递由翼肋来的剪流时,剪流方向通常是一致的,因此在由梁缘条向中间蒙皮传递时,前后梁附近蒙皮内的剪流方向正好与之相反,蒙皮内的剪流越到中间越小,至中间某长桁处,正

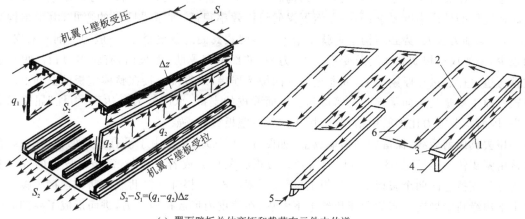

(a) 翼面壁板总体弯矩和载荷在元件中传递

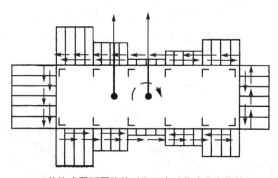

(b) 单块式翼面翼肋的平衡及支反剪流分布规律

1—梁腹板传给缘条的剪流；2—缘条蒙皮的剪流；3—蒙皮对梁缘条的支反力；
4—梁缘条内的轴向支反力；5—长桁内的轴向支反力；6—蒙皮上的剪流

图 6-43　翼面壁板受载

好两侧剪流全部由该长桁承担，如图 6-43（b）所示。梁缘条向蒙皮传递的剪流，在蒙皮内逐渐扩散，并使长桁参加总体传递弯矩。

　　将单块式翼面中的组合元件换成整体件，如将长桁和蒙皮组合而成的壁板换成几块或一整块整体壁板，采用整体梁或整体肋，就变成整体壁板翼面。整体壁板翼面力的传递与单块式翼面相同。整体壁板翼面的单元筋条腹板和突缘不仅受局部气动载荷，同时对整体壁板的蒙皮也提供支持，并且共同参加总体受力，上翼面壁板主要受压缩，下翼面壁板主要受拉伸。一般来说，80％以上的弯矩由壁板承受，其余由梁缘条承受。剪力由梁（墙）的腹板传递。整体壁板的蒙皮也与梁或墙腹板组成闭盒结构以承受扭矩，同时还承受一部分翼梁腹板上传过来的剪流，该部分剪流实际上传至与梁缘条相连的壁板的蒙皮上，通过蒙皮受剪传到第 1 根筋条附近，此轴向剪流的小部分传给第 1 根筋条，大部分以蒙皮受剪继续传递。

　　整体壁板翼面承受正应力的面积沿翼剖面的周边分散分布，一般来说上下壁板承受轴力面积的形心间距较大，材料的承载有效性好，结构重量比较轻。因壁板蒙皮厚度比较大，扭转刚度也比较好，因而对提高颤振临界速度有利，同时翼表面局部变形也比较小。由于这些优点，在中、小展弦比翼面和三角翼上应用整体壁板结构较为合适。

3. 多墙式翼面的传力分析

　　多墙式翼面较多应用于小展弦比高速薄翼飞行器上，在超声速后掠翼的薄翼中也常应用。

由于小展弦比翼面相对厚度小,故翼面结构高度很小。若选用梁式结构,一方面薄蒙皮难以满足高速飞行的外形刚度要求;另一方面翼梁的结构效率很低,即承受同样的弯矩,由于结构高度小,梁缘轴力就大,势必结构重量就要增大。多墙式翼面的蒙皮很厚,一般为变剖面蒙皮;翼肋很少,一般仅有根肋和梢肋及受集中力(力矩)的部位有翼肋;无长桁,有较多腹板。腹板通过其弯边直接连接在厚蒙皮上,或通过弱纵向缘条连接,或直接连接在整体壁板的立筋上。多墙式翼面主要是受压面蒙皮通过墙得到受拉面蒙皮的支持,承压能力可达到"短柱"屈曲承载水平,因而承载能力比加筋板结构(单块式和整体壁板翼面)强。

略去翼面前后缘,保留中间多墙翼盒,如图 6-44(a)所示。由于没有普通翼肋,气动载荷直接由蒙皮传给腹板,如图 6-44(b)所示。腹板将蒙皮分成若干长条,每条蒙皮上的气动载荷均分到支持它的两个腹板上。腹板上、下与厚蒙皮连接,根部与侧肋或根肋相连接。腹板通过上下边缘将沿展向分布的剪流传给上下蒙皮,在蒙皮内形成拉压应力,进而形成了翼剖面的弯矩,如图 6-44(c)所示。每块腹板上的剪力 ΔQ_i 则传给侧肋或根肋,然后通过翼身对接接头传给机身,如图 6-44(d)所示。弯矩的传递有两种情况,如果翼面左右贯通,当载荷对称时,蒙皮上的轴力在中央对称处自身平衡,如图 6-45 所示;若翼面分成两半,则在侧边与机身通过腹板接头对接。

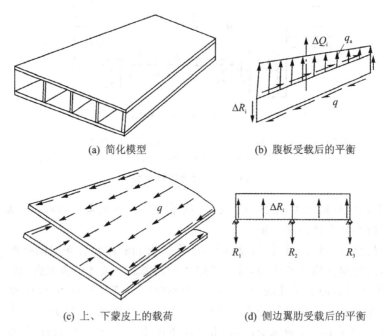

(a) 简化模型   (b) 腹板受载后的平衡

(c) 上、下蒙皮上的载荷   (d) 侧边翼肋受载后的平衡

图 6-44 多墙式翼面受载

腹板左右两边蒙皮条中心线之间的蒙皮与该腹板组成为一个单元体,该单元体的结构刚度(受剖面尺寸、材料及长度等因素影响)和其支持刚度不同时,承受载荷的能力也不同。假设各单元体上的气动载荷相同,由于各单元体的刚度不同,受载后其弯曲变形也将不同,有的挠度大,有的挠度小,这样实际上整个翼面将发生翘曲变形,蒙皮将会因此受附加的剪切。为讨论方便,假设蒙皮厚度不变,且支承情况完全相同,由于靠近翼剖面中间部分的单元组合体的结构高度大,结构效率必定也高。现取出靠近前、后缘的一个单元来看,当它承载后,除了由内侧(根部)的蒙皮提供支反力外,相邻结构高度较大处,刚度较大的单元体的蒙皮也会向它提供轴向支反剪流。因而可以认为对于有的单元体,除了直接加在上面的分布气动载荷外,还将附

加作用由其他单元体传来的轴向剪流,如图 6-46 所示。也就是说通过蒙皮受剪,蒙皮上的附加剪流将对某些单元体起加载或卸载的作用。

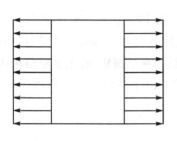

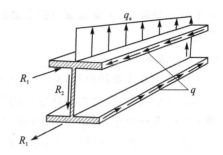

q_a—气动载荷;q—其他腹板通过蒙皮传来的载荷;

R_1,R_2—机身的支反力

图 6-45　多墙式翼面的中翼
在对称弯矩作用下自身平衡

图 6-46　单元体的受力平衡

4. 夹层结构翼面的传力分析

夹层结构包括夹层板和夹层盒两种结构形式。

夹层板结构翼面主要由上下夹层板、前后梁(墙)和若干翼肋组成,如图 6-19 所示。夹层板结构翼面的传力情况如图 6-47 所示。弯矩 M 中的一部分由夹层板传递,一部分由前后梁来传递;剪力 Q 由梁腹板传递;扭矩 M_t 由夹层板和前后梁腹板组成的闭室来传递。该结构形式主要是要合理安排夹层板厚度、前后梁位置及翼肋间距。由于这种结构不宜承受集中载荷,在翼身对接处一般不采用集中式接头形式,而是多采用周边连接形式。但是,翼梁要与机身接头相连接,以传递翼面的剪切载荷和部分弯矩。

夹层盒结构主要由夹芯与蒙皮组成,除在机翼尖部和根部安排翼肋外,不安排其他翼肋,如图 6-48 所示。其上蒙皮通过蜂窝夹芯得到下蒙皮的支持,有很高的承力水平和轻的结构重量,但该结构内部不能装载,一般多用于无装载的外翼结构。该结构的传力情况是:弯矩 M 由蒙皮传递,剪力 Q 由蜂窝夹芯和前后墙传递,扭矩 M_t 由蒙皮与前后墙组成的闭室传递,如图 6-48 所示。

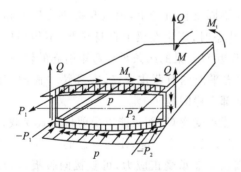

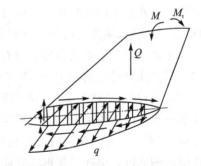

图 6-47　夹层板结构翼面传力

图 6-48　夹层盒结构翼面传力

5. 翼面典型元件的受力功用

通过典型翼面结构的传力分析,我们可将翼面典型元件的受力功用进行如下总结:

(1)蒙　皮

蒙皮起承受分布气动载荷和维持翼面外形的作用。薄蒙皮主要用来承受扭矩引起的剪流。厚蒙皮还不同程度地以受轴力的形式参与承受机翼的弯矩。此时,蒙皮将在其自身平面内同时受有较大的正应力和剪应力,处于复杂应力状态。上翼面蒙皮设计要防止压、剪应力联合作用下的失稳破坏,下翼面蒙皮的主要破坏形式是拉伸时的拉坏和铆钉连接处的疲劳裂纹发生与发展。

(2) 整体壁板

整体壁板可看作加筋厚板,具有厚蒙皮的承力功用。整体壁板中的单元筋条腹板和突缘不仅受局部气动载荷,同时对整体壁板的蒙皮也提供支持,并且共同参加总体受力。整体壁板承担绝大部分翼面弯矩,其蒙皮与梁(墙)腹板组成闭盒结构承受扭矩,并承受梁腹板传来的部分剪流。整体壁板的设计要合理选用加筋条和板的参数。由于整体壁板主要承受正应力,所以在初始设计时,可仅考虑正应力,但要留有 10% 的余度。

(3) 夹层板

夹层板的作用类似于厚蒙皮,承担一部分翼面弯矩,蜂窝夹层结构中的蜂窝夹层要承担大部分弯矩。夹层板和前后梁组成闭室来传递扭矩。夹层板有多种破坏模式,如总体失稳、芯子剪切皱褶、面板皱损、面板拉断、蜂窝格间面板失稳、芯子局部压损以及面板与芯子分离等。夹层板的设计要合理选择面板、芯子和胶粘剂,防止各种破坏模式的发生。

(4) 翼 肋

普通肋不参加翼面总体受力,主要功能是承受局部气动载荷和维持剖面形状。翼肋作为长桁的支承点,承受长桁传来的局部气动载荷,并为防止长桁以及蒙皮受压总体失稳提供横向支持。加强肋除具有普通肋的承力功用外,主要用来承受其他部件传来的集中载荷,将它扩散成分布剪流传到由梁和蒙皮组成的翼盒上;或者将某种形式的分布剪流转换成另一种形式的分布剪流(如大开口处的端肋、梁式机翼的根肋就属此类)。加强肋一般具有较强的腹板和缘条,应根据其受载后翼肋的内力(弯矩、剪力)的大小,对腹板和缘条的尺寸做出合理的设计。

从前面分析可知,在翼面传力中翼肋通常是个很关键的元件,它经常能用来转换载荷的形式和方向,使之成为适宜翼盒主要受力元件(蒙皮、梁、墙)承受的载荷,然后通过这些元件把载荷传往机身。

(5) 翼梁和墙

翼梁的主要外载是由各肋传来的剪力。翼梁固支在机身上,由机身提供支反力和支反弯矩(如果梁左、右贯通,则当翼面处于对称载荷状态时,弯矩在梁上自身平衡,不传到机身上)。所以翼梁的主要功用是承受翼面的剪力 Q 和弯矩 M。梁的缘条承受弯矩引起的轴力,腹板承受剪力 Q。翼梁缘条受轴向压力时,由于在蒙皮平面内有蒙皮支持,在翼梁平面内有腹板支持,因此一般不会产生总体失稳,但须考虑其局部失稳问题。

纵墙和梁腹板的作用类似。因为墙本身不能承受弯矩,而只能以受剪板形式受载,所以在梁式翼面中(又假设蒙皮不受正应力),它和翼梁腹板、蒙皮一起,作为翼盒的一部分,只能用于承受扭矩引起的剪流。但在多腹板式翼面中因蒙皮能承受正应力,可直接向腹板(墙)提供轴向支反剪流,此时腹板将承受由蒙皮直接传来的气动载荷。

(6) 长 桁

长桁承受局部气动载荷,并对蒙皮起支持作用。目前,长桁一般都设计成参加总体受力,此时它的主要功用是承受翼面弯矩引起的轴向力。长桁作为杆元,受压后可能产生总体失稳和局部失稳现象;在考虑总体失稳时,由蒙皮和翼肋分别在各自平面内对长桁提供支持。

6.6　后掠翼的结构特点与受力分析

6.6.1　后掠翼的结构和受力特点

飞行速度达到高亚声速和跨声速阶段,翼表面产生激波。为了延迟激波的发生或减弱激波强度以减小波阻,出现了后掠翼。后掠翼可以看成由平直翼向后偏转一个角度所形成。后掠翼的受力特点与直接连接在机身上的根部结构有关,在根部区域以外,沿翼尖方向,其构造和受力实际上与平直翼基本一样。

由于后掠,与直机翼相比,在结构设计上,后掠翼出现了一些新的问题。

① 直观地看,在翼面积、展弦比、梯形比、顺气流剖面的弦长等参数均保持不变的情况下,后掠翼结构的实际长度比平直翼长,而垂直于其构造轴线的剖面的弦长减小,如图 6-49 所示。此外,高速飞行器为了减小波阻,往往采取薄翼型,所以后掠翼比相应的平直翼将更细、更长、更薄,致使它的弯曲刚度、扭转刚度都比平直翼差。后掠角越大,这一问题越突出。为了达到同样的刚度要求,翼面结构重量一般将增大。

② 后掠翼根部由于纵向元件长度不同,刚度不同,因而前缘纵向元件受力减小,后缘纵向元件受力增大。这种载荷向后缘集中的现象叫做"后掠效应",现以图 6-50 所示的双梁单块式后掠翼为例,对后掠效应进行说明。假定根肋外的翼面是绝对刚硬的,则根部剖面 1—3(如图 6-51 所示)在弯矩 M 作用下将绕剖面的中心轴旋转一个角度。而该剖面是支持在根部剖面内侧的纵向元件上,因此内侧各纵向元件应产生相同的位移 Δl。然而由于根部三角区各纵向元件的长度不同,靠近前缘的长,靠近后缘的短,因此它们的轴向拉、压刚度不同。在满足变形(Δl)一致的条件下,各纵向元件所承担的轴力将按它们的刚度分配。前梁附近的纵向元件刚度小,分配到的载荷小,应力较低;后梁附近的纵向元件刚度大,分配到的载荷较大,应力就较高。这种应力向后缘集中的现象就是后掠效应。后掠角越大,后掠效应越严重。

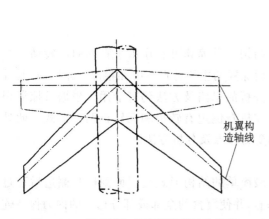

图 6-49　平直翼与后掠翼平面形状比较

机翼构造轴线

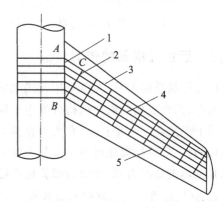

1—侧边加强肋;2—根部加强肋;
3—前梁;4—长桁;5—后梁

图 6-50　单块式后掠翼

理论研究表明,根部剖面 1—3 处的应力 σ_g 沿剖面的 x 轴呈双曲线分布。上面这一分析是在假设翼面外段是绝对刚硬、根部剖面变形后仍然是平面的条件下得出的。实际上,翼面外

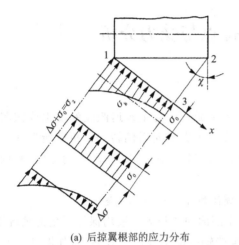

(a) 后掠翼根部的应力分布　　　　(b) 作用在根部加强肋外段翼面上的附加应力

图 6-51　后掠翼受弯矩作用下的应力

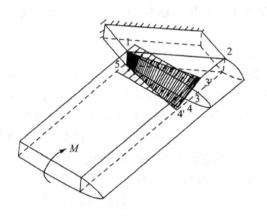

图 6-52　根部剖面 1—3 发生翘曲

段是弹性的,因此外段翼面在附加应力 $\Delta\sigma$ 作用下要发生变形,剖面在变形后也不是一个平面,要产生翘曲(如图 6-52 所示),因此外段弹性的影响会使应力向后缘集中的现象有所缓和,但后掠效应仍存在。附加应力 $\Delta\sigma$ 应是一组自身平衡的应力,称之为"次应力"。

这组次应力的作用使得前梁卸载、后梁加载,其数值可达翼面不后掠时该剖面处应力的 $30\%\sim40\%$。该次应力的作用还将延伸到三角区外侧的直翼段上,但它沿展向很快衰减,衰减区的长度 L 近似等于翼盒宽度的 $1\sim1.5$ 倍,因此在距根肋剖面 L 以外的外翼面,基本上可以不必考虑次应力 $\Delta\sigma$ 的影响。

6.6.2　后掠翼根部的传力特点

后掠翼从总体上看,大多采用梁式和单块式结构。后掠翼可看作由平直翼向后转动一个角度而得,因此翼面的纵向结构件发生了偏折。后掠翼的主要特点反映在根部三角区内,其外段实质上仍然是一个平直翼,有关平直翼的受力分析的思路及方法仍可沿用。根据后掠翼根部结构的特点,后掠翼还可进一步分为纵向构件在机身侧边有转折和无转折两种形式。此处仅以几种典型情况为例,介绍后掠翼根部结构的受力特点及分析方法。

1. 翼盒转折传力的双梁式后掠翼受力分析

后掠翼翼盒的刚心线不再与飞机轴线垂直,最简单的结构形式是翼面到机身侧边后通过某种结构措施使翼盒的走向转折到与飞机轴线垂直,并使翼盒的全部或部分构件的内力保持连续,再把力传给中翼或机身框等。图 6-53 给出了两种双梁式后掠机翼结构形式。图 6-53(a) 中的梁轴线在机身侧边弯折,图 6-53(b) 中的梁轴线在机身对称面处弯折,都在 1、2 两点处支持于机身上。假设弯矩完全由梁承受,蒙皮仅受扭矩引起的剪流,那么,问题就集中在根肋剖面 $n-n$ 的弯矩 M、扭矩 M_t 和剪力 Q 如何传递。

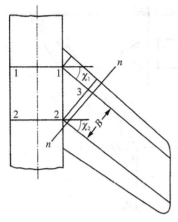 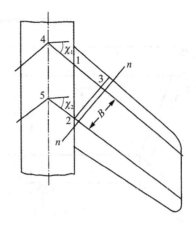

(a) 梁轴线在机身侧边弯折　　　　(b) 梁轴线在机身对称中心线处弯折

图 6 - 53　双梁后掠翼结构形式

这里仅对图 6 - 53(b)所示结构形式的受力进行分析。由于传力路线长度不同,应力有向后梁集中的趋势。下标Ⅰ、Ⅱ分别代表前、后梁,则在 n—n 剖面二者的弯矩分配为

$$\frac{M_{\mathrm{I}}}{M_{\mathrm{II}}}=\frac{(EI)_{\mathrm{I}}}{(EI)_{\mathrm{II}}}\frac{l}{l+\Delta l} \tag{6-17}$$

$$\Delta l=\frac{l \cdot \tan \chi}{1+\dfrac{D}{2B}} \tag{6-18}$$

式中:D 为机身宽度;χ 为平均后掠角,$\chi=\dfrac{\chi_1+\chi_2}{2}$。

剪力分配为

$$\frac{Q_{\mathrm{I}}}{Q_{\mathrm{II}}}=\frac{M_{\mathrm{I}}}{M_{\mathrm{II}}} \tag{6-19}$$

在机身侧边,翼面蒙皮不受正应力,则到根肋剖面扭矩无法向内传递,只有以剪流形式传递给根肋 2—3。根部受力情况如图 6 - 54 所示,图中已移去受扭的根肋 2—3,用力偶 R_{H} 来代替扭矩的作用。机身对翼面的支反力 R_1、R_2,可将翼面作为静定刚体求出。设结构与载荷均对称,则纵向构件在机身对称面 4—5 不能有转角,可以假设在该处为固支。实际上,前后梁在 4、5 点,以反力 R_4、R_5 支持中央翼肋 4—5,并把分弯矩 M_{H4}、M_{H5} 传给翼肋 4—5,根部后梁 2—5、前梁 3—4 和中央翼肋 4—5 的受力图分别如图 6 - 54(b)、(c)和(d)所示。

对后梁:

$$R_5=R_2-Q_{\mathrm{II}}-R_{\mathrm{H}} \tag{6-20}$$

$$M_5=M_{\mathrm{II}}-(R_2-Q_{\mathrm{II}}-R_{\mathrm{H}})a \tag{6-21}$$

对前梁:

$$R_4=R_1+Q_{\mathrm{I}}-R_{\mathrm{H}} \tag{6-22}$$

$$M_4=M_{\mathrm{I}}-(Q_{\mathrm{I}}-R_{\mathrm{H}})(a+b)+R_1a \tag{6-23}$$

对中央肋:

$$M_{\mathrm{H4}}=2M_4\sin \chi \tag{6-24}$$

$$M_{\mathrm{H5}}=2M_5\sin \chi \tag{6-25}$$

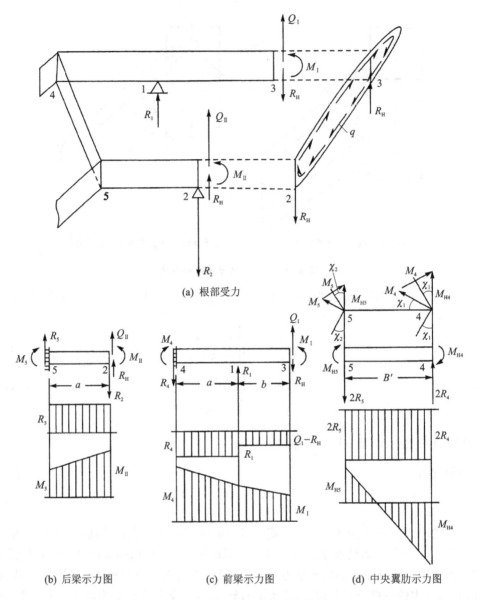

(a) 根部受力

(b) 后梁示力图　　　　　　(c) 前梁示力图　　　　　　(d) 中央翼肋示力图

图 6 - 54　图 6 - 53(b)的受力分析

当 $\chi>30°$ 时,中央肋的最大弯矩会超过前梁。中央肋还承受很大的剪力,其腹板应比前后梁的腹板都要厚,是个十分强的构件。上述形式后掠翼的根部传力分析只考虑了根部剖面 $n—n$ 以内的内力 M、Q、M_t。在做根部剖面以内的构件设计力图时,尚需考虑局部气动力等载荷的作用。

2. 纵向构件转折的单块式后掠翼受力分析

如图 6 - 55(b)所示为单块式后掠翼,其外段与单块式平直翼相似。根部由以下主要受力构件组成:上、下壁板 $A—B—C$(由梁缘条、长桁和蒙皮组成或为整体加筋板,宜受沿长桁方向的正应力),侧边加强肋 AB,根部加强肋 AC 以及前梁 BC。

为研究方便起见,将根部三角区以外的翼段切除,在根部剖面上加上剪力 Q、弯矩 M 和扭矩 M_t 来代替外翼对根部的作用。扭矩 M_t 在根部剖面处继续由三角形上、下壁板和前梁腹板向中翼和机身传递,后梁上的剪流直接由对接接头传给机身。图 6 - 55(a)给出了各分离体的受力情况。剪力 Q 分为两部分,作用在后梁与机身对接点处的剪力 Q_2 直接传给机身,作用在前梁与根肋交点上的剪力 Q_1 分两路传递:一路 Q_b 由前梁传给机身;另一路 Q_r 由根肋向 A 点传递,在 A 点传给机身。此时各分离体的平衡情况如图 6 - 55(b)和(c)所示。

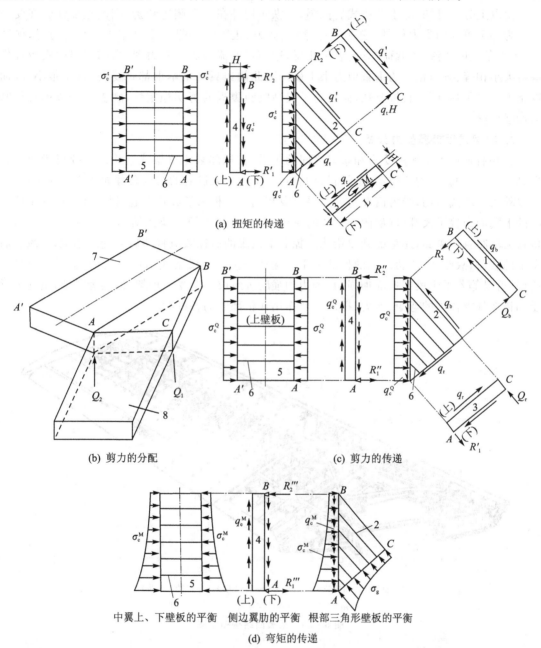

(a) 扭矩的传递

(b) 剪力的分配　　　　　(c) 剪力的传递

中翼上、下壁板的平衡　侧边翼肋的平衡　根部三角形壁板的平衡

(d) 弯矩的传递

1—前梁;2—三角形上壁板;3—根肋;4—侧肋;

5—中翼上板;6—长桁;7—中翼盒;8—外翼

图 6 - 55　单块式后掠翼扭矩、弯矩和剪力的传递

在剪力 Q、扭矩 M_t 的传递过程中,三角形壁板和侧边翼肋均需受载。弯矩 M 以壁板上

的轴向力形式作用到根部剖面 AC 上。以图 6-55(d)中的 A 点为例,由于在机身侧边处长桁发生了转折,中央翼长桁只能提供垂直于机身轴线的支反力,如要 A 点处于平衡,因长桁转折产生的轴力分量必须有另一构件提供支反力来平衡。为此,在翼身接合处需要布置侧边加强肋。

由以上分析可知,对于单块式后掠翼,若纵向构件在机身侧边转折,则侧边加强肋在受力上成为必不可少的受力构件,它在传递弯矩、剪力、扭矩时都起着重要作用。在传力时,侧肋上、下缘条上的剪流(外载荷)方向总是相反,这一对剪流构成一对力偶,由前后梁的腹板提供一对大小相等、方向相反的垂直剪力来平衡。因此侧边翼肋基本上都是受剪,弯矩很小,因而缘条不需要很强,而其腹板要强,而且为了提高侧肋腹板的剪切稳定性,腹板上一般铆有较密的加强型材。

3. 梁架式后掠翼受力分析

有些后掠翼为了解决受力和布置之间的矛盾,在根部采用梁架式结构。后掠翼梁架式布局具有传力路线短、构造简洁、重量轻、构思巧的特点。某机翼的结构布置如图 6-56 所示,根肋以外为单块式结构,受力情况与一般平直翼相同。翼根为了收置主起落架,在前梁和主梁之间的下翼面布置了大开口(如图 6-56 的 ABC 区),破坏了原单块式结构的传力路线;又由于机身无法布置中央翼,还考虑到双梁式后掠翼上出现的后掠效应将使后梁受载严重,为减轻后梁上的载荷,故此在 14 肋以内的根部采用了增加一主梁的梁架式结构。主梁(也叫内撑梁)、前梁、后梁等若干个梁和根部加强肋、侧边加强肋等组成一个受力构架,称之为梁架,由它来承受和传递外翼传来的弯矩、剪力、扭矩以及作用在根部区的各种载荷。

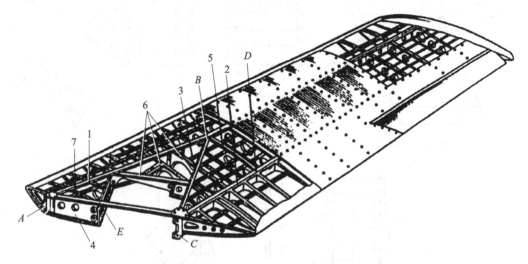

1—前梁;2—后梁;3—主梁;4—侧肋(1 肋);5—根肋(14 肋);
6 起落架支柱特型开口加强肋;7 2 号肋前肋
图 6-56 某翼面结构布置图

14 肋以外的情况类同一般单块式平直翼,到"根"部(指 14 肋以内)转变成梁架式受力。在 14 肋外通过结构参与把弯矩集中到前、后梁上。在 14 肋以内由梁架结构受载,并向机身传递外侧机翼传来的弯矩、剪力和扭矩。实际上,根部所受载荷除外段传来的弯矩、剪力和扭矩外,还有根部区域内的局部气动载荷、质量力以及起落架传来的载荷等。为了简明起见,下面只分析外翼传来的 M、Q 和 M_t 在梁架式结构内传递的情况。

根部结构的简化假设：

① 认为全部载荷均由根部梁架来承受,除侧肋(1 肋)和根肋(14 肋)之外的其他肋均不参与总体传力。

② 因为前梁与主梁间的下翼面为大开口,且翼身只有两个集中接头连接,因而上翼面壁板自根肋向外是逐渐参加承受正应力的,故近似假设 ABC 区的壁板不受力。

③ 根肋(14 肋)在外翼传来的载荷作用下,其变形近似符合平剖面假设。

④ 各构件的支持情况简化如下：

➤ 前梁 1：两点铰支梁,分别支持在机身 17 框和主梁端头 B 点上。

➤ 主梁 3：固支在机身 24 框和侧肋上的悬臂梁。

➤ 后梁 2：固支在主梁和侧肋上的悬臂梁。

➤ 根肋 BD：可看作为一双支点梁,一端与后梁铰接,另一端与前梁和主梁的交点 B 相连。因为有加强蒙皮把前梁、主梁和根肋的缘条间接连在一起,且腹板也相连,所以前支点可看作弱固支,在传递扭矩时,起固支作用。

➤ 侧肋 4：接受由前、主、后梁传来的弯矩分量,并认为它最后铰支在前梁和主梁接头处,以双支点梁形式受弯,然后把弯矩转成剪力传给两个接头。

➤ 号前肋：固支在前梁上。

简化后的梁布置如图 6 - 57 所示。根部梁架式结构传力分析如下所述。

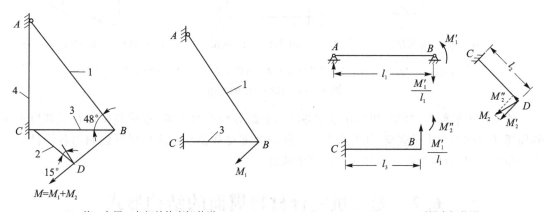

(a) 前、主梁三角架结构弯矩传递　　　　　　　　　(b) 后梁弯矩传递

1—前梁；2—后梁；3—主梁；4—侧肋；BD—根肋

图 6 - 57　弯矩 M 的传递

剪力 Q 根据刚度分配,分别加在前梁 B 点和后梁 D 点上为 Q_1、Q_2。因前梁与机身铰接,因而近似认为 Q_1 全部改由主梁承受,并直接传给机身。Q_2 则由后梁传到主梁 C 点,然后通过主梁接头传给机身。

弯矩 M 按刚度分配到 B 点的大小为 M_1,后梁 D 点的弯矩为 M_2。由于后梁与根肋不垂直,所以 M_2 分成后梁内的弯矩 M_2' 和根肋 BD 内的弯矩 M_2'' 两路向内传递。前梁以双支点梁形式受弯,然后把一个力传给机身,另一个力加到主梁端点 B 上,由主梁承弯传给机身。M_2' 沿后梁向根部传递,但因后梁与机身不直接相连,且在根部与主梁有一夹角,所以 M_2' 传到 C 点后,一个分量传给主梁,另一个分量由侧肋承受。由于主梁与机身轴线不垂直,主梁上的所有弯矩在根部接头处都要分成两个分量,分别传给 24 框和侧肋。

扭矩包含了外翼传来的扭矩 M_t 和 D 点的弯矩分量 M_2''（如图 6-58 所示）。在根肋处 M_t 按扭转刚度分配给前缘闭室和中闭室，分别为 M_{t1} 和 M_{t2}。M_{t1} 传到根部 2 号前肋处，因与机身无周缘连接，因此 M_{t1} 在 E 点转化成两个力矩分量，即 M_{t1}^A 传给前梁，M_{t1}' 传给侧肋，再分别传到机身。M_{t2} 以闭合剪流形式传到根肋处，由 14 肋转成两种形式的力矩往根部传递。其中 M_{t2}' 以主、后梁腹板上一对剪力形式往根部传递；M_{t2}'' 则由前、主梁及侧肋组成的构架承受，然后以前梁和主梁承弯的形式向根部传递。

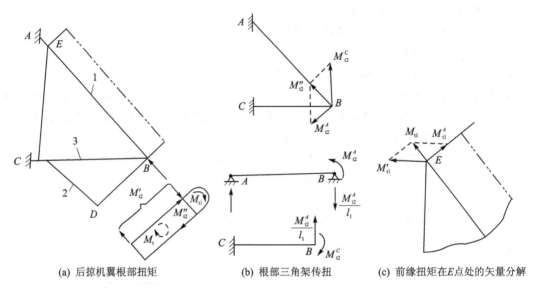

(a) 后掠机翼根部扭矩　　　(b) 根部三角架传扭　　　(c) 前缘扭矩在 E 点处的矢量分解

1—前梁；2—后梁；3—主梁；M_{t2}^A—M_{t2}'' 传给前梁的力矩分量；M_{t2}^C—M_{t2}'' 传给主梁的力矩分量

图 6-58　扭矩 M_t 的传递

外翼传来的剪力、弯矩、扭矩在根部各结构上的分配求出之后，连同各构件在根部所承受的局部气动载荷和质量载荷，便是根部各构件的全部受载情况。由此便可绘制出各构件的剪力图和弯矩图，为构件的设计计算提供原始载荷。

6.7　无人机复合材料翼面的结构形式

随着航空技术的发展，无人机由于低成本、零伤亡、高机动性等多种优势，使其广泛应用于军事、民事和科研等各个领域。而无人机的结构重量，已成为影响无人机性能的重要因素。这就使得具有高比强度、高比模量以及可设计性强等优点的复合材料，在无人机结构设计中得到了广泛应用。

翼盒类结构是复合材料在飞行器上应用最多的一类结构，包括尾翼、机翼、襟翼和舵面等各类活动翼面。根据复合材料的性能和制造工艺特点，复合材料翼盒结构形式大多与金属结构中的单块式和多腹板式相似。

6.7.1　单块式结构

该结构形式是由蒙皮、筋条、肋和梁共同构成的受力盒形件。一般蒙皮较薄，筋条（长桁）较强，多肋，在飞机尾翼的安定面中双梁居多。其中蒙皮主要受面内载荷，铺层情况由面内载荷决定，一般采用 π/4 层合板复合材料。弯矩引起的轴向载荷由筋条、梁缘条和蒙皮组成的壁板承受,因此筋条与缘条以 0°铺层为主。梁腹板可由所受剪力确定±45°铺层数,再根据泊松比或屈曲等其他要求确定 90°、0°铺层数。各元件之间可用二次胶接、二次固化或机械连接,也可采用共胶接或共固化工艺将不同的元件直接做成整体结构。如图 6-59 所示的波音 737 水平安定面翼盒即采用机械连接装配。A-300 和 A-310 的垂尾壁板用的是共固化整体成型技术。

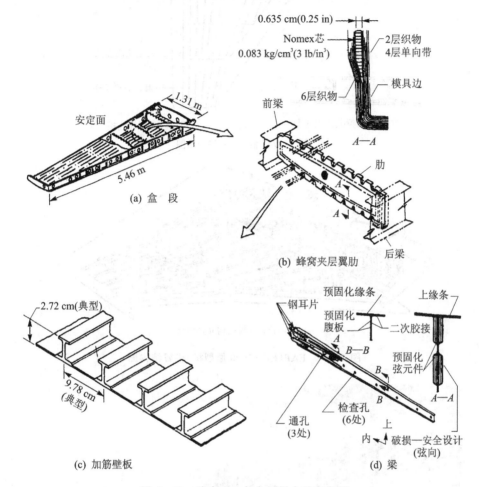

图 6-59　波音 737 复合材料水平安定面

6.7.2　多墙(多梁)式结构

这类结构形式能提供较大的上、下蒙皮形心间距和较大的弯曲、扭转刚度,因而在高速飞机的薄翼面结构中得到广泛应用。这种结构形式一般蒙皮较厚,有多个墙(或梁),如图 6-60 所示的欧洲 EAP 战斗机有 11 根复合材料 J 形梁和前、后两根铝合金梁。复合材料多墙式结构的一个明显优点是,可将它设计成一侧蒙皮(通常为下蒙皮)与全高度复合材料梁(或墙)共固化成整体件(如图 6-60 所示),再把上蒙皮用高锁紧螺栓将它们装配在一起。对于一些全复合材料机翼的无人机、轻型飞机等,在采用夹层蒙皮时,仅采用只布置梁、肋的梁式结构,没有长桁或筋条。如图 6-61 所示为"全球鹰"无人机机翼机构图,如图 6-62 所示为"航行者"轻型飞机复合材料机翼。

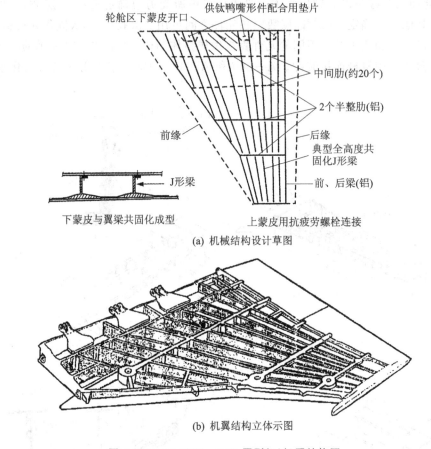

(a) 机械结构设计草图

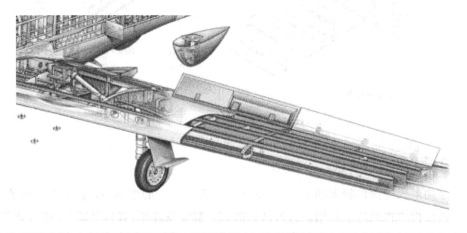

(b) 机翼结构立体示图

图 6-60　EAP(EF-2000 原型机)机翼结构图

图 6-61　"全球鹰"无人机机翼结构图

6.7.3　全高度夹层结构

对于某些薄翼型或楔形结构,可以采用全高度复合材料夹层结构,这样能够大大减少层合板上的连接孔和紧固件数量。对某些受载较小的结构件,如果采用轻质 Nomex 蜂窝夹芯,则既能够保证结构具有很好的刚度特性,又可使结构具有更高的减重效益,如图 6-63 所示。

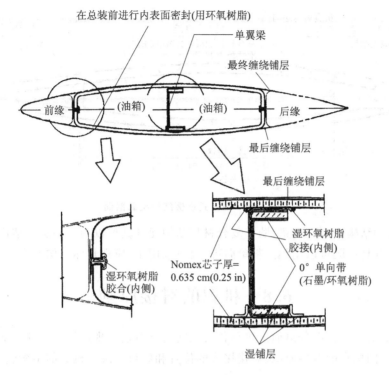

图 6-62　"航行者"轻型飞机复合材料机翼

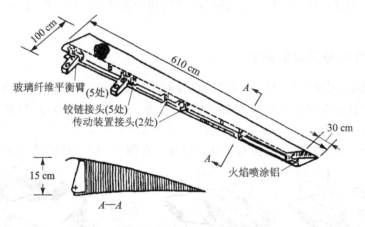

图 6-63　全高度夹层结构

6.7.4　硬壳式结构

硬壳式壁板结构主要由上下壁板蒙皮、前后翼梁（或墙）以及若干翼肋组成。不同于梁式壁板结构，该结构形式翼面的蒙皮不仅能承受剪力还能承受由弯曲载荷产生的拉压轴力。而梁的作用则主要是承受梁腹板内的剪力，只起到墙的作用，如图 6-64 所示。

对于小型无人机而言，由于翼面的结构高度小，无法布置翼梁，也没有明显的腹板和肋，因此只能布置些加强肋。结构高度小，蒙皮形成的抗弯刚度也就比较小，因此，小型无人机机翼普遍采用整体壁板硬壳式结构形式。这类翼面结构，由于蒙皮形成的抗弯刚度比较小，因此必须增加蒙皮的厚度。

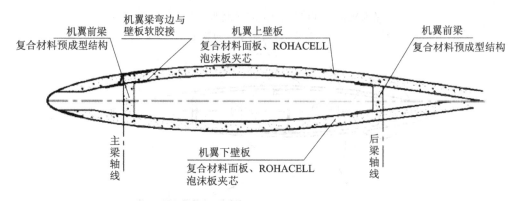

图 6-64　硬壳式壁板结构机翼剖面

在上述几种结构中,蒙皮、梁、肋等复合材料结构元件既可以用实心层合结构,也可以用各种夹层结构。其材料既可以用预浸料单向带,也可以用布,应视具体结构而定。

6.8　机翼的对接原则

通常,机翼沿展向都有分离面。机翼各段之间通过对接实现连接。机翼各部分之间、机翼同中央翼、机翼同机身的对接原则、对接接头的位置和数目取决于机翼的结构受力形式和机翼的尺寸。

对接接头主要有铰接(只传递力)、固接(可传递力和力矩)和围框式(可传递力和力矩)3种形式。

6.8.1　梁式机翼与机身的对接

在梁式机翼中,翼梁与机身框或翼梁与机身部分的梁段通过固接接头连接,如图 6-65 所示。从外翼传来的载荷有:弯矩 M 引起的轴力 S_j;剪力 Q 引起的力 Q_j 和扭矩 M_t 引起的剪流在根肋上转化成的力偶 R_t。为了将 S_j、Q_j 和 R_t 从外翼传到与机身的对接接头上,在翼梁缘条和腹板上通过螺栓或铆钉连接有叉耳或耳片。在图 6-65(c)给出的翼梁上,上缘条端头

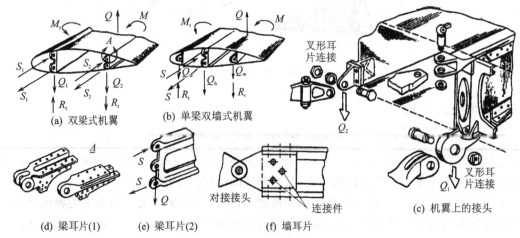

(a) 双梁式机翼　　(b) 单梁双墙式机翼　　(c) 机翼上的接头

(d) 梁耳片(1)　　(e) 梁耳片(2)　　(f) 墙耳片

图 6-65　梁式机翼连接接头的结构和受载情况

是叉耳,下缘条端头是耳片,轴力 S_j 既通过叉耳,又通过耳片传递,而剪力 Q 只通过下耳片传递。有时为了传递剪力 Q,在翼梁对接接头的上、下耳片之间布置一个轴线为水平方向的辅助耳片,这样,上、下耳片就不传递 Q。纵墙接头只能传递 Q_j 和 R_t,如图 6-65 所示。

图 6-66 是梁式薄翼飞机机翼机身的典型对接形式。在无中央翼时,机翼梁耳片接头与机身加强框的接头对接,来自左、右机翼的弯矩在加强框上平衡。对接螺栓垂直穿过对接接头,螺栓不受载的中部直径要小些,如图 6-66(a)所示。在有中央翼时,机翼的梁接头直接与中央翼的梁接头对接,如图 6-66(b)所示。通常,采用图 6-66(a)连接方式的结构重量比图 6-66(b)连接方式的结构重量要大一些,但在图 6-66(a)的连接方式下,机身内部空间较大,可用来布置各种装载物和设备。

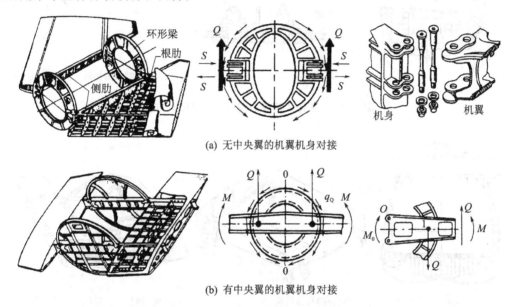

(a) 无中央翼的机翼机身对接

(b) 有中央翼的机翼机身对接

图 6-66　薄梁式机翼与机身的对接

6.8.2　整体式机翼与中央翼的对接

整体式机翼与机身的对接方式一般为围框式分散连接,如图 6-67 所示。外翼上的弯矩 M 由翼盒壁板和翼梁缘条来承受并在中央翼上自身平衡,剪力 Q 通过连接外翼和中央翼腹板的螺栓受剪传递,扭矩 M_t 通过连接翼盒壁板和腹板的螺栓受剪来传递。中央翼梁的腹板应与机身隔框相连,用于传递力 Q 和扭矩 M_t 形成的力偶 R_t。

图 6-68(a)为安-124 飞机中央翼与机身的对接结构,中央翼梁 1、中央翼梁 3 和中央翼梁 4 与机身的三个加强框为弱铰接(耳片-叉耳)。该结构中外翼的弯矩 M 在中央翼翼盒壁板及其翼梁缘条上自身平衡,而中央翼梁腹板上的剪力通过铰接接头使加强框的侧面受载,最终在蒙皮上平衡。外翼上的扭矩 M_t 由外侧接头以力偶 R_t 的形式承受,这些力使隔框侧面受载并同力 Q 一样,也在机身蒙皮上平衡。采用这种中央翼与机身的对接形式可以减轻接头重量,但外翼的载荷在中央翼和加强框之间的分配关系比较复杂。

图 6-68(b)所示为整体式机翼通过梁和围框式接头与中央翼的连接方式。

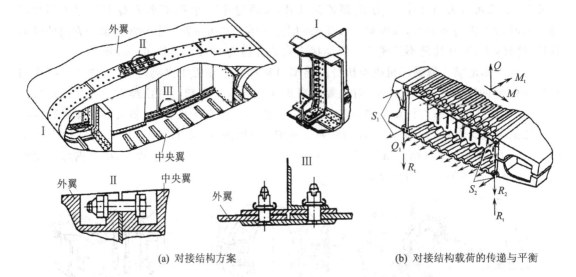

(a) 对接结构方案 　　(b) 对接结构载荷的传递与平衡

图 6-67　整体式机翼的围框式对接结构方案

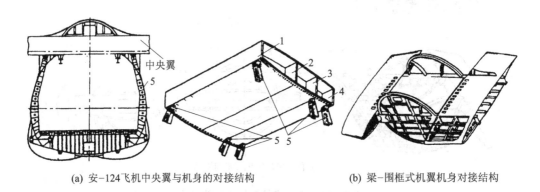

(a) 安-124飞机中央翼与机身的对接结构 　　(b) 梁-围框式机翼机身对接结构

1,2,3,4—中央翼梁;5—加强框

图 6-68　机翼机身对接结构

6.8.3　对接方式对机翼受载的影响

　　单梁单墙式机翼为三点式固定,图 6-69(a)表示梁和墙缘条上轴力的变化规律,在接近机翼根部时,墙缘条上的轴力通过蒙皮向梁缘条转移。双梁式机翼翼梁缘条轴力可以认为不

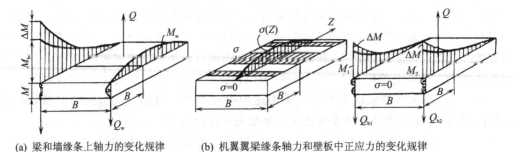

(a) 梁和墙缘条上轴力的变化规律 　　(b) 机翼翼梁缘条轴力和壁板中正应力的变化规律

图 6-69　机翼连接接头形式对受力构件的受力特性的影响

会发生转移,但存在蒙皮中的剪流的反转,图 6-69(b)表示机翼翼梁缘条轴力和壁板中正应力的变化规律。单位宽度壁板上的轴向力 σ 从翼尖向翼根方向先增加后减小,并在对接面处达到 $\sigma=0$,因为对接面是自由边,因此不能限制壁板轴向位移。在壁板中应力减小的部位,梁缘条的轴向力增加,并且在对接面处机翼的全部弯矩($M_i+\Delta M$)只能由梁缘条承受。

对于整体机翼,机翼机身采用围框式连接,通常不会导致对接界面处机翼承力构件的承载特性发生较大变化。

6.9 尾翼与操纵面的结构分析与设计

6.9.1 尾翼与操纵面的功用和设计要求

一般常规飞机的尾翼由水平尾翼和垂直尾翼两部分组成。水平尾翼由水平安定面和升降舵组成;垂直尾翼由垂直安定面和方向舵组成。升降舵和方向舵统称为舵面。舵面和装在机翼上的副翼统称为操纵面。

为了改善跨声速和超声速飞行器在高速飞行中的纵向操纵性,在这类飞行器上大多采用全动尾翼。它是一个整体的可操纵面。在无尾飞机上,没有平尾,但仍有立尾。机翼上的副翼兼起升降舵的作用,称为升降副翼。左右升降副翼既可异向偏转当副翼用,又可同向偏转当升降舵用。有很多无人机都采用双垂尾布局,这样可以增加垂尾面积,加强方向安定性。

尾翼及舵面用于保证飞行器的纵向和航向的平衡与安定性,以及实施对飞行器的纵向(俯仰)和航向的操纵。腹鳍和背鳍也起垂直安定面的作用,起着保证航向稳定性的作用。副翼和扰流片用来保证飞行器横向操纵性和平衡作用。横向稳定性可以由翼面的上(下)反角或后掠角来保证。

尾翼和操纵面的设计除满足结构设计的一般要求外,重点要满足:

① 在飞行器所有允许的飞行状态中均能起到足够的平衡、稳定和操纵作用。

② 有足够的强度、刚度、损伤容限、寿命,并且重量尽可能轻。

③ 在飞行器允许的飞行速度范围内不发生各种形式的有害的振动。

6.9.2 安定面的结构特点

安定面有水平安定面和垂直安定面两种。安定面由前缘、翼尖及盒段组成。前缘、翼尖通常可拆卸,为蒙皮隔板结构,应主要考虑防冰、除冰系统在安定面上的设置以及防鸟撞等问题。安定面的结构布局及承力系统的安排是否合适,对结构效率及结构的整体性能有着重要的影响。

安定面的结构和翼面基本相同,受力特性也相同。但安定面不同于机翼结构设计的特点是安定面内很少有装载,故安定面完全可以按照受力要求进行结构设计。同时尾翼的气动布局形式不同,安定面的结构布局与承力系统安排也有所不同。普通尾翼与 T 形尾翼的典型布局如图 6-70 所示。

安定面常采用的结构布局形式有梁式、单块式、多墙式、整体式、全蜂窝式或混合式等。轻型飞机的安定面大多采用双梁式(后梁为主)或一梁(后)一墙(前)式结构。现代速度较高的飞机一般采用双梁(或多梁)、壁板和多肋的单块式结构。使用多梁的目的是增大结构刚度,提高防颤振特性。

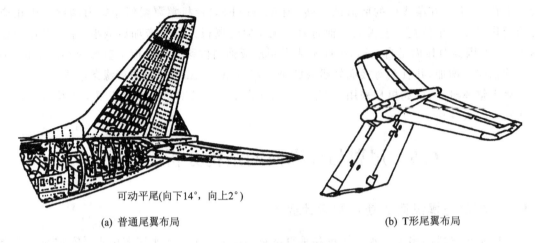

可动平尾(向下14°，向上2°)

(a) 普通尾翼布局　　　　　　　　　　　　　　　　　　(b) T形尾翼布局

图 6-70　尾翼的典型布局

　　水平安定面与机身有两种连接方式：一种是固定式，水平安定面分段，在机身侧面固定在机身上；或者整个水平安定面贯穿机身，前后用 4 个接头固定在机身上。另一种是可调试式，即水平安定面的安装角可调。这种可调试水平安定面通常应用在高亚声速的运输机上，目的是提高平尾的配平效率，目前的无人机中很少使用。

　　除个别飞机的垂直尾翼可动外，绝大多数飞机的垂直安定面是不可动的，安装固定在后机身上。根部连接处安定面梁与机身隔框有转折，需要沿机身纵向布置加强的构件承受和传递安定面梁传来的分弯矩。有些飞机将垂直安定面的梁直接插入机身，与机身加强框结合一起成为斜加强框。这样可以直接将弯矩传到机身结构上，避免在机身上因使用接头而带来疲劳问题。对于 T 形尾翼的垂直安定面，由于平尾固定在垂尾上，垂尾还必须能承受水平安定面传来的载荷。T 形尾翼的垂直安定面，常用较厚的对称翼型，翼盒结构有较大的刚度，其目的主要是为了解决 T 形尾翼突出的颤振问题。该种垂直安定面的结构布局形式多采用双梁式（或多梁式）或双梁单块式。T 形尾翼垂直安定面的翼展比常规的翼展大约短三分之一，而它所需要的结构刚度却比常规的要大。因此，其盒段结构适合采用蒙皮-桁条加强板或整体加强板（整体式）结构。

6.9.3　操纵面的结构特点和传力分析

1. 操纵面的结构特点

　　操纵面可看作在气动载荷作用下支持在悬挂接头上的多支点连续梁，其弯矩 M 和剪力 Q 通过悬挂接头传给安定面，扭矩由接头和操纵摇臂上的操纵力共同平衡。操纵面位于翼面后部，因此厚度都特别小。对于厚度相对较大的操纵面来说，为了充分利用结构高度，一般都在其前缘附近高度最大处布置一根梁作为主要的承剪、承弯构件，梁与前缘厚蒙皮构成闭室承受扭矩，梁后面的三角形闭室由于后缘条铆接质量不易保证，其承扭能力一般不予考虑。梁布置在接近转轴附近也有利于将梁上的载荷以较短的传力路线通过悬挂接头传给支架。这种单梁式结构质心比较靠前，对防颤振也很有利。舵面和副翼的典型构造如图 6-71 和图 6-72所示。

　　近代厚度较小的操纵面大多采用双梁或三梁式结构，并且安排较密的翼肋，使用蜂窝夹层

(a) 小型飞机　　　　　(b) 大型飞机　　　　　(c) 薄翼

图 6-71　舵面典型剖面

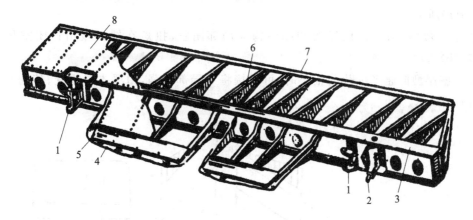

1—悬挂接头；2—操纵摇臂；3—梁；4—内补偿气密薄膜；5—配重；6—肋；7—后缘型材；8—蒙皮

图 6-72　副翼的构造

蒙皮。有些则在后部采用全高度蜂窝结构。这些措施都能提高操纵面的弯曲和扭转刚度。有的操纵面在蒙皮内侧用边缘为波纹形的加强片将蒙皮和梁缘条、肋缘条胶接起来能够提高蒙皮抵抗气动湍流或声响的疲劳寿命。

2. 操纵面悬挂支点

操纵面通过悬挂支臂支持在安定面或翼面上，铰链轴应保持同一直线，使它能自由转动不被卡死。有些飞机为了防止飞行中因支持结构的变形太大，发生不同轴现象而影响操纵面转动，将操纵面沿展向分段，每段只包含 2～3 个支点，段与段之间用挠性接头连接。两个后掠升降舵共用一个摇臂操纵时，也应在转轴弯折处用万向接头连接两部分。

操纵面的悬挂支点一般多在两个以上，挂点多，则支点间距小，操纵时的变形和最大弯矩小，结构重量轻，并且有破损安全性。但若支点过多，则除存在同轴问题之外，支臂的总重量势必增加，所以对支点数量及位置必须通盘考虑。支点间距大小视结构高度、弦长及载荷而定。若高度较小，载荷较大，则间距小一些；反之间距应取大一些。当然还应与安定面或翼面的翼肋取得协调。

为了保证互换性和装卸连接方便，悬挂头应有设计补偿。具体措施是：除一个接头设计成固定式，以消除操纵面的展向自由度外，其余接头均做成可调节形式的，通过过渡接头（如图 6-73 所示）、偏心衬套、在接头配合面间留有较大间隙等办法来提供一定的展向和弦向调节量。

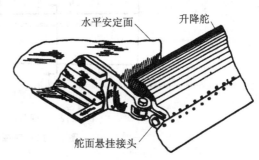

水平安定面　　　升降舵

舵面悬挂接头

图 6-73　操纵面的过渡接头

3. 前缘缺口的传扭补偿措施

由于操纵面转轴是在前缘之后,为了悬挂操纵面并允许其转动,所以在挂点处的操纵面前缘必须开口,这就破坏了前缘的闭室构型。通常前缘闭室都负担一部分传扭作用,单梁式操纵面的前缘闭室更起着传扭的主要作用。因此,需对开口采取传扭的补偿措施:

① 加一对斜加强肋,与梁构成三角架。扭矩由斜肋和缺口段的梁承受附加弯矩传递,如图 6 - 74(a)所示。

② 加一短墙,与缺口段壁板和端肋构成局部闭室,扭矩在缺口段由该闭室传递,如图 6 - 74(b)所示。

③ 一些小型低速飞机载荷很小时,可直接将梁局部加强,由梁本身承受、传递扭矩,如图 6 - 74(c)所示。

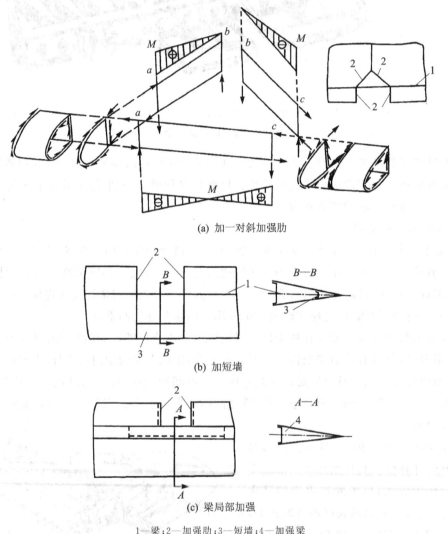

(a) 加一对斜加强肋

(b) 加短墙

(c) 梁局部加强

1—梁;2—加强肋;3—短墙;4—加强梁

图 6 - 74 前缘缺口的补强

④ 在缺口段用剖面为实心或空心的盒式连接件传扭,歼-7 副翼中接头即用此形式,缺口处靠矩形剖面受扭传力,如图 6 - 75 所示。

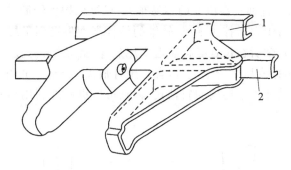

1—前梁；2—后梁

图 6 - 75　歼 - 7 飞机副翼的中接头

6.9.4　全动平尾

当飞机超声速飞行时，因激波后的扰动不能前传，舵面偏转后不能像在亚声速流中那样同时改变安定面的压力分布，共同提供操纵力或平衡力，因此尾翼效能下降。而飞机的纵向稳定性却因翼面压力中心后移而大大增加，二者之间产生了矛盾。为了提高尾翼的效能采用了全动平尾。全动平尾是指整个平尾可绕某一轴线偏转，起操纵面的作用。

1. 转轴的形式及位置确定

（1）转轴的位置

在确定全动平尾的位置时，要综合考虑如下因素：转轴的位置和平尾的防颤振品质有很大关系，一般来说转轴靠前有利于防颤振品质；尽可能利用平尾内有利的结构高度来布置转轴，以减轻转轴的重量，提高转轴的承载能力；尽量减小平尾气动合力至转轴的力臂，以减小铰链力矩。

对后掠式平尾而言，亚声速压心位置在 28% ～ 30% 平均气动弦处，超声速压心在 50% 平均气动弦左右。为了减小铰链力矩应使亚声速铰链力矩的最大值等于超声速铰链力矩的最大值，因而转轴应落在两压心之间的某个位置。通常把轴线布置在两个压心的中间位置，约占平均气动弦的 40%，如图 6 - 76 所示。转轴在此位置结构高度较高。

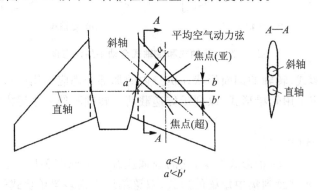

图 6 - 76　全动平尾的转轴前后位置的确定

（2）转轴的形式

全动平尾常采用的转轴形式有直轴式、斜轴式、转轴式、定轴式及直斜轴的混合式。直轴式是指转轴垂直于飞机的对称轴线，如图 6 - 77(a) 所示。斜轴式是指转轴具有一定的后掠角,如图 6 - 77(b)所示。直轴式在机身的容易布置,操纵机构也较简单,转轴重量比较轻。如果转轴要伸入平尾内,对于大后掠角平尾,转轴的结构高度将受到平尾结构高度的限制,尤其是在根部(翼身对接处),轴所在位置必将靠近平尾后缘,此处结构高度小,受载极为不利。当平尾为平直翼或中等后掠或后缘较平直时,宜采用直轴式。斜轴式正好与直轴式相反,对大后掠角的平尾,宜采用转轴伸入平尾内的斜轴式,转轴可以更好地利用结构最大高度,铰链力矩也比较小。

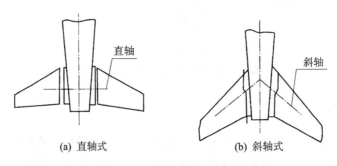

(a) 直轴式   (b) 斜轴式

图 6 - 77   直轴式和斜轴式全动平尾示意图

转轴式,是指平尾的转轴与尾翼连接在一起,用固定在转轴上的摇臂操纵转轴,平尾与转轴一起偏转,如图 6 - 78(a)所示。定轴式,是指全动平尾的轴不动,固定在机体上;尾翼套在轴上绕轴转动;操纵接头则布置在尾翼根部的加强肋上,如图 6 - 78(b)所示。与转轴式相比,由于定轴式的操纵点和轴之间的力臂有时可设计得比转轴式长,因此定轴式具有操纵力相对较小、尾翼受力较好的优点。缺点是在尾翼结构高度内要安放轴和轴承,限制了轴径,对轴受力不利;此外须在机体上开弧形槽,对机体有所削弱。转轴式的优、缺点与定轴式相反。

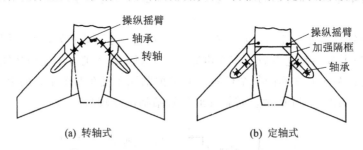

(a) 转轴式   (b) 定轴式

图 6 - 78   转轴式和定轴式全动平尾示意图

无论上述何种形式,转轴的剖面形状在机身内的那部分都应采用圆形剖面的管梁形式,转轴伸入到平尾内也应采用管梁形式,以利于传递载荷。转轴不伸入平尾内的,也可采用封闭形的其他剖面形状。

2. 全动平尾的结构特点

全动平尾结构形式与转轴形式有关,它的选取应综合考虑有关因素。常见的结构形式主要分为单梁式,单块式过渡到集中短梁的形式,双梁单块式或多梁单块式等。

单梁式全动平尾的主梁沿转轴一直延伸到翼梢,弯矩全由主梁承受,主要用于翼型厚度较大、后掠较小及载荷量级不大的转轴式全动平尾。

单块式过渡到集中短梁的形式,其外段结构采用刚度较好,效率较高的单块式,在根部转成梁式,以便载荷向转轴过渡,如图 6 - 79 所示。此种结构形式常用于转轴式全动平尾,主要是由于转轴式全动平尾上的弯矩、剪力和扭矩都要集中到转轴上,然后由转轴传给机身的特点决定。

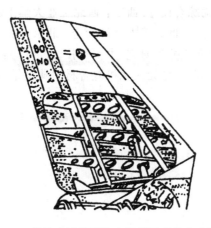

图 6 - 79　单块式过渡到集中短梁形式的全动平尾

　　双梁单块式或多梁单块式结构,布置有两个或多个梁(或墙),较适合定轴式全动平尾的受力特点,即转轴仅受剪力和弯矩,不受扭。平尾上的载荷不必全都集中在转轴上,具有一定的破损安全特性。对于飞行马赫数 $Ma=2$ 左右的飞机,在设计全动平尾时需特别注意保证它的局部刚度及整体刚度中的扭转刚度,常采用整体壁板构成整体式结构以满足刚度要求。

习　　题

　　1. 翼面的功用是什么?翼面结构设计要求有哪些?

　　2. 作用在翼面上的外载荷有几种?内力又有哪些?翼面的剪力图、弯矩图、扭矩图大致如何分布?

　　3. 翼面元件的基本功用是什么?

　　4. 简述翼面结构的主要受力构件及其功用。

　　5. 简述翼面结构几种典型的受力形式及梁式机翼的主要特点。

　　6. 静不定结构的传力与哪些因素有关?

　　7. 机翼的"后掠效应"是什么?

　　8. 对接接头主要有哪几种?它们传递什么形式的力?

　　9. 机翼外段为双梁单块式结构,内侧改为双梁式结构,如图 6 - 80 所示,试对气动力产生弯矩的过程及其在机翼结构内的传递进行分析。

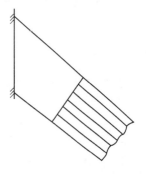

图 6 - 80　题 6 - 9 图

参考文献

[1]《飞机设计手册》总编委会. 飞机设计手册 第 10 册：结构设计. 北京：航空工业出版社,2001.

[2] 杨乃宾,张怡宁. 复合材料飞机结构设计. 北京：航空工业出版社,2001.

［3］郦正能,等.飞行器结构学.北京:北京航空航天大学出版社,2005.

［4］王志瑾,姚卫星.飞机结构设计.北京:国防工业出版社,2010.

［5］陶梅珍,等.现代飞机结构综合设计.西安:西北工业大学出版社,2014.

［6］《世界无人系统大全》编写组.世界无人系统大全.北京:航空工业出版社,2015.

［7］吴立新,刘平生,卢健.无人机分类研究.洪都科技,2005(3):1-11.

［8］王建华,陈令国,朱成香,等.小型无人飞机复合材料典型结构形式分析.教练机,2011(3).

第7章 无人机机体结构设计

本章主要介绍无人机机体结构的设计及分析,无人机机体是指无人机的机身及相关结构。无人机的机体结构基本上都采用薄壁结构,其结构构成的基本原理与普通飞行器基本一致,但是在设计要求以及结构特性与材料使用上有所不同,故本章从无人机的具体情况出发,结合普通飞行器机体结构的设计分析,对无人机机体结构、设计理念及方法进行介绍。

7.1 机体结构的功用、结构特点和设计要求

7.1.1 功 用

无人机机体结构是无人机的重要组成部分,无人机机体将无人机的翼面(尾翼、机翼)、动力装置(发动机)、起落架还有天线等一系列结构部件连接到一起,这样才能组成一个整体,即一个完整的无人机结构。无人机机体结构不管是在飞行的状态下还是静止的状态下,都将承受各种载荷,这样无人机才能形成一个平衡体。除此之外,与有人飞机相比,无人机机体虽不需要安置空勤人员与旅客,但需要装载航空燃油、仪器设备,还有武器和货物等。因为不同种类的无人机用处不尽相同,这在一定程度上导致了无人机机体结构的设计也会具有一定的差异。

7.1.2 结构特点

无人机机体将无人机的机翼、尾翼、起落架和发动机等部件连接到一起,将所有部件连接为一个整体,无人机机体是整架无人机的受力基础。

无人机的机体结构设计应尽量突出其简洁的结构特征,可以把几个零部件设计成为一个整体结构,尽量减少零件的个数。这样可以减少结构的连接件、紧固件,从而减轻结构重量;结构的应力集中区域的个数也会较少,从而也就减少了机体结构的关键危险部位的个数,同时也简化了机体结构的维护和修理。采用整体结构设计技术,还可以保证结构强度、刚度特性的连续性,简化无人机机体结构的传力关系,易于对结构设计进行调整和改进,易于实施一些先进的结构设计技术,从而可以更精确地进行无人机机体结构的设计。从无人机的特点出发,采用整体结构件设计技术,减少零部件的设计思想是完全可行的。对于有人机来说,机体必须构架出一个(或多个)驾驶舱,而驾驶舱又必须在飞机的头部(前机身),以保证飞行员的正常视线。这样,机体结构的连续性将遭到破坏,从而不得不设计出更多的结构件并加以复杂的连接将机体结构连为一体。据统计,在有人驾驶的战斗机上,飞行员的体重大约占飞机有效载重的15%。由于驾驶员生理需要,必须对飞机的驾驶舱进行环境调控,有些飞机还需要设计一套救生系统。同时,由于飞行员的驾驶舱是飞机的控制中心,飞机上的不同部位的各种设备和各种操作及控制都必须通过各种管路、油路、电缆、机械操纵或传动装置,穿过飞机机体结构连接到驾驶舱。这样,就给飞机机体结构的设计带来了很多不便,难以实现结构件的组合和分割。而对于无人机,则不需要这些系统和装备,可以对这些系统适当地进行减免。这样,飞机结构就

会省出很多空间,结构的布局和机载设备的安排就可以重新考虑。由于人的生理原因,新型战斗机的过载一般限制为 $10g$;而对于无人机,其过载可达 $20g$ 或更多。所以,无人机的机体结构在设计时可以根据需要放宽一些限制,包括:速度、高度、过载、航时等,机动性能也可以进行较大幅度的提高。在无人机上,由于没有驾驶员,所以在机体内也不需要安置座舱及相关设备,这样就可以缩小无人机机体的外形尺寸并减轻重量。据计算分析,性能相近的无人机和有人驾驶飞机相比,尺寸可减小约 40% 。

此外,由于无人机的控制中心是飞控计算机,无人机上的各种设备和各种操作及控制都是电传控制,只需要电缆连接即可,这样就给无人机机体结构设计提供了很多方便,较容易实现结构件的组合和分割。所以,对于无人机的机体结构设计来说,完全可以根据需要采用组合式结构件、插入式零部件的设计。因此,考虑到无人机的实际特点,在无人机的机体结构设计当中,应尽量采用组合式结构件、插入式零部件,突出结构件的互换性,这样方便飞机的维护和修理,提高飞机结构的可靠性,缩短发射(起飞)准备时间。对于伞降回收等形式回收的无人机,有些零部件应设计得较脆弱,以便吸收机体回收着陆时的撞击能量,减少机体结构和机载设备的损伤。

有人驾驶飞机的价格,随着社会的发展会成倍地增长。F-22 飞机的单价达到了 1 亿美元。至于轰炸机,价格更是惊人了。像 B-2 隐身轰炸机,它的造价是 4.5 亿美元。而无人机的价格普遍低于有人机,有的降低三分之一,有的则会降低一个数量级。统计表明,在飞机的外场使用、维护方面,一架战斗机在其整个寿命期的维护费用是该机购买价格的 6 倍。而无人机,特别是无人战斗机,则可以长期保存在仓库里面,有时可以在仓库里放 10 年或者更长的时间。这样,使用维护费用可大大减少,据军方估计可以减少 80%。在飞行方面,无人机的训练跟有人机不太一样。对于有人机,飞行员必须驾驶飞机到空中去飞,而无人机则不同,操作人员(相当于飞行员)可以在虚拟的座舱里面进行训练。因为人不在飞机上,"驾驶员"是在操纵键盘,这样,就可以使用虚拟的训练系统,进一步减少了无人机的使用频率,这样飞机使用的重复载荷导致的机体结构的损伤也就大大降低了。无人机的这些特点,在设计无人机机体结构时应加以注意。

无人机的结构相对有人机来说较为简单明了,传力路线也比较清晰,成本较低。为了追求无人机功能的多样性与快速维修性,在无人机的机体设计上要突出体现模块化的设计思想。不同种类的无人机可以面向不同的应用领域:在民用方面,可用作采矿勘探、通信中继;在军用方面,可用作战斗、侦察。针对不同的任务的要求,模块化无人机可以更换不同的模块来适应不同的任务需求,优势十分明显。

在无人机的模块化设计中,最突出的特点就是无人机的任务载荷舱。无人机任务载荷是指利用无人机完成特定任务所要装载的设备或装备。无人机可以通过装载不同的载荷来实现其不同的能力,而任务载荷的载体便是任务载荷舱。任务载荷是无人机系统的重要组成部分。对于特定型号的无人机,其任务载荷的能力是有限的,主要表现为对任务载荷的尺寸(大小)、重量、电源匹配、安装固定等方面,具有一定的要求。因此,对于不同的任务载荷,很可能需要不同级别、不同类型的无人机来装载,从而完成不同的任务。如此,在进行无人机的任务载荷舱的设计时,应尽量考虑其模块化特征和通用性特点,以便可以搭载更多的任务载荷类型,执行更多的任务,以达到一机多用的目的。目前,无人机基本上采用可互换性任务载荷舱段、短舱或集装箱式安装法(即组合式结构,将任务载荷模块化)。采用模块化设计后,当无人机执行不同任务或升级传感器时,无人机能够迅速地重新安装各种传感器,以适应各种任务的需要。

无人机任务载荷的研发速度要远比承载该任务载荷的新无人机系统(飞行平台)快得多。开发一套完整的无人机系统,需要投入更多的经费和时间才能完成。因此,借助现有各种无人机系统及其控制站,开发相应的任务载荷,选用合适的飞行平台,构建自己的无人机系统,这已经成为无人机系统开发的规范模式。这也就更突显了无人机任务载荷舱模块化设计的重要性。任务载荷有两种基本的类型:① 传感器,摄影机等;② 消耗性载荷,如弹药,民用无人机中的农药、灭火剂等。

由于无人机作为要装载不同任务有效载荷的平台,以便分别执行不同的任务,因此就要求各有效载荷结构设计必须充分考虑平台的特点和要求。一方面,有效载荷的结构设计需满足平台对载荷的安装、抗振、环控等设计要求;另一方面,需要考虑载荷对平台的气动、重量、重心等方面的影响。

7.1.3 设计要求

在无人机机体结构设计要求上同有人机的主要差异表现在安全系数的选取、安全裕度的控制以及一些总体设计参数的确定上。由于无人机上不需要安置座舱及其相应的设备,因此飞机的主体结构可以根据飞机的外形及强度、刚度的需要,尽量地使用简洁的结构形状和明确的传力特征。由于各种管路、油路、气路及电缆等相对较少,且传递路线较为直接,所以,结构件上的各种开口、开槽也就相对较少。因此,无人机的结构分析计算的准确性也会相对较好。目前的无人机多数为侦察、监视、通信类无人机,属于低速飞机或亚声速飞机,所谓高速无人机一般也是指高亚声速的无人机;再考虑到无人机的使用方式比较规范,机动情况相对较少,所以,无人机的载荷情况和载荷大小可以相对确定得较为准确。另外,由于无人机结构相对简捷,零部件的外形较为规范,这样也给零部件的工艺设计及机械加工带来了一些方便,可以较好地保证零部件的生产质量。总体来说,在无人机结构的设计当中,可确定的因素较多,各种因素对结构的影响相对更加明确,所以,无人机结构设计的安全系数完全可以取得低一些。综合以上诸多因素的考虑,无人机结构设计中各种安全系数的取值普遍要比有人机低一些。对于一般的载荷情况,有人机通常取 1.5,而无人机通常可以取 1.2~1.3 或更低一些。至于安全裕度,有人机由于结构的复杂性、载荷的复杂性及使用的复杂性,导致飞机结构安全裕度的分散性较大,结构的个别地方安全裕度很紧张,而有些部位的安全裕度却很大。对于无人机来说,由于结构相对简捷,传力形式较为明了,零部件外形较为规则,所以设计时对结构的各方面的裕度储备较容易控制,减少了结构安全裕度的分散性,从而可以更有效地发挥各部分结构件的效能和功能,减轻结构重量。通常,对于无人机的大多数金属结构件的安全裕度可以控制在 0.1~0.15 以内;复合材料结构件的安全裕度可以控制在 0.2 以内。当然,如果考虑到型号以后的改型和发展,也可以在结构设计时预留较多的安全裕度储备。影响无人机结构设计的总体参数很多,而关系较大的莫过于飞机的飞行速度、发射速度、着陆速度(回收降落速度)、飞行高度和过载。由于无人机上不需要驾驶员,所以影响结构设计的总体参数主要是根据无人机的战术技术要求来决定。由此,无人机结构的可设计范围大大超出了有人机的设计范围。当然,如果要设计超常规性能的无人机,则也会增加无人机结构的设计难度。

目前的无人机多数为侦察、监视、通信类无人机,为了提高无人机的生存能力,应强调使用隐身构型和布局,也可以考虑大面积甚至全机机体使用雷达吸波材料。无人机的结构设计应大量使用各类复合材料,如碳纤维复合材料、玻璃纤维复合材料、蜂窝夹层复合材料等。目前复合材料在无人机设计领域已经得到广泛应用,成为无人机设计的主要结构性材料。复合材料的应用对飞机结构轻质化、小型化和高性能化已经起到了至关重要的作用。和传统金属材料相比较,复合材料具有比强度和比刚度高、热膨胀系数小、抗疲劳能力和抗振能力强的特点,将它应用于无人机结构中可以减重 25%～30%。同时复合材料本身具有可设计性,在不改变结构重量的情况下,可根据飞机的强度、刚度要求进行优化设计。目前的研究、应用表明,使用优化技术对复合材料部件进行设计,可以在飞机的结构、气动和控制性能等方面提供较大的裕度;而且可以利用复合材料的刚度方向性和耦合效应对复合材料结构进行优化设计,使无人机结构在载荷作用下产生有利的弹性变形,从而改善无人机的设计性能。如美国比例复合材料公司研制的高空长航时无人机"普洛透斯"(Proteus)全部采用了复合材料结构。通常无人机的机翼、尾翼及各种天线罩、护板、蒙皮等结构件大量地使用复合材料,而机身、起落架等结构件的复合材料的使用量相对较少。另外,在中小型无人机上,木质材料、轻型塑料、塑料薄膜等非金属材料也得到了大量使用。

无人机机体结构设计除了满足无人机结构设计的一般要求外,根据各类无人机的机体结构特点,还应侧重考虑以下几点:

① 在设计无人机机身结构时,使用要求占有重要地位,因此,无人机机体的结构形式、承力布置和大开口安排等往往由使用要求决定。同时,无人机机体应与各相连部件受力构件相协调,并能承受各装载物,如武器系统、通信侦察设备和光电监视设备等的质量力,使无人机机体结构合理且重量要轻。

② 无人机机体结构应具有足够的刚度和强度,在满足完整性要求下重量应尽量轻。无人机机体的总体刚度会影响无人机尾翼和舵面的效率、颤振特性,从而影响无人机整体的飞行性能。

③ 虽然无人机机体的设计应尽量简捷,有时需把几个部件设计为一个整体结构,但是,无人机机体也应具有足够的开敞性以便于检测和维修。无人机机体内部需要装载的设备很多,而无人机机体又相对较小,所以合理地使用无人机机体的有效容积,满足各种装载要求是很重要的。提高无人机机体内部空间的布局密度,合理布置各舱段,使装载物紧密地布置在无人机的质心附近,降低惯性矩,从而改善无人机的机动性能,并减小质心的变化范围,使无人机具有更理想的操纵稳定性,这一要求对无人机机体的结构设计更为突出。

④ 对于无人机来说,目前很多无人机都具有良好的气动外形。比如细长的流线体,还有部分无人机采用了翼身融合的升力体机身设计,减少了飞行过程中的阻力,此外,机体还应外表光滑,尽量减少突出物等。

⑤ 无人机机体的自然频率要大于规定值或某个频率范围。

⑥ 为保证无人机各部分之间或结构与设备之间不发生碰撞,要求结构在载荷和温度作用下的变形在规定范围内。

无人机的机体结构设计理念与普通飞机机体结构设计理念差不多,都需要采用优化设计方法,抓住主要矛盾,合理处理各项要求,设计出最优的机体结构。

7.2 机体结构的载荷

7.2.1 机体的主要载荷

无人机机体的载荷主要包括集中载荷(集中力)、质量力、空气动力,对于有些无人机还应注意考虑振动载荷。

1. 集中载荷

集中载荷主要是无人机各部件传入的载荷,这些载荷主要是以集中载荷(集中力)的形式作用在机体上。与无人机机体连接的部件有发动机、起落架、各个翼面等。各部件设计情况不同,传入力的形式和大小也会有所不同。

2. 质量力

质量力是无人机机体结构总体载荷的重要组成部分之一。机体内部各装载和机体结构本身也都产生质量力,尤其是各装载的质量力。沿机体轴线上各点的质量力的大小和方向与各点过载的大小和方向有关。各装载物的质量力为 G_i,对于每个 i 装载物来说,即

$$G_i = m_i g n_i$$

式中: m_i 为 i 装载物的质量; g 为重力加速度; 装载物处的过载系数 $n_i = n_{y0} \pm \dfrac{\varepsilon_z x_i}{g}$。质量力一般以集中力或分布力的形式作用在无人机的机体上。

3. 空气动力

气流在机体上基本为对称的流线体,对称面内空气动力相对质量力要小得多,一般可考虑忽略不计。而当急转弯或侧滑等飞行时,在机身的总体载荷中,侧向载荷要考虑空气动力。无人机机体头部或曲度较大部位,局部气动力较大,因此这些部位载荷应考虑气动力,但对总体载荷没有影响。有很多无人机都采用了翼身融合的机体结构设计,可按机翼的设计情况考虑气动载荷。机体截面上的气动力实际上是可以自动平衡的,但是在蒙皮和口盖的固定以及口盖与骨架的连接强度应该考虑气动载荷。

4. 振动载荷

发动机/电动机工作或在大气层飞行时,有时会产生各种类型的强烈振动。在发射时振动会引起发射偏斜,或产生气动颤振,因此需要调整机体结构的振动特性,如动响应、固有频率、结构刚度等,避免发生有害的振动。

7.2.2　总受力特点与载荷平衡

机体上的外载荷除轴向外力以外,按其性质可分为对称载荷与不对称载荷。以图 7-1 的机身为例,图中 Oxy 与 Oxz 平面上作用有对称载荷和不对称载荷。其中 R_1 和 R_2 为机翼和机身固定接头处的支反力; R_1' 和 R_2' 为水平安定面和机身固定接头处的支反力; R_1'' 和 R_2'' 为垂直安定面固定接头处的支反力。 P_i 为机身内部装载物的质量力 $P_i = m_i g n_i$, i 为机身某处编号为 i 的装载物, n_i 为 i 处过载系数, m_i 为 i 物体的质量, g 为重力加速度; q_φ 为机身各构件的质量分布载荷。无人机在正常使用当中,主要是纵向平面(Oxy 平面)内和横向平面(Oxz 平面)内的运动产生较大的过载,所以,这里主要针对无人机的纵向载荷和横向载荷状态进行分析。

在进行机身整体受力分析时,可将机身看成是多支点的连续工程梁,其主要支撑点就是机翼机身的对接处。各种不同设计情况的外载荷,使机身产生在垂直方向和水平方向的剪力、弯矩,以及绕机身轴线(x 轴)的扭矩。图 7-1 展示了机身作为工程梁,受载后的各个内力,包括:剪力 Q_y、 Q_z,弯矩 M_z、 M_y 和扭矩 M_t 的示意图。由图 7-1 可以看到机身内力有如下特点:

① 机翼和尾翼与机身固定接头处的支反力可能比机翼的升力 L_w 和尾翼升力 L 大。如

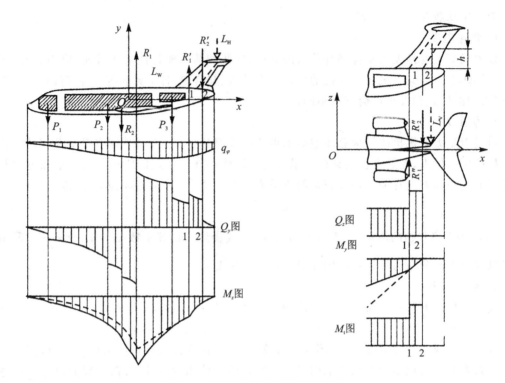

图 7-1 机身上的外载荷和内力图

后掠机翼 $R_1 > L_w$，T形后掠尾翼 $R_2' > L_H$，这就要求加强机身结构，从而额外增加结构重量。

② 发动机布置在后机身会使弯矩 M_z 增大（图 7-1 中虚线表示发动机没有布置在后机身上）。

③ 增加垂尾高度会使扭矩 M_t 增大。垂尾气动载荷 L_V 将引起机身在 Oxz 平面内剪力、弯矩和绕 x 轴扭矩。

④ 沿机身 x 轴向质量分布较分散时，在机身直径 d_φ 给定情况下的机身长细比 λ_φ（$\lambda_\varphi = l_\varphi / d_\varphi$）增大，即机身长度 l 加大时，M_z 增大。

7.3 典型结构形式及传力分析

7.3.1 典型结构元件及其功用

一般无人机机体结构由纵向元件长桁、桁梁，垂直于机体纵轴的横向元件隔框，以及蒙皮等组成。机体结构各元件的功用与普通飞机机体结构中各元件的功用相同。

1. 长桁和桁梁

长桁和桁梁均为机体的纵向构件。在桁条式的机体结构中，长桁与蒙皮组成加筋壁板，承受机体弯曲时产生的轴力以及轴向载荷引起的轴力。另外，长桁对蒙皮起支撑作用，提高蒙皮受压、受剪时的失稳临界应力。首先，在桁梁式的机体结构中布置了横截面积较大的桁梁来承受机体弯曲时产生的轴力以及轴向载荷引起的轴力，并且桁梁又可以作为开口处加强件以承受集中载荷。其次，结构中长桁与翼面的长桁相似，长桁承受部分作用在蒙皮上的气动力并将其传给隔框。

2. 隔 框

隔框是无人机机身结构的重要承力构件。根据框的作用,可分为普通框和加强框,其功用与翼面中的肋相同。普通框,用于维持机体的截面形状并固定蒙皮和桁条,主要承受蒙皮传入机体周边的空气动力和机体弯曲变形引起的分布压力 q_1(见图 7-2),这里的 q_1 是框平面内自身平衡载荷。隔框另一方面的作用,是将集中载荷转变为分布载荷。当空气动力的作用在框上是非对称载荷时,为了平衡此载荷,蒙皮沿框周缘通过铆钉受剪提供支反剪流,并依靠蒙皮的剪流平衡受力。框在自身平面内应有较高的刚度,借助于蒙皮可以较好地承受自身平面内的横向弯曲。框截面有两个缘条、一个腹板,能保证框承受弯曲和剪切,如图 7-2 所示。

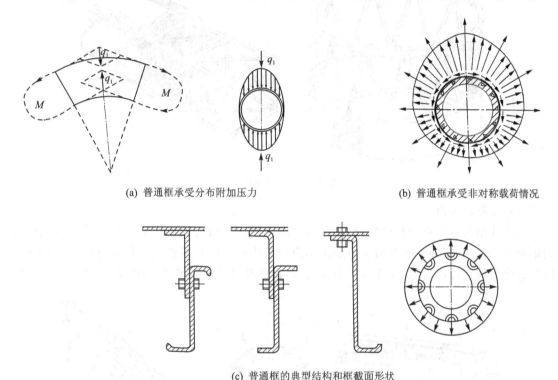

(a) 普通框承受分布附加压力   (b) 普通框承受非对称载荷情况

(c) 普通框的典型结构和框截面形状

图 7-2 框承载分析与普通框的典型结构

加强框主要的功用是将装载的质量力和各部件传入的集中力加以扩散,然后以剪流的形式传给蒙皮。

3. 蒙 皮

无人机机体蒙皮的作用和翼面蒙皮相同,在总体受力中,蒙皮承受垂直和水平面内的剪力以及扭矩。同时,蒙皮与长桁组成加筋板承受两个平面内弯矩引起的轴力和轴向载荷引起的轴力。从结构的功用说,蒙皮构成机体的气动外形,并保持表面光滑,同时承受局部空气动力或舱室的气密载荷。

7.3.2 无人机机体的结构形式和结构布局设计

1. 典型结构的受力形式

机体在 Oxy 和 Oxz 平面承受剪力 Q_y、Q_z 和弯矩 M_z,以及沿机体轴线方向的轴力 N 和扭矩 M_t。由于无人机内部需要装载设备、武器和发动机等,故一般采用刚性较好的薄壁空间结构或空间桁架结构。其主要有下列几种典型的结构形式：

（1）桁架式结构

桁架式结构的机体是一个立体构架。构架由两个垂直的（侧面的）和两个水平面的（上面和下面）桁架组成，中间有构架式框和斜撑杆，如图 7-3 所示。桁架的组成元件（杆）只承受拉力或压力，而蒙皮起维形作用，只承受局部气动载荷。桁架一般是静定结构，故桁架结构的生存性较差，空间利用困难。这种结构形式有时在小型或轻型无人机的机体结构上使用。

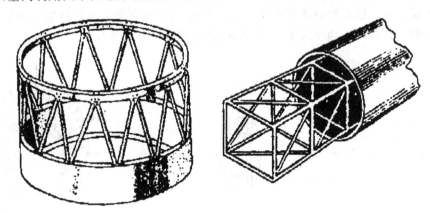

图 7-3 桁架式结构

（2）桁条式结构

桁条式结构的特点是长桁较密和较强，蒙皮较厚。长桁与蒙皮组成壁板来承受弯曲引起的轴向力，剪力和扭矩引起的剪流由蒙皮承担。结构的弯曲和扭转刚度较大，故结构质量轻。但从其受力特点可以看出，蒙皮开口不宜太大，否则开口处加强困难，如图 7-4 所示。

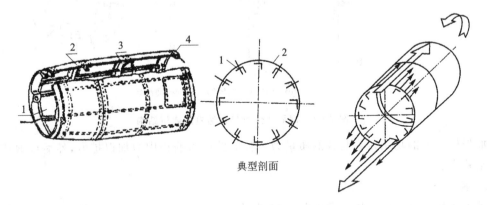

典型剖面

1—桁条；2—蒙皮；3—隔框；4—接头

图 7-4 桁条式结构受力形式分析

桁条式结构在整体受力时如图 7-5 所示。当加强框上作用一集中载荷 P_y 时（如尾翼或发动机接头传入集中力），蒙皮通过沿框缘的连接铆钉给框以支反剪流 q（如图 7-5(a)所示）。q 沿周缘按阶梯形分布（假设蒙皮只受剪力，蒙皮承受正应力的能力按缩减面积折算到桁条上），蒙皮的剪流 q 将由桁条提供轴向支反剪流平衡。蒙皮上的剪流 q 将引起桁条上拉、压轴力，如图 7-5(b)所示。P_y 在机体中传递时沿某一剖面上各长桁上的轴力分布如图 7-5(c)所示。

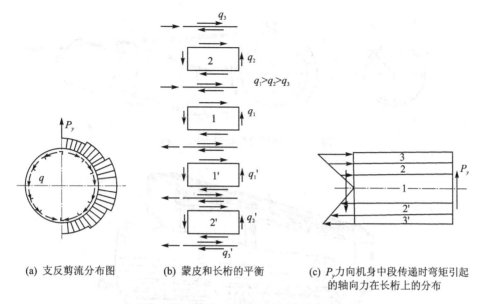

(a) 支反剪流分布图　　(b) 蒙皮和长桁的平衡　　(c) P_y 力向机身中段传递时弯矩引起
的轴向力在长桁上的分布

图 7-5　桁条式结构在框平面内受 P_y 力时的传力分析

（3）桁梁式结构

该结构的特点是结构纵向具有较强的桁梁结构,桁梁的横截面积很大,但是桁条相对较弱,甚至桁条也可以是不连续的,如图 7-6 所示。此类结构的蒙皮一般较薄。在桁梁式结构中,桁梁位置的布置要考虑垂直和水平两个方向上可能产生的最大弯矩,选取最佳承受弯矩的状态,同时还应考虑在机体结构的大开口处结构加强和集中载荷的传递。一般可考虑左右对称布置 4 根桁梁,位置在偏离中线 30°～45°之间,如图 7-7 所示。从结构总体受力分析看,弯曲引起的轴向力主要由桁梁承受,蒙皮和长桁只承受小部分的轴力,剪力全部由蒙皮承受。桁梁式结构中开口如布置在两桁梁之间,这样不会显著降低机身的抗弯强度和刚度,开口处加强所引起的质量增加较小。桁梁结构的受力情况如图 7-7所示。

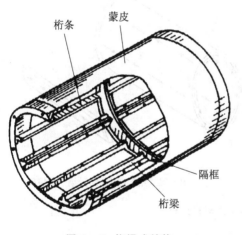

图 7-6　桁梁式结构

（4）梁式结构

此类结构由蒙皮、隔框和纵向大梁组成,一般不设置桁条。载荷主要由大梁承受,蒙皮只承受剪力而不参加纵向承力。当梁式结构一端传入弯矩 M_z 和轴力 N 时,大梁将承受轴力。当框平面作用集中力 P_y 时,蒙皮以剪流形式与作用于框上的外力 P_y 平衡,蒙皮受剪来传递载荷 P_y;集中力 P_y 引起的弯矩则由大梁承担。这类结构适用于结构承受轴向集中载荷较大,并且需要大开口的情况。由于蒙皮不参加纵向承力而只承受剪力,材料利用率不高,故相对桁梁式结构而言,梁式结构的重量偏大,如图 7-8 和图 7-9 所示。

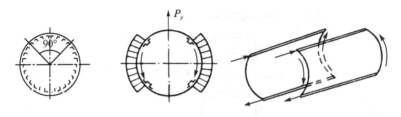

图7-7 桁梁式结构受力形式分析

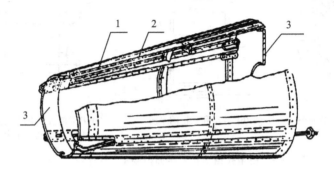

1—蒙皮;2—梁;3—隔框

图7-8 梁式结构

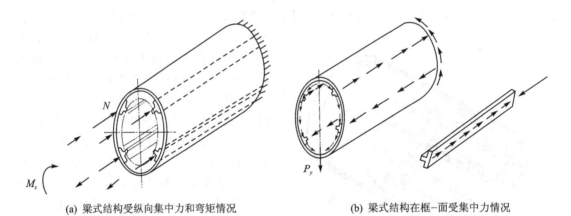

(a) 梁式结构受纵向集中力和弯矩情况　　　(b) 梁式结构在框-面受集中力情况

图7-9 梁式结构受力形式分析

（5）硬壳式结构

硬壳式结构是一个厚壁筒壳,由蒙皮和少数隔框组成,没有纵向构件,蒙皮很厚或采用夹层结构,如图7-10所示。硬壳式结构由蒙皮承受结构总体弯曲、剪切、轴力和扭转载荷。在弯矩作用下蒙皮中的轴力如图7-11(a)所示。蒙皮中产生拉伸或压缩正应力,但蒙皮利用率不高,离开剖面惯性轴较远处蒙皮承受载荷较大,而在剖面惯性轴附近蒙皮中正应力很小。剪力和扭矩由蒙皮中剪流来平衡。当框平面作用如图7-11(d)所示集中载荷 Q 时,蒙皮中产生支反剪流作用于框上与剪力平衡,蒙皮中剪流分布如图7-11(c)所示。在扭矩 M_t 的作用下,蒙皮中产生均布剪流 q,$q=M_t/\Omega$,其中 Ω 为蒙皮所围面积的两倍。硬壳式结构由于蒙皮较厚,所以结构具有较大抗扭刚度;但结构质量重,不易开口,目前的无人机上较少采用这种结构。

硬壳式结构的形式可分为以下几种：

1）厚蒙皮式整体结构

结构由较厚的蒙皮和隔框组成，没有纵向构件，如图 7-12 所示。隔框只起到维形和各机身段之间的连接作用，由蒙皮承担全部载荷。当机身结构截面尺寸增大时，蒙皮的临界应力降低，要增加蒙皮厚度才能保证其承载能力。此类型结构的优点是结构简单，装配工作量少，气动外形好，容易保证机体的密封性，有效容积大；缺点是不宜开口，若必须要开口，则应采用受力式口盖，口盖需参加整体受力，因而造成结构质量增大。

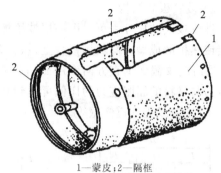

1—蒙皮；2—隔框

图 7-10　硬壳式结构

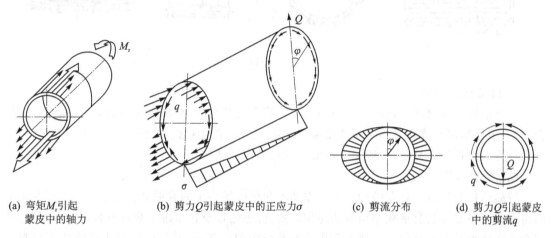

(a) 弯矩 M_z 引起
蒙皮中的轴力　　(b) 剪力 Q 引起蒙皮中的正应力 σ　　(c) 剪流分布　　(d) 剪力 Q 引起蒙皮中的剪流 q

图 7-11　硬壳式结构受力形式

2）加筋壳式结构

结构由带筋条的整体壁板和框组成（如图 7-13 所示），整体壁板可用锻造、铸造和化学腐蚀等方法制成，壁板内有纵向和横向筋条以提高壁板的临界应力，并且参加总体受力。在需要开口的地方和受集中力附近可布置一些较强的纵、横向的加筋条。

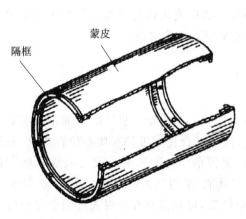

图 7-12　厚蒙皮式整体结构

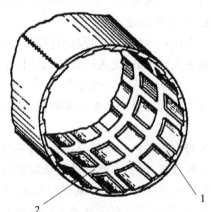

1—纵向加强筋；2—横向加强筋

图 7-13　加筋壳式结构

3）波纹板式结构

波纹板式结构外壳可以由一层波纹板与一层或两层光滑蒙皮构成，连接方式可以是焊接、胶接或热扩散成型。材料用铝合金、钛合金或不锈钢，如图 7-14 所示。这种结构最大的特点是：当沿波纹截面垂直方向作用压缩载荷，或者垂直蒙皮有径向载荷时，其临界应力很高，临界应力与材料的屈服应力的比值可达到 0.7～0.8。此种结构形式，较适合于承受轴向载荷的舱段、气密舱或进气道侧壁等。

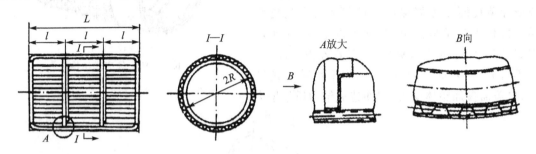

图 7-14　波纹板式结构

4）蜂窝夹层结构

此类结构一般由两层光滑蒙皮与中间一层蜂窝夹芯组成，材料可选用铝合金、钛合金或复合材料，根据结构承载需要和结构使用温度确定。此类结构刚度大、重量轻，但不宜开口，与其他元件连接结构较为复杂，一般用于不需大开口的大型结构。

（6）智能结构

智能结构是分布着具有结构功能的作动器和传感器系统的有源结构的总成。它是在结构的传力路线中安装具有承载结构的功能作动器、传感器以及在系统上集成有控制逻辑、信号处理和功率放大等电子器件。传感器和作动器是结构的一部分，它们通常基于特殊功能材料的某种特性而制成。这种材料在外电场作用下会发生变形，反过来其变形也可产生电信号。利用材料的这种机电耦合特性，系统中的传感器能够检测结构的位移、速度和应变等，输出相应信号，通过适当的控制-反馈方法，经处理形成控制电压驱动作动器工作，使系统可以对内部或外部的激励做出响应，自主且有力地改变结构的几何状态（位置和形状）和结构的固有性质（刚度和阻尼），以满足任务要求。

2．结构布局设计

无人机机体的结构布局设计受机体的功用、内部装载以及机体与其他部件的连接形式等的影响很大。因此，无人机机体的结构布局需要从全局观点综合考虑。

（1）结构布局的影响因素

影响结构布局的主要因素有以下几个方面：

1）无人机机体内部的布置

在确定无人机的功用与任务后，对机体内部装载也就基本确定。机体的内部布置需要将各种有效载重、设备和燃油等装载物进行合理布置，使其符合使用维护和质心位置要求，并且充分利用结构内部空间，减少机体的尺寸。例如，美国的 X-47B 是一款无人战斗航空器（UCAV），其为了拥有优异的飞行性能与良好的隐身性能，采用三角形机身、无尾构型，类似于一架缩比型 B-2 轰炸机。X-47B 具有宽波段隐身性能，可提高其在应对先进面空导弹时的生存能力，具有隐形特点。此外，之前大多数长航时无人机都通过采用超大展弦比机翼来提高航程,而大展弦比无人机无论是从保证突防性能来看,还是从航母甲板作业来看,都是不可取的。X-47B 无人机采用了超高的机内载油系数(机内燃油的重量与全机重量的比值),其最大起飞质量超过 20 t,但其空重只有 6 t 多。因此,X-47B 无人机在飞行任务中机身重量的变化很大,这就要求机身内的贮箱应尽可能置于重心附近,以免因为燃油的消耗使重心变化超过规定范围。

2) 与其他部分相协调

无人机机体结构布置应与翼面、起落装置和发动机等受力构件布置相协调,从而使全机的受力构件协调,传力路线合理。比如,如果无人机机翼为梁式结构,那么在机身上对应每一个翼梁就要安排一个加强框,使两个机翼梁传入的载荷在相应的加强框中平衡。

(2) 结构布局设计

1) 纵向构件布置

纵向构件的布置与内部装载的安装位置、相邻部件传来的集中力大小和分布有关。纵向构件主要是桁梁和桁条。

① 桁梁。桁梁是桁梁式结构的纵向主要受力构件。机体结构在两个平面(垂直和水平)内受弯,并且基本属于同一量级,因此桁梁一般对称布置在结构剖面的 4 个象限的中间(即 $\pm 45°$ 角附近)。若结构有大开口或承受集中力,则桁梁位置必须与大开口和集中力位置以及大小相协调。

② 桁条(长桁)。桁条是桁条式结构中承受和传递结构弯曲时所引起轴力的主要纵向元件。桁条与蒙皮会组成承力壁板,来承受弯矩引起的拉伸和压缩的轴力。当蒙皮承受剪力和扭矩时,桁条支持蒙皮以提高蒙皮的临界应力。长桁布置主要是根据蒙皮受压稳定性要求设计的。其原则是在承受使用载荷的时候,结构不会出现屈曲,在破坏载荷的作用下,结构不会提前出现屈曲破坏的情况。通常情况下,机体的长桁结构会沿结构周边分布,一般为对称均匀分布,沿结构纵向尽量按等角辐射布置。这样的长桁为单曲度、无扭曲,便于制造和装配。桁条式结构适用于有少量小型开口的无人机机体部分。在桁梁和桁条式结构中如果轴向集中载荷作用处无法安置桁梁或长桁,则可在集中力作用处安置局部加强桁条或薄壁短梁,将集中载荷或偏离结构外壳的集中力扩散到桁条或桁梁上。桁条式机身结构如图 7-15 所示。

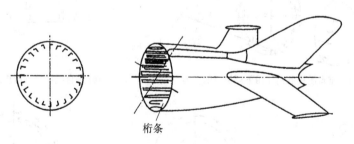

桁条

图 7-15　桁条式机身结构

③ 尾撑。尾撑是后推式双尾撑布局无人机中的特有部件,是连接机翼与尾翼的受力构件。双尾撑布局在中、小型无人侦察机中较多采用。此外,在一些小型无人机中尾撑也用于机身的延伸段以增加尾力臂。尾撑起着将水平尾翼和垂直尾翼上的所有载荷传递至机翼的作用。其承力形式类似于悬臂梁,结构需承受双向剪力、双向弯矩和扭矩,因此尾撑通常设计成管状结构,即矩形截面管或圆截面管,如图 7-16 所示。纵向弯矩和横向弯矩比值较小的尾撑显然对于圆截面结构是比较合理的,而比值较大则适宜采用矩形截面结构。

缠绕法是制造回旋体状复合材料构件的适用工艺,也用于制造小型无人机的圆截面尾撑杆。但由于工艺缠绕角变化方面的局限,限制了结构铺层优化设计。对悬臂梁式承载的尾撑杆来说,单纯缠绕法并不能制造出材料最优利用的结构,需辅助纵向无纬布的包裹。用模具手工成型工艺,可制作矩形截面或圆截面复合材料尾撑杆,其铺层可根据设计要求进行,但缺点是增加了装配环节,使得工艺过程复杂,并且结构重量和可靠性

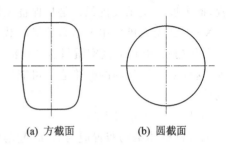

(a) 方截面   (b) 圆截面

图 7 - 16　无人机尾撑结构截面形式

的控制难度较大。因此,尾撑的设计须综合考虑载荷、设计和工艺。尾撑结构的特点是载荷大而结构高度小,因此一般采用高强度、高模量的碳纤维复合材料;如需考虑回收冲击的情况,也可适当加入一些玻璃纤维形成混杂复合材料结构。

2) 横向构件布置

纵向构件和蒙皮组成壳体承受机体结构的总载荷,而横向构件不参加总体受力,主要使机体的截面保持一定形状,并且作为蒙皮和桁条的横向支撑件,以便提高蒙皮和桁条的临界应力。横向构件一般分普通框和加强框两种。加强框除了与普通框一样起上述作用外,主要承受框平面中的集中载荷,将集中载荷扩散,并以剪流形式传入壳体。因此,加强框一般布置在各种装载物和各个部件接头传入框平面内的载荷作用处,以及大开口两端和舱段连接处。

图 7 - 17 给出了垂直尾翼载荷在机身上的传力情况,反映了在垂尾载荷作用下,机身的受力平衡和机身框的受力情况。

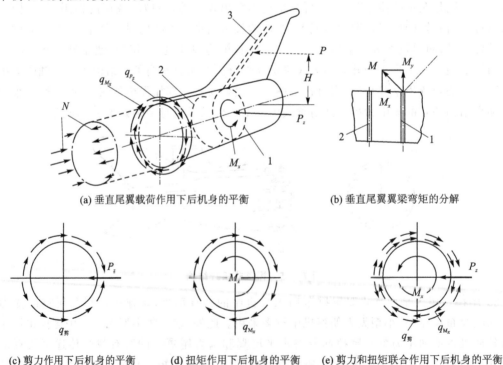

(a) 垂直尾翼载荷作用下后机身的平衡   (b) 垂直尾翼翼梁弯矩的分解

(c) 剪力作用下后机身的平衡   (d) 扭矩作用下后机身的平衡   (e) 剪力和扭矩联合作用下后机身的平衡

1,2—加强框;3—垂直尾翼翼梁;4—水平加强板

图 7 - 17　垂直尾翼载荷在机身上的传力情况

（3）蒙　皮

蒙皮是无人机机体结构中的主要受力元件，它承受并传递结构中的剪力 Q_x、Q_y 和扭矩 M_x，剪力和扭矩在蒙皮中以剪流的形式传递。蒙皮与桁条一起组成壁板来承受弯矩引起的轴力，对于硬壳式结构的厚蒙皮以板壳形式承受轴力。蒙皮布置主要取决于大小、制造及装配工艺。除了化学铣切变厚度蒙皮，一般对每一块板材来说均是等厚的，因此，蒙皮厚度选择要考虑工艺要求。

7.4　加强框的受力分析和设计

飞机加强框作为主要受力传力骨架，主要承受其框平面内的集中载荷，并以分布剪流形式传给机身蒙皮，故加强框实质上就是一个在集中力和分布剪流下平衡的平面结构。加强框的结构形式和参数与机体的外形、内部装载布置、结构受力形式、集中力大小和性质密切相关。加强框的结构形式很多，按照结构形式和受力形式，可以有不同的分类。

7.4.1　环形刚框式加强框

为了充分地利用结构的内部空间，框结构多数设计为环形框。环形刚框式加强框如图 7-18 所示。环形刚框加强框结构可分为整体式刚框、组合式刚框和混合刚框三种。整体式是用整体铸造或铸造毛坯经机械加工而成，组合框由挤压型材弯制成刚框的缘条，与腹板、支柱铆接而成，一般用于与尾翼等连接的加强框。组合式刚框为前两种的组合，一般用于大型飞机结构的加强框。

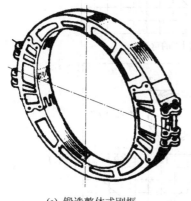

(a) 锻造整体式刚框　　　　　　　　　　　　(b) 铸造整体式刚框

图 7-18　环形刚框式加强框

这种加强框所受外载主要是框平面内的集中力矩和集中力，主要内力为弯矩、剪力及轴力。其主要设计参数为：框缘承受框剖面弯矩所产生的正应力；框腹板承受框剖面的剪力；筋条用于提高框腹板的剪切临界应力和框在曲率比较大的部位，当框弯曲时筋条承受来自缘条的压力。

环形刚框式加强框相当于一个封闭的环形曲梁，受载后框内承受弯矩、剪力和轴力。由于加强框属于静不定结构，其内力的大小和分布与刚框的截面刚度沿着圆周的分布有关。等剖面环形刚框在三种集中力作用下的框内弯矩如图 7-19 所示。

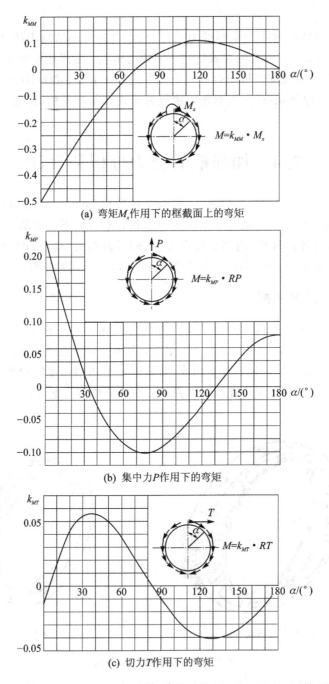

(a) 弯矩M_x作用下的框截面上的弯矩

(b) 集中力P作用下的弯矩

(c) 切力T作用下的弯矩

图 7-19　不同形式集中力作用下刚框截面的弯矩分布图(R 为刚框半径)

　　图 7-19(a)为刚框承受集中弯矩 M_x 时框内弯矩的分布图,其中: $M=k_{MM} \cdot M_x$, $k_{MM\,max}=$ 0.5。图 7-19(b)为垂直于框缘外形线方向作用法向集中力 P 时框内弯矩的分布图。可以看出,在法向集中力 P 作用处和在集中力矩 M_x 作用处,框截面内的弯矩 M 值最大。法向集中力 P 产生的框截面最大弯矩值约为 $RP/4$,而切向集中力 T(如图 7-19(c)所示),产生的截面最大弯矩值约为 $RT/16$,故法向集中力引起截面弯矩值比切向集中力产生的弯矩要大 3 倍左右。

对于框截面内弯矩曲线,考虑框的弹性特性和机身其他元件对框的弹性支撑的影响,这时的框内弯矩变化曲线如图 7-20 和图 7-21 所示。这种情况下,通常是框截面最大弯矩会略有减小,而集中力作用引起的蒙皮支反剪流会有所增大。

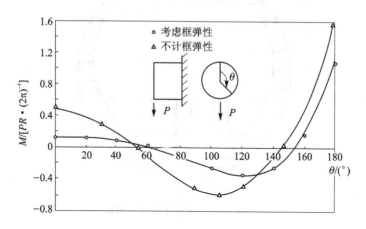

图 7.20　隔框弹性对框截面弯矩的影响(R 为刚框半径)

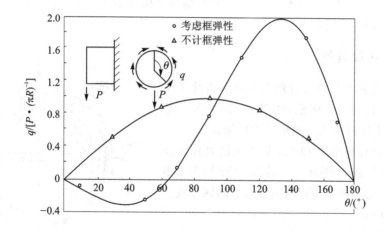

图 7-21　隔框弹性对隔框的支反剪流的影响(R 为刚框半径)

对于非圆形刚框或刚框圆周抗弯刚度为非等刚度的刚框,弯矩分布会不同,但基本趋势是不变的。因此,对于连接机翼的对接加强框(主要承受来自机翼的升力和由升力引起的弯矩),加强框内力的主要来源是机翼的弯矩。所以,在无人机机身加强框的设计分析中,框截面中弯矩值对框的影响最大,故在设计时主要考虑框截面弯矩对框的影响。

7.4.2　腹板式加强框

腹板式加强框由框缘条、腹板和支柱组成,分为完整的腹板式加强框和混合型腹板式加强框(见图 7-22)。混合型腹板框为刚框和腹板式加强框组合,即腹板只占机身截面的一部分,其他部分为刚框,此种结构与混合式刚框相似。该框主要承受框平面内集中力和垂直于框平面的分布压力(如增压座舱和增压油箱舱的端框)。腹板式加强框,实质上就是一个平面板杆结构,其受力的主要特点是通过腹板上的加强型材承受集中力并将其扩散到蒙皮上。型材在将集中力扩散到蒙皮的过程中受剪。

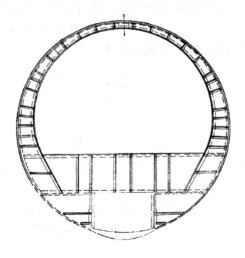

图 7 - 22　混合型腹板式加强框

当外载荷存在分布压力时,腹板将受拉或受弯。纵、横型材用来提高腹板稳定性。型材和框缘一般情况只受轴力,当框承受分布压力时,型材和框缘中还存在弯矩。腹板式加强框的框缘中的应力相对刚框要小,因此框缘相对较弱。

7.4.3　构架式加强框

对于外形要求较低的飞行器为了减少框缘上的载荷,有时采用构架式加强框,如图 7 - 23 所示。框的中间有三根支撑杆组成三角形受力框架。

当框上作用有集中力 Q 时,蒙皮提供对称的支反剪流,使之与外载 Q 平衡。外载荷 Q 作用在上节点,使两根斜杆受压将力传到两侧接头。两侧蒙皮上支反剪流与斜杆在左右两节点的垂直分力平衡。而左右两节点接头处水平分力使横杆受拉,横杆对两侧接头提供水平支反力。由于三根杆的作用,使框缘剖面上的弯曲应力大为减小。

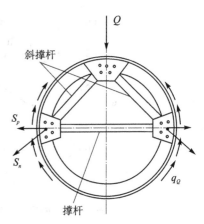

图 7 - 23　框架式加强框受力分析

7.4.4　关于加强框的制造工艺问题

关于机身框的生产制造,一种是通过机械加工来制造,即所谓机加框;另一种是通过钣金工艺加工制造,即所谓钣金框。机加框根据原材料的不同,分为模锻机加框和预拉伸板材机加框。模锻机加框可以减少机加工作量并提高材料的利用率,但是需要费用较高的锻模,故多用于毛料厚度尺寸较大的框。预拉伸板机加框机加工作量大,材料利用率低,故多用于厚度尺寸不大的框。机加框应尽可能采用整体框结构,这样可减少框的零件个数,减少应力集中,减少框的装配工作,提高结构承载性能,但在设计时应估算制造设备的能力。如果是模锻框,则应估算水压机的吨位能否满足整体框的锻造要求,否则应分段锻造。如果是预拉伸板框,则应考虑拉力机吨位能否将整体的毛坯板材拉伸到屈服应力,否则也应分段。

对于钣金框,一般是用铝合金板材或型材为原材料,按照设计的要求,通过工装型架将各个零件用铆接等连接形式组合起来,形成一个完整的框。这种框结构装配工作量较大,而且在装配的过程中,还需注意由于装配应力等原因导致的框平面翘曲问题。

两种机身框结构制造工艺情况对比如表 7-1 所列。

表 7-1　两种机身框结构制造工艺情况对比

结构形式	机加框	钣金框
原材料	铝合金预拉伸板或铝、刚、钛合金的模锻件	铝合金板材和型材
工艺性	数控铣切工作量大,若是模锻件还需要成型模。装配工作量小,不需要装配型架或只需要简单型架	零件制造工作量小,但需要成型模具。装配工作量大并需要装配型架
材料利用率	利用率低,模锻件可达 20%,预拉伸板件一般为 2%~3%	材料利用率高
强度	结构整体化连接关系少,疲劳寿命高	结构连接关系多,影响疲劳寿命
重量	可以按强度设计结构参数,结构利用率高,重量轻	由于零件重叠层次较多,结构效率低,重量较高
应用	承载能力高或刚度要求高的框	用于承载能力不需要很高的框

7.4.5　加强框设计

环形刚框式加强框(见图 7-24)的弯矩和轴力由框缘承受,内、外框缘条以一对轴力形式承受,由此来确定框缘形状和剖面面积;剪力由框腹板承受,以此来确定腹板厚度。为了提高框缘的承载能力,在结构外形尺寸和内部安置允许情况下应尽量提高框缘高度。由图 7-25可知,框缘内的弯矩沿框的周向是变化的,因此在设计时,可以沿框的周向调整框缘厚度、缘条截面积和材料。例如,图 7-18(a)所示加强框,框缘高度和剖面尺寸沿圆周变化,框的上、下两段采用铝合金锻件,两侧弯矩较大处的框段采用合金钢模锻件,使框的设计更符合等强度设

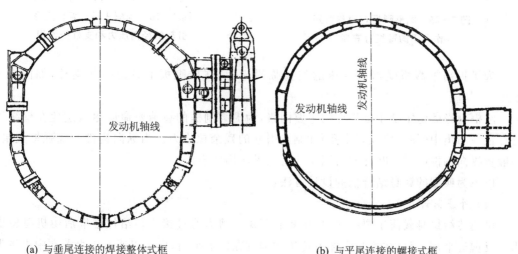

(a) 与垂尾连接的焊接整体式框　　　　　(b) 与平尾连接的螺接式框

图 7-24　苏-27 尾翼和后机身连接钛合金加强框

计规律,从而减轻结构重量。

当框平面内承受集中力时,在相应处必须安置加强筋或加强型材以便将集中力扩散成腹板上的剪流。对于腹板式加强框,当腹板较薄时,在剪切内力作用下要注意腹板的受剪失稳问题。另一方面,刚框的曲率较大,框缘受正弯矩时(内缘条受压,外缘条受拉),内、外缘条对框腹板产生分布径向压力如图 7-26 所示,此时,腹板单位周长上的压力和压应力分别为

$$p = \frac{N\,\mathrm{d}\alpha}{R\,\mathrm{d}\alpha} = \frac{M}{hR} \tag{7-1}$$

$$\sigma = \frac{p}{t} = \frac{M}{hRt} \tag{7-2}$$

式中:R 为框缘截面中心线处曲率半径;h 为框缘截面高度;t 为框缘腹板厚度;M 为计算部位框缘截面弯矩。

假设框缘处两支柱间距离为 S,则支柱上的总压力 F 为

$$F = pS = \frac{MS}{hR} \tag{7-3}$$

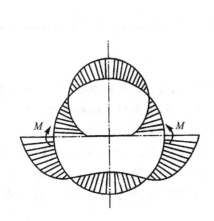

图 7-25　圆形刚框在对称弯矩
作用下的弯矩分布图

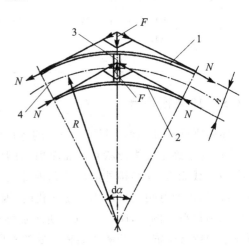

1—外缘条;2—内缘条;3—支柱;4—腹板

图 7-26　刚框式隔框弯曲变形
引起的径向压力和支柱的作用

为了提高框腹板受剪和受压的失稳临界应力,在框腹板上设置一些支柱,如图 7-18 所示。

刚框框缘处弯矩是刚框设计的主要因素,为提高刚框的疲劳寿命应尽量避免在框缘受拉处存在应力集中(如尖角或开小孔)和制造引起的残余拉应力。当纵向构件与加强框交错时,一般将纵向构件(长桁)断开然后用角片将两纵向构件连接。

以下为典型的翼身结合框的设计方法:

(1) 外载荷计算

机翼传给机身载荷主要有剪力、扭矩和弯矩。剪力通过接头传给加强框后由机身蒙皮提供支反剪流平衡;弯矩在机身内部可传给加强框在框上平衡,也可以通过中央翼在中央翼大梁上平衡。

当机翼与机身通过几个加强框连接结合时,在加强框设计前应进行各框的载荷分配分析

计算。载荷分配取决于各框的刚度比——框弹比。所谓框弹比是指在各框的翼身接合交点上加一单位载荷时,各框在结合交点处产生的形变之比。但是在确定各框载荷和框的剖面之前又不可能计算各框的刚度。加强框上载荷主要是机翼的弯矩(机翼弯矩引起框的内力约占总内力的 97%)。加强框能够承受弯矩的能力主要取决于框缘的高度,因此可以根据各框的框缘断面结构高度进行估算,这种近似的估算方法对设计计算是合理的。

（2）加强框结构方案确定

根据机身的结构布局确定加强框位置、相对各部件的几何尺寸及外形尺寸,之后,由全机结构布局和传力路线,框上承受的外载荷大小和性质,确定加强框的结构形式。

（3）加强框的构造设计和强度分析

对已确定的结构形式,根据外载荷进行内力分析,而以内力分布来确定结构中各元件的初步位置和剖面尺寸,根据框的初步结构尺寸进行有限元分析,得到应力分布后验算结构的剩余强度,对结构元件布置和剖面尺寸进行修正;也可采用优化设计方法取得最佳剖面尺寸。当采用有限元分析方法时,数据准备工作量大,因此在初步设计阶段可将元素网格划分得稍微粗些,也可以采用工程计算方法,如力法。在初步结构尺寸确定以后,可用有限元方法进行强度校核。

7.5　机身与其他部件连接设计

无人机机身结构把机翼、尾翼、起落架,有时还有发动机,通过各种连接接头连成一个整体。这些连接设计,尤其是机翼和机身的连接设计是飞机结构设计中最重要的设计环节之一。一方面是由于这些连接设计的重要性;另一方面还因为在机翼和机身的对接区,这些部件的对接构件可能与其他多个构件还有连接关系,受载情况复杂,有多重传力路线,不易得到正确的分析结果,且构件的连接部位和连接元件(如大模锻件接头、耳片接头、连接螺栓等)往往对疲劳开裂敏感。因此,设计时要做到受力合理;制造装配的工艺性好;易进行检测、维护;修理更换方便;除保证强度外,关键构件的损伤容限和耐久性问题也应加以关注,以保证无人机的可靠性要求。同时还应使结构重量尽量轻,具有更好的经济性。为此,在设计过程中必须充分运用综合设计技术,对设计的各有关方面随时进行充分的沟通、协商,以获得最满意的设计结果。连接设计的内容包括:接头的布置位置、接头的构造形式、工艺成型方法、接头的配合间隙与容差等。各种设计方案必须经过准确、充分的强度分析计算,对关键件(接头)要做损伤容限、耐久性方面的分析比较,以及必要的可靠性分析。如有需要,还应考虑进行相关的试验验证,以确保设计成功。

7.5.1　机翼机身的对接设计

1. 机翼-机身的对接形式

机翼-机身的对接可分为机翼通过机身以及左右机翼连于机身两侧两种形式。机翼通过机身的形式又可分为整个中央翼翼盒通过或只有几根翼梁通过两种。有中央翼贯通与无中央翼贯通的对接形式如图 7-27 所示。

当机翼为单块式结构时,让中央翼翼盒贯通机身才符合经济原则。此时若机翼为上单翼或下单翼布置,则与机身部位安排的矛盾不大,可以让翼盒通过。若无人机采用中单翼布局,由于机身内部空间紧张,通常不可能让中央翼通过,此时只能在机身两侧用几个集中接头与之

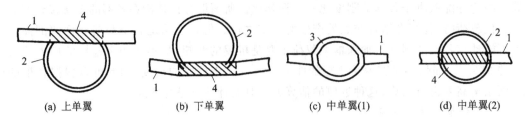

(a) 上单翼　　　(b) 下单翼　　　(c) 中单翼(1)　　　(d) 中单翼(2)

1—机翼；2—翼身对接框；3—锻件；4—贯通部分

图 7－27　有中央翼贯通与无中央翼贯通的对接形式

连接，但应尽量将翼梁穿过机身，或作为框的一部分通过。根据机翼与机身连接框的多少，对接形式可分为双框式与多框式。现代飞机从破损安全考虑大多数为多框式。当在机身侧边对接时，通常结合翼根处较强的梁和墙的数量来安排接头和加强框的数量。

2. 侧边对接机身结构设计与接头形式

(1) 接头数量

在机身侧边对接时至少要有一个固接接头和一个铰接接头才能传递机翼的全部载荷。但是，如果采用这种单传力途径的静定连接方式不具有破损安全特性，一旦固接接头破坏，那么后果很严重。所以可以采用多接头连接。

当梁后掠布置时，梁在根部的弯矩分为两个部分：一部分(M_x)传给框，另一部分分量M_z通常由侧边翼肋转成接头上的力传给机身。如图 7－28 所示为某飞机机身通过侧面布置加强板$ABCD$来转化后掠机翼接头传来的载荷。

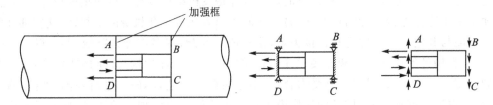

图 7－28　后掠翼梁的连接

(2) 对接框设计

机身的对接框用于承受机翼传来的剪力和弯矩，包括扭矩或分弯矩通过侧肋转换后传给框的力。如图 7－29 所示为几个带有固接接头的加强框，这类环形框受切向力是最有利的。但实际传弯时，弯矩均是以一对水平力，并且是以基本上垂直于框周边的法向力的形式，将机翼弯矩传递给加强框的。未来的无人战斗机速度将会越来越快，而对于超声速飞机来说，相对厚度约为 4%，若直接将结构高度很小的翼梁连接到机身框上则对框受力不利。若在总体设

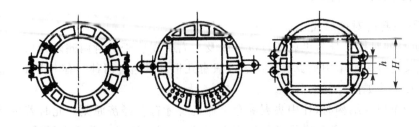

图 7－29　机身加强框上的几种典型固接接头形式

计时结合气动布局、部位安排的要求,使接头的上下耳片间距增大,则对框的受力是有利的。

（3）机翼在机身侧边连接时的接头形式

如图 7 - 30 所示为机翼在机身侧边连接时的几种接头形式。图 7 - 30(b)所示为水平耳片连接,螺栓垂直放置。传弯时螺栓受剪,传剪时螺栓不受力,靠机翼、机身上的耳片相互挤压传递。这种连接形式的优点是接头开敞性好,便于对接孔的精加工及使用、维护中的装拆。对于高速无人机来说,一般翼梁的相对载荷较大,为提高梁的有效高度,缘条一般做成扁平宽缘条,水平耳片便于过渡。对这种较薄的高速飞机机翼,为避免传递载荷较大时,螺栓直径过大、耳片过厚(将减少上、下耳片的有效间距)问题,可用增加螺栓数量来增大剪切面和挤压面。故水平耳片连接方式比较适用于翼型较薄同时载荷又较大的机翼。

图 7 - 30(a)所示为耳片垂直、螺栓水平放置的接头。该类接头在传递剪力、弯矩时螺栓均为受剪,对提高连接件的疲劳强度有利,在低速的小型无人机上可以采用这种结构。但是,在传递大载荷时,为满足剪切强度需要把耳片分成几片。为满足挤压强度,螺栓要设计得很粗,从而影响上、下耳片的有效间距,故不宜在高速薄机翼上采用。

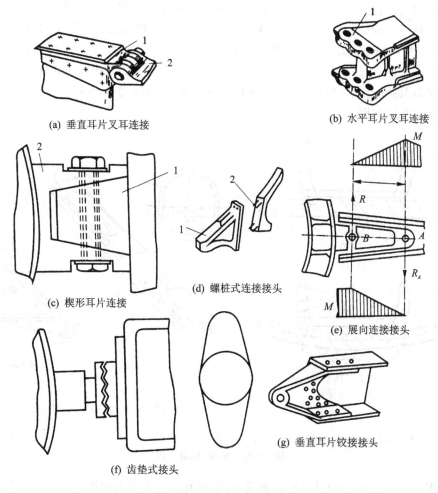

(a) 垂直耳片叉耳连接

(b) 水平耳片叉耳连接

(c) 楔形耳片连接

(d) 螺桩式连接接头

(e) 展向连接接头

(f) 齿垫式接头

(g) 垂直耳片铰接接头

1—机翼接头；2—机身框接头

(a)～(e)均为固接接头

图 7 - 30　连接接头的几种形式

对于图 7-30(c)中的接头,耳片带斜度,可设计成等强度,并便于工艺补偿,但需要多加偏心垫片。图 7-30(d)这种螺桩式连接在对接框上伸出 4 个水平螺栓,插入机翼上的对接孔内。这种连接不需要额外的连接段。当梁的结构高度很小、梁缘条又不宽时,可沿展向布置两个连接螺栓传递弯矩,如图 7-30(e)所示。图 7-30(f)和(g)均为传递剪力的铰接接头。其中齿垫式可在垂直方向做微量调节,属于一种带设计补偿的接头形式。接头可单独制造,制作方便,易于装配,但所传剪力不大。

设计接头时应注意使传递载荷时的偏心距尽量减小到最低限度,当不可避免时,要在设计接头以及与接头连接的相邻构件时计入因偏心引起的影响,这一点对大接头尤其重要。

3. 有中央翼通过时机翼-机身的对接设计

(1) 机翼和机身框各自独立时的对接

从原则上来说,带中央翼的机翼靠 4 个铰接接头就能将机翼的剪力、扭矩和反对称弯矩传给机身。按如图 7-31 所示的连接形式,机翼以嵌入形式插到前、后两个对接框之间,通过 4 个空心销将机翼前、后梁与框对接。这种销是典型的铰接接头,既简单,又易于安装。这种设计允许翼梁与框各自独立变形,因此自由转动的机翼在弯曲时对框的影响与作用在框上的增压载荷和地板梁的挠曲对框-地板梁接头而言,其载荷是相加的。x 方向的载荷,如机翼阻力、发动机推力主要通过机身下方的机身龙骨梁传给机身。龙骨梁上的柔性板能在机翼弯曲时承受弯曲引起的力,该龙骨梁也作为机身下部开口处的重要受力构件。此外,中央翼盒上方的地板纵梁以及侧肋的上缘条与机身侧壁的连接也是 x 方向力的辅助传力路线。空心销结构及其连接示意图如图 7-32 所示。

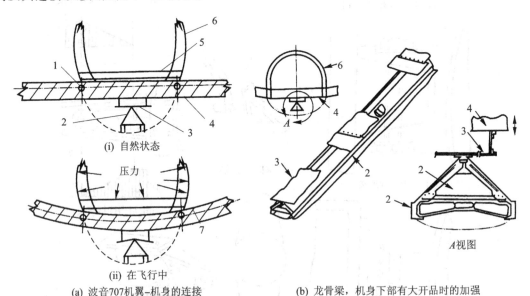

(i) 自然状态

(ii) 在飞行中

(a) 波音707机翼-机身的连接

(b) 龙骨梁,机身下部有大开品时的加强

A视图

1—空心销;2—龙骨架;3—柔性板;4—机翼;5—地板梁;6—机身框;7—飞行时机翼所产生的挠曲

图 7-31 机翼-机身连接

在如图 7-33(a)所示的翼身对接形式中,主要通过高强度钢的连杆与上表面带下凹形的中央翼对接,在中央翼肋和后梁交会处用一固定插销 4 承受所有水平面内的力;加上前梁左侧的水平连杆,共同承受中央翼与机身之间的水平面内的扭转力矩。图 7-33(b)则通过 4 个角盒与框相连接,接头 6 传递阻力。图 7-33 中与框连接的接头(连杆或角盘)只能传递框平面

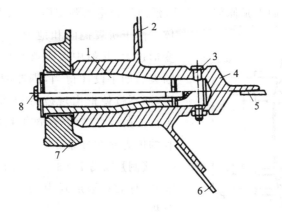

1—空心销；2—中央翼梁腹板；3—定位螺栓；4—前梁大锻件；

5—侧肋腹板；6—中外翼梁腹板；7—机身框大锻件；8—塞子

图 7 - 32　空心销结构及其连接示意图

内的力，因此基本上也属于铰接接头。

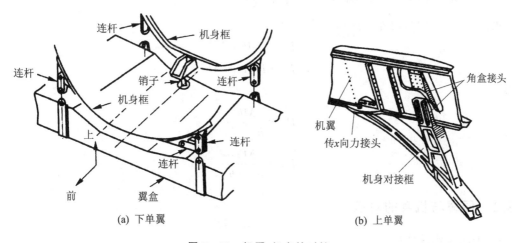

(a) 下单翼　　　　　　　　　　(b) 上单翼

图 7 - 33　机翼-机身的对接

（2）中央翼梁与机身对接框为整体结构

这种形式是将机翼梁做成框的一部分。做成整体结构主要是为减轻重量。

如图 7 - 34 所示，其上半部分是框的主要部分，它把机翼的剪力传到机身壳体上。框的下

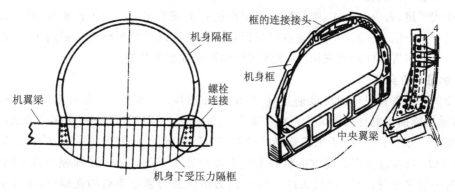

图 7 - 34　翼梁和框做成整体

半部分由中央翼梁及其向下延伸部分组成,延伸部分是次要结构。上、下两部分用螺栓连成整体。由于机翼挠曲和地板梁的影响,有可能使框的变形过大,并使中央翼梁与框的连接部位出现疲劳断裂。如果设计得当,则能减少翼梁引起的旋转变形,而不致使框出现疲劳问题。设计时必须利用相关部件的弹性特性,经过细致的分析计算,找到最有利的传力路线分布。

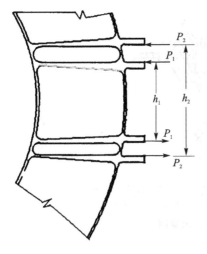

图 7-35 横梁接头耳片示意图

【例】以图 7-35 所示的 C 形中单翼结构的机翼-机身的对接形式为例进行接头部分的载荷分配分析。

由机翼传来的载荷主要有 Y 向载荷和机身平面内的弯矩 M,弯矩 M 在机翼根部转化为接头耳片的拉压力由螺栓传递给横梁接头,接头上耳片受压,下耳片受拉。

由图 7-35 可知,内外耳片承力关系为

$$P_2 h_1 = P_1 h_2$$
$$P_1 h_1 + P_2 h_2 = M$$

解得

$$P_1 = \frac{M h_1}{h_1^2 + h_2^2}$$

$$P_2 = \frac{M h_2}{h_1^2 + h_2^2}$$

7.5.2 尾翼与机身的对接

1. 平尾与机身连接

正常式平尾由水平安定面与机身连接。水平安定面大多左右连接成一个整体,可通过耳片接头与机身连接,如图 7-36 所示。当水平安定面可调整安装角时,它一般通过枢轴连于后面对接框上,前面则通过操纵装置与前对接框相连。此时机身的侧面要设置开口,以使水平安定面通过并能绕枢轴转动。

全动式平尾,若为定轴式,则其转轴固定在机身上或垂尾上。若为转轴式,则将转轴通过轴承固定于两个框上。其中一个支点应配置有止动轴承以承受平尾传来的阻力,并在接头处的机身结构上布置纵向的加强构件,如纵向辅助短梁或加强长桁。

2. 垂尾与机身连接

一般情况下垂直安定面可以通过其梁、墙根部的耳片与框连接,也可以与框用螺栓组连接,或将垂尾梁插入机身内部成为框的一部分。当力 P 传到机身侧边时会在梁平面内形成弯矩 M,如图 7-37 所示。由于飞机垂尾的梁大多为后掠布置,此时框只受 M 的一个分量 M_x,另一分量 M_y 可在垂直尾翼前方的机身上壁板处布置水平加强板。该加强板位于两框之间,两侧各有一加强型材。M_y 由接头以一对 x 向力组成的力偶矩传给加强型材,由其扩散成剪流,然后由加强板以一对 z 向力的形式传给前、后对接框。这两根型材同时承受垂尾接头传

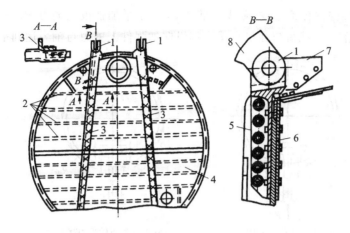

1—垂尾对接头；2—型材；3—受力支柱；4—腹板；5—接头；

6—盖板；7—与水平构件连接处；8—垂尾梁

图 7 - 36　垂尾-机身对接框

来的垂直尾翼阻力。

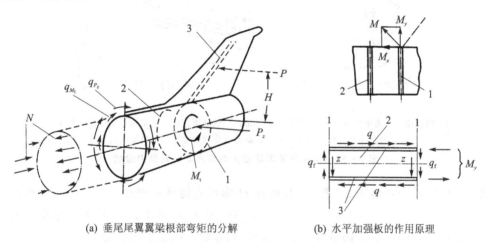

(a) 垂尾尾翼翼梁根部弯矩的分解　　　(b) 水平加强板的作用原理

1,2—加强框；3—垂直尾翼翼梁；4—水平加强板或适当加厚的蒙皮；5—加强型材

图 7 - 37　垂直尾翼梁上力 P_z 的传递

7.5.3　起落架与机体的连接

　　无人机的起落架通常采用前三点布局,根据无人机的性能要求可以采用可收放的起落架和不可收放的起落架。前起落架安排在前机身上,主起落架可以选择固定在翼梁上,也可以固定在机身上。

　　图 7 - 38 展示的是一个典型的前起落架与机身的连接固定方案,两个纵向梁 1 的两端与两个加强框连接,上面与水平加强板 2 连接,从而组成前起落架舱。纵向梁 1 由上、下缘条 3、腹板 4、垂直支柱 9 和 5,以及斜支柱 6 组成。起落架支柱固定接头 8 和斜撑杆固定接头 7 安装在纵梁上,起落架 x、y 方向载荷由固定接头传给纵梁,然后 P_y 载荷通过加强框传给机身蒙皮,蒙皮上产生剪流 q_y。P_x 载荷由纵梁直接传给机身蒙皮,蒙皮上产生剪流 q_x。侧向力 P_z 由水平加强板 2 承担,侧向力 P_z 引起的力矩由纵梁上接头支反力矩 $R'_z d$(d 为两纵梁间

距)平衡,然后由加强框传给蒙皮,蒙皮上剪流 q_{M_K}、水平加强板上侧力 P_z 由加强框传给机身蒙皮 q_z。最后起落架上载荷与在机身蒙皮和纵向加强件上剪力与轴力达到平衡。

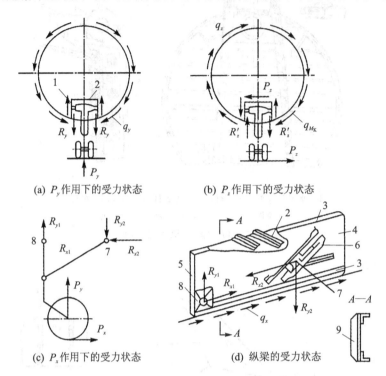

(a) P_y 作用下的受力状态　　　　(b) P_z 作用下的受力状态

(c) P_z 作用下的受力状态　　　　(d) 纵梁的受力状态

1—纵向梁;2—水平加强板;3—纵梁上、下缘条;4—纵梁腹板;5—纵梁垂直支柱;6—斜支柱;

7—起落架斜撑杆固定接头;8—起落架支柱固定接头;9—纵梁垂直支柱

图 7 - 38　前起落架固定接头结构方案及其受力分析

图 7 - 39 所示为起落架 P_y 和 P_z 载荷在 H 形承力构件上传递。图 7 - 39(a)所示为 P_y 载荷传递,H 形构件按梁形式传递载荷 P_y,内蒙皮中传递剪流 q_{P_y},桁梁中存在轴力 N_{P_y}。图 7 - 39(b)所示为 P_z 载荷传递,P_z 由地板传递,在端部桁梁上引起轴力 N_{P_z}。H 形承力构

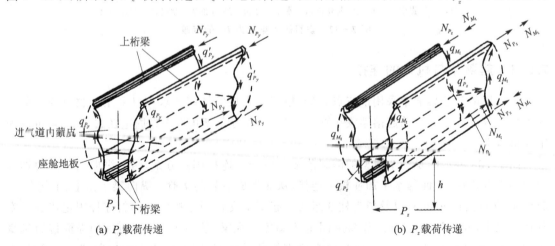

(a) P_y 载荷传递　　　　　　　　(b) P_z 载荷传递

图 7 - 39　H 形薄壁结构传力分析

件以参差弯曲形式承受 P_z，引起扭矩 $P_z h$，在端部产生剪力 q_{M_t} 和轴力 N_{M_t}。从以上分析可以看出，前起落架上 P_x、P_y、P_z 通过加强框以剪流的形式作用到与加强框相连的 H 形开剖面薄壁结构上，而这个开剖面薄壁结构与中段机身相连，于是将开剖面薄壁结构上载荷传递到中机身。

7.5.4　发动机在机体上的安装

1. 发动机固定载荷

发动机固定接头上的载荷与发动机型号、发动机在飞行器上放置的位置、飞行器的机动特性有关，可归纳为以下几类：

① 推力 F：由发动机型号决定。

② 质量力：包括发动机的质量、惯性力和飞行器机动时产生的陀螺力矩。陀螺力矩取决于发动机型号、数量、固定接头的位置和间距。

③ 反向扭矩：由活塞式发动机或涡轮螺桨发动机产生的反向扭矩。

④ 气动载荷：发动机短舱上气动载荷或飞行器侧滑时产生的侧向力，或者是粗暴着陆产生发动机短舱上的侧向力。

2. 活塞式发动机在飞机上固定

活塞式发动机一般采用发动机架来实现固定，发动机架固定在机身加强框或机翼加强肋和翼梁对接处。图 7-40 所示为空气冷却活塞式发动机固定架结构，发动机固定架与机体固定接头带有橡胶减震器。

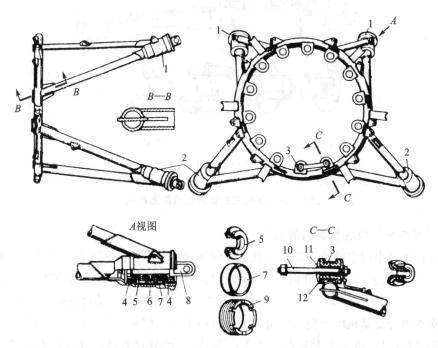

1,2—带减震器的上、下固定接头；3—套；4—支持碗；5—橡胶垫片；6,7,11—衬套；
8—叉形螺栓；9—紧固螺栓；10—发动机固定螺栓；12—橡胶衬套

图 7-40　活塞式发动机固定结构

3. 涡轮螺旋桨发动机的固定

图 7-41 所示为伊尔-18 飞机的涡轮螺旋桨发动机在短舱中的固定结构,发动机通过立体桁架固定在短舱上,主轴颈与发动机压气机匣连接,后轴颈与支撑缓冲器连接。在接头处均装有橡胶减震器,以减少发动机加到固定接头上的振动载荷。

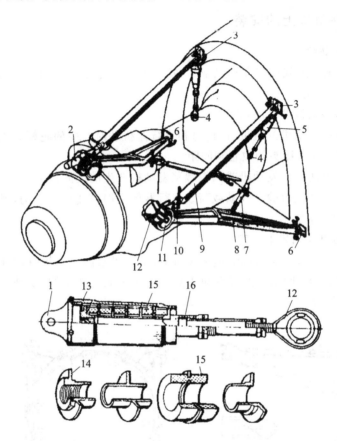

1—耳片;2—前轴颈;3—对接接头;4—右轴颈;5—后撑杆;

6—接头;7—内撑杆;8—梁;9—上撑杆;10—撑杆的固定接头;

11—前缓冲器;12—固定耳;13—壳体;14—螺母;15—缓冲盘;16—缓冲器杆

图 7-41 涡轮螺旋桨发动机固定接头

4. 涡轮喷气发动机在机身内的固定

发动机在机身中固定的特点是采用机身中的加强框和纵梁直接固定发动机主悬挂接头的支架,如图 7-42 所示。在 Ⅰ、Ⅱ 剖面上发动机主固定接头与加强框之间用杆件固定,上接头与机身纵梁连接传递推力,并与杆件 3 一起承受侧力。上接头与发动机连接处有球形接头,在热膨胀或水平测量发动机时可使发动机在垂直方向上自由位移和相对球形表面转动。在发动机尾部两侧安装滑轨,机身上滑轮在滑轨上可移动,当尾喷管受热时可以在横向和纵向自由移动。

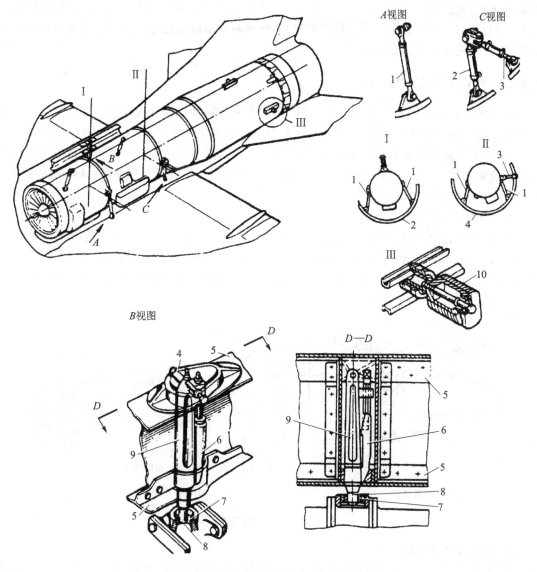

1,3—固定拉杆；2,4—加强隔框；5—机身纵梁；6—钢楔；7—球形接头；
8—环形件；9—冲压销钉；10—发动机后接头

图 7-42　涡轮喷气发动机在机身内的固定

7.6　开口区的受力分析与设计

对于无人机来说，虽然不需要安置乘员，但是，由于使用维护、安置设备等原因，机体结构也必须设置各种开口。如起落架舱门、油箱舱门、炸弹舱舱门、发动机检查舱门以及各种设备检查口盖等。机体开口后破坏了原受力结构的完整性、连续性和承载能力，因此，必须对结构进行补强，以弥补由于开口对结构引起的削弱，从而导致结构重量的增加。对于纵向和横向构件断开较多的大开口，结构重量的增加量可达到开口区重量的 2 倍之多。因此，开口的布置首先应满足使用维护和无人机布局的要求。在此基础上，从机体结构设计出发，则希望开口位置尽量处于结构受力较小,外形比较平直的位置,并尽量使受拉构件切断较少,开口形状以圆形较好,如非圆形则转角处必须采用圆角处理,否则容易产生应力集中的情况。为保持结构外形流线,在开口处必须有口盖或舱门。

7.6.1 开口和口盖的分类

通常按开口尺寸的大小分为大开口、中开口和小开口,开口尺寸指开口某边尺寸与开口所在处机体的基准尺寸相比而言。开口尺寸大小主要影响结构受力的连续性和连续程度。因此,在开口处构造上应采取相应措施,以补偿开口所引起的对结构性能的削弱。在与无人机的外形以及密封舱段有关的结构上开口,为了提供整体外形和舱段的密封,在开口处必须有口盖或舱门。口盖可以分为以下几类。

1. 按使用特性分类

口盖按使用特性可分为两类,即快卸口盖与一般口盖。快卸口盖通常只需要简单地按一下或旋转一下,即能使整个口盖打开或关上,因此使用维护方便。一般在尺寸较小(小于120 mm)和经常检查的口盖上使用。一般口盖与无人机基体结构的连接点较多,连接处需加强。快卸口盖如图 7-43 所示。

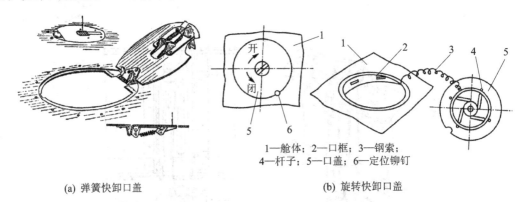

1—舱体;2—口框;3—钢索;
4—杆子;5—口盖;6—定位铆钉

(a) 弹簧快卸口盖   (b) 旋转快卸口盖

图 7-43 快卸口盖

2. 按受力特性分类

口盖受力特性与开口周围的加强以及开口处附近原来的基体结构的受力特性有关。若口盖按照受力特性分类,则一般可分为不受力口盖和受力口盖两类。

不受力口盖不参与结构整体受力而只受口盖上的局部气动载荷,并把此载荷传给基体结构。快卸口盖都为不受力口盖。不受力口盖若布置于不受力基体结构上时,开口附近不需要加强;若布置于受力基体结构上,开口附近需要适当加强,以传递剪流或轴向力,保持结构传力系统的完整性。不受力口盖一般均为小口盖,对基体结构破坏较小,故基体补强较为简单,对结构质量增加较少。

受力口盖是指能传递原开口处所需传递的剪流或者轴力,或者需要同时传递剪流和轴力。故受力口盖又分为受剪口盖、受轴向力口盖、部分受力口盖及受力式口盖。口盖受力情况决定于开口处原基体受力形式,口盖结构形式和口盖与结构的连接形式。如图 7-44 所示为两种受力口盖形式。口盖本身可以承受剪流或轴力,但受力口盖与基体连接处应保证传递剪流或轴力。图 7-45 所示为受力式口盖与基体结构的连接形式,口盖上有纵、横向加强筋保证了口盖本身的强度和刚度。口盖和基体结构通过口盖周缘的连接螺栓与销钉连接,口盖两端的连接接头承受弯矩、轴向力、剪力和扭矩引起的正应力和剪应力;口盖两侧靠锥形销钉承受剪力和扭矩在该处引起的剪流。

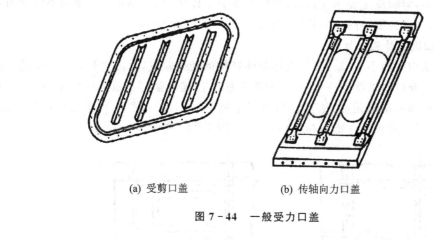

(a) 受剪口盖　　　　　(b) 传轴向力口盖

图 7 - 44　一般受力口盖

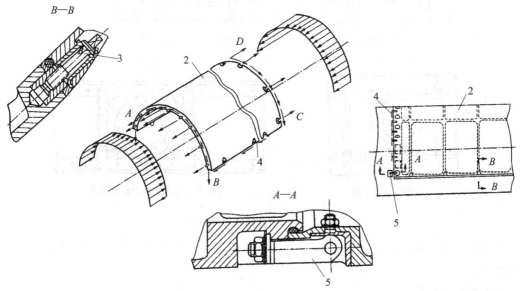

1—舱体;2—口盖;3—螺栓;4—锥形销;5—折返螺栓

图 7 - 45　受力式口盖

当口盖与基体结构之间螺栓连接不能保持均匀的紧张度时,纵向元件不能全部参加受力。因此,对口盖和连接件的加工制造与装配上的要求会比较高。由于这个原因,通常会将口盖设计为只参加受剪而不参加承受轴向力的口盖,即部分受力式口盖。即使是完全受力式的口盖,也只能在理论上才能认为此类口盖能够参加基体结构受力,但实际上,由于工艺制造等许多原因,口盖在实际使用中是不可能达到理想的受力状态的。因此,口盖的边缘应给予加强,一般将开口边缘的纵向元件加强并加长,加强件长度应大于开口的纵向边长度。

7.6.2　开口区的受力分析和结构设计

开口区受力特性与开口处的基体结构受力特性以及开口区加强形式有关。基体结构受力情况可分为三种：若开口处的基体结构不参与整体受力(如机体头部蒙皮只承受局部气动载荷)，则称为不受力基体结构；若基体结构只承受剪流而不承受轴向力，蒙皮和长桁组成壁板可以承受部分正应力，但蒙皮主要承受剪流，则称为受剪基体结构；若基体结构参与整体受力，承受剪流和轴向力，则称为受轴向力的基体结构。

1. 中、小开口区的补强设计

在受力基体结构中的小开口一般只破坏基体结构的受剪蒙皮，为传递开口处蒙皮的剪流，需在蒙皮内表面沿开口周缘镶上一个口框，通常用法兰盘式加强环。设计时应尽可能利用孔附近基体结构的框和桁条等元件，法兰盘与四周型材共同形成一刚框，可承受开口处局部弯矩，在4个角上安置斜筋承受弯矩引起的轴向力，如图7-46所示。

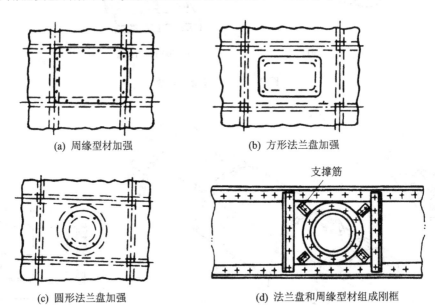

(a) 周缘型材加强   (b) 方形法兰盘加强

(c) 圆形法兰盘加强   (d) 法兰盘和周缘型材组成刚框

图 7-46 小开口处口框构造

中开口一般不仅切断受剪蒙皮，往往还会切断受正应力的构件(长桁)，一般采用以下三种加强形式：

(1) 刚框式口框

口框式加强是指绕开口周围布置一圈截面具有抗弯能力的加强结构。这种加强结构类似于刚框结构，故称为刚框式口框，如图7-47所示。对于受轴向力的基体结构来说，将口框取出后，在口框周围将承受剪流和轴力，口框外的基体结构受力与未开前相同，口框本身受有自身平衡的外力系。对于受剪的基体结构则口框是只承受剪流的。在口框中会存在弯矩 M、剪力 Q 和轴力 N。将口框沿对称面切开(见图7-47(b))，口框上剪力 Q 由平衡得

$$Q = \frac{1}{2}q_0 h \qquad (7-4)$$

式中：q_0 表示作用于口框上的剪流，即被切掉处结构的剪流。

由图7-47(d)可知，口框中最大弯矩 M_1 为

$$M_1 = \frac{1}{4}q_0 bh \qquad (7-5)$$

也可将口框在4个角处切开分成4段，分别画出隔断的平衡图，可知轴力 N 为

$$N = \frac{1}{2} q_0 h \qquad (7-6)$$

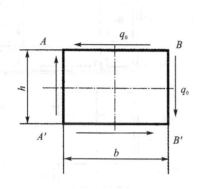

(a) 口框所受剪流示意图

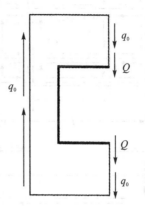

(b) 口框沿对称面切开的受力示意图

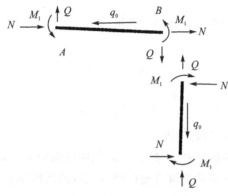

(c) 口框边缘的受力示意图

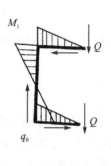

(d) 口框所受弯矩的示意图

图 7 - 47　刚框式口框传力示意图

当开口较大并将纵向构件切断时,纵向构件轴力将加在口框上,此时按刚框上作用集中力求出弯矩、轴力和剪流,与上述计算的内力叠加得到口框中总的内力。集中力引起口框中弯矩较大,采用刚框式口框加强方案使结构重量增加较多,故对于更大开口一般不采用此种形式。

（2）围框式加强形式

围框式加强形式是在开口区采用井字形加强件与周边一圈原结构的纵向桁条、隔框和蒙皮等组成。围框式加强形式类似于将口框的梁式截面改成由内、外侧两根受轴力杆和中间蒙皮组成的薄壁梁式受力截面,由于框的截面高度比口框大,故在受同样的弯矩时,围框中加强件的应力比口框的小,因此这种开口补强形式在结构重量上较口框式有利,如图 7 - 48 所示。

图 7 - 48 所示为板杆加强的围框式结构传力特性,假设围框周边杆的外侧仍近似作用有类似于没有开口时的原剪流 q_0,开口和加强件是对称布置,现取一半结构为分离体,如图 7 - 48(a)所示,平衡得

$$q_2 = \frac{q_0 l}{l - a} \qquad (7-7)$$

同理,沿机体横截面取另一半结构为分离体,如图 7 - 48(b)所示,平衡得

$$q_1 = \frac{q_0 l}{h - b} \qquad (7-8)$$

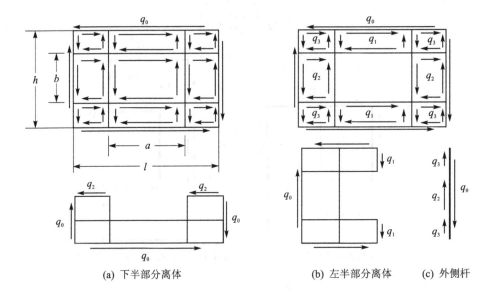

(a) 下半部分离体   (b) 左半部分离体   (c) 外侧杆

图 7-48   围框式加强处受力分析

取外侧杆,如图 7-48(c)所示,平衡得

$$q_2 b + q_3(h-b) = q_0 h \tag{7-9}$$

$$q_3 = \frac{q_0 h - q_2 b}{h-b} = q_0 \frac{(l-a)h - bl}{(h-b)(l-a)} \tag{7-10}$$

求出 q_1、q_2、q_3 后,即可画出全部加强杆的轴力图。

开口尺寸和围框尺寸不同,剪流分布不同。杆中轴力增加,纵向杆需加强。开口两侧蒙皮受到较大剪流,蒙皮厚度需增加。图 7-49 所示为机身舱门开口周围的结构布局,图 7-50 所

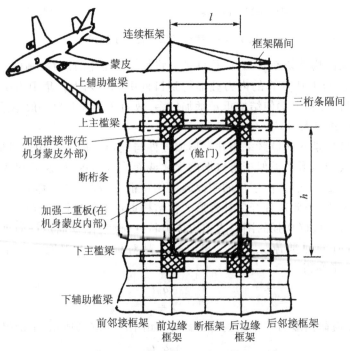

图 7-49   机身舱门开口周围的结构布局

示为开口补强结构示意图,由机身本身桁条、隔框和井字形加强件组成,从损伤容限设计考虑,在 4 个角上设置加强搭接带。在舱门的上、下有上主槛梁和下主槛梁,舱门两侧有边缘框架,被切断的纵向桁条均由加强筋连接。

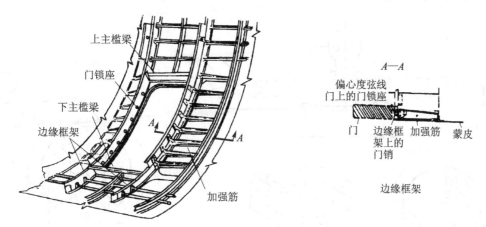

图 7 - 50　开口补强结构示意图

（3）加强垫板式补强装置

加强垫板式补强装置在开口周围布置以加强垫板,将切断的桁条和隔框与垫板连接共同形成围框。开口两侧布置加强型材,通过蒙皮和垫板剪切,把切断桁条上的轴力集中到开口两侧的加强型材上去,加强型材必须伸长一个框距,逐渐"参加受力",这样就可以将轴力传递到开口区之外的参与段内。两端隔框需局部加强,使加强型材、加强隔框和加强垫板构成一围框承受剪力和轴力。加强垫板往往采用厚板经化学铣切的方法制成,如图 7 - 51 所示。

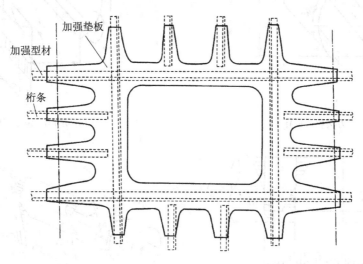

图 7 - 51　机身开口处加强垫板

2. 大开口区的补强设计

机体结构上有时需要布置一些大开口,比如无人轰炸机的炸弹舱门、大型货运无人机的舱门,这类开口长度和宽度都较大。对于这类大开口一般采取在开口两端设置加强框,开口两侧安置桁梁或加强桁条的加强形式。如图 7 - 52 所示为无人轰炸机炸弹舱开口区的加强方案,开口两端有腹板式加强框,开口两侧安置封闭剖面式薄壁梁和桁梁,采用小闭室剖面薄壁梁可增加机身整体刚度和梁的局部刚度。开口处的轴向力主要由桁梁来传递，被切断的桁条上轴力通过蒙皮受剪逐步传到桁梁上，桁条必须有一定参与段 Δl，因此加强桁梁的长度应超出开口端一直延伸到参与段内。

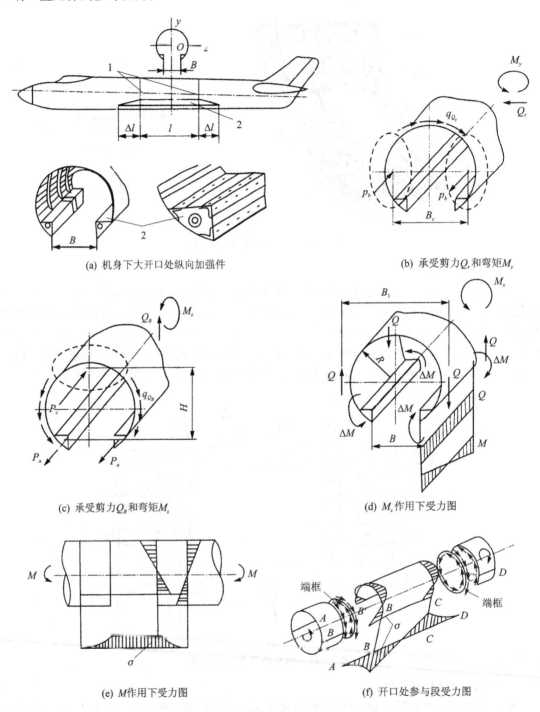

(a) 机身下大开口处纵向加强件

(b) 承受剪力 Q_r 和弯矩 M_y

(c) 承受剪力 Q_B 和弯矩 M_z

(d) M_x 作用下受力图

(e) M 作用下受力图

(f) 开口处参与段受力图

图 7-52　机身大开口区受力分析

在一般情况下，由后机身向开口部位传递载荷为：垂直剪力 Q_B、水平剪力 Q_r、垂直弯矩 M_z、水平弯矩 M_y 和扭矩 M_x。

首先分析剪力传递，剪力 Q_B 由两侧蒙皮的剪流 $q_{Q_B}=Q_B/(2H)$ 平衡，剪力 Q_r 由上半圆的剪流 $q_{Q_r}=Q_r/B_c$ 平衡，为了在切口边界将剪力 $Q_r/2$ 从下半圆移到上半圆，就需要两端加强框是能传递剪力的腹板框。

由图 7-52(b) 和图 7-52(c) 可知，弯矩在开口端也相应得到平衡，弯矩 M_z 由上半圆壁板上正应力（合力 P_c）与加强桁梁上轴力 P_a 形成力矩 $M_z=P_cH=2P_aH$ 平衡。弯矩 M_y 由力臂为 B_c 的力偶 $M_y=P_bB_c$ 平衡。开剖面段承受弯矩时，开口两侧加强桁梁是逐渐参与受力的，因此需要延长到参与段，如图 7-52(e) 所示。在弯矩的作用下，加强桁梁会受压，这就要求增加加强桁梁的横截面积，保证受压时桁梁具有足够的稳定性，不会失稳，桁梁需要采用闭合的横截面形状，而且横向尺寸也要增大，这样才能达到提高桁梁刚度的目的。

扭矩 M_x 由开口段以参差弯曲的形式来承受，扭矩作用于加强框上，如图 7-52(d) 所示。加强框以臂长 B_1 的力偶 $B_1Q=M_x$ 传至开口段两侧壁，两侧壁受剪力 Q 和弯矩，侧壁上剪流 $q_Q=Q/H$，最大弯矩 $M=Ql/2$。其中 l 为开口段长度，H 为开剖面承弯时当量高度，B_1 可近似取 $B_1=2R$，R 为机身半径。实质上 B_1 为两侧壁板剪流合力作用点之间的距离，即两侧壁弯心之间的距离。在两侧加强桁梁上将受到附加弯矩 M 引起的正应力 $\sigma=M/(Hf)$，其中，f 为加强桁梁的剖面面积。两端参与段长度 $\Delta l=B$，一般两端纵向元件延长一开口段宽度则可将附加弯矩降到零，如图 7-52(f) 所示，AB、CD 段长度为 B。

习　　题

1. 简述机身结构的基本元件及其功用。
2. 机身按其结构形式的受力特点可分为哪几类？简述各自的受力特点。

参考文献

[1] 陶梅贞，等. 现代飞机结构综合设计. 西安：西北工业大学出版社. 2001.
[2] 顾诵芬，等. 飞机总体设计. 北京：北京航空航天大学出版社，2001.
[3] 张元明，等. 低速小型无人机中的复合材料结构及分析. 玻璃钢/复合材料，2003(6)：36-39.
[4] 何景武，等. 关于无人机结构设计技术的讨论. 无人机，2005(5).

第8章 无人机起落装置设计

无人机起落装置是使无人机安全平稳地起飞与降落的装置,在其起降过程中担负着极其重要的使命。现代战斗机与客机普遍采用可收放轮式起落架。与有人机起落装置的单一性不同,很多无人机舍弃了传统的借助起落架起落的方式,采用了例如弹射起飞、撞网降落的方式;有的微型无人机起降更为便捷,采用手抛的方式起飞和机腹着陆的方式降落。无人机起落方式多种多样,各具特点,这也是无人机种类繁多所带来的必然结果。

本章主要根据无人机的特性以及通过与有人机起落装置的对比,介绍多种多样的起落方式。同时,选取无人机中常见的起降形式,介绍其起落装置的设计要求、载荷、结构形式、工作原理等方面的内容。

8.1 无人机的起落形式

8.1.1 起飞方式

1. 轮式起飞

轮式起飞方式与传统有人机起飞方式相同,采用起落架作为起落装置。起落架有固定式和可收放式两类,如图8-1所示为"海鹰"HW-310无人机采用固定式起落架,如图8-2所示为"捕食者"无人机采用可收放式起落架。

图8-1 "海鹰"HW-310

图8-2 "捕食者"

固定式起落架结构简单可靠,质量较轻,但在无人机飞行过程中会产生阻力,低速飞行时阻力较小,高速飞行时阻力较大,所以固定式起落架一般应用在低速小型无人机中,有的固定式起落架会在机轮外加上整流罩来减小阻力。相比之下,可收放式起落架结构复杂,但可以避免飞行过程中阻力的产生,同时可以防止飞行过程中起落架可能遇到的损伤,故常用于高速大型无人机中。

轮式起飞是目前无人机中普遍采用的起飞方式,尤其是大型无人机通常都采用轮式起飞,有些小型或中型无人机也采用轮式起飞方式。轮式起飞简单方便,不需要其他辅助设备即可自主起飞,但需要一定的起飞空间,有的无人机对跑道也有一定要求。

2. 空中投放

空中投放是由有人驾驶的轰炸机、攻击机或运输机等把无人机带上天,在适当的地方实施投放起飞的方法,也称母机投放。这种方法简便易行,运用灵活,成功率高,并可增加无人机的航程。用来挂载无人机的母机需要做适当的改装,如在翼下增加若干个挂架,机内增设检测操作台和通往无人机的油路、气路和电路。不过,改装工作量并不大,增加的设备易于装拆,能迅速恢复母机的作战或运输功能。实际使用时,母机可以把无人机带到任何需要的地方,而这些地方往往不具备使用其他起飞方式的可能性。如果投放前的一瞬间任务有所变化,或者"战区"的天气突然恶化,可以及时指示母机携带无人机返航或在空中待命。国产的无侦五高空高速无人侦察飞机即是采用空中投放的方式放飞的,如图 8-3 所示。

拖曳式靶机的发射可包括在空中投放这一方式中,靶机机身中部内装有拖曳绞盘,在飞机驾驶员发布释放靶机的命令之前,靶机被锁定在飞机翼下的发射器上。刹车系统可以自主控制拖曳缆绳伸缩。靶机通过拖曳绞盘用拖曳缆绳回收。

3. 弹射起飞

将无人机装在发射架上,借助于高压气体、橡皮绳弹射器等实现弹射起飞,如图 8-4 所示。舰载有人机常采用蒸汽弹射机构起飞。无人机弹射系统常见的有:采用橡筋动力的弹射系统,采用电机动力的弹射系统,采用气动力的弹射系统,采用气液压筒动力的弹射系统。弹射起飞使用成本和技术限制较小,不需要跑道,可以保证外场作业的及时性与安全性,在小型无人机以及部分中型无人机中广泛使用,绝大多数无起落架结构的无人机都可以采用弹射的方式起飞。虽然该方式满足了战场机动性的需要,但还需要增加运输弹射系统的车辆,有时还需要考虑到风的影响。

图 8-3　无侦五高空高速无人侦察飞机

图 8-4　弹射起飞

4. 火箭助推起飞

火箭助推起飞是在无人机机腹加装助推火箭,放置在发射导轨上,导轨上扬一定角度,然后发射升空使飞机获得一个起飞的初速,如图 8-5 所示。无人机采用火箭助推起飞与采用弹射起飞相似,两者优势相近,都不需要跑道,技术限制小,不同的是动力来源。火箭助推起飞常用于无起落架的中小型无人机,许多能够采用弹射起飞方式的无人机也能够采用火箭助推的方式起飞;除此之外,许多靶机也都采用火箭助推起飞。

5.手抛起飞

手抛起飞是指用手抛投无人机,使无人机获得起飞速度,如图 8-6 所示。手抛发射是最简单的发射方式,源于航模的发射。这种方式很实用,但仅适用于质量在 15 kg 以下的飞行器。操作人员手持飞行器疾步奔跑,同时将起动的飞行器用力抛向空中。许多采用手抛起飞方式的小型无人机往往可以拆卸,便于携带,可将其列入单兵作战装备。美军在伊拉克战争中使用的"指针"(Pointer)无人机即是采用的手抛方式发射。

图 8-5　火箭助推起飞发射瞬间

图 8-6　手抛起飞

6.车载起飞

车载发射与手抛发射原理相同,都是一种价格低廉而实用的发射方法。将飞机及其发射架等配件装载在发射车的车顶上,发射车不断加速载着已经起动的飞机奔驰,当相对速度达到起飞速度时,飞机便离架起飞。车载起飞常用的汽车为皮卡或越野车,如图 8-7 所示为澳大利亚的 Aerosonde 加载在皮卡顶部进行车载起飞。

车载起飞的另一种方式为发射车起飞,即将无人机加载到专门为其起飞而设计的发射车上。我国自行研制的"长空一号"高速无人机即采用了发射车起飞的方式。飞机固定在发射车的三条短滑轨上,发动机舱底部有　推力销,用于固定。起飞时飞机发动机启动,带动发射车开始滑跑。当滑跑速度达到 275 km/h 时,飞

图 8-7　Aerosonde 车载起飞

机已经得到足够的升力可以升空。这时推力销在发射车上的冷气作动筒作用下拔开,飞机脱离发射车,开始爬高。发射车因无动力而减速,随后地面人员发出无线电指令,抛出制动伞,并控制刹车使发射车停住。发射车可重复使用,如图 8-8 所示为"长空一号"及所使用的发射车。

图 8-8　"长空一号"及所使用的发射车

7. 其他方式

还有少量无人机采用滑轨起飞,无人机上装有滑橇,发动机启动并达到最大功率后,放开无人机,使之沿着有一定长度和一定倾斜角度的滑轨起飞。

在垂直起降的无人机中,无人直升机一般使用滑橇式起落架或者轮式起落架,多轴飞行器多为直接由杆构成的简易起落架。对于无人直升机,其起落架的主要作用是无人直升机地面停放和起飞、降落时的支撑作用,详见第 10 章。

无人直升机滑橇式起落架如图 8-9 所示,"大疆"Phantom3 如图 8-10 所示。

图 8-9　无人直升机滑橇式起落架

图 8-10　"大疆"Phantom3

8.1.2　降落方式

无人机的回收要比起飞困难得多,即使是有飞行员驾驶的飞机也是起飞容易,着陆难。无人机无论以何种方式回收或降落,都必须满足安全性、保护性、精确性、自动化、机动性、可靠性、可重复性等基本要求。这里仅讨论可回收无人机。

选择回收系统形式时应考虑的主要因素如下:

① 主要技术指标;

② 无人机形式、任务;

③ 回收重量、速度;

④ 回收场地(地形、气象、海拔高度等);

⑤ 地面设施;

⑥ 回收机的匹配要求；

⑦ 订购方的其他使用要求。

1. 伞降回收

伞降回收是指无人机上带有降落伞，它按照预定程序或在遥控指挥下到达回收区域上空，然后自动开伞或根据遥控指令开伞，降落在陆地上或水面上。伞降回收的最大特点是机动性好，可以在未准备的地面着陆，无需跑道，适用于野外条件。此外对操作人员要求较低，但在降落中易受风的影响，精确度较差，而且着地时过载较大，机体结构要做专门设计、分析。伞降回收有时会与缓冲气囊搭配使用，能够有效地降低地面的冲击力，实现非常有效的缓冲作用，避

免机体结构和机载设备的损伤，此外有些无人机还单独依靠气囊回收。大部分无起落架结构的无人机都采用伞降的方式回收，部分有起落架结构的无人机也装有降落伞，紧急情况下可开伞着陆。伞降回收也存在一些缺点，第一，飞机和降落伞的组合易受风的影响；第二，在下次飞行前，降落伞和气囊必须重新包装或更换，这造成了操作使用的延迟；第三，飞机必须从着陆点运回到发射点，系统需要增加另一辆运输车。伞降回收如图 8 - 11 所示。

图 8 - 11　伞降回收

2. 空中回收

空中回收其开伞的程序与伞降回收方式相同，当无人机打开降落伞在空中飘落时，用直升机等回收母机在空中将无人机回收，然后携带回场着陆。空中回收的主要方式是是采用母机钩挂的方式，如图 8 - 12 所示。在空中回收方面，美国空军具有丰富的经验，对靶机、巡航导弹等进行了上千次成功回收。在越南战争中，美国空军对探测目标的回收成功率超过 96%。随着多轴飞行器的蓬勃发展，出现了以多轴为母机的空中回收系统。图 8 - 13 为以八旋翼为母机的飞行发射及回收系统。

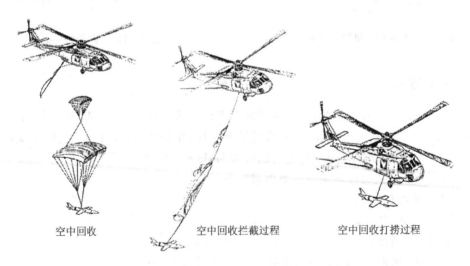

空中回收　　　　　空中回收拦截过程　　　　　空中回收打捞过程

图 8 - 12　无人机空中回收

3. 轮式回收

轮式着陆方式与传统有人机着陆方式相同,无人机必须装有着陆用的一套装置,即起落架。同时,它的控制系统必须能够完成定翼飞机的拉平操纵,同时还需要有跑道。不同之处是:首先对跑道要求不像有人机那样苛刻;其次有些无人机的起落架局部被设计成较脆弱状,允许着陆时撞地损坏,吸收能量。另外,有些无人机为缩短着陆滑跑距离,在机尾装尾钩,或者阻力伞,在着陆滑跑时,尾钩钩住地面拦截绳,或打开阻力伞,大大缩短了着陆滑跑距离。这种着陆方式在大中型无人机上应用较多。无人机的进场着陆一般采取自主控制着陆、遥控手进行实时控制着陆,或两种控制方式复合使用。美国 X-47B 试验机如图 8-14 所示。

图 8-13 FLARES 飞行发射及回收系统

图 8-14 美国 X-47B 试验机

4. 拦阻回收

拦阻回收主要是指撞网回收,拦阻回收无人机是在地面无线电遥控下,降低高度,减小速度,对着拦阻网飞去。拦阻网由弹性材料编织而成,网的两端还连接有能量吸收器(见图 8-15)。完整的拦阻网系统通常由拦阻网、能量吸收装置和自动引导设备组成。无人机撞到网上后,速度很快减为零。撞网回收不受场地的限制,布设方便,在山区,舰船上均可架设拦阻网。但由于网的面积有限,在天气和海况不好的情况下,通过遥控方式,无人机不易对准拦阻网,一旦出现偏差,撞击到其他设施,后果不堪设想。

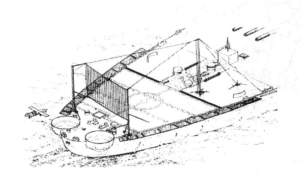

图 8-15 拦阻回收依阿华战舰上的"先锋无人机"

5. 其他方式

机腹着陆即机腹直接接触地面滑行着陆,采用这种简单方式回收的无人机通常是机重小于 20 kg 的小型无人机,例如国产的 HW-210 无人机。

滑橇擦地即滑橇直接接触地面滑行着陆,滑撬擦地可以减小滑跑着陆距离,降低操控难度,对场地适应性强。

一些无人机采用气垫回收,其工作原理和气垫车、气垫船一样,利用气垫效应离开地面或水面腾空飞行。气垫着陆的最大优点是,无人机可以在未经平整的地面、泥地、冰雪地或水上着陆,使用时不受地形条件限制。另外,中、小型无人机都可使用,回收率高,使用费用较低。

垂直起降的无人机一般着陆速度小,起降装置前面已提及,不再赘述。

8.2 轮式起落装置

8.2.1 设计要求及布置形式

1. 起落架的功用及组成

无人机轮式起落装置与有人机轮式起落装置(见图8-16)相似,是无人机系统中最重要的地面缓冲吸能装置,用于为无人机起飞、着陆、滑跑和停放提供可靠的地面支撑。起落架系统能够吸收并耗散无人机着陆冲击、滑跑颠簸等地面运动所产生的能量,其动态性能在减缓振

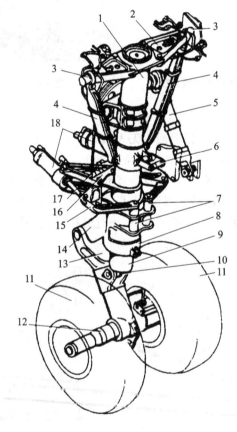

1—减震支柱;2—横梁;3—接头;4—斜撑杆;5—收放作动筒;6—下位锁;
7—减摆器;8—回转卡箍;9—活塞杆;10—支柱下接头;11—机轮;12—轮轴;
13—摇臂;14—支臂;15—下曲柄;16—上曲柄;17—上位锁;18—转弯作动筒

图 8-16 某旅客机前起落架结构图

动、减轻地面载荷冲击、提高滑跑运动性能和实现自主起降等方面具有非常重要的意义。

现代无人机的起落架是无人机结构的一部分,是一个包含了众多机构和系统的复杂综合装置。大型无人机上的可收放起落架通常包括减震系统、承力支柱、撑杆、机轮、刹车装置、防滑控制系统、收放机构、电气系统、液压系统、收放运动锁定及位置指示装置、操纵转弯机构、起落架舱门及其收放机构等组成。

2. 起落架的设计要求

无人机起落架设计要求与有人机相比,由于无人机不需要考虑飞行员的生理承受能力,其次许多中小型无人机都采用固定式起落架,而非现代有人机使用的收放式起落架,因此对应的部分设计要求会有所不同。在给定的使用条件(指机场等级、跑道尺寸和状态、天气条件等)下,无人机起落架应能保证做到以下几点:

① 在起飞和着陆滑跑、滑行、机动、牵引时,无人机应具有良好的操纵性、稳定性和适应性。稳定性是指无人机高速滑跑时不易偏向、滚翻、侧翻或"打地转",不产生不稳定的前轮摆振;可操纵性是指飞机在地面滑行转弯灵活,转弯半径要小;适应性是指在不同质量的跑道上,或侧风等情况下着陆时,无人机仍有良好的稳定性和操纵性。这些,需要通过合理地选择起落架设计参数和布局、合理地设计减震和刹车系统来达到要求。

② 着陆和滑行时,对动载荷有良好的减震缓冲性能。减震系统应能吸收着陆撞击时的全部额定能量,使无人机结构件上的载荷不超过设计值。这些能量应由减震缓冲系统消耗掉。

③ 在给定等级(给定宽度)机场跑道上有 180° 转弯的能力。实现转弯主要利用可操纵的机轮、刹车装置和发动机,并要合理选配起落架参数、类型、数量和机轮的布置。

④ 机轮应符合无人机的用途、使用条件和重量特性,这要通过适当选取机轮的参数和类型来实现。保证无人机的运动阻力系数能在很大的范围内变动,从而实现在发动机自身推力下飞机的起动、起飞加速滑跑及着陆减速滑跑。所有这些都应符合跑道长度、其表面允许的载荷和轮辙深度的范围。不同的跑道对机轮的软硬要求也不同:较宽的机轮与地面接触面较大,局部压强小,相对较软,摩擦阻力较大,适合于重量较大、速度较低的无人机;较窄的机轮适合于轻型和高速无人机。在决定机轮参数值时应考虑最大起飞重量和最大允许着陆重量的使用情况。

⑤ 起落架与无人机机体结构的连接应合理可靠,对于可收放式起落架而言又要便于在飞行时能紧凑地收入机体内,以减小飞行阻力,提高无人机的飞行性能。因而起落架应有较小的体积和可靠的收放机构、联锁机构、定向机构、信号指示装置和前轮纠偏机构。起落架的收放时间应尽可能短。

⑥ 起落架的外形尺寸应尽可能小,以减小迎风阻力,特别是当需要收上去的时候,要注意迎风阻力问题。设计中,应注意保证无人机所需的着陆角(对一些起落架形式是起飞角)。如要用母机装载无人机,为方便母机的装载和卸载,可通过改变起落架高度来实现。还有就是,起落架的寿命要长,易于维护修理。

⑦ 在选取起落架的参数和支柱的结构形式时,在满足强度、刚度和寿命的条件下应使起落架尽可能轻。

在给定的无人机使用条件下,上述对起落架的要求主要是通过选择起落架的布局和参数、起落架的结构受力形式、起落架结构件、减震及刹车装置的参数和类型来实现的。

起落架作为着陆承力部件,在放下位置时要满足受力要求,在收起过程中要满足运动要求,因此对收放机构的基本要求如下:

① 起落架在放下状态时,应有可靠的锁定装置,保证受力的几何不变性。

② 起落架在收起状态时,应有可靠的锁定位置,保证不会因飞行过载或自身质量而自行放下。

③ 收放机构应使起落架的收放空间尽可能地小。

④ 在收放过程中,收放机构要受力要尽量均匀,以避免增加作动筒载荷和结构重量。

起落架的收放机构设计较为复杂,它要考虑无人机的布局、起落架本身的结构、起落架和机体结构的承力构件的布置、收放空间的大小和形状以及起落架的收放对无人机重心的影响等诸多因素。同时还要考虑收放过程中重量、过载和空气动力对收放机构及其动力系统的影响。

3. 起落架的布置形式

无人机起落架的布置形式主要有两种方案:后三点式与前三点式。目前无人机的起落架以前三点式布局为主,只有极少部分无人机采用后三点式布局。

(1) 后三点式布局

后三点式布局如图 8-17 所示,主起落架布置在重心之前并靠近重心。在停机状态时90%的飞机重量落在主起落架上。第三个支点——后起落架远离重心靠后布置,位于尾翼的下部。该支点承担大约 10% 的停机载荷,它的几何尺寸与主起落架相比也很小,所以它可以设计得很轻巧且易于收放。但是后三点式起落架有以下一些缺点:

① 在高速度着陆时飞机容易发生翻倒现象。

② 当着陆速度偏大时,如果仅是主轮着陆,则很难避免飞机拉飘,因此着陆过程很复杂。

③ 滑跑方向稳定性差,当机身方向偏离运动方向时,两个主轮上摩擦力的合力对重心的力矩使这种偏向增大。通常滑跑时把尾轮转向锁定来增加稳定性。

④ 对于喷气式发动机,尾喷管的尾流易损伤跑道。

⑤ 在急刹车、遇到障碍物或者机轮陷入软土中时可能发生飞机翻倒(倒立)。

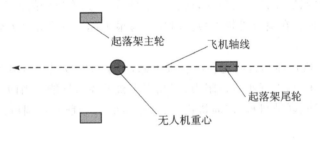

图 8-17 后三点式布局

(2) 前三点式布局

前三点式布局如图 8-18 所示,前三点式起落架的两个主轮布置在飞机重心稍后处,前轮布置在飞机头部的下方。前三点式起落架具有滑跑方向稳定性。当机身轴线偏离滑跑方向时,主轮摩擦力的合力将产生恢复力矩,使飞机回到原来的运动方向。由于前起落架远离重心,着陆时可以大力刹车而不致引起飞机"翻倒",从而大大缩短着陆滑跑距离。当飞机以较大速度小迎角着陆时,主轮着陆撞击力对飞机重心产生低头力矩,减小迎角,使飞机继续沿着地面滑行而不致产生"跳跃"现象,因此着陆操纵比较容易。由于飞机轴线接近水平,因此起飞滑跑阻力小,加速快,起飞距离短。同时喷气发动机的喷流对跑道影响也较小。前三点式起落架的缺点是起落架重量大(与后三点式相比),这是由于前起落架尺寸(高度)与主起落架相当。另外前轮易产生摆振,这就需要采取专门的结构措施来消除这种振动。

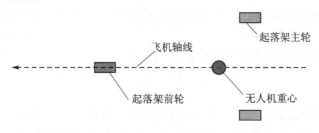

图 8 - 18　前三点式布局

8.2.2　飞机起落架的外载荷

起落架所承受的载荷主要是地面的反作用力,这些反作用力发生在飞机起飞、着陆、滑行和地面停放等过程中,它们在各类强度规范和设计手册中都有详细的规定。

1. 着陆过载

飞机着陆时,由于垂直速度分量在很短时间内变为零,出现很大的减速度,因此在飞机的重心处会产生很大的惯性力 $n_y G$。此时飞机上的升力为 L,那么起落架所受的地面反力,即着陆载荷 $P = n_y G - L$。飞机停放地面时起落架所受的地面反作用力称为停机载荷,其大小等于飞机的停机重力。起落架所受的着陆载荷与停机载荷之比称为着陆过载。起落架及其连接部分结构的载荷是用着陆过载来确定的。

2. 起落架缓冲系统应吸收的着陆功量

(1) 着陆设计重量下飞机的重心位置

设计中所使用的重量分布和重心位置,应是各种最严重的情况(应考虑可变动与可拆卸项目的所有可能的布置情况)。在同一着陆设计重量下,由于重量的不同配制使重心位置不同,在计算前、主起落架各自的着陆停机载荷时,应按各自严重情况下的重心位置。因此,在计算主起落架时要选取重心后限位置;在计算前起落架时,应选取重心前限位置。

(2) 着陆当量质量 m_{dl}

飞机经常以两点着陆,极个别的情况是三点水平着陆。这两种情况起落架的当量质量是不同的。

1) 两点着陆(两点水平及两点尾部下沉着陆)

一个主起落架上的当量质量为

$$m_{dl} = \frac{G_{zl}}{2g} \tag{8-1}$$

2) 三点水平着陆

对前起落架为

$$m_{dl} = \frac{b + \mu h}{a + b} \frac{G_{zl}}{g} \tag{8-2}$$

对主起落架为

$$m_{dl} = \frac{a - \mu h}{a + b} \frac{G_{zl}}{2g} \tag{8-3}$$

式中：G_{zl} 为着陆设计重量；a 为前起落架与重心水平距离；b 为主起落架与重心水平距离；h 为重心与机轮中心竖直距离；μ 为平均滑动摩擦系数。

实际计算时应选取较大的 m_{dl}，故对主起落架用式(8-1)，对前起落架用式(8-2)。

（3）缓冲系统的功量吸收要求

每一个前、主起落架的缓冲系统应吸收的使用功为

$$A = \frac{1}{2}m_{dl}V_y^2 \qquad (8-4)$$

式中的 m_{dl} 对主起落架使用式(8-1)计算，对前起落架使用式(8-2)计算。

对于功量的储备能力，要求在着陆设计重量下，每个前、主起落架的缓冲系统能吸收的最大功 A_{max} 为

$$A_{max} = 1.56A \qquad (8-5)$$

在吸收 A_{max} 时，允许起落架结构产生不失去功能的永久变形，但不应破坏。

3. 起落架的外载荷

各类强度规范和设计手册中对起落架的载荷有具体的规定，大致有以下几种载荷情况：

（1）着陆撞击载荷

飞机降落时可能是三点着陆、两点着陆，甚至是一点侧滑着陆。这样，着陆时起落架会受到不同的撞击载荷，有垂直撞击载荷、前方撞击载荷、侧向撞击载荷以及与旋转有关的惯性力矩等。

（2）滑跑冲击载荷

飞机在起飞和着陆滑跑过程中，由于跑道地面不平或地面上有杂物，起落架将受到反复作用的冲击载荷。另外，在着陆滑跑中还会有由于未被减震装置消散掉的着陆能量所引起的振动（逐渐衰减）载荷。这类载荷比着陆撞击载荷小，但其反复作用的次数多。

（3）刹车载荷

为了缩短着陆滑跑距离，在滑跑过程中需要刹车。这时会引起轮胎与地面间的摩擦阻力，其方向与飞机的运动方向相反。

（4）地面静态载荷

地面静态载荷包括静态操纵载荷和地面停放载荷。飞机在地面进行移动、定位时，通常用牵引架对起落架进行各方向的推、拉、扭、摆等操作，造成较大的侧向载荷和扭转力矩。飞机在地面停放并固定时，可能会受到来自各方向的大风引起的系留载荷。

8.2.3 典型起落架的结构及其特点

在这里不按照分类介绍，而是简单介绍几种典型（常见）起落架的结构及其特点和缓冲装置。

1. 板簧式

对于起落装置采用固定式前三点布局的中小型无人机，其起落架常采用板簧式结构，如图 8-19 所示。板簧受力简图如图 8-20 所示。

板簧是一种连接机身与主轮的弹性支撑结构，其通过自身结构的弯曲变形来吸收和消耗飞机的动能。对于中小型无人机，板簧是一种理想的缓冲器结构，具有造价低、结构布局简单、故障率小、维护方便等优点。由于板簧式结构独特的优点，目前板簧式起落架已被各国的中小型无人机系统广泛采用，比较有代表性的如美国的 RQ-2 先锋、RQ-5 猎手，中国的 CH-3 等，如图 8-21～图 8-23 所示。

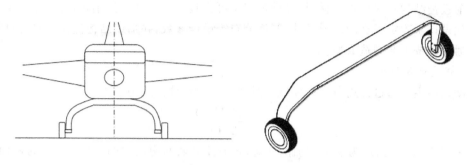

图 8 - 19　板簧式结构

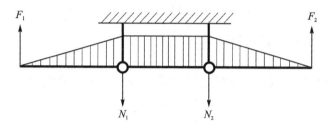

图 8 - 20　板簧受力简图

图 8 - 21　RQ - 2 先锋

图 8 - 22　RQ - 5 猎人

图 8 - 23　CH - 3 彩虹 3

205

目前板簧结构常采用复合材料,设计过程中可将其等效为悬臂梁结构(见图 8 - 20),通过反复迭代设计来确定板簧的外形尺寸、厚度分布等设计参数,并加以结构优化。复合材料板簧结构可通过缠绕工艺制造成型。

(1) 强度理论设计

强度大小主要通讨许用应力来体现。悬臂梁应力计算公式为

$$[\sigma] = \frac{Fxh(x)}{2I(x)} \tag{8-6}$$

式中:$[\sigma]$ 为许用应力;F 为端部施加的载荷;x 为计算截面距端部的距离;$h(x)$ 为截面厚度;$I(x)$ 为截面对中线的惯性矩,即

$$I(x) = \frac{1}{12}b(x)h^3(x) = \frac{1}{12}sh^2(x) \tag{8-7}$$

式中:$b(x)$ 为截面宽度;s 为截面积。

(2) 刚度理论设计

材料力学中提到,弯矩载荷下,中性层曲率表示的弯曲变形公式为

$$\frac{1}{\rho} = \frac{M(x)}{EI(x)} \tag{8-8}$$

式中:$M(x)$ 为坐标 x 处的弯矩;ρ 为中层面的曲率半径;E 为材料的弹性模量。

x 处的长为 $\mathrm{d}x$ 的微段在弯矩 $M(x)$ 作用下的转角为

$$\theta \approx \tan\theta = \frac{\mathrm{d}x}{\rho} = \frac{M(x)}{EI(x)}\mathrm{d}x \tag{8-9}$$

由此微段引起的末端位移为

$$\mathrm{d}w = \theta(l-x)\sin\theta \approx \theta(l-x) = \frac{M(x)}{EI(x)}(l-x)\mathrm{d}x \tag{8-10}$$

沿梁 x 方向进行积分,得到挠度为

$$w = \int_0^l \mathrm{d}w = \int_0^l \frac{M(x)}{EI(x)}(l-x)\mathrm{d}x \tag{8-11}$$

刚度计算公式为

$$K = \frac{F}{w} \tag{8-12}$$

式中:K 为刚度;F 为形变处的载荷。

在强度设计过程中选取合适的截面积和截面厚度,使得刚度 K 满足要求即可。

2. 简单支柱式和撑杆支柱式起落架

这两种形式的主要受力构件是减震支柱,它上连机体结构,下连机轮,本身作为梁柱受力(见图 8 - 24)。

这两种结构形式的特点如下:

① 结构简单紧凑,传力较直接,圆筒形式支柱具有较好的抗压、抗弯、抗扭的综合性能,因而重量较轻,收藏容易。

② 可用不同的轮轴、轮叉形式来调整机轮接地点与机体结构连接点间的相互位置和整个起落架的高度。轮叉一般受两个平面内的弯矩和扭矩,还有剪力等引起的复合应力。

③ 简单支柱式由于上端两个支点很靠近,减震支柱接近于一悬壁梁柱,因而上端的根部弯矩大。撑杆支柱式则常在支柱中部附近加一撑杆,使减震支柱以双支点外伸梁形式受力,大

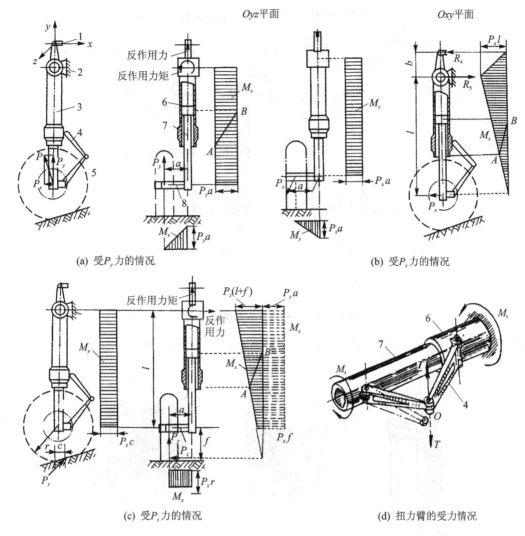

(a) 受P_y力的情况　　　　　(b) 受P_x力的情况

(c) 受P_z力的情况　　　　　(d) 扭力臂的受力情况

1—收放作动支点；2—轮轴；3—减震支柱；4—扭力臂；5—机轮；6—外筒；7—活塞内筒；8—轮轴

图 8 - 24　简单支柱式起落架

大减小了支柱上端的弯矩(见图 8 - 25)。撑杆通常又兼做收放折叠连杆用，或直接用收放作动筒锁定于某个位置后作为撑杆，这将使起落架结构简化。撑杆支柱式是目前常用的一种形式。

④ 由于机轮通过轮轴(或轮叉)与减震支柱直接相连，因而不能很好地吸收前方(航向)的撞击。通常可将支柱向前倾斜一个角度即可对前方的撞击起一定的减震作用，但这会使支柱在受垂直撞击力时受到附加弯矩。

⑤ 这两种形式的减震支柱本身要受弯，所以它的密封性较差，减震器内部灌充的气体压力将因此受到限制，一般其初始压力约为 3 MPa(约 30 个大气压)，最大许可压力约为 10 MPa(约 100 个大气压)，因而减震器行程较大，整个支柱较长，重量增加。

⑥ 由于减震支柱的活动内杆与外筒(它直接与机体结构连接)之间不可能直接传递机轮载荷引起的扭矩，因此内杆与外筒之间必须用扭力臂连接。扭力臂须保证内杆的伸缩行程。上、下扭力臂相互间用螺栓铰接，另一端分别与内杆和外筒固接。传扭时扭力臂受弯、剪、上、

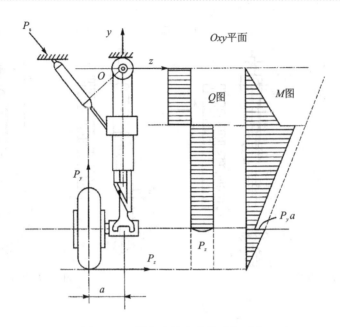

图 8 – 25　撑杆支柱式的构造及受力

下两固接点之间的那段支柱上也会有附加的弯矩和剪力(见图 8 – 26)。

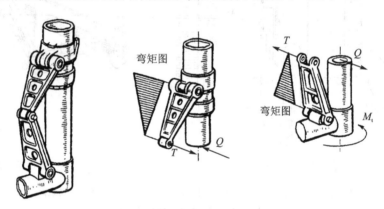

图 8 – 26　扭力臂的受力情况

以上两种形式常用于起落架较长、使用跑道路面较好、前方撞击较小的飞机上,并更多地在主起落架上采用,如图 8 – 27 所示为"全球鹰"无人机。

3. 支柱式起落架的系统计算

在确定了地面外载荷之后,即可分析外载荷通过起落架结构逐步传递到机体的过程。其中要考虑在受载过程中缓冲器的受力状态(过载、行程和传力系数计算)、起落架的最短传力路线,并且还应保证所传递载荷的协调一致。

计算基本过程如下:

① 确定坐标体系。比如飞机坐标系、起落架-机体接头旋转轴坐标系、起落架支柱坐标系、扭力臂及其接头坐标系等。

② 根据飞机和起落架的理论尺寸图,计算各坐标系之间的方向余弦,确定彼此转换关系。

③ 在计算起落架支撑杆(收放作动筒)轴线与机体或起落架的方向余弦同时,计算支撑杆

图 8 - 27　"全球鹰"无人机

总长度、单位载荷下撑杆对起落架和旋转轴的力矩。

④ 通过对旋转轴的力矩平衡,由已知外力求出撑杆的总载荷及撑杆对起落架的力矩。

⑤ 由起落架几何关系,求缓冲器(或缓冲支柱)的传力系数 φ,即

$$\varphi = \frac{P_{HC}}{P_K} \tag{8-13}$$

式中:P_{HC} 为缓冲器的轴向力;P_K 为作用于机轮的地面载荷。

接着,由缓冲器功量曲线等数据,按照起落架各设计情况的使用载荷求出相应情况的缓冲器压缩量。

⑥ 由起落架各设计情况的使用载荷求出轮胎压缩量。至此,各设计情况下起落架的几何关系完全确定。

⑦ 逐点计算各计算点的载荷,即

$$\{P_{i,j+1}\} = \{P_{i,j} + \Delta P_i\}$$
$$\{M_{i,j+1}\} = \{M_{i,j} + \Delta M_i\}$$
$$i = x, y, z$$
$$j = 1, 2, 3, \cdots, n$$

4. 桁架式起落架

桁架式起落架是用一套杆系结构组成空间桁架结构,以此空间桁架结构把机轮与无人机机体连接起来,在无人机中广泛使用。桁架中的杆只承受拉压载荷,与机身之间的连接以铰接为主。这种形式的起落架重量较轻,结构简单,便于分析计算,拆装、维护也方便。由于桁架式起落架是不可以收放的,所以主要是在低速无人机上使用。典型的桁架式起落架结构如图 8 - 28 所示。

如图 8 - 28(a)所示为三角桁架式起落架,每个机轮由 3 个空间排布的杆支撑,杆系组成几何不变的三角形框架,并固定到机身和机翼上。

图 8 - 28(b)所示为另一种桁架式起落架的结构方案。该方案由轮轴、与缓冲器共轴的两根杆及两个斜撑杆组成了一个平面桁架结构,再加上两根后斜撑杆将其固定到后面的在机身上。

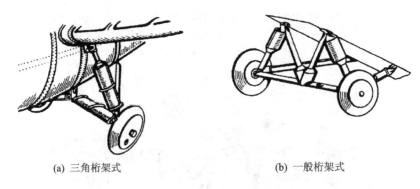

(a) 三角桁架式   (b) 一般桁架式

图 8 - 28　桁架式起落架结构

8.2.4　前起落架的构造

1. 稳定距

前三点式起落架的无人机在地面运动时要求灵活稳定,当飞机受到侧向力而使机头偏向时,前轮应能自动转回原运动方向,以实现滑跑方向稳定性。地面滑行刹车转弯时,也需要前轮能自由转向。实现这一功能是通过前轮接地点与前起落架支柱转轴有一偏距来实现的,如图 8 - 29 所示,这个偏距称为稳定距。增大稳定距可防止摆振,但对于高速飞机会产生抖振;同时,稳定距的增加增大了附加弯矩,加大了转弯操纵力。低速飞机的稳定距一般为前轮直径的 20%~40%,而对于高速飞机稳定距一般取前轮直径的 15%~30% 较为合适。

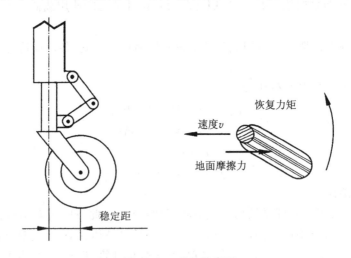

恢复力矩

速度 v

地面摩擦力

稳定距

图 8 - 29　前轮稳定距

2. 前轮的减摆装置

当前起落架没有采用合适的减摆措施时前轮可能会出现摆振,即飞机在地面滑跑到一定速度时,能自由偏转的机构和支柱的弹性振动与轮面的转动交织在一起,出现一种剧烈的偏摆振动,它会引起机头强烈摇晃,这种现象称为前轮摆振。振动发生后,振动可能会变得越来越厉害,振幅越来越大,直至支柱折断,轮胎撕裂,在很短的时间内酿成严重事故。

产生前轮摆振的原因是由于机轮(连带支柱)是一个弹性体。当前轮受到某种扰动而偏转一个角度后,机轮就离开滑行方向产生侧向偏转,支柱变形,轮轴随之倾斜(见图 8 - 30)。支柱的弹性恢复力使机轮逐渐转向原来的运动方向,同时机轮向反方向偏转。此后机轮的运动路线是一条 S 形的轨迹(见图 8 - 31),形成周期性的反复摆动(振动)。当滑行速度超过临界值时,也就是激振力大于阻尼力时,震荡发散,最终造成结构破坏。提高轮胎刚度和增大稳定距,可以提高摆振临界速度。但过大的稳定距会造成支柱附加弯矩加大,转弯操纵力困难。而机轮刚度受轮胎材料的限制和减震的要求不可能过大,因此现代高速飞机上一般都装有减震器。

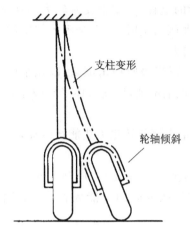

图 8 - 30　前支柱变形

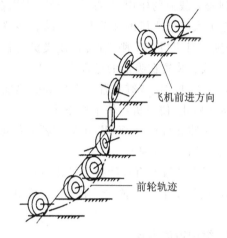

图 8 - 31　前轮运动轨迹

8.2.5 缓冲装置

起落架缓冲装置由轮胎和缓冲器组成。它的功用是减小飞机在着陆接地和地面滑跑时所受的撞击力,并减弱飞机因撞击而引起的颠簸跳动。

1. 缓冲原理

物体相撞,总要产生撞击力。然而不同的物体相撞时,撞击力的大小往往不一样。如果两个质量相等的钢球从同一高度自由落下,A 球掉在石块上,B 球掉在弹簧上,它们与石块和弹簧接触时的速度都等于 v_0,而且最终都要减小到 0。但 A 球与石块相撞,两者都很硬,不容易变形,A 球的速度势必在极短时间内消失,负加速度很大;而 B 球与弹簧相撞,弹簧较软,容易变形,B 球的速度 v_0 是在这段变形过程中逐渐消失的,时间较长,负加速度较小。牛顿第二定律告诉我们:物体产生的加速度与其所受到的外力成正比,与物体质量成反比($F = ma$)。上述两球的质量相等,而 B 球的负加速度较小,可见 B 球受到的撞击力也较小。B 球所撞击的弹簧越软,受到的撞击力就越小。

起落架缓冲装置减小撞击力的道理也是这样。飞机着陆接地时,轮胎和缓冲器像弹簧那样产生压缩变形,增加垂直分速度的消失时间,从而减小撞击力。

当然,缓冲装置的缓冲原理并不仅仅是减小撞击力。试想,如果用弹簧制造缓冲支柱,必然导致飞机产生比较强烈的颠簸跳动。这主要是因为弹簧本身消耗撞击能量的能力较差。所以,如果起落架缓冲装置的热耗作用(将撞击能量转换成热能而消耗掉的作用)很差,无人机在着陆接地后,将产生比较强烈的颠簸跳动。因此,起落架上的缓冲器都有专门的装置,以便增大消耗能量的能力。这一专门的缓冲装置就是缓冲器,也可称其为减震器。

由以上分析可知,缓冲原理的实质是:通过一套可行的装置和相应的设计分析,尽可能大地吸收撞击产生的动能,并及时将吸收的动能加以耗散,以减小物体受到的撞击力,使物体碰撞后的颠簸跳动迅速停止。

2. 起落架减震器的要求

减震器(缓冲器)除了满足飞机结构设计的一般要求外,还应满足以下功能要求:

① 在压缩行程(正行程)中,减震装置所承受的载荷,应随压缩量的增大而增大。否则,如果在压缩量较小的情况下减震器就承受较大的力,那么减震装置在吸收较小的撞击能量时也会受到较大载荷的作用,如此将会导致飞机在地面滑行的过程中,就会受到较大的连续冲击,这样会大大降低飞机的疲劳寿命。减震装置在达到最大压缩量时,应完全吸收规定的最大能量,否则会对飞机产生刚性冲击,使飞机的各部分受力增大。

② 减震装置在吸能的过程中,应尽量产生较大的变形来吸收撞击能量,以减小机体所受到的撞击力;同时,减震装置应有较好的热耗作用,尽快地消散能量,使机体受到碰撞后的颠簸跳动迅速停止,使飞机尽快平稳下来。

③ 在伸展行程(反行程)中减震器应能把吸收的能量大部分转化为热能耗散掉,而不应出现伸展过快的回跳现象。

④ 减震装置要有连续接受撞击的能力。减震器在吸收一次撞击后,应马上恢复到原来的状态,以便接受下一次撞击。因此,它完成一次压缩或伸张的时间不能太长,一般不能超过0.8 s。

3. 缓冲器的选择

缓冲器可分为两类:一类是固体弹簧缓冲器,如钢板弹簧缓冲器(板簧)或橡胶缓冲器;另一类是流体缓冲器,其中的流体有空气、油液或空气-油液等。图8-32对各种缓冲器(减震器)的减震效率进行了比较,并且从效率的角度说明了油-气式缓冲器的优越性。其他类型的缓冲器也得到了一定程度的使用。在选用缓冲器的类型过程中,价格、可靠性及维修性起着决定性的作用。

对于中小型无人机,轻型、超轻型通用飞机,通常采用简单的弹簧、板簧或橡胶缓冲器。对重量和起落架尺寸过大的各类飞机,钢板弹簧类和橡胶类缓冲装置就变得不切实际了。

(1) 钢板弹簧缓冲器

钢板弹簧缓冲器现在应用于一些轻型飞机上,对于中小型无人机也很适用。根据以前的使用记录,无论从重量、简易性、可靠性,还是经济性等方面来看,它们可能非常适合于此类飞机。

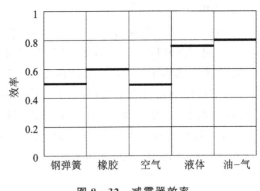

图 8-32 减震器效率

(2) 橡胶(橡皮)缓冲器

缓冲器的效率由吸能介质受压的均匀程度决定。因此,为了得到60%左右的缓冲效率,通常将橡胶制成圆盘状。将这些橡胶盘硫化成板,然后将它们一层一层叠合在一起,如图8-33所示。为了充分硫化,橡胶盘的厚度通常不超过1.5 in(1 in=2.54 cm)。这种缓冲器已经得到了广泛的使用。

(3) 空气缓冲器

空气缓冲器与油-气缓冲器一样复杂,但比后者更重,效率更低,可靠性也明显不如后者。

所谓的液体弹簧和油-气缓冲器本身就具有润滑轴承的功能,而空气缓冲器不具备这种功能,因此其密封轴承的设计非常困难。

（4）空气-油液（油-气式）缓冲器

绝大多数飞机都采用油-气式缓冲器,如图 8-34 所示。缓冲支柱的用途是减轻作用在机身上的载荷,缓冲冲击。油-气缓冲器的效率高达 90%,几乎是吸收下沉动能最完美的装置。该缓冲器不仅在各种缓冲器中效率最高,而且在能量耗散方面也最好。在这种理想情况下,飞机可以硬着陆,然后,缓冲支柱的回弹特性会保证机轮不再离开地面。

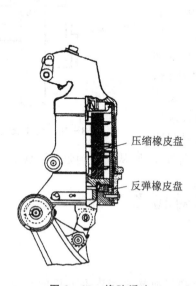

图 8-33　橡胶缓冲

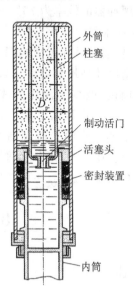

图 8-34　油-气式缓冲器

这种减震器由外筒、活塞杆、反向活门和密封装置等组成,内充空气（或氮气）及油液。当飞机着陆接地后,撞击载荷压缩减震器,活塞杆向上运动,使气体的体积缩小,气压随之增大,并吸收撞击动能;与此同时,活塞杆迫使下室油液冲开活门,如图 8-35(a)所示,由活门座上的小孔流到上腔,油与小孔发生强烈摩擦,使部分撞击能量转变为热能消散掉。当活塞上升到一定位置时,飞机便停止下沉,接着压缩气体开始膨胀,并将飞机顶起。活塞下行,上室油液迫使反行程的制动活门关闭,如图 8-35(b)所示,油液以更高的速度经过活门上更小的孔流向下腔,这样可以消散掉更多的能量。如此一正一反两个行程,完成了一个工作循环。这样经过若干个循环后,就可以将全部撞击动能转化为热能而消散掉,使飞机平稳下来。

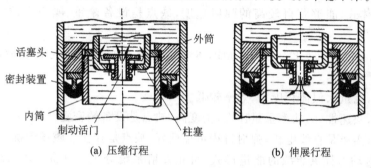

(a) 压缩行程　　　　　　　　　(b) 伸展行程

图 8-35　油-气式减震器正反行程制动活门

（5）全油液（液体弹簧）缓冲器

由于油-气式减震器气腔容积大、减震行程长，因而总的体积也较大。而气体主要起到一个由压缩而引起缓冲减震的作用。因此，如果液体也能起到缓冲减震作用，那么可省去气腔所占的空间，这将大大缩小减震器的体积，减小减震器的重量，这种减震器由于腔体内部全部填充油液，因此称为全油液式减震器或液体弹簧缓冲器，如图 8-36 所示。

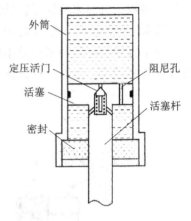

液体弹簧缓冲器的效率为 75%～90%。其缺点是在低温下液体的体积变化将会影响缓冲器性能。由图 8-36 可看出，液体缓冲器结构简单，它包括一个外筒、活塞杆、活塞以及高压封盖等。缓冲器运动时推动活塞杆压入外筒内，改变了液体的体积，使液体压缩，这样就产生了弹性。在压缩过程中，液体通过中央的弹簧阀及活塞上的一个喷孔流到活塞的另一侧，这样能量就被耗散掉。在反冲行程中，弹簧阀关闭，限制液

图 8-36　全油液缓冲器

体只能从小喷孔回流。这样，便可以延缓活塞杆向外运动，从而得到阻尼效应。

8.3　弹射起飞

8.3.1　概　述

对于使用弹射起飞的无人机，主要是用一套弹射机构来实现无人机的起飞。弹射机构是利用弹射系统预先积蓄的能量在可控制条件下的快速释放对弹射对象进行瞬间加速，使其获得极大的初始动能。最著名的例子当属航母的蒸汽弹射系统，该系统能够对重达三四十吨的飞机进行弹射，且在几十米的距离内将飞机加速至每秒近百米的起飞速度。其他应用如导弹的弹射发射装置、弹射救生座椅、无人飞机弹射发射装置、汽车碰撞试验等。弹射机构由于用途不同，技术要求和结构千差万别，但其工作过程基本相同，一般包括能量储存、发射控制、弹射及缓冲四个阶段。根据所使用动力形式的不同，弹射机构的分类如下：

① 机械式，如弓箭和投石车，能量储存有限，储能较容易、弹射能量较小。

② 炮式（火药），能够获得极大的初始速度，但瞬时冲击过载太大，过程不受控制，应用较少。

③ 高压气体式，能够获得较高的弹射速度，缺点是设备笨重、噪声大、高压气瓶工艺难度大。

④ 燃气式，将化学能转化为对象的动能，体积小、能量大，缺点是燃气温度高（超过 1 500 ℃），高温损伤问题严重。

⑤ 蒸汽式，能量大但体积庞大，效率较低。

⑥ 液压式，快速性好，功率重量比大，精度高，缺点是设备精密复杂，不易维护。

⑦ 电磁式，实质是直线电机，弹射过程可控性好，缺点是存在强磁场干扰。

根据为发射动力提供能源的能量形式，可将发射系统分为：橡筋弹射系统、电磁弹射系统、气液压弹射系统、蒸汽弹射系统和气动式弹射系统。目前使用比较广泛的为气液压弹射系

统和橡筋弹射系统。通常情况下,起飞速度小于 25 m/s,起飞质量小于 100 kg,采用橡筋弹射方式;起飞速度介于 25~45 m/s,起飞质量小于 400 kg,采用气液压弹射方式。

橡筋绳弹射的发射功率最小,常见于小型无人机的发射,发射质量在 20~100 kg 之间,能达到 5g 的加速度。弹射前使用手轮或绞车将橡筋绳拉开,进行能量储存,弹射时载物车在弹性力的作用下沿着导轨滑跑,到达轨道末端后触碰减速器,载物车减速,无人机起飞。

电磁弹射可以发射小负载无人机也可以发射大负载舰载机。电磁弹射装置是根据直线电机的基本原理研制的,弹射器的导轨相当于直线电机的定子,沿导轨移动的电枢相当于直线电机的动子,当导轨内通入强电流时,在导轨回路内产生强磁场,将电流转化为电磁力,推动电枢带动飞行器进行发射。它的优点是体积小,对布置位置没有要求,对无人机的推力更加均衡,延长无人机使用寿命,磨损小,容错率高。但电磁弹射的能量供应和传输问题一直是难以解决的问题。

无人机气液压发射是以气液压能源为动力对无人机进行加速的发射方式,适用于 30~400 kg 各型号无人机的发射。液压传动力量大,可以启动大负载,但不能储能,在液压回路中加入气体储能装置,用压力油将气体压缩,储存能量,就可以在短时间内把能量释放出来,满足无人机发射过程中瞬时加速要求。与其他无人机起飞方式相比,气液压发射有着发射系统体积小,发射过程时间短,无人机起飞速度高的优点。由于整个发射系统可以安装在运输载体(汽车、军舰、机车等)上,使其具有良好的机动性能。与机动性同样良好的火箭助推发射相比,气液压发射不会产生声、光、烟雾等信号,发射过程更加隐蔽,发射过程中没有火箭的消耗,经济性更好。

8.3.2　设计要求

对弹射系统的要求如下:

1. 起飞速度快

无人机获得较快的速度得以起飞是整个发射系统的最终目的。无人机起飞的速度当然越快越好,那样更有利于节约无人机本身有限的燃料,增加滞空时间,但是为了保证发射过程的安全,常常将起飞速度限定在一个范围内,然后力求得到速度和安全两者之间的最佳结合点。

2. 系统操作方便、快捷

在作战或突发紧急事件的情况下,要求无人机发射准备时间要短,这就要求系统操作简单、迅速。单次发射完毕后能够在很短的时间里再次进行发射,提高无人机的使用效率。

3. 工作安全、可靠,易保养

将具有一定重量的无人机以比较高的速度发射出去,需要发射系统各个部件可靠地工作,并且要能经受长时间的反复使用,若设备损坏,则可以及时替换,维护方便,因此应主要选择标准件。

4. 机动性好

为了提高生存率,可以参考多管自行火箭炮的形式将其安装在卡车底盘上,提高弹射系统使用的机动性,能够达到快速部署,快速发射的要求。

8.3.3　橡筋(绳)弹射系统

橡筋弹射系统是一种自力倾斜弹射起飞。该系统主要由拉力橡筋、牵引钢丝、锁紧机构、无人机基座、滑行轨道、绞盘装置和稳定的桁架等结构组成。该系统的能量源来自橡筋的弹性势能。锁紧机构将飞机固定在基座上,绞盘装置拉动牵引钢丝使橡筋受力拉伸,达到最大弹性势能。在开锁装置打开瞬间,无人机随着基座在滑行轨道上加速滑行后获得最大速度起飞。影响该系统的总体性能的因素主要为结构的设计、加工过程中的质量以及所选取橡筋的性能。橡筋的性能具体包括高低温弹性的差异、弹性形变系数、耐用程度等。根据能量守恒原理,发射无人机所需的能量来源于橡筋的弹性势能,滑行轨道长度是橡筋做功的距离,所以合理长度的滑行轨道使无人机能够有效地达到最大弹射速度。综合考虑弹射机构的使用性能,往往将轨道做成两段或者三段,连续使用。用滑轮组来增加橡筋形变的距离,增加弹性势能。因此,使用橡筋发力的弹射结构相对复杂,装配及维护要求稍高,其优点是通过手摇或电机带动钢丝绞盘即可完成装配。

1. 橡筋弹射系统简要分析

橡筋弹射系统的设计一般要给出无人机的重量以及所需起飞速度作为设计参数,通过理论分析确定橡筋弹性系数、发射架角度以及滑轨长度等参数。图 8 - 37 所示为无人机沿着滑行轨道上升并加速的过程。

以橡筋和无人机基座为研究对象,其受力如图 8 - 37 所示。

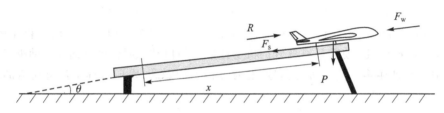

图 8 - 37　橡筋弹射系统受力

图 8 - 37 中:x 为小车在弹射轨道上的位移;F_S 为小车与轨道之间的摩擦力;R 为无人机自身提供的推力;P 为无人机与基座的重力;F_W 为飞机所受到的空气阻力(忽略飞机升力的影响),θ 为弹射轨道与水平面之间的夹角。

根据理论力学可知,系统的重力势能 V_P 为

$$V_P = Px\sin\theta \tag{8-14}$$

系统的弹性势能 V_S 为

$$V_S = \int_0^x k(x)x\,\mathrm{d}x \tag{8-15}$$

小车与飞机系统的动能 T 为

$$T = \frac{1}{2}m\dot{x}^2 \tag{8-16}$$

系统的总势能 V 为

$$V = V_P + V_S = Px\sin\theta + \int_0^x k(x)x\,\mathrm{d}x \tag{8-17}$$

式中:$k(x)$ 是橡筋的弹性系数,它是变量,随着橡筋的拉长而变化,根据拉格朗日定理,该系统的拉格朗日算子 L 为

$$L = T - V = \frac{1}{2}m\dot{x}^2 - \left[Px\sin\theta + \int_0^x k(x)x\,\mathrm{d}x\right] \tag{8-18}$$

如图 8 - 37 所示,小车与飞机系统所受的广义力 Q 为

$$Q = R - F_S - F_W - P\sin\theta \tag{8-19}$$

根据拉格朗日方程：

$$\frac{\mathrm{d}}{\mathrm{d}t}\left(\frac{\partial L}{\partial q}\right) - \frac{\partial L}{\partial q} = Q \tag{8-20}$$

综上，可知小车与飞机系统的拉格朗日方程为

$$m\ddot{x} = k(x)x + R - F_s - F_w - P\sin\theta \tag{8-21}$$

然后变换，两边同时对位移积分可得

$$\frac{1}{2}mv^2 = \int_0^s k(x)x\,\mathrm{d}x + \int_0^s (R - F_s - F_w - P\sin\theta)\,\mathrm{d}x \tag{8-22}$$

式中：s 为弹射终点处小车的位移；m 为小车与飞机系统的质量；v 为弹射终点处基座的速度；R 为发动机提供的推力；F_s 为小车与弹射轨道之间的滑动摩擦力；P 为基座与无人机的总重量；θ 为飞机的发射角度。

为了估算弹射支架所需要橡筋的弹性系数，将橡筋弹性系数作为一个定值，忽略橡筋弹性系数随橡筋拉伸长度的影响，可得到橡筋的弹性系数 k、θ 与 s 的关系。橡筋弹射系统如图 8-38 所示。

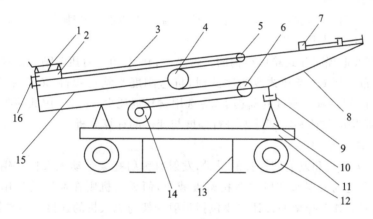

1—无人机；2—弹射托架；3—钢丝绳；4—动滑轮；5—上定滑轮；6—下定滑轮；
7—减速阻尼器；8—发射架；9—弹簧阻尼器；10—支撑座；11—拖车架；12—轮胎；
13—千斤顶；14—绞盘；15—橡筋绳；16—闭锁机构

图 8-38　橡筋弹射系统

橡筋弹射系统的设计可分为四个主要部分：基本机构设计、动力系统设计、悬架系统设计和安全保护系统设计，如图 8-39 所示。

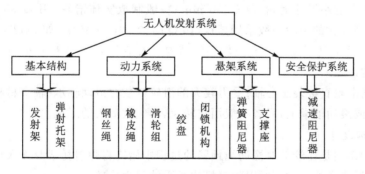

图 8-39　橡筋弹射系统组织结构

2. 基本机构设计

（1）发射架

① 材料的选择。

发射架一般选用钢材作为其基本材料。钢材与其他材料相比，强度要高得多，在同样的载荷条件下，钢结构构件截面小，这样发射架的重量也会轻一些。其次钢材质塑性、韧性好。工程中钢结构所选用的钢材都具有良好的塑性，在拉力的作用下，应力-应变曲线有明显的屈服点和一段屈服平台，然后进入强化阶段。钢结构在一般工作条件下，不会因超载而突然断裂。钢结构还具有良好的韧性，有动力作用的重要结构常使用钢材料。

② 发射架截面形状的选择。

截面一般有圆形、工字形、空心矩形几种形状。圆形截面有较高的抗扭刚度，但抗弯强度较差，一般用于受扭为主的机架；工字形截面的抗弯强度最大，但抗扭强度较低，宜用于承受纯弯的机架；矩形截面抗弯、抗扭分别低于工字形和圆形截面，但其综合刚性最好。另外，由于空心矩形内腔容易安装滑轮、橡筋绳等其他零件，故发射架的截面常采用空心矩形。

③ 发射架肋的布置。

布肋的一般原则：首先肋的布置应有效地提高机架的强度和刚度；其次布肋应考虑弹性匹配；最后布肋还应考虑经济性。

纵向肋能有效地提高开式箱形结构的抗弯刚度；45°对角肋对扭转刚度的提高有明显的效果；不论哪一种布肋形式，当开式改为闭式时，抗弯刚度平均可提高 60%，扭转刚度可提高 4.5～8.5 倍。在满足强度、刚度的前提下，应选用材料消耗少，焊接费用低的布肋方式。

④ 对机架结构的整体和零部件要进行强度与变形的计算分析。

（2）弹射托架

弹射托架是无人机和发射架连接的桥梁，发射时弹射托架带动无人机在钢丝绳拉力的作用下一起运动，当达到最高速度后弹射托架被减速，而无人机则在惯性的作用下继续向前运动，完成发射过程。弹射托架的设计主要包括弹射托架与无人机的连接和与导轨的连接。

3. 动力系统机构设计

动力系统由钢丝绳、橡筋绳、滑轮组、绞盘和闭锁机构等组成，主要负责发射前系统的预紧，发射时能量的转换，将橡筋绳的弹性势能转化为弹射托架和无人机的动能，设计中主要包括：

① 橡筋绳和钢丝绳连接方式设计。

② 滑轮机构设计。

承受载荷不大的小尺寸滑轮（$D \leqslant 350$ mm）一般制成实体滑轮，用 Q235 - A 或铸铁（如 HT150）。承受载荷大的滑轮一般采用球铁（如 QT420 - 10）或铸钢（如 ZG230 - 450、ZG270 - 500 或 ZG35Mn 等），铸成带筋和孔或轮辐的结构。大型滑轮（$D > 800$ mm）一般采用型钢和钢板的焊接结构。

受力不大的滑轮直接装于心轴；受力较大的滑轮则装在滑动轴承（轴套材料采用青铜或粉末冶金材料等）或滚动轴承上，后者一般用在转速较高、载荷大的工况。

③ 闭锁机构设计。

闭锁机构的作用是在绞盘对橡筋绳预紧的过程中始终将弹射托架及无人机固定在发射架尾部，防止弹射托架意外发射。所以闭锁机构承受的静力比较大。

④ 绞盘的选择。

在无人机发射系统中,绞盘的作用是在发射前将整个系统,包括橡筋绳、钢丝绳、弹射托架(弹射小车)和闭锁机构进行预紧。它一般由动力、机械和辅助等三个部分组成。动力部分包括电器系统和液压系统;机械部分包括减速器、离合器、卷筒、缆绳;辅助部分包括取力装置、缆绳自动排绳和压绳装置、联轴器以及电、气控制阀等。

绞盘按动力源划分目前常见的主要有 4 种:PTO 绞盘、电动绞盘、液压绞盘、车轮绞盘。其中,电动绞盘是最常见的一种绞盘,也是依靠车辆自身的电力系统提供动力驱动的绞盘。其优点是:可以在车辆发动机熄火的情况下,使用蓄电池所储存的电力驱动绞盘工作,并且安装简单,可以实现多位置安装及迅速移位。其缺点是:受车辆自身电力系统限制和电器件的可靠性及绞盘自身易发热等因素的影响,不能维持长时间的工作;提供的驱动力较小,一般只能向一个方向施加牵引力。

由于橡筋弹射系统只需要向一个地方施加牵引力,而且不需要维持长时间的工作,在发动机熄火的情况下也只用蓄电池就可以使用,简单方便,符合多种场地的使用条件,因此橡筋弹射系统常使用电动绞盘。

4. 悬架系统结构设计

① 弹簧阻尼器固定方式设计。

悬架系统常采用非独立悬架设计,即发射架的前部下侧由一根整体式的轴相连,轴通过弹簧阻尼器与拖车架相连。非独立悬架具有结构简单、成本低、强度高、保养容易的特点。

② 支撑座结构设计分析。

5. 安全保护系统设计

减速阻尼器安装在发射架的前端,主要作用是对弹射托架的减速,防止其飞出发射架造成意外。安装时通常将其尾部用方通焊接在发射架上。

8.3.4　气液压弹射系统

无人机气液弹射起飞方式是近年来国际上出现的一种先进的无人机发射方式。气液压弹射起飞装置可安装于车上,便于机动发射和运输转移,具有很好的机动灵活性。气液压弹射起飞技术应用于无人机发射系统,技术复杂、难度较大,目前只有美国、英国和瑞士等少数国家掌握此项技术。

无人机气液压弹射系统主要由气液压能源系统、滑行小车系统、缓冲吸能系统、滑轮增速系统、卸荷控制机构、释放机构、无人机锁闭机构、电气控制系统等多个分系统组成,其工作原理是,由气液压能源系统为无人机弹射提供动力,以滑行小车系统为运动载体在弹射架上进行加速至无人机安全起飞速度。当滑行小车与无人机一起运动的速度达到起飞速度时,卸荷控制机构切断动力源,滑行小车被缓冲吸能系统阻挡而急剧减速,而无人机则在惯性和发动机推力的作用下以起飞速度从滑行小车上分离起飞。气液压发射系统有两种驱动方式:液压缸驱动和液压马达驱动,本节主要介绍液压缸驱动。

1. 气液压弹射系统工作原理

气液压发射是将气压储能与液压传动相结合以产生作用力,使无人机加速至起飞速度。气液压能源系统是发射装置的核心部分,为无人机发射起飞提供动力。液压储能元件为气囊式蓄能器,是唯一动力源,可实现瞬时大流量高压油供给,以满足无人机瞬时加速的需求。气液压能源系统原理如图 8-40 所示。蓄能器的出油口通过管道与液压缸相连,液压缸的活塞杆与绕有钢丝绳的动滑轮组连接,钢丝绳另一端与滑车连接,滑轮组起增速作用。

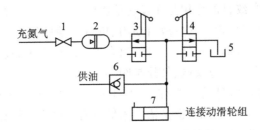

1—冷气开关;2—气囊式蓄能器;3—截止阀;4—卸荷阀;
5—回油箱;6—液控单向阀;7—单作用式液压缸

图 8-40　气液压能源系统原理图

2. 气液压弹射系统简要分析

气液压弹射系统一般给出无人机质量、许用加速度与起飞速度作为设计参数,通过理论分析确定液压缸的活塞杆推力、运动速度、工作压力、活塞有效面积和行程。同时根据无人机弹射过程的瞬时运动特性及液压缸油压和流量的要求,必须对气囊式蓄能器总容量、最低工作压力和最高工作压力进行匹配设计。

将无人机视为一个质点,发射架仰角为 θ,无人机上的可用推力始终与弹射架平行,所有关键部件皆为刚性,无人机弹射加速过程的受力如图 8-41 所示。

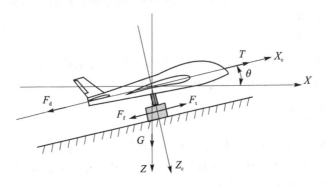

图 8-41　无人机受力图

无人机加速过程的运动方程如下:

$$m\frac{\mathrm{d}^2 x}{\mathrm{d}t^2} = F_t + T - mg\sin\theta - F_f - F_d \tag{8-23}$$

式中:F_t 为液压系统牵引力,单位 N;T 为无人机发动机推力,单位 N;F_d 为空气阻力,单位 N;F_f 为摩擦力,单位 N;m 为载物车与无人机的总质量,单位 kg;x 为载物车位移,单位 m。

其中,

$$F_d = \frac{1}{2} S C_D \rho v^2 \tag{8-24}$$

$$F_f = mg\cos\theta\mu \tag{8-25}$$

式中:S 为机翼面积,单位 m^2;C_D 为阻力系数;ρ 为空气密度,单位 kg/m^3;v 为无人机沿轨道方向的速度,单位 m/s;μ 为载物车车轮与轨道间的滚动摩擦系数,取 0.01。

将式(8-24)和式(8-25)代入式(8-23)得到加速过程中的动力方程,即

$$m \frac{\mathrm{d}^2 x}{\mathrm{d}t^2} = F_{\mathrm{t}} + T - mg(\sin\theta + \cos\theta\mu) - \frac{1}{2}SC_{\mathrm{D}}\rho v^2 \qquad (8-26)$$

将参数代入式中即可求出无人机加速过程中需要的平均牵引力。

减速过程中载物车的运动方程为

$$m_1 \frac{\mathrm{d}^2 x_1}{\mathrm{d}t^2} = T_1 + m_1 g \sin\theta + m_1 g \cos\theta\mu \qquad (8-27)$$

式中：m_1 为载物车质量，单位 kg；x_1 为减速过程中载物车位移，单位 m；T_1 为减速过程中的拦阻力，单位 N。将参数代入式中可求得减速过程需要的拦阻力。

气液压发射系统需要的能量为无人机达到起飞速度时无人机与载物车的动能与势能的总和，即

$$E = \frac{1}{2}mv^2 + mgh \qquad (8-28)$$

系统需要提供的功率为

$$P = \frac{E}{t} \qquad (8-29)$$

3. 气囊式蓄能器

气囊式蓄能器的工作特点是充油过程时间较长，排油过程非常短暂。蓄能器的工作状态如图 8-42 所示，分别为预充气、充油、排油三个工作状态，从图 8-42(a) 到图 8-42(b) 为储存能量的过程，从图 8-42(b) 到图 8-42(c) 为释放能量的过程，在释放能量过程中实现滑车和无人机的瞬时加速。

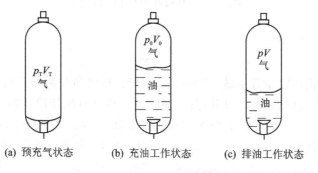

(a) 预充气状态　　　(b) 充油工作状态　　　(c) 排油工作状态

图 8-42　气囊式蓄能器工作状态

通过向气囊式蓄能器油腔充入高压油使已充入气囊腔内的高压气体被压缩，储存能量。发射起飞瞬时，气囊腔内高压气体急剧膨胀，迫使油腔排出高压油，以驱动液压缸活塞做收缩运动，拖动动滑轮组，由缠绕于滑轮组上的钢丝绳牵引装载无人机的滑车沿导轨滑跑，使无人机加速至起飞速度后与滑车分离，最终实现液压能转换为无人机发射起飞的动能。充油过程中，打开截止阀，关闭卸荷阀；发射起飞瞬时，关闭截止阀，开启卸荷阀；发射起飞瞬时，关闭截止阀，开启卸荷阀，迅速实现液压卸荷，以消除动力。

4. 发展现状

据资料显示，美国 ESCO 公司开发了 HP 系列气液压弹射装置可发射最大质量达到 700 kg 的无人机，弹射起飞速度最大达到 41 m/s，如图 8-43 所示。国内的液压发射装置可发射的无人机最大质量（小于 150 kg）和最大发射起飞速度（小于 40 m/s）相对较小，只适合发射小型无人机。可见无人机气液压发射技术仍然具有很大的拓展空间。美国 ESCO 公司 HP

系列无人机弹射器技术规格如表 8-1 所列。

表 8-1　美国 ESCO 公司 HP 系列无人机弹射器技术规格

尺寸(总长)/m	12.5～13.7
质量(无人机弹射质量)/kg	50～700
性能(无人机弹射速度)/(m·s^{-1})	26～41

图 8-43　ESCO HP 3520 无人机弹射器

8.4　伞降回收装置

8.4.1　概　述

　　伞降回收系统由回收伞分系统、开伞装置、伞舱、释放和控制分系统、着陆减震装置等组成,已广泛应用于无人机的回收。用降落伞回收无人机具有操作简单的优点。接到回收指令后,无人机从飞行状态到安全着陆,整个过程自动完成,对操作人员要求低。此外,降落伞回收对场地要求低,无需跑道,适用于野外条件。所以,国内外许多机型采用伞降回收,如法国的"玛尔特",意大利的"米拉奇",中国的 ASN-104 和 ASN-206 等,如图 8-44 所示。采用滑跑着陆的无人机也可使用降落伞作为应急回收手段,如美国的"捕食者""柏修斯"等无人机。对于一些一次性使用的无人机,无起落架系统,在飞机研制试验阶段往往也采用降落伞回收。对于可重复使用的无人机,在研制阶段,遇到特殊情况(如发动机停车、空中姿态失控或各种系统故障等),采用降落伞应急回收,可以避免飞机坠毁,从而加快了研制速度,节省了研制经费。

图 8-44　伞降回收

　　在无人机执行任务过程中,回收过程是一个容易出现故障的阶段。有资料表明,无人机回收过程的故障率占无人机整个任务故障率的 80%。因此无人机回收技术已成为影响无人机技术发展的关键问题之一。

1. 开伞动载

对于伞降回收的无人机,在降落伞充气过程中,由于系统突然减速而产生的作用在无人机上的载荷,叫开伞动载,用 F_k 表示。开伞动载的最大值用 $F_{k\,max}$ 表示。$F_{k\,max}$ 是衡量一具降落伞设计好坏的重要指标之一,它对于降落伞本身和降落伞悬挂的物体的影响都很大。如果开伞动载很大,对降落伞的伞衣和伞绳的安全性能和使用寿命都是不可忽视的影响原因,而且降落伞开伞动载对无人机的结构和设备仪器的性能都会产生不良作用。为此需要对降落伞开伞动载参数进行精密测量,以满足使用需要。

2. 开伞速度与临界开伞速度

开伞速度是指开伞时的飞机速度。降落伞对开伞速度有一定的要求,只有合适的开伞速度才能够保证开伞过程的顺利进行。如果开伞时无人机的速度过高,则伞衣将形成"灯泡"状态(又叫"乌贼"状态),开伞过程不能顺利进行,从而造成回收受阻,无法保证无人机的安全着陆。如果开伞时速度过低,则不能达到顺利开伞的速度,会使开伞过程延缓甚至无法开伞同样不能安全回收。

临界开伞速度是指伞衣能充满的最大速度,即伞衣不能充满的最小速度。

8.4.2　设计要求与技术措施

由于回收伞使用范围很广,回收质量可从几千克到几十吨。开伞速度从低速到超声速,高度跨越几千米到几十千米,总的要求是:安全有效地把飞机减速降落到地面或水面。具体来说,其应考虑如下几方面要求:

1. 着陆速度

对于无人机来说,着陆速度越小,损伤程度就越小。但考虑可行性和经济性,通常要求无人机以 6 m/s 的垂直速度落地。这项指标主要靠大伞的大阻力面来保证。常用的主伞伞型有锥形伞、波环伞及底边延伸型伞等,均由密织物材料作伞衣,具有较好的阻力特性。考虑面积过大给包装运输带来了不便,对于大型无人机的回收伞,可采用多伞系统。为了减轻飞机损伤,通常需要辅以着陆缓冲机构,使飞机着陆时承受的冲击进一步减小。精心设计的反推火箭是一种有效的减小着陆冲击的手段。

2. 开伞动载

无人机回收伞需要在整个飞行包线内有效地工作,以保证飞机安全回收。通常采用减速伞和多次开伞的主伞组成的多级开伞系统,使回收伞承担大速压开伞和低速降落的任务。图 8-45 即为多级多次开伞的回收伞系统。减速伞使无人机初步减速,在达到一定速度后再控制打开主伞。在主伞开伞速度大于 100 m/s 时,一般采用主伞底边收口来减小主伞开伞动载。底边收口作为一种简单有效的减小动载方法被普遍采用。图 8-45 中过程 3~5 即为采用收口后的二次充气过程。由于主伞分阶段充气,开伞动载出现两个峰值。每处峰值均小于该伞一次性充气时的值,使伞的开伞动载值得以减小。具体结构为:在伞衣底边内侧每根伞绳处缝一个可供收口绳穿过,并可让收口绳自由抽动的金属环。将穿过所有小环的收口绳两端打结形成可以控制开伞进气口面积的封闭绳环。收口绳穿过小环时,同时穿过两个固定在伞衣底边的切割器。这种切割器在主伞拉直时被拉发,经过若干秒延时后,切割器将收口绳切断,使主伞第二次充气。切割器的安装见图 8-46。

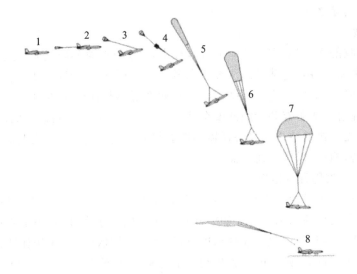

1—无人机平飞,进入回收阶段;2—弹出减速伞后,减速伞位于尾流区;3—减速伞充满作用;

4—减速伞拉出主伞包,进入拉直阶段;5—减速伞脱离,进入主伞充气阶段;

6—收口绳绷紧,伞衣成"灯泡"状;7—收口解除,主伞完全充满,进入隐降阶段;

8—无人机着陆,气囊缓冲,主伞脱离。

图 8 - 45　一级开伞两次充气

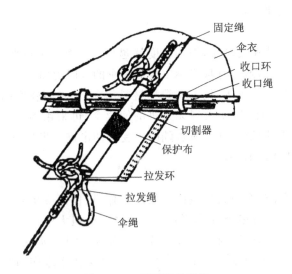

图 8 - 46　切割器的安装

实验表明,采用适当的收口比和延迟时间,可将最大开伞动载降低 40% 左右,采用多次收口还可以进一步减小开伞动载。不同的伞型最佳收口比不同,最佳收口比大多采用特定条件下进行空投测试并经数理统计来确定。

作用在收口绳上的力与伞衣收口状的开伞动载有关。试验表明,大质量比伞系统,收口绳上的最大力出现在收口伞衣完全充满时。小质量比伞系统,收口绳上的最大力出现在收口伞衣完全充满之前。收口绳上的力与收口状最大开伞动载值之比大致为:大质量比伞系统为 3%~4%,小质量比伞系统为 2.5%。

3. 最低安全高度

回收伞从开伞到末级主伞完全张满并稳定下降需完成一系列程序,高度损失是不可避免的。设计时,一方面应尽量减少开伞的高度损失,另一方面做出开伞过程高度损失极限值的估计,供主机设计加以考虑。

4. 着陆脱离

无人机着陆后,应迅速将大面积主伞及时与飞机分离,避免地面风吹开主伞拖坏飞机。为此,常采用触地开关与之连动的分离机构。

5. 稳定性

设计回收伞系统应考虑无论是初始摆动还是回收伞下降过程中受扰动而产生的摆动,都应能及时消除,以保证无人机能按正常姿态着地,避免飞机局部损坏。为此回收伞应有良好的稳定性。

6. 开伞程序

与所有的降落伞系统一样,开伞程序好坏往往决定整个回收系统工作的成败。回收舱位置首选在飞机尾部。但由于总体要求,有些飞机的伞舱设置在机身的背部和腹部。这种布局使开伞通道上有障碍,设计中应尽量避免障碍物对伞系统开伞的干扰。通常采用的方法有:在伞舱盖打开时,尽量将引导伞抛离飞机;引导伞采用防钩挂结构;控制主伞包在越过飞机尾翼后打开等。

7. 可靠性

可靠性通常与回收物价值有关。设计时必须考虑经济性,因为提高可靠性指标意味着增加检验试验次数,增加成本;另外还要考虑可行性,一些大型无人机,试验一次规模很大,可靠性指标提得过高,在设计定型前无法完成必要的试验数量。对于大型无人侦察机,设计状态的回收系统可靠度在 90% 置信度条件下为 90%。无人机回收伞系统一般没有备份,应从设计和工艺上提高元件可靠度以保证系统可靠度指标。

8.4.3　伞舱及开伞装置

1. 伞舱与吊点

无人机伞舱一般在尾部,回收过程中,无人机姿态变化较平稳。有的无人机由于总体设计要求,为了避开发动机等因素的不利影响,安装在无人机前部。这种布局造成开伞通道上有障碍物,不利于开伞。为了避开障碍物,需要采取相应的开伞措施来避免降落伞系统与无人机尾翼相撞。然后根据伞舱的位置以及总体设计要求,确定主伞吊点的数量与位置。

2. 开伞装置

开伞装置是降落伞系统中用于打开伞舱,启动伞系统工作的组件。其结构形式随伞的类型和用途不同而异。无人机一般通过抛离伞舱盖或尾锥拉出回收伞(回收伞一般由减速伞、主伞及悬挂带组成。小型回收伞采用引导伞直接拉主伞的程序)。

(1)引导伞

引导伞的功能是将伞系统从伞舱中拉出、拉直包装主伞的伞衣套,最终将伞衣套从伞衣上拉脱,使主伞处于良好的充气状态。

引导伞的设计要求主要有:

① 开伞快。

② 有足够的阻力,以保证伞系统沿全长拉直。

③ 工作可靠,即使在较恶劣的气流或较差的开伞环境下,也能保证正常工作。有避免和其他部件或物体发生缠绕的能力。

④ 具有一定的弹跳能力,使引导伞开伞瞬间避开其他物体。

⑤ 体积小,重量轻。

⑥ 包装方便。

通常采用以下措施来保证上述要求:

① 采用透气量较小、漂浮性好的材料制作引导伞伞衣。

② 采用中心绳和在伞衣底边加鼓风带结构。

各种伞衣结构都可以用作引导伞伞衣。引导伞形式很多,按其结构特点,目前常采用以下三类:软质带中心绳引导伞、软质不带中心绳引导伞和弹簧骨架式引导伞。

软质带中心绳引导伞在伞顶与绳环间有一根中心绳。中心绳长度等于或略长与伞绳。中心绳能加快开伞速度。这类伞的优点是结构简单、重量轻、体积小、工艺性好。但开伞速度没有弹簧骨架引导伞快。

软质无中心绳引导伞,有导向面伞、环波伞、环缝伞和截锥形伞。这类引导伞的最大优点是稳定性好、工作可靠,缺点是结构复杂、体积重量较大。

弹簧骨架引导伞因在伞上缝有弹簧而得名。在伞包打开时,弹簧的弹力将这种伞弹离伞包,进入气流。这种伞的缺点是结构复杂,工艺性差,体积、重量也比相应的软质引导伞大。

引导伞的面积大小与被引导主伞包重量和引导伞工作速度有关。一般都是根据经验或试验确定。对于某些普通型别的降落伞可参照表 8-2 来确定引导伞和主伞面积比。也有一些回收伞的引导伞面积由定常拉力等于 4 倍所拉伞包重量来确定。

表 8-2 引导伞和主伞面积比

拉直速度 v_L(表速)/(km·h^{-1})	引导伞面积/主伞面积/%
<370	3
370~550	2
>550	1

(2) 伞衣套

伞衣套的作用是保护伞衣,使伞衣特别是伞衣底边在系统拉直前不与气流接触,防止伞衣提前充气。同时伞衣套还应保证伞衣、伞绳有良好的拉直程序,避免或减少伞绳抽打伞衣的几率。

伞衣套的设计要求如下:

① 能将伞衣、伞绳可靠地保护起来,并使伞衣和伞绳相互隔离,以保证在伞系统拉直前不被气流吹乱,防止伞绳抽打伞衣。

② 在系统全长拉直,伞衣从伞衣套中脱出前,能将伞衣底边进气口可靠地封住,使伞衣没有提前充气的可能。但在系统拉直过程中,伞衣和伞绳 V 能很顺利地,并按一定的顺序从伞衣套内拉出,保证开伞程序正常。

③ 有足够的强度、质量小、结构简单、工艺性好。

常见的伞衣套有三种形式:长伞衣套、短伞衣套和带兜底布的伞衣套。

8.4.4　降落伞伞衣的结构

1. 概　述

如图 8-47 所示为降落伞的基本结构。降落伞的形状在开伞过程中不断变化。一般采用未充气的降落伞形状(结构形状)作为某种伞的标征进行分类。

（1）结构形状

降落伞的结构形状是图纸上的形状。平面圆伞的结构形状是一个平面圆,锥形伞的结构形状是棱锥体。结构形状通常用俯视图和侧视图表示。结构形状的特征参数——结构直径 D_j,定义为两相对伞衣幅的最大宽度两点间的距离。

降落伞的大小用名义面积 A_0 表示。对于传统降落伞,A_0 定义为包括产生主要气动力的织物面的表面积。定义名义面积为 A_0 的圆的直径为名义直径 D_0。

（2）充满状态

处于稳定下降状态下的降落伞伞衣在空气动力和织物张力作用下形成的形状称为充满形状。充满伞衣的投影面积称为投影面积 A_t。

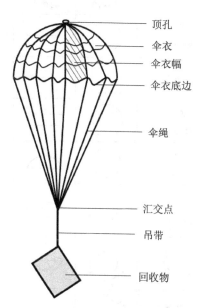

　　　顶孔
　　　伞衣
　　　伞衣幅
　　　伞衣底边

　　　伞绳

　　　汇交点
　　　吊带
　　　回收物

图 8-47　降落伞的基本结构

2. 伞衣结构分类与性能特点

根据伞衣结构形状,降落伞可分为圆形伞、方形伞、导向面伞、带条伞、旋转伞、十字形伞等。

圆形伞包括平面圆形伞、底边延伸形伞和成形幅伞三种。平面圆形伞结构形状实际上是一个平面多边形。平面圆形伞结构对称,工作可靠,开伞时受力较均匀。底边延伸形伞和成形幅伞都是在平面圆形伞基础上发展起来的。

方形伞结构为切去四角的平面方形,一般由数幅织物锁缝而成。方形伞结构简单,材料利用率高。方形伞从伞底到底边距离不等,伞绳和伞衣受力不均匀,开伞缓慢,但开伞动载较小,伞衣各部位易错位,容易造成局部受损。

导向面伞是在平面圆形伞的基础上发展起来的,它是在伞衣底部延伸一个倒装的锥形导向面,能使气流分离,压力分布对称,稳定性好。但导向面伞材料消耗多,工艺复杂,成本高。

带条伞有平面带条伞、环缝伞、波环伞、锥形带条伞和半流带条伞几种。前面三种结构形状均为平面圆形,伞衣是由同心带条组成,带条之间有一定缝隙。带条伞的开伞动载较小,稳定性较高。

旋转伞伞衣结构形状为中心对称,但为非轴对称结构。充满的伞衣上造成旋转方向上一致的排气口。伞衣织物的透气量都很小,气流主要通过排气口排出,由于旋转伞高速旋转,使物伞系统下降时有良好的稳定性,具有开伞动载小、阻力系数大的特点。

十字形伞是由两个矩形织物彼此直角相交而成。影响十字形伞性能的主要参数是矩形的长宽比。十字形伞具有稳定性好、材料利用率高、制造简单等优点。但是十字形伞容易旋转导致结构受损,加工时应特别注意其对称性。

表 8-3 列出了不同伞形的性能特点。由俯视图和侧视图可以看出伞的结构形状。D_t/D_j

表 8-3 伞形性能特点

降落伞形式	结构形状		直径比		阻力系数	开伞动载系数	摆角/(°)
	俯视图	侧视图	D_t/D_j	D_j/D_0	C_D	K_d	
平面圆形伞	○	—	0.67~0.70	1	0.75~0.80	~1.8	±10~±40
方形伞	□	—		0.886	0.80~1.0	<1.8	±20
底边延伸伞	⊙	⏢	0.77~0.86	0.81~0.86	0.75~0.9	~1.4	±10~±20
半球形伞	○	⌒	0.93	0.71	0.62~0.77	~1.6	±20
有肋导向面伞	⬡		0.98	0.63	0.28~0.42	~1.1	0~±2
无肋导向面伞	⬡		0.96	0.66	0.30~0.34	~1.4	0~±3
人用导向面伞	⚙		0.73	0.89	0.68~0.80	~1.6	±15
十字形伞	✚	—		0.84~0.87	0.60~0.78	~1.2	0~±3
平面带条伞	◎	- - -	0.67	1	0.45~0.50	~1.05	0~±3
锥形带条伞	◎	⌂	0.70	0.93	0.50~0.55	~1.05	0~±3
环缝伞	◎	- - -	0.67~0.70	1	0.56~0.65	~1.05	0~±5
环波伞	◎	⏢	0.82	0.82	0.75~0.90	~1.10	±5~±10
方形旋转伞	⊠				1.1~1.2		
S形旋转伞	∿	—			1.24		

为投影直径与结构直径之比,反映充满前后伞衣的形状变化。D_j/D_0 为结构直径与名义直径之比。C_D 为以名义面积为参考面积的阻力系数,反映伞的阻力特性。开伞动载系数 K_d 是在降落伞开伞过程的充气阶段,因充气引起物伞系统的减速可忽略不计的条件下取得的试验结果,表示开伞力的最大值和该伞在该开伞速度下定常运动阻力之比。

3. 低速无人机回收伞

低速无人机由于回收时飞机速度相对较低,一般采用引导伞直接拉出主伞,主伞一次充气张满的开伞方式。低速无人机回收系统目前技术已经相对较为成熟,伞形一般选用方形伞、平面圆形伞,以及十字形伞等,其中十字形伞以其稳定性好、制造工艺简单、开伞动载较小等特点,在低速无人机上应用最为广泛。

4. 高速无人机回收伞

高速无人机由于回收时飞行速度较高,直接开伞动载很大。为防止伞衣破损就需选用高强度材料,而高强度材料一般质量和体积都相对较大,但采用较薄和较轻的材料,伞衣和伞绳的强度又难以承受在此速度下开伞所造成的冲击力。因此,对于高速无人机采用直接开伞方案是无法满足高速回收的要求的。目前高速无人机常用的开伞方式主要有两种:一种是一级开伞两次充气方式,另一种是两级开伞方式。

两级开伞方式由减速伞、主伞两级伞组成。系统工作时先打开减速伞,使系统减速至一定速度,通过控制机构脱机减速伞并打开主伞,主伞充气并稳定下降直至地面。由于减速伞的面积不同,减速效果不同,使得主伞开伞时的速度可以得到有效控制,因此两级开伞方式可以适应于更高速度的开伞。但该方式结构比较复杂,开伞过程的控制难度较高,同时由于增加了一级减速伞,系统的体积和重量也有所增加。高速无人机回收伞一般采用稳定性相对较高的底边延伸形伞和圆锥形伞。

8.4.5 伞衣面积与伞绳的计算

1. 伞衣面积的计算

伞衣面积计算公式为

$$A_0 = \frac{G_s + G_w}{\frac{1}{2}\rho v_d^2 C_D} \tag{8-30}$$

式中:G_s 为降落伞质量所产生的重力,单位 N;G_w 为无人机质量所产生的重力,单位 N;v_d 为稳降速度,单位 m/s;C_D 为伞衣阻力系数。

2. 伞绳的数量与长度

伞绳的数量和长短对降落伞阻力特性的影响主要体现在对伞衣投影面积的影响。伞绳越短,伞衣底边向内收缩越多,伞衣的最大投影面积越小,其结果是导致阻力系数 C_D 减小。通常伞绳的长度为伞衣名义直径的 $0.8\sim1.2$ 倍。增加伞绳数量可使充满状态的伞衣最大投影面积有所增加。当伞绳的长度大于名义直径 D_0 时,由伞绳长度增加使平面形伞衣阻力的增加比非平面伞快得多,表明平面形伞的阻力特性对伞绳长度的敏感程度大于非平面形伞。

8.4.6 降落伞强度计算

降落伞强度计算的目的是在满足设计重量要轻的条件要求下,使组成降落伞的各部件具有足够的强度。这里主要介绍组成降落伞的主要织物件——伞衣和伞绳等的强度情况。

1. 伞衣强度

当降落伞工作时,伞衣面积受到流入空气的动量变化会产生压力作用,使伞衣幅向外鼓起,织物的张力会沿经向和纬向传递到加强带上,又由加强带传递到伞衣底边的伞绳,并通过伞绳传递到回收物上。

一般来讲,分析伞衣的应力要考虑的载荷情况有两类,即动载和静载。伞衣开伞过程,伞衣承受动载荷;伞衣稳定下降过程,承受静载荷。一般常用开伞过程的最大张力来计算伞衣和伞绳的强度。

(1) 伞衣内最大应力的确定

计算最大应力常采用一种较为简单的方法,基于如下假设:

① 伞衣充满部分呈半球形,如图 8-48 所示。

② 内外压差沿充满部分的伞衣均布。

③ 仅由充满部分的伞衣承受开伞动载。

由以上假设,伞衣内外压差与开伞动载的关系可表示为

$$\Delta p = \frac{F_{k\,max}}{\pi r^2} = \frac{F_{k\,max}}{d_w^2 / \pi} \qquad (8-31)$$

式中:d_w 为最大开伞动载时,伞衣充满部分的展开直径,称为危险截面直径。

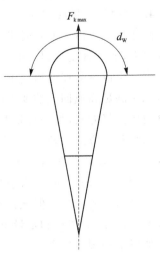

图 8-48 伞衣所受应力

根据半球形顶部的假设,充满部分伞衣经向截面内应力为

$$\sigma_{jx} = \frac{1}{2} \Delta p r = \frac{d_w}{2\pi} \Delta p \qquad (8-32)$$

即

$$\sigma_{jx} = \frac{F_{k\,max}}{2d_w} \qquad (8-33)$$

在部分充满伞衣纬向截面上的应力与伞衣形式有关,对于平面型伞衣则有

$$\sigma_{wx} = \frac{F_{k\,max}}{\pi d_w} \qquad (8-34)$$

比较式(8-33)和式(8-34)可知,对于平面型伞衣,经向截面上的应力显然大于纬向截面的应力。在计算式里包含了伞衣危险截面直径 d_w,如果定义 A_w 为伞衣危险截面,即

$$A_w = \frac{\pi}{4} d_w^2 \qquad (8-35)$$

则伞衣内应力可分别表示为

$$\sigma_{jx} = \frac{1}{4} \sqrt{\frac{\pi}{A_w}} F_{k\,max} \qquad (8-36)$$

$$\sigma_{wx} = \frac{1}{2} \frac{F_{k\,max}}{\sqrt{\pi A_w}} \qquad (8-37)$$

(2) 伞衣危险截面的确定

按定义,伞衣危险截面即开伞动载为最大值时伞衣充满部分的表面积。危险截面 A_w 可以由实验测定。如果缺乏实验资料时,则可以通过下列步骤求得 A_w 值。

假设出现最大动载时系统的速度仍为开始充气速度 v_L，此时的开伞动载可用下式计算：

$$F_{k\,max} = p v_L^2 C_D' A_w \qquad (8-38)$$

式中：C_D' 为部分充满伞衣（充满部分的表面积为 A_w）的阻力系数。

式（8-38）可改写为

$$A_w = \frac{F_{k\,max}}{p v_L^2 C_D'} \qquad (8-39)$$

由上式可见，要获得伞衣危险截面，必须先知道部分充满伞衣的阻力系数 C_D'。对于部分充满的伞衣，由于外形更接近于流线形，因而通常它的阻力系数小于面积和它相同的完全充满伞衣的阻力系数。两者的关系可以表示为

$$\frac{C_D'}{C_D} = \frac{F_{k\,max}'}{F_{k\,max}^*} \qquad (8-40)$$

式中：$F_{k\,max}'$ 为作用于部分充满伞衣（充满表面积为 A_w）上的开伞动载值；$F_{k\,max}^*$ 为作用于完全充满伞衣（伞衣表面积为 A_w）上的开伞动载值。

通过实验获得两种开伞动载 $F_{k\,max}'$ 和 $F_{k\,max}^*$ 相对于伞衣充满面积的关系，如图 8-47 所示，图中虚线表示同一具伞衣在不同充满阶段上的开伞动载 $F_{k\,max}'$，实线则表示作用于不同表面积的各个张满伞衣上的开伞动载 $F_{k\,max}^*$。

利用式（8-39）、式（8-40）及图 8-49 通过下列的逐次计算可确定伞衣危险截面 A_w。

① 先计算开伞动载 $F_{k\,max}$，根据假设可知 $F_{k\,max} = F_{k\,max}'$；

② 假定某个 C_{D_1}' 值（如取 $C_{D_1}' = 0.5 C_D$），按式（8-39）计算危险截面的首次近似值 A_{w_1}；

③ 按计算最大开伞动载的公式计算表面积为 A_{w_1} 的伞衣的开伞动载 $F_{k\,max}^*$；

④ 按式（8-40）计算阻力系数的修正值 C_{D_2}'；

⑤ 以 C_{D_2}' 按式（8-39）计算危险截面的修正值 A_{w_2}。

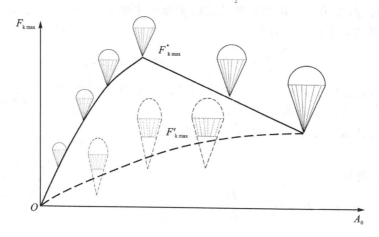

图 8-49　两种开伞动载

（3）伞衣强度计算

在求得伞衣危险截面 A_w 之后，即可计算伞衣应力。为方便起见，把式（8-39）代入式（8-36）和式（8-37），可得

$$\sigma_{jx} = 0.25 \sqrt{\pi \rho v_L^2 C_D' F_{k\,max}} \qquad (8-41)$$

$$\sigma_{wx} = 0.5\sqrt{\frac{\rho v_L^2 C_D' F_{k\,max}}{\pi}} \tag{8-42}$$

在求得伞衣最大应力后,可按下列的强度条件校验伞衣的强度,即

$$\sigma_{jx} f_{sy} \leqslant P_{sy} \tag{8-43}$$

上式中 P_{sy} 为伞衣织物的断裂强度。伞衣安全系数 $f_{sy}=1.5\sim4$,应根据伞衣织物的种类和性能、降落伞的用途、结构与工艺、使用次数及保管条件等因素决定。

由假设可知,此计算方法有其局限性,仅适用于在充气过程中伞衣会出现半球形顶部而且最大开伞动载在此时产生的伞形。由于其计算方法比较简单,故在初步设计时用于估算伞衣的强度,有一定的实用价值。

2. 伞绳强度

(1) 伞绳的计算情况与外载荷

作为伞衣与无人机的连接部件——伞绳,在降落伞整个工作过程中有两种情况受载最为严重。一种情况发生在伞系统拉直过程中,此时全部伞绳大致处于平行拉直状态,外载荷即是拉直力 F_L。另一种情况出现在伞衣充气过程中,此时伞衣处于部分充满状态,因而伞绳与伞轴线有一定的夹角,外载荷则为开伞动载 $F_{k\,max}$。如果 $F_{k\,max}>F_L$,则只需计算后一种情况的伞绳强度即可。反之,当 $F_{k\,max}<F_L$ 时,就需要计算上述两种情况下的伞绳最大张力,然后经比较,取其大者进行强度校验。

(2) 伞绳强度计算及安全系数的选择

对于拉直过程中单根伞绳的张力可简单地表示为

$$T_{sh} = \frac{F_L}{nK_b} \tag{8-44}$$

式中:n 为伞绳数量;K_b 为伞绳不同时工作的修正系数,通常取 $K_b=0.667$。

对于充气过程,如果出现最大开伞动载时伞绳与伞轴线的夹角为 α,则每根伞绳的张力为

$$T_{sh} = \frac{F_{k\,max}}{nK_b\cos\alpha} \tag{8-45}$$

伞衣在充气过程中 α 是个变值,最大动载时的 α 角事实上不易确定。如果以伞衣完全充满时的 α 角代入式(8-45),显然是偏于安全的。充满伞衣的几何关系如图 8-50 所示。

由图 8-50 可知:

$$\sin\alpha = (0.3\sim0.4)\frac{D_0}{L_{sh}}$$

通常

$$L_{sh} = (0.8\sim1.2)D_0$$

即

$$\sin\alpha = 0.33\sim0.375$$

因此

$$\cos\alpha = 0.927\sim0.943$$

取平均值 $\cos\alpha=0.935$ 代入式(8-45)后得

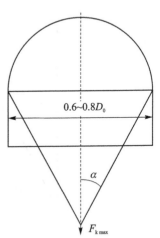

图 8-50 充满伞衣的几何关系

$$T_{sh} = \frac{F_{k\,max}}{0.935nK_b} \tag{8-46}$$

即

$$T_{sh} = \frac{1.6F_{k\,max}}{n} \tag{8-47}$$

求出单根伞绳的张力 T_{sh} 后,按下式进行强度校核,即

$$T_{sh}f_{sh} \leqslant p_{sh} \tag{8-48}$$

式中:p_{sh} 为单根伞绳的断裂强度;f_{sh} 为伞绳的安全系数,一般取 1.5～4,根据伞绳材料种类、降落伞用途、使用和保管条件等因素选定。

一般取伞衣辐射加强带的强度与伞绳的强度相同。

8.4.7　气囊减震着陆

1. 着陆减震装置

着陆减震装置用于吸收无人机接地时的撞击能量,减小撞击过载。性能良好的减震装置可允许无人机以较大的下降速度接地,从而可以使回收伞系统的重量和尺寸大为减小,同时对保证无人机安全回收也可起重要作用。对于简单的小型无人机,只要伞降接地速度小,机体与机载设备能承受较大撞击,则在无减震装置的情况下也能安全回收。常用的着陆减震装置有减震气囊、反掣火箭、破损减震构件和油气式减震装置等。大部分配有减震装置的无人机都采用减震气囊,如图 8-51 所示。回收减震气囊通过内部气体压缩吸收回收目标的冲击能量,在适当的时机排出压缩气体,释放能量,防止回收目标反弹,从而达到减小冲击过载,保护回收目标的目的。

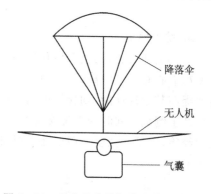

图 8-51　无人机伞降气囊回收着陆状态

2. 气囊减震过程

气囊的充气、压缩、放气过程可以看作是弹簧压缩、释放的过程,其工作过程如图 8-52 所示。

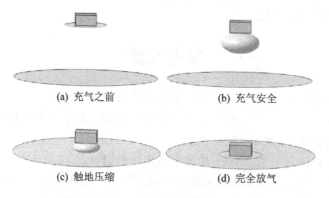

(a) 充气之前　　　　　　(b) 充气安全

(c) 触地压缩　　　　　　(d) 完全放气

图 8-52　气囊工作过程

对气囊充气使其具有一定的刚度,充气后气囊的压力值大小决定了气囊的刚度,刚度过

小,则不能很好地起到吸收能量的作用;刚度过大,则会引起着陆后的反弹现象。压缩行程是由气囊的放气压力决定的。放气压力值越大,压缩行程越长,整个阶段储存的冲击能量越多,但放气压力值过大,会导致飞机反弹;放气压力值过小,则会缩短行程,不能完全吸收冲击能量,导致剩余速度过大。气囊的放气过程是对压缩过程中储存的能量的释放过程,放气过程的长短取决于排气孔面积的大小。排气孔面积小,则会导致气囊作用时的最大压力升高,引起无人机反弹。气囊缓冲工作过程如图 8-53 所示。

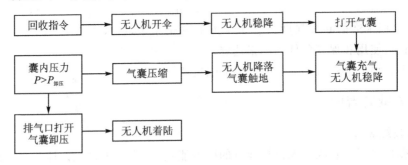

图 8-53 气囊缓冲工作过程

3. 缓冲气囊

对于缓冲气囊,其质量体积比一般取 1 000 kg/m³,通常采用前后气囊布局,考虑前后气囊距离重心有一定距离,因此单个气囊体积可以比理论计算的稍大一些。对于缓冲气囊,如果需要提高其缓冲性能,则囊体的高度应越高越好,但高度增加将会降低气囊的稳定性,导致无人机产生侧翻。同时为保证缓冲时气囊可以包裹住机身,气囊的宽度必须大于飞机直径,根据设计经验,气囊的宽度一般取无人机机身的 2~3 倍。

习 题

1. 无人机常见降落方式有哪些?
2. 前三点式布局的优点有哪些?
3. 油气式减震器的工作原理是什么?
4. 一次开伞两次充气过程中采用了什么技术,有什么好处?
5. 简述伞衣强度计算方法。

参考文献

[1] 郦正能.飞行器结构学.北京:北京航空航天大学出版社,2005.
[2]《世界无人系统大全》编写组.世界无人系统大全.北京:航空工业出版社,2015.
[3] 宋静波.飞机构造基础.北京:航空工业出版社,2011.
[4] 王利荣.降落伞理论与应用.北京:中国宇航出版社,1997.
[5] 国防科学技术工业委员会.无人机回收系统通用要求:GJB 2019—94,1995.
[6] 机械设计手册编委会.机械设计手册.北京:机械工业出版社,2004.
[7] 李建华.某无人机发射系统技术研究.南京:南京理工大学,2008.
[8] 孙志宏.无人机弹射起飞技术分析.测绘与空间地理信息,2014(08):174-175.

［9］苏倩. 无人机动力系统及弹射装置的研究. 哈尔滨：哈尔滨工业大学,2008.

［10］李俊. 无人机回收伞设计//中国航空学会人体工程航医救生分会、湖北航空学会安全救生专业委员会. 中国航空学会全国第十届安全救生学术交流会文集. 中国航空学会人体工程航医救生分会、湖北航空学会安全救生专业委员会,2006：5.

［11］李悦,张海黎. 无人机气液压发射原理试验研究. 南京航空航天大学学报,2010(06)：699-703.

［12］李俊. 无人机伞降回收系统的设计与发展方向//江苏省航空航天学会、上海市宇航学会、上海市航空学会、浙江省航空航天学会. 第九届长三角科技论坛——航空航天科技创新与长三角经济转型发展分论坛论文集. 江苏省航空航天学会、上海市宇航学会、上海市航空学会、浙江省航空航天学会,2012：5.

［13］赵云辉. 无人机伞降回收系统建模与控制策略研究. 南京：南京航空航天大学,2012.

［14］赵伟. 液压弹射机构设计及其关键控制元件的研究. 杭州：浙江工业大学,2013.

第9章　无人机结构案例分析

9.1　小型无人机

按体积大小和质量分类,起飞质量小于 200 kg,最大尺寸在 3～5 m,活动半径在 150～350 km 范围的无人机可称作为小型无人机。小型无人机飞行高度基本上小于 6 000 m,其中 3 000～4 000 m 居多;飞行速度基本上在 100～300 km/h,其中 150～250 km/h 居多;续航时间基本上在 1～10 h 之间,其中 3～4 h 居多;有效载荷基本上小于 50 kg。

众所周知,从世界上第一架无人机问世,至今已有近百年的历史,经历了无人靶机、无人侦察机/监视机、多用途无人机三大阶段,尤其是进入 20 世纪 90 年代以来,无人机在"海湾战争""沙漠之狐""科索沃"三大现代战争中的显赫"战功",表现出它在高技术战争中越来越重要的作用和地位。需求牵引,无人机的发展进入了崭新的时代。目前全世界共有 50 多个国家装备了无人机系统,无人机的基本型号已增加到 300 种以上,无人机的发展速度飞快,使得现代无人机的种类也异常繁多,型号各异,而且新的概念机型还在不断地涌现,创新的广度和深度更是不断加大。从世界各国的无人机发展方向来看,小型化、智能化和隐身化无疑是无人机的发展方向之一。由于其尺寸小、重量轻、成本低、功能强、用途广泛及携带方便等原因,小型无人机被大量研制并应用,满足部队连、排级近程战术侦察的需求,完成战场监视、目标侦察、毁伤评估等任务,同时它还比较适合在现代城市环境飞行,在城市作战和监控巡逻等方面有其独特的优势。

小型无人机(Small UAV)是无人机家族中的一员,按照美国国防部最新发布的无人机发展路线图的分类,包括轻型无人机(Mini - UAV)和微型无人机(Micro - UAV)。国际上一般认定微型无人机的尺寸不大于 15 cm,质量为 10～100 g,续航时间 20～120 min。微型无人机目前仍处于初步发展阶段,其结构形式五花八门,当前的微型无人机结构主要从功能性角度出发,在结构承载方面考虑得还不够细致,本书暂不做论述。轻型无人机虽然比微型无人机大,但是与大多数现用无人机相比仍然很小。轻型无人机的特点是:用现有技术水平已能制造,适于单兵携带、发射,操作容易,成本低廉,经济实惠,因而很快成为当今国际上的一个研究热点。美国陆军、海军、国防高级研究计划局(DARPA)以及航空工业界正是看到微型无人机尺寸太小,限制了有效载荷和性能,因而开始研究能够供单兵使用的便携式轻型无人机,轻型无人机的技术难度相对较小,在一定程度上克服了"微型"带来的缺点,因而更现实、更实用。

9.1.1　小型无人机受载特点

无人机的强度计算根据无人机在起飞、空中飞行、回收、运输、使用维护过程中受载严重的若干情况进行,这些状态在此处称为受载情况。

无人机发射、飞行和回收三个过程的过载系数差别很大,对飞机部件的影响也各异。而对无人机有决定意义的过载是飞行过载、开伞过载和着陆过载。无人机最大使用过载取最大使用机动过载与最大使用突风过载中的最大值,最小使用过载取最小使用机动过载与最小使用突风过载中的最小值。

由于不需要安置座舱及其相应的设备,飞机的主体结构可以根据飞机的外形及强度、刚度的需要,尽量使用简捷的结构形状和明确的传力特征。因为各种管路、油路、气路及电缆等相对较少,且传递路线较为直接,所以结构件上的各种开口也就相对较少。因此无人机结构分析计算的准确性相对较好。

无人机结构相对较为简捷,传力形式较为明了,零部件外形较为规则,所以设计时对结构的各方面的裕度储备比较容易控制,减少了结构安全裕度的分散性,从而可以更有效地发挥各部分结构件的效能和功能,减轻结构重量。通常对于无人机的大多数金属结构件,强度裕度可控制在 0.10～0.15 以内;复合材料结构件的强度裕度控制在 0.20 以内。当然,如果考虑型号以后的改型和发展,也可以在结构设计时预留较多的强度裕度储备。

目前的小型无人机多数为侦察、监视、通信类无人机,属于低速飞机或亚声速飞机,基本上不做特技机动飞行,即小型无人机只完成非特技飞行,包括上升、下滑、改平、坡度等于 30° 的缓 8 字飞行等基本飞行动作。由于使用方式比较规范,机动情况相对较少,所以小型无人机的载荷情况和载荷大小按静强度设计可以相对确定得较为准确。

9.1.2　小型无人机结构设计

小型无人机结构的主要功能是保持气动外形及舱室形状,同时承受飞机气动载荷、发射回收产生的集中载荷以及机载设备的质量力,为机载设备提供一个良好安装平台。飞机结构在满足强度、刚度的前提下,还应满足重量轻、成本低、工艺性好等要求。

1.　总体结构布局

无人机总体结构布局主要是确定全机结构受力形式及传力方案,包括机翼、机身、尾翼和起落架布置形式的确定,其中最主要的是机翼和机身的总体布置形式。机翼和机身的结构布局形式主要有 5 种,包括机翼翼盒穿过机身布局、机身加强框传递机翼载荷布局、机翼翼梁穿过机身布局、翼身外撑杆布局和翼身融合体布局。

由于小型无人机起飞重量通常比较小,翼载荷小,飞行速度较低,因此一般采用上单翼总体气动布局较多,如国外的 Raven“大乌鸦”无人机(见图 9 - 1)、RQ - 7A“影子”200 无人机和国内的 ASN - 105 无人机(见图 9 - 2)、ASN - 7 无人机(见图 9 - 3)等。

针对上单翼总体气动布局形式,通常采用机翼翼盒穿过机身的形式,如图 9 - 4 所示。左右机翼为一整体,机翼主受力盒段整体贯通穿过机身。这种布

图 9 - 1　Raven“大乌鸦”无人机

局将结构中外翼的弯矩在中央翼翼盒壁板及其翼梁缘条上自身平衡,而中央翼梁腹板上的剪力通过铰接接头使加强框的侧面受载,最终在蒙皮上平衡。外翼上的扭矩由外侧接头以力偶形式承受,最终在机身蒙皮上平衡。这种结构布局具有传力直接、翼身设计分离面少、结构效率高的特点,也是小型无人机较为普遍采用的布局形式。

图 9-2　ASN-105 无人机

图 9-3　ASN-7 无人机

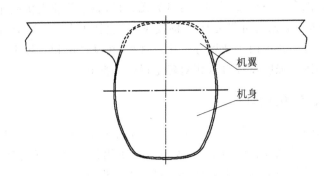

图 9-4　机翼翼盒穿过机身布局形式

2. 机体结构材料

无人机通常由多种不同的材料制成,一般而言,常用的材料中最多的是复合材料、木质材料、铝合金。复合材料在有人驾驶飞机结构上的应用始于 20 世纪 70 年代,其间经历了漫长的发展过程,从最初的次结构逐渐发展到现在的主受力结构和复杂结构的设计与应用。小型无人机由于其特有的低风险(无人)、低成本(相对较大飞机而言)特性及总体尺寸较小的特点,为一些新材料、新构型、新技术提供了可以施展和验证的平台。因此中、小型无人飞机的结构中大量使用复合材料。复合材料优良的性能、显著的减重效益及良好的整体成型工艺性,为小型无人机减轻重量和降低制造成本提供了更大的可能性,使其逐渐成为小型无人飞机的主体材料。目前世界上各种先进的无人机复合材料的用量一般占机体结构总重的 60%～80%,而一些无人机上的复合材料的用量可达 90% 以上,称为全复合材料飞机。

从小型无人机机体结构应用复合材料的情况看,蒙皮通常采用蜂窝夹层结构、泡沫塑料夹层结构的形式,如图 9-5 所示。夹层结构重量轻,具有较大的弯曲刚度和强度,是承载效率较高的结构形式,而结构中的主承力结构件(如机翼梁、机身梁及后

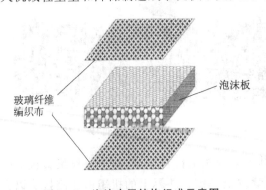

图 9-5　泡沫夹层结构组成示意图

推式布局飞机使用的管状尾撑杆等)则通常采用层压板或缠绕的结构形式。在小型无人机机体结构上应用较多的是比强度高的玻璃纤维织物、碳纤维与碳纤维布,并以厚度小的薄型纤维

布为主。这类纤维织物适于制造面板较薄的夹层结构复合材料。小型无人机机体用复合材料的制造仍以玻璃纤维布为主,以便合理控制成本,但提高飞机性能和实现无人机轻量化的需要已经使碳纤维及其织物的用量逐步增加。通常机翼、尾翼及各种天线罩、护板、蒙皮等结构件大量使用复合材料,而机身、起落架等结构件的复合材料使用量相对较少。固定翼无人机中大量采用塑料泡沫,通过模具可以制作出流线外形。发泡聚乙烯轻巧、坚固、容易制作,成为小型固定机翼无人机流线形外壳和机身的标准制作材料。另外,在小型无人机上,木质材料、塑料薄膜等非金属材料也得到大量使用。

3. 翼面结构

从构造上看,机翼、尾翼和操纵舵面结构及其构件的组成是完全一致的,故统称为翼面结构。机翼为飞机的主要气动面,其结构形式是翼面结构的典型代表。机翼结构有多种形式,按翼面主承力结构分类,小型无人机的翼面结构可归纳为图 6-25 所示的以下五种形式:

① 夹层板梁式结构。夹层板梁式结构主要由上下夹层板蒙皮、前后梁和若干翼肋组成。弯曲载荷主要由前后梁来传递,剪力由梁腹板传递,扭矩由夹层板和前后梁组成的闭室来传递。翼肋支持夹层板翼面和梁腹板并传递局部集中力载荷。在夹层板梁式结构中,由于夹层板主要承受剪应力,因此通常设计为薄面板复合材料夹层结构。翼梁通常为硬铝合金材料。对重量和刚度要求高的机翼,则采用碳纤维复合材料翼梁结构。

② 夹层壁板墙式结构。夹层壁板墙式结构由上下夹层板壁板蒙皮、墙和若干翼肋组成,有单墙和多墙形式。弯曲载荷主要由夹层板壁板来传递,剪力由墙传递,扭矩由夹层壁板和墙组成的闭室来传递。翼肋支持夹层壁板翼面并传递局部集中载荷。在夹层壁板墙式结构中,由于夹层壁板既要承受正应力,又要承受剪应力,因此设计为可承受面内正应力的复合材料夹层结构。翼墙为复合材料夹层结构或木质层板结构。

③ 全高度泡沫夹芯结构。全高度泡沫夹芯结构主要由上下蒙皮、前后墙和少量翼肋组成。弯曲载荷主要由被内部泡沫芯材密集支撑的蒙皮来传递,剪力由墙传递,扭矩由蒙皮和前后墙组成的闭室来传递。由于有泡沫芯材对蒙皮的密集支持,因此翼肋相对较少,其数量与形式要依据被密集支持的蒙皮稳定性特性和局部集中力载荷传递的需要合理布置。在全高度泡沫夹芯结构中,蒙皮为复合材料层合板,厚度一般较薄,在泡沫芯材的密集支持下,既承受正应力,又承受剪应力。翼墙和翼肋为复合材料夹层结构或木质层板结构。

④ 蒙皮空腔结构。蒙皮空腔结构是由蒙皮壁板组成的闭室结构。弯曲载荷、剪力和扭矩均由此闭室来传递。横向有翼肋,主要是支持壁板翼面并传递局部集中力载荷。在蒙皮空腔结构中,前后缘点是最大剪应力点,而此两点本身也是结构薄弱点,需进行局部加强设计。此结构的蒙皮翼面通常设计为复合材料蜂窝夹芯结构。

⑤ 夹层盒结构。夹层盒结构主要由蜂窝芯材与蒙皮组成。除端部安排翼肋外,无其他翼肋。上下蒙皮通过夹芯互相支持,有较高的应力水平。若载荷水平较高,可布置纵墙。该结构由蒙皮传递弯矩,蜂窝芯材传递剪力,蒙皮闭室或蒙皮与墙组成的闭室传递扭矩。

对于飞行速度低($M < 0.3$)的小型无人机,结构设计基本上按照静强度要求进行。以强度要求进行布局时,影响翼面结构重量的主要载荷是最大弯曲外载荷,可用结构载荷参数 K 来表征。K 为作用在受力翼盒上的弯曲外载荷与结构外形特征的组合,即

$$K = \frac{M}{b_w h W} \tag{9-1}$$

式中:M 为受力翼盒上的最大弯矩;h 为翼盒外形平均高度;W 为翼盒宽度;b_w 为翼盒上下剖

面形心平均高度。

影响翼面结构布局的参数主要有载荷参数 K 和翼面相对厚度 c。对相对厚度大,载荷参数比较大,且需要大开口的翼面,通常选择夹层板梁式结构;相对厚度比较大,载荷参数小的翼面选用夹层壁板墙式结构较合理;相对厚度比较小,载荷参数小的翼面宜采用蒙皮空腔结构;相对厚度比较小,载荷参数比较大,内部无装载的翼面可选用全高度泡沫夹芯结构或夹层盒结构。翼面结构的选择除根据上述受力分析之外,还需考虑使用要求,比如有防水和漂浮要求的无人机应选择全高度泡沫夹芯结构。

实际的翼面结构往往是多种布局的混合结构。这是由于在翼展的不同区域,翼面的载荷参数和相对厚度存在着变化。因此,合理的翼面结构应是沿翼展由两种以上布局形成的混合式结构。例如,ASN－206 机翼中翼和中外翼采用夹层板梁式结构,外翼则采用蒙皮空腔结构;而 ASN－7 的机翼中翼为夹层板梁式结构,外翼为夹层壁板墙式结构。

(1) 机翼结构

无人机机翼结构中采用夹层板梁式结构居多,如图 9－6 所示,夹层板梁式结构主要由上下壁板蒙皮、前后梁和若干翼肋组成。蒙皮只受剪,夹芯可采用蜂窝夹芯,法向有较高的剪切模量,面内抗压能力较强,维持壁板面内刚度,防止失稳;总体弯曲载荷引起的轴力主要由前后梁缘条来传递,剪力由梁腹板传递,扭矩由壁板和前后梁组成的闭室来传递。翼肋支持壁板翼面和梁腹板并传递局部集中力载荷,维持承力构件刚度。

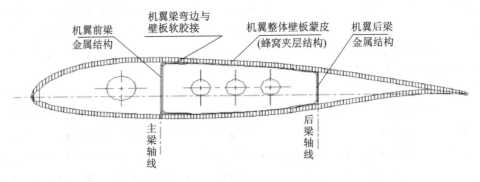

图 9－6　机翼结构典型剖面

蒙皮壁板结构通常设计为结构形状较为复杂的薄面板复合材料夹层结构,大大减少了零件数量和装配工作量,简化了装配协调关系。翼梁可采用硬铝合金结构和复合材料预成型结构。硬铝合金结构为传统结构形式,工艺方法成熟,但金属结构与复合材料壁板粘接性能较差,在使用过程中易剥离,梁缘条与壁板内形的吻合性较差,间隙不均匀,影响胶接质量和重量。同时,由于载荷较小,一般采用板弯件,成本较低,但无法进行等强度设计,会损失一定重量。

复合材料预成型结构则可以很好地满足较复杂的机翼外形面的要求,根据应力水平,可以方便地采用变厚度结构,进行等强度设计,既能满足结构强度要求,又能最大限度地降低结构重量,同时翼梁采用复合材料结构,其材料各项性能(包括粘接性能、热膨胀系数)与壁板接近,翼梁缘条与机翼壁板软胶接,可大大提高翼梁与机翼壁板的粘接强度,降低热胀冷缩对胶结面的影响。

(2) 尾　翼

小型无人机水平尾翼一般采用夹层板墙式结构,如图 9－7 所示,垂直尾翼为夹层板墙式结构或蒙皮空腔结构。夹层板墙式结构由上下壁板蒙皮、墙和若干翼肋组成,有单墙和多墙形式。弯曲载荷主要由壁板来传递,剪力由墙传递,扭矩由夹层壁板和墙组成的闭室来传递。翼肋支持夹层壁板翼面并传递局部集中力载荷,在夹层壁板墙式结构中,由于夹层壁板既要承受正应力,又要承受剪应力,因此设计为可承受面内正应力的复合材料夹层结构。翼墙为复合材料夹层结构或木质层板结构。这种结构形式一般适用于平尾、垂尾等中型翼面,协调关系相对简单,结构承载能力较强。

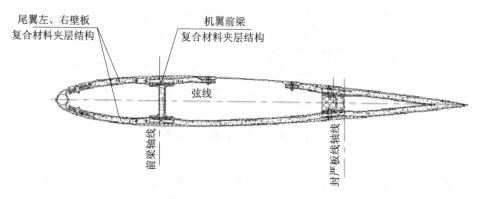

图 9-7　尾翼结构典型剖面

(3) 舵面结构

操纵舵面的结构形式主要有 3 种:桁架式结构、全高度泡沫夹芯结构和单梁多肋式结构。桁架式结构的承力体为轻质木材组成的桁架,舵面蒙皮通过在桁架上蒙绢而成。全高度泡沫夹芯结构由复合材料蒙皮和硬质泡沫塑料芯材组成,无梁、少量肋(主要是端肋)。其承力原理类似于夹层结构梁,泡沫芯材起到腹板的作用。单梁多肋式结构由复合材料蒙皮和单梁多肋骨架构成,梁缘条通常共固化在蒙皮上,梁腹板和肋用木质材料制作。由于蒙皮较薄,因而肋的数量较多。单梁多肋式舵面结构的承载能力相对较强。

副翼、方向舵等小型操纵舵面较多采用全高度泡沫夹芯结构,典型剖面如图 9-8 和图 9-9 所示。全高度泡沫夹芯结构主要由上下蒙皮、前后梁和少量翼肋组成。弯曲载荷主要由被内部泡沫芯材密集支撑的蒙皮来传递,剪力由墙传递,扭矩由蒙皮和前后墙组成的闭室来传递。由于有泡沫芯材对蒙皮的密集支持,因此除端部安排翼肋外,其他翼肋相对可以较少或

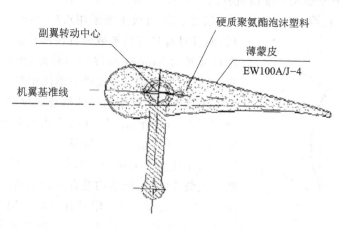

图 9-8　副翼结构典型剖面

取消。在全高度泡沫夹芯结构中,蒙皮为复合材料层压板,厚度一般较薄,在泡沫芯材的密集支持下,既承受正应力,又承受剪应力。翼墙和翼肋为复合材料夹层结构或木质层板结构。这种结构形式一般适用于副翼、方向舵等操纵舵面,翼面较小,结构简单,重量轻。

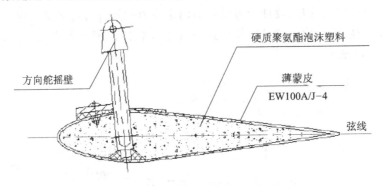

硬质聚氨酯泡沫塑料

方向舵摇壁

薄蒙皮
EW100A/J-4

弦线

图 9-9　方向舵结构典型剖面

4. 机身结构

机身是无人机的躯干,用于搭载设备和有效载荷,机身内还可存放燃油,安放回收设备,安装发动机等功用。机身一般分为前、中、后机身三部分,前机身搭载电子设备,受载较小,中机身是主承力部位,搭载任务载荷,且通常与机翼连接,油箱也在中机身,前后机身一般是发动机安装、进气道部分。

无人机机身结构设计主要是选择合理的结构形式,力求设计简练、传力合理、结构重量轻和制造工艺性好,常规布局的机身典型结构形式为梁式结构和壁板式蒙皮结构。

梁式结构是常见的机身结构形式,由纵向梁凸缘、蒙皮和横向隔框组成,依据载荷情况,在机身截面周圈合理布置4根梁,上、下大梁承受总体弯矩产生的轴力,蒙皮只受剪,为了维持承载构件的稳定性,设若干隔框。壁板蒙皮采用复合材料夹层结构,梁凸缘可采用金属型材,但通常以复合材料预成型结构为主,可以很好地满足较复杂的机身外形面的要求。横向框有普通框和加强框。普通框较多采用非金属材料,如航空层板、木质材料或复合材料夹层结构等,而加强框通常采用金属材料结构或金属与复合材料的混合结构。纵向梁凸缘与蒙皮形成了可承受双向弯矩的梁,以承受剪力和弯矩。而扭矩则通过闭式壁板或两侧梁的参差受剪(有口盖时)来承受。普通框主要用于维持机身剖面形状,并对凸缘和蒙皮提供支持,加强框则起传递集中载荷的作用。机身上、下大梁和夹层结构的面板主要采用玻璃纤维复合料,其结构成本低,而且具有良好的抗疲劳特性和冲击韧性。夹层结构的芯材通常为 Nomex 或玻璃钢蜂窝,而对有水密要求的飞机,其芯材应选用低密度硬质泡沫塑料。

小型无人机常规布局的机身典型结构为梁式结构,剖面如图 9-10 所示。机身结构由机身梁、蒙皮和隔框组成。图 0-11 所示为梁式机身结构图。

由于轻型无人机结构较轻,载荷较小,也可考虑采用壁板式蒙皮结构,该结构没有纵向的机身梁。壁板蒙皮如图 9-12 所示,一般采用复合材料夹层结构,夹芯有一定高度,机身形成了可承受结构双向弯矩的整体梁,以承受剪力和弯矩,而扭矩则通过机身上、下壁板合拢后形成的

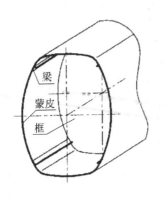

梁

蒙皮

框

图 9-10　梁式结构机身典型剖面

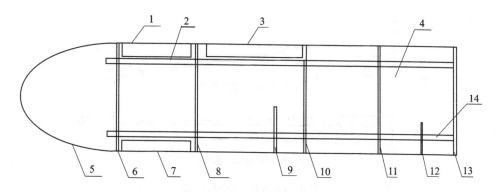

1—二舱盖口；2—机身上梁；3—三舱口盖；4—机身板件；5—机头罩；
6—第一框；7—二舱下部口盖；8—第二框；9—第 2A 框；10—第三框；
11—第四框；12—第 4A 框；13—第五框；14—机身下梁

图 9 - 11　梁式机身结构

闭式结构来承受。上、下壁板蒙皮为复合材料预成型结构，可以很好地满足较复杂的机身外形和内形要求，大大减少了零件数量和装配工作量，简化了装配协调关系。

5. 尾　撑

尾撑是后推式双尾撑布局中的特有部件，是连接机翼与尾翼的受力构件，如图 9 - 13 所示。尾撑杆所受载荷有两种类型：一种是飞行过程中承受平尾和垂尾的气动载荷，它是以集中力的方式作用在构件上，其载荷状态如图 9 - 14(a)所示；另一种是回收着陆时的冲击载荷，其载荷状态如图 9 - 14(b)所示。图 9 - 15 表明了两种载荷的大小及分布，可见尾撑杆在飞行过程中所承受的气动载荷要大于其在着陆时承受的冲击载荷。另外对尾撑杆的刚度要求是针对飞行过程的气动要求提出的，因此尾撑杆结构设计按气动载荷进行，不过对冲击载荷条件下的结构强度仍要进行校核。

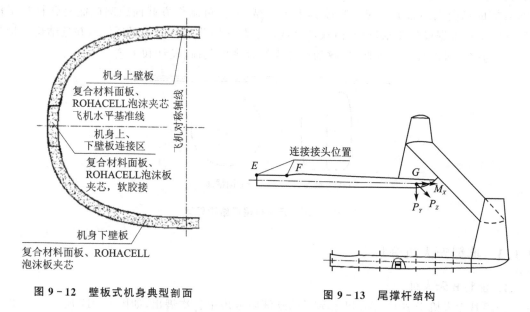

图 9 - 12　壁板式机身典型剖面　　　　**图 9 - 13　尾撑杆结构**

双尾撑布局在中、小型无人侦察机中较多采用。此外，在一些小型无人机中尾撑也用于机身的延伸段以增加尾力臂。尾撑起着将水平尾翼和垂直尾翼上的所有载荷传递至机翼的作

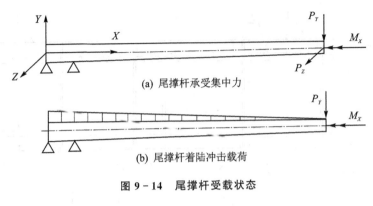

(a) 尾撑杆承受集中力

(b) 尾撑杆着陆冲击载荷

图 9 - 14　尾撑杆受载状态

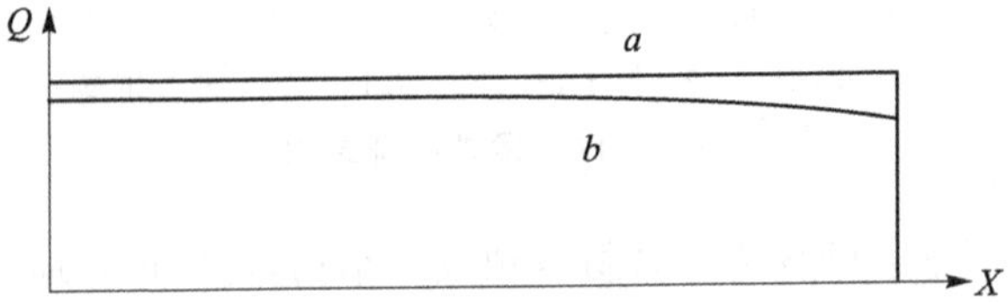

图 9 - 15　载荷沿轴向的分布

用。其承力形式类似于悬臂梁,结构需承受双向剪力、双向弯矩和扭矩,因此尾撑通常设计成管状结构即方截面管或圆截面管,如图 9 - 16 所示。纵向弯矩和横向弯矩比值较小的尾撑显然圆截面结构是比较合理的,而比值大则适宜采用方截面结构。尾撑结构的特点是载荷大而结构高度小,因此一般采用高强度、高模量的碳纤维复合材料。考虑回收冲击的情况,也可适当加入一些玻璃纤维形成混杂复合材料结构。缠绕法是制造回旋体状复合材料构件的适用工艺,也用于制造小型无人机的圆截面尾撑杆。但由于工艺缠绕角变化方面的局限,限制了结构铺层优化设计。对悬臂梁式承载的尾撑杆来说,单纯缠绕法并不能制造出材料最优利用的结构,需辅助纵向无纬布的包裹。用模具手工成型工艺,可制作方截面或圆截面复合材料尾撑杆,其铺层可根据设计要求进行,但缺点是增加了装配环节,使工艺过程复杂,并且结构重量和可靠性的控制难度较大。因此,尾撑的设计需综合考虑载荷、设计和工艺。

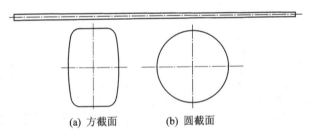

(a) 方截面　　　　(b) 圆截面

图 9 - 16　无人机尾撑结构界面

9.1.3　典型无人机分析

1. 企鹅 B 无人机

企鹅 B 无人机于 2010 年在巴黎举行的欧洲防务展上首次展出,如图 9 - 17 所示。2012 年 5 月企鹅 B 无人机被美国堪萨斯州立大学部署于雷利堡,并作为持续研究项目,由美国研究办公室资助。其研究的目的是在美国境内空域使用时,无人机与有人驾驶飞机及其他无人机之间如何相互影响。2012 年 7 月 5 日至 7 日,一架企鹅 B 无人机在空中飞行 54 h 27 min,无人机工厂有限公司声称这是小型无人机在空中飞行的最长记录。试验中简易型企鹅 B 装载 13 kg 混合汽油,起飞质量接近 22 kg,空中温度接近 30 ℃,风速接近 20 m/s,最终无人机成功软腹着陆。2013 年 10 月 11 日,无人机工厂有限公司宣布企鹅 B 装有 Centum Life Seeker 接收机并首次试飞成功,可以用于探测并定位移动电话。在西班牙的萨拉戈萨,该机还实现了超视距超低空飞行。2014 年 2 月 7 日,无人机工厂有限公司宣布并升级了企鹅 B 无人机的电子燃油注入系统。新系统包括附加的气缸温度控制系统、消声器、燃料喷射器和新的进气口。

图 9 - 17　企鹅 B 无人机

企鹅 B 无人机采用全球定位系统(GPS)导航,安装在机翼隔间内,使用"短笛"(Piccolo)或"茶隼"(Kestrel)自动驾驶仪,可以自主飞行、弹射起飞、滑跑起降,同时也可以采用伞降回收。空气动力控制依靠大升力襟翼、副翼和方向舵。简易型无人机的操纵面使用 4 个可拆卸的舵机来保证系统的可靠性。如果需要,也可以使用皮托管。

无人机采用流线形机身,悬臂式上单翼,双尾撑布局,尾翼采用倒 V 形尾翼,后三点式起落架可以拆卸。动力装置使用一台双缸活塞式发动机驱动双叶推力式螺旋桨,无人机的性能参数如表 9 - 1 所列。

全机采用复合材料模块化结构设计,模块化设计具有相对独立性、互换性和通用性的特征,可以对模块单独进行设计、制造、调试和修改,模块接口部位的结构、尺寸和参数标准化,容易实现模块间的互换,并且有利于实现不同系列产品间的模块的通用。企鹅 B 无人机组件图如图 9 - 18 所示,机身的下部具有可拆卸的有效载荷模块,可以随时装载或替换摄像机、天线和雷达等多种有效载荷,其具体尺寸如图 9 - 19 所示。

表 9 - 1　企鹅 B 无人机性能参数

参　数	参数值
翼展/m	3.3
机长/m	2.29
机翼面积/m^2	1.79
最大起飞质量/kg	21.5
最大有效载荷质量/kg	10
巡航速度/(km·h^{-1})	79
最大巡航速度/(km·h^{-1})	130

无人机采用梁式机翼,翼梁结构既可以承受机翼的载荷,又可以充当中央翼段和外翼段的连接结构,实现一件多用,可大大减轻结构的重量。中空的尾撑杆可以通过电子线路,从而实现对尾翼舵面的操纵,尾撑杆通过螺栓和铝合金接头结构分别与机翼和 V 形尾翼连接,尾撑杆与机翼的连接如图 9 - 20 所示,机身采用复合材料结构,整体成型,布置有加强框,传递集中载荷。全机各组件可以实现快速拆卸与组装,机翼可以分成三段长度均为 1.1 m 的翼

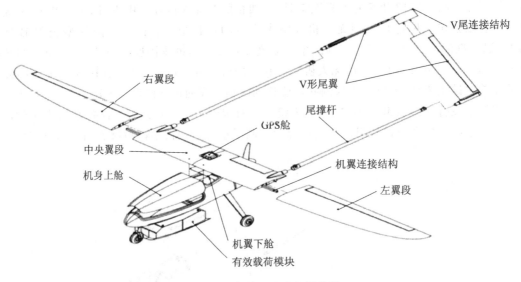

图 9-18 企鹅 B 无人机组件图

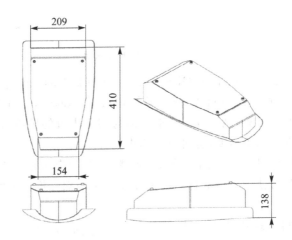

图 9-19 有效载荷模块尺寸图

段,V 尾被分成左右两段,这种快速可拆卸的模块化结构设计极大地方便了无人机的储存与运输。

图 9-20 尾撑杆与机翼的连接

2. "扫描鹰"无人机

"扫描鹰"(ScanEagle)无人机的原型机是英西图公司(Insitu Inc.,现隶属于德事隆系统公司)的海扫描(SeaScan)无人机,如图 9-21 所示,由波音公司改进完善。原型机上安装了波音公司研制的集成系统、通信设备和任务载荷。2002 年 6 月 19 日首次自主飞行。2003 年 6 月波音和英西图公司签署长期合同继续合作,搭载光电/红外成像设备的"扫描鹰"无人机主要用于海上监视与观察、情报搜集、目标搜捕、通信中继等各种战术支援。

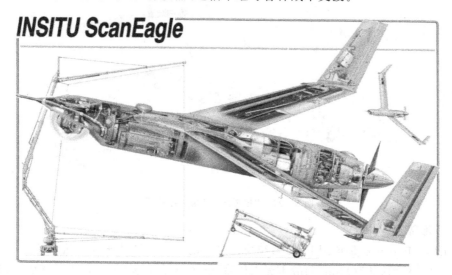

图 9-21　"扫描鹰"无人机

"扫描鹰"于 2005 年装备美国海军,进入服役期。除美国外,澳大利亚陆军和加拿大政府也装备了该型无人机。美国海军从 2005—2009 年期间进行了多次"扫描鹰"飞行试验,包括海上(舰上)发射、回收试验等。2013 年 5 月下旬,美国海岸警卫队开始使用"扫描鹰"无人机,用于在东太平洋沿岸进行缉毒。2013 年 7 月,"扫描鹰"无人机取得美国联邦航空局(FAA)的试航证,可以作为商用无人机使用。截至 2014 年底,"扫描鹰"累计完成了超过 80 万小时作战和10 万飞行架次。

"扫描鹰"动力装置采用一台重油发动机(JP-5 或 JP-8)或者汽油发动机,当其在寒冷环境中工作时,可配置化油器加热以及其他防冰处理。监视和观测系统安装在机头。寒冷天气下,机头可配置安装有反降水系统的皮托管。该无人机可被放置在一个单一的存储器中(1.71 m×0.45 m×0.45 m),以便运往操作的远方地区,其具体性能参数如表 9-2 所列。

表 9-2　"扫描鹰"无人机性能参数

参　数	参数值
翼展/m	3.11
机长/m	1.55
最大起飞质量/kg	22
最大任务载荷质量/kg	3.4
巡航速度/(km·h^{-1})	93~111
最大平飞速度/(km·h^{-1})	148

"扫描鹰"采用模块化结构设计,如图 9-22 所示,由 5 个现场可更换的主要模块组成:机头、机身、航空电子设备、机翼和推进系统。它有一个直径 20 cm 的圆柱形机身,内部布置有隔框,在机翼与机身连接处和不同模块连接处采用加强框,用于连接及传递集中载荷。该机采用上单翼布局,带小翼的中置后掠翼,机翼采用双梁式结构形式,前梁为主梁,承受大部分的弯矩,翼展方向均匀布置翼肋,翼梢处采用加强肋设计,用于与小翼连接。"扫描鹰"无起落架,采

用楔形气压弹射器自主发射起飞,能够获得较高的弹射速度,并通过"天钩"空中垂绳系统实现回收,发射回收系统使"扫描鹰"无人机不依赖跑道,可以部署到前沿阵地、机动车辆或小型舰船上。

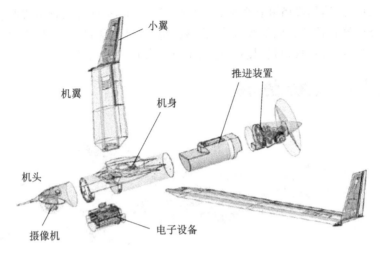

图 9 - 22　"扫描鹰"模块化结构图

3. "不死鸟"无人机

"不死鸟"(Phoenix)是英国 BAE 系统公司研制的单发活塞战术无人机系统,用来取代英国陆军的 CL - 89"侏儒"(Midget)战术无人机系统,主要任务是为英国陆军的多管火箭炮系统和 AS90 自行榴弹炮提供战场监视、目标定位和目标指示,该机也是英国陆军装备的第一种全天候、全天时无人机,如图 9 - 23 所示。

图 9 - 23　"不死鸟"无人机

"不死鸟"无人机的经历艰难,它于 1985 年开始研制,1986 年 5 月首飞,1991 年还参加过海湾战争,但是由于技术和使用问题,直至 1993 年 9 月才获得英国陆军批准。生产型"不死鸟"于 1994 年初开始交付英国陆军,不幸的是在使用中仍然发现诸多问题需要解决:降落伞回收着陆易损,后采用背部着地并加装气囊系统保护任务吊舱;螺旋桨受雨水侵蚀,后采用浸入树脂;转弯时变焦偏差严重,不得不修改设计。这就使原计划推迟长达 9 年之久,直到 1998 年12 月才进入英国陆军服役。英国陆军约订购 200 架"不死鸟",交付 60～70 架,英国陆军第

32、39 团各拥有 30 架。"不死鸟"无人机于 1999 年和 2001 年在科索沃执行侦察任务。2006 年 5 月,"不死鸟"无人机在伊拉克完成了最后一次作战飞行,此后转入退役程序。2008 年 3 月 31 日,"不死鸟"系统正式从英国陆军中退役。

每套"不死鸟"系统包括 9 架不死鸟无人机平台、与平台集成的任务载荷、1 辆发射车和 1 辆发射支援车、1 辆回收车、1 个地面控制站、1 套地面数据终端(GDT)、1 套前方维护设备、3 名地面控制站操作员和 9 名其他人员。无人机在 58 min 内完成组装、任务规划编制和发射,8 min 后可发射第 2 架。其动力装置为一台双缸两冲程活塞式发动机,驱动一副直径 0.78 m 的固定桨距双叶木制螺旋桨,具体性能参数如表 9-3 所列。

表 9-3　"不死鸟"无人机性能参数

参　数	参数值
翼展/m	5.5
机长/m	3.8
最大发射质量/kg	180
最大任务载荷质量/kg	50
巡航速度/(km·h^{-1})	130
最大平飞速度/(km·h^{-1})	157

机体结构采用较大展弦比的中上单翼、双尾撑和双垂尾布局。从每侧机翼内段上部向后伸出一根尾撑,尾撑末段上部有垂尾,平尾布置在两垂尾的下部之间。机翼翼尖下弯,后缘有副翼。机翼采用抗弯特性较好的梁式结构受力形式,沿展向布置有翼肋,机翼根部与尾撑杆连接部位载荷较大,布置加强肋。垂尾采用单梁式结构,翼梁与尾撑杆连接在一起,将尾翼上的载荷传递给机翼,垂尾后部有方向舵。平尾采用双梁式结构,将两垂尾连接在一起,具有很大的刚度,平尾后部有升降舵。该机采用短舱式机身,其横截面接近矩形,机身内部布置隔框结构,用于维持机身外形,在机翼机身连接处采用加强框,用于传递和承受集中载荷,其内部结构如图 9-24 所示。机身与机翼之间、机翼与尾撑之间均采用插入式接头连接,方便连接与安装。在机身下吊有任务舱,任务载荷舱为吊挂在机身的独立吊舱,通过单销接头(带有电缆脐带)与机身连接。机体基本由复合材料制成,使用了玻璃纤维复合材料、碳纤维复合材料、凯夫拉材料和 Nomex 蜂窝,机体结构设计为模块化的,以便维护和运输。"不死鸟"由美国工程拦阻系统公司的 HP-3401 液压/气动弹射架发射,该发射架可安装在 1 辆 14 t 级的六轮卡车上,便于机动作战和运输转移,具有很好的机动灵活性。该无人机无起落架结构,为了保护任务载荷吊舱,该机采用伞降系统,而且降落伞布置在任务吊舱下部,降落时是机背和尾翼着地。接地时,机背的气囊和易碎式垂尾翼尖可起到缓冲作用。

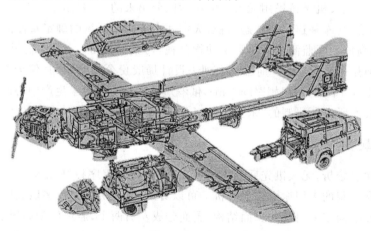

图 9-24　"不死鸟"无人机内部结构

9.2 中型无人机

中型无人机是指起飞质量在 200～500 kg，翼展在 10 m 以内的无人机。在军用无人机中，按照无人机作战任务分类，中型无人机中以训练靶机和战场侦察与监视无人机居多，还包括有边海巡逻无人机。在民用无人机中，中型无人机主要以探测、监测类为主。

训练靶机指可模拟目标飞行器性能特征的无人机，以供其他战斗机、地面火力、雷达等完成相应的试验和训练。训练靶机中属于中型无人机的典型代表有：意大利赛莱克斯-伽利略公司研制的"米拉奇"-100(Mirach-100)，阿联酋 Adcom 系统公司研制的"亚伯汗"-HMD(Yabhon-HMD)，英国飞行加油公司研制的"小猎鹰"(Falconet)，美国雷神系统公司研制的 AQM-37，美国诺斯罗普·格鲁门公司研制的 BQM-74/MQM-74/"石鸡"(Chukar)等。

战场侦察与监视无人机是指借助机上电子侦察设备，以获取目标信息为目的的无人机。由于其飞行高度远比卫星要低，侦察区域机动灵活，因而获取情报的准确性、实用性较好，价格也相对低廉。战场侦察与监视无人机又可以分为战术无人侦察机和战略无人侦察机。战术无人侦察机主要是用来进行目标侦察、搜索及目标截获；也可用来进行部队战役管理与战场目标和战斗损失评估等。其主要传感器是装于无人机吊舱内的光学/红外探测器或合成孔径雷达(SAR)/动目标显示器(MTI)等。战略无人侦察机主要承担对敌方部队动向的长期跟踪、侦察，对工业情报及武器系统试验的监视等。战场侦察与监视无人机中属于中型无人机的典型代表有：中国西安爱生技术集团公司研制的 ASN-209，中国台湾中山科学研究院研制的"中翔"(Chung Shyang)，南非丹尼尔公司研制的"探索者"(Seeker)，美国 AAI 公司研制的 RQ-7B"影子"400/600(Shadow 400/600)，国际合作的先锋无人机公司研制的 RQ-2"先锋"(Pioneer)，以色列埃尔比特系统公司研制的"赫尔墨斯"180(Hermes 180)和"赫尔墨斯"450(Hermes 450)，以色列航宇工业公司研制的"搜索者"(Searcher)，意大利赛莱克斯-伽利略公司研制的"隼"(Falco)，瑞士 RUAG 航宇公司研制的"巡逻兵"(Ranger)等。

边海巡逻无人机是指应用于海上巡逻执法、调查取证、应急反应、海上搜寻和救助等的无人机。边海巡逻无人机中属于中型无人机的典型代表有：英国 BAE 系统公司研制的"赫提"(HERTI)，马来西亚复合材料技术研究院研制的"安鲁德拉"(Aludra)等。

探测、监测类无人机是按民用无人机的用途区分出来的，主要用途有灾害监测，环境监测，森林防护，输油管、仓库和道路的状态监视，火灾和水灾破坏区域的确定及监测，地震等自然灾害的后果调查，高危地区监测/取样，野生动物监视，污染监视等。探测、监测类无人机中属于中型无人机的典型代表有：俄罗斯雅克夫列夫设计局股份公司研制的"信天翁"(Albatros)，俄罗斯"雄鹰"设计局研制的"丹尼姆"(Danem)，俄罗斯抗冰雹航空科学生产中心研制的 A-03，西班牙国家宇航技术研究所研制的"米拉诺"(Milano)等。

9.2.1 训练靶机

从军事用途上分析，无人机先后经历了无人靶机、预编程序控制无人侦察机、指令控制无人侦察机和复合控制的多用途无人侦察机。可以看出，无人机首先较多地应用在训练靶机上。无人靶机的翼面结构多采用梁式翼面结构，翼面分成左右两个，通过位于梁根部的集中接头与机身的隔框相连接。机身大多采用硬壳式结构，由蒙皮和少数隔框组成。机身内没有纵向构件，蒙皮较厚或采用夹层结构。由蒙皮承受结构总体弯曲、剪切、轴力和扭转载荷。材料使用方面,承力蒙皮等主结构以铝合金为主,部分结构采用复合材料。

1."小猎鹰"无人机

"小猎鹰"无人机为可回收式亚声速靶机,主要通过模拟现代低空对地攻击机的速度、机动性和信号特征,提高地面炮兵和导弹的打靶训练效率,是根据英国国防部的需求而研制的一种先进亚声速靶机(ASAT)。1982 年 2 月 14 日开始进行飞行试验,1983 年底开始交付英国陆军。1986 年 6 月,"小猎鹰"达到全面服役阶段,产量达 450 架。"小猎鹰"最大起飞质量为235 kg,翼展 3.05 m,机长 3.75 m,最大平飞速度 833 km/h。

"小猎鹰"无人机采用下单翼布局,承力蒙皮结构主要由铝合金材料制造,部分采用复合材料部件。两侧机翼分别通过 4 个螺栓连接到机身上,机翼根部布置有加强肋,机身上与机翼连接位置布置有加强框,以传递机翼上的载荷。"小猎鹰"无人机具有简单的副翼,而且左右两侧的副翼可以互换。机身中段包括油箱和发烟用油箱。易损的聚苯乙烯头锥是消耗类部件,每次飞行之后都需要更换。机身后部的一个圆柱形容器内装有回收降落伞。发动机舱用 2 个螺栓装在机身下。"小猎鹰"无人机的内部结构如图 9 - 25 所示。

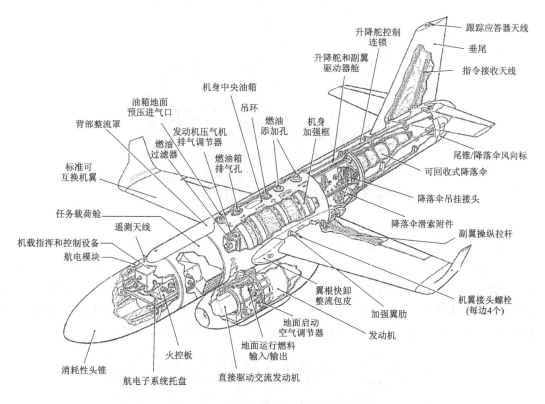

图 9 - 25　"小猎鹰"无人机的内部结构

在固定基地使用时,"小猎鹰"无人机无需火箭助推,而是用自身的动力发射。由一辆发射用小车拉至一个圆形跑道中央,在该跑道上,任何风向条件下,仅用 3 L 燃油便能够起飞。机上发动机利用地面起动车上的压缩空气起动。起动车在无人机发射前,一直为其提供燃油,以便"小猎鹰"能在满油状态下起飞。在移动的平台或者舰船甲板上使用时,"小猎鹰"需配备一对零长火箭助推器。"小猎鹰"能从陆地或海上伞降回收,挂在主伞下的无人机头朝下垂直下降,其可破损、可更换的头锥能吸收触地的冲击力。

2. "米拉奇"–100 无人机

"米拉奇"–100 无人机为可回收式靶机,于 20 世纪 80 年初开始生产,现已在法国、意大利、德国、希腊、西班牙、英国等国服役。其用途包括常规武器和导弹训练、武器系统和专用设备评估,以及空中侦察训练。其主要型别有:"米拉奇"–100 为标准型;"米拉奇"–100/2 为靶机型,用于意大利海陆空三军作为导弹试验靶机,产量超过 90 架;"米拉奇"–100/4 为法国订货型,西班牙用于欧洲"毒刺"(Stinger)导弹试验,德国海军用于 RAM 导弹训练,其飞行和射击试验 1996 年完成,订货 53 架;"米拉奇"–100/5 为较高性能型,飞行速度更快、升限更高、发动机功率更大,能够模拟多种敌方的空中威胁目标,包括攻击海上移动舰船的掠海飞行导弹;"米拉奇"–100/X 与"米拉奇"–100/5 相比,装备了新的航电设备,气动性能得到改善。

"米拉奇"–100/4 之前的型别都为短翼展下单翼,前缘带后掠,柱形机身,卵形头锥,背部进气口,V 形尾翼(夹角 110°),双小腹鳍(夹角 60°),主要用轻合金制成,仅整流罩用玻璃纤维增强塑料制成。"米拉奇"–100/4 如图 9 - 26 所示。

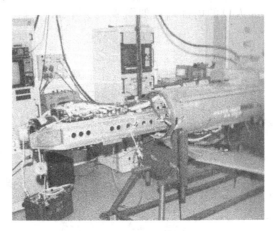

图 9 - 26 "米拉奇"–100/4

"米拉奇"无人机可利用双助推火箭从零长发射架上发射,为快速部署也可在机动零长发射架上发射,还可在地面或舰船甲板上发射或从直升机(A109 直升机)或固定翼飞机上进行空中发射。1 架直升机可装载 2 架靶机。在陆地或海上利用降落伞回收。其最大发射重量从发射架上发射为 280 kg,从飞机上发射为 295 kg。该无人机机长 4.13 m,翼展 1.8 m,最大机身直径 0.38 m,海平面最大平飞速度为 900 km/h。"米拉奇"–100 如图 9 - 27 所示。

图 9 - 27 "米拉奇"–100

"米拉奇"-100/5 采用增加了翼展和机翼面积的高置机翼布局,为满足更高功率涡喷发动机的需求,采用两侧进气道设计;改进设计后的尾翼包括带有 5°上反角的高置水平尾翼,加上后掠向外倾斜 32°的双腹鳍;鸭式方向舵;发射与回收方式基本与早期的"米拉奇"-100 靶机相同;最大发射质量为 380 kg,机长 4.1 m,翼展 2.3 m,最大机身直径 0.49 m,海平面最大平飞速度为 1 000 km/h。

3. BQM-74/MQM-74/"石鸡"(Chukar)无人机

"石鸡"是从 1965 年的 NV-105A 设计发展而来的靶机,是 50 多年来美国海军主要支持的产品,21 世纪仍在服役。其任务载荷、发动机和整体性能都经过改进,1991 年上半年被指定作为海湾战争的电子战诱饵使用。另外作为试验机型,被用于美国海军和空军的侦察、诱饵、攻击型无人机的测试项目。该靶机的主要用途是作为高射炮、地空和空空导弹训练(特别是作为巡航导弹模拟器)及武器系统评估的靶标。其最大起飞质量(含助推器)为 270 kg,最大空中发射质量(不含助推器)为 206 kg。翼展 1.75 m,机长 3.95 m,机身直径 0.36 m,海平面最大平飞速度为 953 km/h。

BQM-74E 及早期型别均采用可拆卸的梯形上单机翼,没有上反角。圆截面的流线形机身,其下方有发动机进气道。倒 Y 形尾翼,带 30°下反角的水平安定面。头部和尾部的外壳可拆卸,便于连接设备和动力装置。副翼和升降舵都为电驱动的。铝合金和玻璃纤维增强塑料结构。利用两级助推火箭从 ZL-5 或类似的零长发射架由地面或舰船甲板发射。也能从飞机上发射,伞降回收。当连续的无线电信号频道中断时,能够自动部署降落伞进行回收;没电时也可直接部署主降落伞。主降落伞装备在机身上,接近机翼后方,可在陆地或水上进行回收。"石鸡"靶机如图 9-28 所示。

图 9-28　"石鸡"靶机

9.2.2　战场侦察与监视无人机

战场侦察与监视无人机的翼面一般采用蒙皮骨架式翼面中的梁式翼面结构或夹层翼面结构。双尾撑结构的无人机多采用双梁式结构,可使尾撑连接在机翼的后梁上,以传递载荷。采用夹层翼面结构可提高蒙皮的强度及刚度,承受较大的局部气动力。机身多采用桁梁式结构,机身纵向具有较强的桁梁,蒙皮较薄。一般布置有 4 根纵梁,布置纵梁主要考虑最佳承受弯矩状态和大开口结构加强和集中载荷的传递。此类无人机机身内装有大量侦察设备,故机身上方一般有大开口或维修口盖,用于安装、检查和维修机载设备。材料使用方面大量使用复合材料,以玻璃纤维和碳纤维为主,少部分结构采用金属材料。

1. "隼"(Falco)无人机

"隼"无人机用于执行目标探测、识别、定位和指示,侦察/监视,情报、通信等常规军事任务,还可完成边境/海岸巡逻、搜索救援、火灾与污染探测,以及环境监测等政府/商业任务。"隼"无人机于 2002 年由意大利无人机制造商流星公司(Meteor,后加入伽利略公司,而后伽利略公司又与赛莱克斯公司合并成为赛莱克斯-伽利略公司)在巴黎航展上首次进行了展示。"隼"是目前唯一由欧洲研制并出口其他国家的战术无人机系统。

"隼"无人机机长 5.3 m,机高 1.8 m,翼展 7.2 m,最大起飞质量 420 kg,最大平飞速度 216 km/h。采用类似高端民用运动型飞机的流线形外形,并对机体进行进一步气动优化;上单直机翼,自机翼中段起略微下弯;由机翼延伸出 2 根细尾撑,尾撑尾部装有垂尾,并与水平尾翼面相连;发动机安装在机体后部,为推进式螺旋桨布局;固定三点式起落架;正常跑道自主起飞和着陆,也可利用气动弹射装置发射,或使用拦阻网系统进行回收。"隼"无人机如图 9-29 所示。

图 9-29 "隼"无人机

"隼"无人机采用双梁式机翼,机翼分三段制造。机翼在尾撑处进行对接,翼梁通过对接接头进行连接。机翼中段布置有油箱。尾撑通过对接接头与机翼和垂尾相连。平尾和垂尾均采用双梁式,平尾在端部和中间布置翼肋,中间的翼肋固定风向指示筒/稳定降落伞整流装置。垂尾和平尾通过对接接头相连接。机身采用桁梁式结构,载荷主要由纵梁承受。桁梁布置在机身内,有上梁两根,下梁两根。连接机翼处布置有主翼安装框架,用安装栓固定连接机翼和机身。前舱壁处安装前起落架。在前机身布置有有效载荷安装板,以固定有效载荷。发动机和油箱布置在机身后方,并布置有发动机防火墙。防火墙前布置有主降落伞包。机身上部有可推拉盖子以使设备进入机身内部。"隼"无人机结构图如图 9-30 所示。

2. RQ-7B"影子"400/600(Shadow 400/600)无人机

"影子"400 和"影子"600 是 AAI 公司研制的单发活塞战术无人机系统,主要用于执行监视侦察、炮兵校射、战斗毁伤评估、通信中继等任务,编号为 RQ-7B。

"影子"400 是舰载型,为 RQ-7A 的改进型,是美国陆军和海军陆战队共用的无人机;其安装有高宽带的战术通用数据链(TCDL),翼展增大 0.406 m,增加燃油容量使续航时间延长到 7 h,装有 1 台改进的飞行控制计算机。"影子"400 机长 3.4 m,翼展 5.2 m,最大起飞质量 220 kg,海平面最大平飞速度 222 km/h。"影子"600 机长 4.77 m,机高 0.91 m,翼展 6.83 m,最大起飞质量 265 kg,海平面最大平飞速度 193 km/h。

"影子"600 是出口型和陆基型,在罗马尼亚等国服役,是 1991 年海湾战争之后根据"先锋"无人机在战争中积累的经验而研制的,其硬件和软件都做了改进,机长达到 4.8 m,翼展 6.83 m,最大起飞质量 265 kg,巡航速度为 139 km/h。

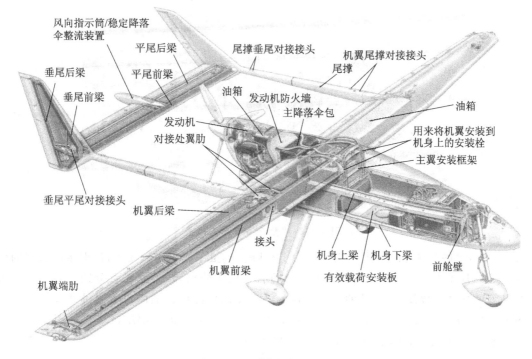

图 9 - 30 "隼"无人机结构图

  "影子"400 和"影子"600 均采用大展弦比上单翼,双尾撑和 H 形尾翼;采用吊舱式机身,横截面接近梯形,发动机置于机身后部;机身主要采用石墨纤维/环氧树脂材料,机翼采用碳/石墨纤维蜂窝夹层结构以增大强度,尾撑采用铝合金材料,尾翼由石墨纤维/凯芙拉制成;采用前三点式起落架,前轮可收放;后机身下部有拦阻钩。"影子"400 机翼平直,"影子"600 机翼外段后掠 15°,且均从内侧机翼后部伸出细长的尾撑,"影子"400 的尾撑末端连接到平尾,平尾翼尖带有内倾的端板式垂尾,平尾布置在垂尾之间,并与尾撑处于同一高度;平尾后部有升降舵,2 个垂尾后部都有方向舵;可在跑道上自主起降,也可采用液压弹射器发射,利用拦阻索或伞降回收。"影子"400 在舰载使用时采用触网回收。"影子"400 无人机如图 9 - 31 所示,"影子"600 无人机如图 9 - 32 所示。

图 9 - 31 "影子"400 无人机

  "影子"200 编号为 RQ - 7A,以上所述的无人机均由"影子"200 改进而得,采用小型上单翼布局,双尾撑和倒 V 形尾翼。其 90%的结构由石墨和芳纶环氧树脂制成;采用可收放的前三点起落架;利用液压弹射器弹射,或常规轮式起飞;轮式着陆或降落伞/翼伞回收。该无人机

图 9 - 32 "影子"600 无人机

机长 3.4 m,翼展 3.89 m,最大起飞质量为 149 kg。其虽不属于中型无人机,但维修口盖的形式与 RQ - 7B 无人机类似。机身上部有两个可打开的维修口盖,维修时可分别打开。前部的维修口盖可维修机载设备,后部的维修口盖可维修发动机部件。维修口盖通过螺丝与机身进行固定。"影子"200 无人机如图 9 - 33 所示,"影子"200 无人机前部维修口盖如图 9 - 34 所示,"影子"200 无人机后部维修口盖如图 9 - 35 所示。

图 9 - 33 "影子"200 无人机

图 9 - 34 "影子"200 无人机前部维修口盖

图 9 - 35　"影子"200 无人机后部维修口盖

3. "赫尔墨斯"450(Hermes 450)无人机

"赫尔墨斯"450 是以色列埃尔比特系统公司研制的单发活塞中低空长航时战术无人机系统,用来取代"侦察兵"(Scout)战术无人机系统,可执行监视侦察和通信中继等任务。该机也是以色列第一种获得民航空域飞行许可的无人机。名称中的数字表示该机最大起飞重量等级(单位为 kg)。以色列国防军命名为"火花"(Zik,英语为 Spark)。"赫尔墨斯"450 在支援英国作战中已经完成了超过 5 万小时的作战飞行时间。其累计出动架次超过 4 000 架次,在阿富汗持续不断地提供关键的战役打赢能力,并提供大部分的空中 ISTAR(情报、监视、目标获取和侦察)。

"赫尔墨斯"450 无人机的主要型号有:"赫尔墨斯"450 是标准型,也是第一种生产型,除了将原型机的双发改为单发,还改进了机翼的外翼段,1997 年 6 月获得以色列国防军的订货,同年投产,主要用来取代以色列国防军装备的(侦察兵)战术无人机系统。"赫尔墨斯"450LE 是标准型的改进型,2003 年 6 月在法国巴黎航展上首次公开展示,其在每侧机翼下挂有 1 个永久固定的燃料箱,该型机还在后机身下部增加了 1 个任务载荷舱。"赫尔墨斯"450B 是标准型的改进型,符合北约组织有关标准。该型被泰雷兹英国公司选为投标英国国防部"守望者"无人机系统计划的基本平台,2004 年 7 月中选。

"赫尔墨斯"450 标准型机长 6.10 m,最大机身直径 0.52 m,机高 2.37 m,翼展 10.5 m,最大起飞质量 450 kg。"赫尔墨斯"450B 翼展 10.8 m,最大起飞质量 470 kg。

"赫尔墨斯"450 标准型采用大展弦比平直上单翼和 V 形尾翼;机翼后缘有襟翼和副翼,翼尖下弯,2 个尾翼的夹角为 100°;机身呈圆柱形,采用流线形机头,发动机装在机身后部;机体由复合材料制成;采用不可收放的前三点起落架;在开始设计时即强调了模块化和可维修性。"赫尔墨斯"450 无人机如图 9 - 36 所示。

"赫尔墨斯"450 可在铺筑跑道上起降;2005 年 4 月曾用芬兰罗伯尼克有限公司的 MC2055L 弹射发射架演示了弹射发射能力;可利用拦阻索辅助降落;可根据用户的要求,提供基于差分全球定位系统(DGPS)的自主起降能力。"赫尔墨斯"450B 的基线构型即提供自主起降能力,并具有在半铺筑跑道上起降的能力。

图 9-36 "赫尔墨斯"450 无人机

4. RQ-2"先锋"(Pioneer)无人机

RQ-2是美国和以色列联合为美军研制的单发活塞战术无人机系统,可用于执行监视侦察、目标捕获、目标指示、炮兵校射、战斗毁伤评估、搜索与救援、缉毒执法等多种任务。

RQ-2无人机的主要型号有:RQ-2A是最初的生产型,从1990年开始,该型机先后出现了两种基本的构型,一种被称为"方案"2(Option2),另一种是"方案"2+(Option2+)。RQ-2无人机机长4.26 m,机高1.2 m,机身长度2.90 m,翼展5.11 m,最大平飞速度185 km/h。"方案"2的最大起飞质量为190 kg,"方案"2+的最大起飞质量为205 kg。RQ-2B是RQ-2A的改进型,主要换装 MIAG 制导、导航与控制系统、光电/红外传感器和通用自主回收系统。RQ-2C是RQ-2A/2B的升级改进型,该系统具有更好的通用性、互用性和可部署性;主要改进包括:换装 AR741 转子发动机,并在中央翼段增设辅助油箱,采用战术通用数据链等。

RQ-2A采用大展弦比平直上单翼,双尾梁和 H 形尾翼,整机前向雷达截面积约为0.5 m^2。每侧机翼后缘的外侧有副翼。从内侧机翼后部向后伸出细长的尾梁,尾梁末端连接到平尾,平尾翼尖带有内倾的端板式垂尾,平尾展长大于尾梁间距。平尾后部有2个升降舵,2个垂尾后部都有方向舵。机身为吊舱式,横截面接近矩形,发动机布置在机身后部。机翼、尾梁和尾翼均可拆卸,便于在外场分解和装配。最初,机身由玻璃纤维复合材料制造,尾翼由凯芙拉和玻璃纤维复合材料制造。机翼的织物蒙皮涂有硝基涂料,可提高蒙皮的使用寿命。1990年引入的改进构型(方案2)为全复合材料机翼和机身,以及重新设计的尾翼;进一步改进的构型也是最终的构型(方案2+),采用不可收放的轮式前三点起落架,均为单轮。后机身下部还有拦阻钩。RQ-2无人机如图9-37所示。

RQ-2无人机可在跑道上起降,也可利用气动弹射发射架发射,或利用1个可抛弃的EX125 助推火箭从发射导向架上发射;舰载使用时采用助推火箭发射;着陆时,利用机尾的拦阻钩勾住地面拦阻索;在舰上使用时采用撞网回收。

9.2.3 边海巡逻无人机

"赫提"无人机用于海岸监察、边界监视、管道检测和护航巡逻,机体内携带英国 BAE 系统公司的影像收集与分析(ICE)监视载荷。其主要型号有:"赫提"-1D 是初始原型机,由 J5"马克"(Marco)电动滑翔机改进而来,最大起飞质量 350 kg,翼展 8.04 m。"赫提"-1A 是后续发展型,使用 J&AS 航空公司的 J6"军舰鸟"(Fregata)主体结构作为机体基础,最大起飞质量

图 9 - 37　RQ - 2 无人机

500 kg,翼展 12.53 m,最大平飞速度 241 km/h。"赫提"-1B 配备 Rotax 活塞式发动机,搭载更先进的自主 ICE 任务载荷。"怒火"(Fury)是武装型,用于武装侦察、近距空中支援。"赫提"- 0C 是民用型,设计了全新的机身、飞行和任务系统套件,采用模块化设计,任务系统具有"即插即用"的特点。

"赫提"无人机采用下单翼,短舱和尾撑式机身与 V 形尾翼布局;在"赫提"- 1D 上有 1 个主轮和 1 个尾轮;在"赫提"- 1A 上有 2 个自身装有弹簧的主轮和尾轮;采用玻璃纤维复合材料结构;机翼可拆卸,便于拖车存储和运输;一般采用自主轮式起降(草地或铺设跑道),也可以采用罗伯尼克有限公司的弹射器弹射起飞。"赫提"无人机如图 9 - 38 所示。

图 9 - 38　"赫提"无人机

9.2.4　探测、监测类无人机

"信天翁"无人机用于对地面或水面进行全天候空中射线侦察,根据不同的物理参数监测周围环境,实时向地面控制站传送所得信息。"信天翁"无人机还可用于发现森林火灾并绘制发生地点地图、搜索救援行动、渔业资源监测、冰凌情况监测、缉毒等任务,石油管道、公路巡逻、捕鱼监督、发现偷猎者等目标观察任务,以及监测周围生态环境、河岸巡逻、天气观测等周围环境参数监测任务。"信天翁"机体内携带电视摄像机、红外扫描显示器系统(IRLS)和环境监控传感器,带有实时下行链路的数据传输系统,使其可以完成上述任务。

"信天翁"无人机的起飞质量为 450 kg,最大飞行速度为 300 km/h;采用倾转旋翼布局,等弦长的上单翼,翼尖上安装了可倾转的发动机短舱,机身呈锥形,尾翼带有下反角,采用可收放式的前三点起落架。该无人机可垂直起飞，也可以借助加速器起飞，垂直着陆。"信天翁"无人机及其三视图如图9-39所示。

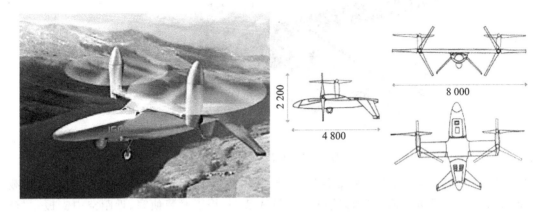

图9-39 "信天翁"无人机及其三视图

9.3 大型无人机

大型无人机是指起飞质量大于500 kg，翼展在10 m以上的无人机。此类飞机种类和型号均较少，但却是近年来各航空强国竞相发展的重要机种。从当前机型来看，军用无人机居多，包括高空战略侦察无人机，察打一体无人机，无人作战飞机，重型短程无人侦察机以及大型靶机等。

高空战略侦察无人机通常要求巡航高度大于18 000 m，航程大于10 000 km，航时大于24 h，具备高速飞行能力。因此，飞机携带大量燃油，最大起飞质量大，结构效率要求高。目前，美国的"全球鹰"仍是唯一服役机型。在该类机型中，目前存在高空低速超长航时（大于1个月）和高超声速无人侦察机两个发展趋势，这将给结构设计带来更大挑战。

察打一体无人机需同时搭载多种侦察设备及轻型攻击武器，强调持续的侦察和武力攻击能力，起飞重量大。由于其可以达到侦察即打击的效果，有效缩短了传统侦察到攻击的作战链，在多次局部战争中发挥了巨大作用，甚至改变了以往的作战模式。当前的察打一体无人机仍以对地攻击能力为主，少数具备有限的空中自卫能力。

无人作战飞机主要指无人战斗机，随着自主及智能控制技术的发展，无人作战飞机已初步展现出替代有人战斗机作战的战斗能力，是未来发展的重要趋势，目前已有多个国家开展了预研机型的研制与试验飞行项目。无人作战飞机主要携带对地导弹及精确制导炸弹，其应用场景仍以对地攻击为主，制空型无人作战飞机仍然是一个存在争议的发展方向，但无疑对技术的发展会带来更多挑战。

重型短程无人侦察机，主要应对前线战场侦察任务以及海上侦察预警与反潜需求，具备一定拒止环境下的生存能力，起降环境相对恶劣。

为应对大量密集的防空以及空战训练，评估武器系统的作战性能，要求能够模拟敌方主战飞机及导弹的战斗性能，大型靶机作为特种航空装备必不可少。

从当前大型民用无人机的发展趋势来看，未来高空超长航时无人机能够满足通信中继、长期监控等应用需求，大型货运无人机对物流行业的发展也能起到非常重要的作用。

9.3.1　大型高空长航时无人侦察机:"全球鹰"

空中侦察是贯穿整个作战过程的一项重要作战行动,它能够为指挥员提供及时、准确的战场情报。与有人机相比,无人机因具有目标小、突防能力强、无生命代价等优越性,因此一直是获取战场情报的重要力量。大型无人侦查机可搭载光电监视/瞄准装置、可见光 CCD 相机、合成孔径雷达、激光测距仪、通信侦察设备等。最具有代表性的大型无人机就是美国的"全球鹰"无人侦察机,如图 9-40 所示。

高空长航时无人机,其使用特点对飞机的总体构型有许多特殊的要求。通常情况下高空长航时无人机采用大展弦比的机翼,高升力、低阻力翼型。由于其飞行高度高、续航时间长,加之平流层空间特殊的环境特点,使得平流层太阳能无人机在情报收集、环境监测、通信保障和高分辨率对地侦察等方面具有自身独特的优势。当前,世界各国都在不惜重金、不遗余力地争夺这一全新的领域,并已成功研制了多款实验平台,取得了良好的经济、军事效益。近年来,高空长航时太阳能无人机更是取得了突破性的进展,为了追求高升阻比,此类无人机机翼大多数采用超大展弦比布局形式,并普遍使用轻质、高比强度和高比刚度的复合材料结构。

"全球鹰"无人侦察机作为高空持久性先进概念技术验证(ACTD)计划的一部分,于 1994 年 10 月由美国诺斯罗谱·格鲁门公司研制,由沃特(Vought)飞机工业公司生产。"全球鹰"是目前世界上体积最大、续航时间最长、有效载荷最重的一种战略无人侦察机,是首次飞越太平洋的无人机,并经历了阿富汗、伊拉克、利比亚等实战的检验,是当今世界最先进的无人侦察机。"全球鹰"(RQ-4)无人机主要性能指标如表 9-4 所列。

图 9-40　"全球鹰"无人机

表 9-4　"全球鹰"(RQ-4)无人机的主要性能指标

参　数	参数值
起飞质量/kg	11 622
有效载荷/kg	885
载油量/kg	6 727
翼展/m	35.4
续航时间/h	42
航程/km	26 000
巡航高度/m	20 000
巡航速度/(km·h⁻¹)	635
最大速度/(km·h⁻¹)	740

"全球鹰"无人侦察机是为了满足向联合力量指挥部提供远程侦察能力的需要而设计的,具有全天候、大纵深的侦察监视能力,使用红外和雷达传感器监视约 60 km 距离内的目标。"全球鹰"无人机能在 6 h 之内从德国飞到阿富汗,其装备有自动化着陆系统,由地面指挥站计算机控制。2000 年 6 月"全球鹰"无人机完成了先期概念技术演示和军事应用评估,其主要有以下突出优点:

① 机体庞大,可跨洲际连续飞行。"全球鹰"一般在 20 000 多米的高空飞行。RQ-4B 型"全球鹰"翼展长达 39.9 m,超过波音 747 飞机。正是凭借着这样一副超长的大展弦比机翼,"全球鹰"具有了良好飞行性能,硕大的机身与机翼可容纳更多的机载设备和燃料,从而为延伸

飞行距离奠定了的基础。2001 年 4 月 22 日,一架"全球鹰"从美国加利福尼亚空军基地起飞,经过 22.5 h 的连续飞行,成功降落在澳大利亚,成为世界上第一架成功飞越太平洋的无人机。

② 电子设备先进,可全天候侦察监视。"全球鹰"有"大气层侦察卫星"之称,机上安装有光电、红外系统和合成孔径雷达等传感器。合成孔径雷达能在 20 000 m 高空穿透云雨等障碍,不受昼夜、气象等条件限制,全天候连续监视目标。"全球鹰"既可进行大范围雷达搜索,又同时可提供 74 000 km² 范围内目标的光电或红外图像,即使在不利的气候条件下,"全球鹰"也能提供高质量的目标侦察图像。在伊拉克战争中,"全球鹰"保障美英联军的飞机在强沙尘暴期间继续进行空袭就是一个实例。

③ 通信性能卓越,可高精度实时传输。"全球鹰"可以适应陆海空军不同的通信控制系统,既可进行宽带卫星通信,又可进行视距数据传输通信。宽带通信系统可达到 274 MB/s 的传输速率。另外,机上装有备份的数据链。从"全球鹰"发现目标、照相、数据处理,再经过卫星传递回地面控制站、经图像专家处理、再传递到各个作战部门需 9 min 左右。

"全球鹰"无人侦察机采用大展弦比下单翼,细长机身,V 形尾翼,前三点起落架布局,机翼 1/4 弦长处后掠 5°54′,V 形尾翼(上反角 50°)。复合材料机翼长达 35 m,复合材料占结构质量的 65%。整机起飞质量 11 622 kg,燃油质量 6 727 kg,超过总质量的一半,具有从美国本土起飞对全球任何地点进行战略侦察和战术侦察的能力。"全球鹰"无人机结构图如图 9 - 41 所示。

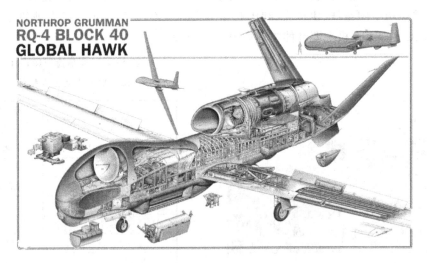

图 9 - 41 "全球鹰"无人机结构图

"全球鹰"是复合材料应用的一个典型代表。RQ - 4 机翼内侧段为 4 个工字梁结构,外侧段为三梁结构,翼梁采用高模量碳纤维/环氧复合材料制造。蒙皮采用石墨增强环氧树脂复合材料制成,其中沿展向的 0° 铺层占总铺层数的 50%,其余角度铺层占 50%。为了提高扭转刚度,前后缘采用了 Nomex 芯材的蜂窝夹层结构。机翼的前缘和翼尖均为可拆卸的复合材料结构。整个机翼被分为三段,彼此之间采用机械连接,表面固化有铜网,用于防雷击,对带有整体油箱的大面积复合材料机翼而言,防雷击是重要的。

2003 年由沃特公司生产的改进型"全球鹰"RQ - 4B 的机翼(见图 9 - 42),使用了商用复合材料和环氧材料,改进后翼展达到 39.9 m,机翼重约 1 814 kg 是 Vought 达拉斯工厂交付的最长机翼,其结构形式与 RQ - 4 基本相同,但组合方式不同,并在一些区域增加了铺层以提高结构强度和刚度。整个机翼分为 4 段,两个大的翼盒在机身中心对接,两端各一个翼尖组合件(RQ-4 机翼由 3 部分组成:一个 15 m 长横跨机身的翼盒,两个 10 m 长的外翼和翼尖组合件),两个复合材料结构在机身中线对接可以提高气动效率。另外,在翼尖部分的制造采用了 Radius Engineering 公司开发的 SQRTM(Same Qualified Resin Transfer Molding)技术。新设计的翼尖包含 3 个主要部分:一个承扭盒,一个内翼肋(用于连接翼尖和主翼),还有一个翼尖帽型件(Tip-cap Closeout)。每个承扭盒均包含 6 根层压复合材料桁条,机翼前后缘和外翼肋组成一个整体结构。而原始的设计是每个承扭盒由两根蜂窝夹层结构桁条和多根翼肋组成,制造成本增加。利用 SQRTM 技术仅用 3 个模具就能完成左、右翼尖所有零部件的制备。其中,左承扭盒通过第 1 个模具制备,右承扭盒通过第 2 个模具制备,而其余部件则通过第 3 个模具制备,它们包括左、右内侧翼肋,左、右翼边帽型件以及帽型件底部用于覆盖检查孔的盖板。所有部件均采用 Cytec 碳纤维/7714A 环氧预浸料制造,碳纤维可以是 M46J、AS-4 或东丽 T650 织物。首先将零件和模具组合在一起,利用气动压力机提供的 0.8 MPa 压力将预浸料压实,然后当固化温度达到 121 ℃时,再通过 RTM5000 流控注射系统向模腔内注入少量的树脂产生 0.6 MPa 的压力。用这种技术制造的复合材料纤维体积分数可达 58%,孔隙率小于 0.5%,所以通过 SQRTM 技术制造的翼尖能满足或超过诺斯罗普·格鲁曼公司的对"全球鹰"机翼性能的要求,其重量还比原来降低了 5%。在早期的设计中,仅翼尖部分(位于机翼前端约 3.3 m 的位置)就包含了 12~14 个热压罐成型的零件,利用 SQRTM 技术做到了简化制件结构、集成零部件和不使用热压罐,此技术帮助制造商大大降低了制备成本。

图 9-42　RQ-4B"全球鹰"复合材料机翼及翼尖结构

　　"全球鹰"无人机无论是在总体性能指标、气动布局设计、隐身性、电子通信侦查设备,还是在复合材料的使用上都处于世界领先水平。"全球鹰"的功能与 U-2 高空战略侦察机接近,却以续航时间长、飞行高度高、可实时传输信号以及不会引起任何人员伤亡等特点而成为 U-2 的取代者,并正逐渐成为美军 21 世纪初航空侦察的主力装备。

9.3.2　大型察打一体无人机:"捕食者"系列

　　侦察/打击一体化(察打一体)无人机集侦察与攻击能力于一体,具有侦察与监视目标、捕获和实时打击目标的能力,能够对一些稍纵即逝的目标做出快速的反应,明显缩短杀伤链周期。特别是载荷能力强、飞行性能优异的大型察打一体无人机,由于其具有强大而持久的攻击性能,从而可对敌方产生持续震慑效果。在作战运用中,无人机作为一种武器装备,应在指挥信息系统的有力支持下,与其他武器装备协同作战,实现体系化运用与基于信息系统的体系作战能力。

察打一体无人机就是对原有以侦察监视为使命的无人机进行改装,挂载轻型武器弹药,使之具备一定的打击能力。大型察打一体无人机可携带大量弹药,侦察攻击能力较强,主要执行战场侦察监视、对地精确打击以及目标指示与毁伤评估等任务,典型机型包括美国空军 MQ-1"捕食者 A"和 MQ-9"捕食者 B"等。大型察打一体无人机主要具有以下几种作战任务:

(1)战场侦察监视

大型察打一体无人机除了与大型无人侦察机一样搭载光电监视/瞄准装置、可见光 CCD 相机、合成孔径雷达、激光测距仪、通信侦察设备等之外,还能够在有效压制敌防空系统的情况下,进入目标区域进行临空式侦察,对敌方重要目标进行持久跟踪监视。

(2)对地精确打击

在现代战争中,由于作战环境和作战模式的变化,打击一些稍纵即逝的机动目标和即时发现的时间敏感性目标已成为作战的关键。具备侦察打击一体化能力的大型无人机可以及时地向其所探测到的目标发动攻击,不需要等待其他武器平台的支援,极大地提高了侦察信息的时效性和攻击的准确性,这种作战任务准确地说,应该称之为"武装侦察"。

目前,大型察打一体无人机一般采用外挂方式搭载小型空地导弹,执行对地精确打击任务。未来的大型察打一体无人机将能够搭载联合直接攻击弹药(JDAM),激光制导炸弹以及小直径制导炸弹,具有内埋载弹能力,可在中高威胁环境下有效执行对地攻击。

(3)目标指示

大型察打一体无人机跟踪并锁定目标后,可利用搭载的激光照射器照射目标,引导有人作战飞机发射激光制导弹药进行精确攻击。无人机首次加装激光照射器是在北约轰炸南联盟期间,4 架美空军"捕食者"无人机装备 AN/AAS-4(V)激光指示器向攻击飞机指示作战目标。阿富汗战争中,3 架 F-15 战机在"捕食者"无人机的指示下,向基地组织成员藏身的旅馆投下了 GBU-15 激光制导炸弹。

(4)毁伤观测

在导弹、火炮、作战飞机等执行完火力打击任务后,可派遣无人机对射击误差与毁伤情况等进行记录,并实时传送给指挥中心,以评估打击效果,为下一步战斗决策提供依据。大型察打一体无人机搭载可见光、红外、雷达等多种传感器,且无人员伤亡的风险,能够对目标的物理毁伤情况进行及时观测。

"捕食者"系列无人机是由美国通用原子公司开发的,包括"捕食者 A""捕食者 B""捕食者 C",前两者采用活塞发动机,后者采用喷气式发动机且具有一定隐身性能。"捕食者 A"无人机如图 9-43 所示,"捕食者 B"无人机如图 9-44 所示,"捕食者"无人机的主要性能参数如表 9-5 所列。

"捕食者 A"为中空长航时战术侦察型无人机,采用倒 V 尾设计,于 1994 年 7 月成功首飞。该机在机头固定有昼夜彩色摄像机,用于辅助遥控操纵飞机,任务载荷包括光电中波红外转塔和山猫合成孔径雷达,可在云层上方利用合成孔径雷达发现目标,然后降低到云层以下,利用光电转塔进行详细侦察,其在几次局部战争中承担了大部分目标侦察和轰炸效果评估任务。"捕食者 A"机翼下方导弹挂架如图 9-45 所示。

图 9-43 "捕食者 A"无人机

图 9-44 "捕食者 B"无人机

表 9-5 "捕食者"无人机的主要性能参数

型 号	"捕食者 A"	"捕食者 B"
机长/m	8.75	10.36
翼展/m	14.85	19.52
机体高/m	2.21	—
尾翼展/m	4.38	—
飞行速度/$(km \cdot h^{-1})$	204	370
待机速度/$(km \cdot h^{-1})$	111~130	278
续航时间/h	24	25
最大续航时间/h	40	—
升限/m	7 926	13 725
发动机功率/kW	78.3	559
有效载荷/kg	205	317.5
起飞质量/kg	1 023	2 721

　　"捕食者 B"无人机于 2003 年 10 月初首飞,绰号"收割者",该机采用涡桨发动机,增大了飞机尺寸,尾翼由倒 V 形改为 V 形,改善了飞行高度、速度、任务载荷和续航等性能。"捕食者B"是一种中高空长航时无人机系统,具有持久留空能力,主要用作针对关键时间敏感目标的"猎手-杀手",其次是用作情报收集平台。"捕食者 B"无人机在机翼下面设置有 6 个挂点,全机最大外挂质量为 1 360 kg。"捕食者 B"无人机具有多种挂带形式,如空地、空空武器挂载方案,以完成对地时间敏感关键目标打击和空中自卫任务。

　　"复仇者"无人机(初始代号"捕食者 C")于 2009 年 4 月 4 日完成首飞,接下来又在 4 月 13 日和 14 日进行了两次飞行测试。复仇者无人机是在"收割者"无人机的基础上,为满足美军未来空战需求而后续开发的新机型,即"捕食者"系列无人机的第三个发展型号。"复仇者"无人机是具备隐身能力、喷气推进的远程侦察打击一体化无人机系统,与通用原子公司开发的前两种型号的"捕食者"系列无人机相比,使用喷气动力的"捕食者 C"无人机则进一步提高了速度、隐身生存能力、战术反应能力和任务灵活性。"复仇者"无人机的设计目标是使无人机在更危险的环境下拥有更高的生存概率,给美国空军和其他潜在的客户提供了一个具备增强型的快速反应、武装侦察能力的飞行平台。虽然它还不能被称作隐身飞机,但是该机采用了降低雷达散射的技术,增强了对雷达的隐身功能。与"捕食者 A"和"捕食者 B"无人机相比,它的隐身性能更高,反应更加迅速,战场生存能力更强。"捕食者 C"无人机如图 9 - 46 所示。

图 9 - 45　"捕食者 A"机翼下方导弹挂架

图 9 - 46　"捕食者 C"无人机

作为大型察打一体无人机,"捕食者"系列无人机具有以下特点:

(1) 武器配置多样化

"捕食者 B"无人机是在"捕食者 A"无人机基础上的发展型,提升了巡航速度和任务高度,增强了外挂能力,全机武器挂点数量和武器品种增多,从而使其对地攻击能力不断增强。"捕食者 C"无人机设置有机翼挂点和内埋武器舱,内埋武器舱长 3 m,宽 0.6 m,高 0.8 m。该内埋武器舱可以挂载小直径制导炸弹、轻型反辐射导弹、小型多用途空地导弹,甚至可以挂载近距空空自卫导弹。

(2) 快速精确打击能力

局部战争和反恐经验表明,发展快速精确打击平台具有重要意义和作用。"捕食者"系列无人机适应了美国军方提出的快速反应能力要求,满足对时间敏感目标的快速感知、精确打击的需求。"捕食者"系列无人机都配置有光电瞄准系统和合成孔径雷达设备,改善了目标跟踪特性,满足了对目标实施精确定位和跟踪的需求,可以通过先进的传感器系统对作战区域内的各类目标实施多层次、多领域、多手段侦察。

(3) 强大战场生存能力

"捕食者"系列无人机平台向速度更快、高度更高、隐身能力更强的方向发展,战场生存力不断提升,其中最为突出的就是平台隐身设计。"捕食者 A"和"捕食者 B"采用常规气动布局和 V 形尾翼,除了主梁以外,机身全部采用了石墨合成材料,并对发动机进出气口和卫星通信天线做了特殊设计,雷达散射截面积为 1 m²,能够满足低威胁环境使用要求。

"捕食者 A"采用细长近似半圆柱形的机身,头部为半球形,机身中部有一对展弦比很大的梯形下单机翼,采用低雷诺数翼型使其具有优越的气动性能,机翼控制面包括后缘外侧副翼和后缘 2/3 翼展内侧襟翼,机翼下面有武器挂架。整个机翼组件还包括伺服机构、微处理控制器、照明设备、磁力计和空速管。借助两个销钉,机翼很容易装卸。机身尾部有一对带下反角(倒 V 形)的矩形尾翼,没有上垂尾。机身下部有可收起的前三点式起落架。

"捕食者 A"无人机翼展 14.85 m,除机身大梁外全机由复合材料制成,主要采用的是碳纤维和石英纤维混合后再经"凯夫拉"纤维材料调和而成的复合材料制造。碳纤维、玻璃纤维、芳纶纤维复合材料以及蜂窝、泡沫、木块等夹层结构,用量约为结构总重的 92%。机身大量采用碳纤维织物/Nomex 蜂窝夹层结构加筋壁板,内部关键位置有碳纤维梁肋结构以保证足够的刚度,主要机体部分采用碳纤维/环氧预浸料手工铺叠/热压罐工艺制造,玻璃纤维复合材料用于雷达罩的制造,预浸料由数控裁床裁切,蜂窝芯型面由五轴数控切割机床加工。生产过程中借助激光投影设备以确保零件重复、精确生产,固化的复合材料层板采用机器手水切割技术切边。主梁以及尾翼梁、起落架支柱采用碳纤维织物闭模成型,并使用密封气囊确保足够的密实压力。

机身头部内装制导和控制设备、任务负荷,天线在机头下面。机身尾部装有一台带螺桨的推进发动机。机身中部装有电子设备、电池和燃料箱等。为了能适于在冬季使用,机上有除冰装置,主要是将乙二醇防冻液布撒在翼前缘。为了便于装运和维修,机身、机翼、尾翼、螺旋桨、天线以及光电/红外任务负荷都是可拆卸的。

“捕食者 B”无人机尺寸比“捕食者 A”大,外形基本相同,但尾翼是带上反角的,而且还有下垂尾翼,其外形也改为截尖三角形翼。由于推进发动机改为涡轮螺桨发动机,它需要进气口吸入空气,所以发动机不是装在机尾内,而是装在机尾的背上。

改进的“捕食者 B”即 MQ - 9 是“捕食者 A”的加大型,又名“收割者”,2003 年 10 月初首飞。在机翼盒型梁顶端上采用了 SPECIALTY MATERIALS 公司生产的 Hy - Bor 硼纤维/碳纤维/环氧预浸料。Hy - Bor 预浸料是一种硼纤维和碳纤维组成的混杂预浸料,比单一的增强材料具有更高的弯曲和压缩性能,可以提高开孔强度,在考虑压缩应力的设计中还可以减少碳纤维的数量达到减重的效果,其特性可以根据硼纤维与碳纤维的比例进行剪裁设计。

“捕食者”系列无人机都采用 V 形尾翼设计,无人机的性能优劣在很大程度上取决于尾翼的结构设计,尾翼结构设计对全机的气动弹性品质与疲劳断裂性能有很大的影响,先进无人机的尾翼通常整体采用复合材料。现有大型无人机目前主要选择 V 形尾翼设计,除“捕食者”系列外还有“全球鹰”无人机与国产的“翼龙”无人机等。V 形尾翼主要有结构重量轻、空气阻力小与隐身性能好等优点。

“捕食者”系列无人机是世界领先的察打一体无人机,且经过多次实战检验,气动外形好,结构重量轻,特别是在出色的电子侦察能力基础上增加了打击能力,使其具有极强的作战能力。

9.3.3　大型无人作战飞机

1. X - 45A

无人战斗机(UCAV)是一种全新的空中武器系统,无人作战飞机从过去主要是执行空中侦察、战场监视和战斗毁伤评估等任务的作战支援装备,升级成为能执行压制敌防空系统、对地攻击、诊治与执行对空作战的主要作战装备之一。现阶段其主要功能是实施防空压制和纵深打击。20 世纪 90 年代,美国抢先将其列入军事装备发展计划,引起各国军界极大关注,兴起了世界范围的研制 UCAV 热潮。

X - 45 是 DARPA 和美国空军联合提出的一项先期概念演示计划,其主要任务是用来验证无人作战飞机(UCAV)的技术可行性,由美国波音公司负责设计制造。

X - 45A 采用无尾翼设计,借鉴于 1996 年首飞成功的 X - 36 无人试验机的设计,两种机型的机翼外形十分相似,如机翼边缘控制面和偏航向矢量排气喷管等。因为飞翼布局的优良特性,所以目前各国无人作战飞机的发展大都不约而同地采用了独特的“飞翼布局”,飞翼式布局具有升阻比大、气动效率高、载荷分布均匀、结构效率高、有效载荷量大、隐身性能好等突出的优点。随着计算机控制技术的进步,飞翼布局控制效率较低的问题也逐步得到解决。目前

图 9-47　X-45A 无人机

已知的采用飞翼式布局的无人机除美国的 X-45 和 X-47B 外,还包括俄罗斯的"鳐鱼"、法国主导的"神经元"、英国的"雷神"等。

无人战斗机多半采用高度翼身融合的飞翼式总体布局,需要结构上的大面积整体成型。复合材料在设计和制造技术上恰恰具有这一特点,便于大面积整体成型,满足这一特定的需求,X-45A 结构重量的 45% 为复合材料。

X-45A 翼展 10.3 m,弦长 8 m,空重 3 640 kg,搭载有效载荷的能力为 680 kg。其内部骨架为铝合金结构,外部结构为复合材料结构。目前机身在波音飞机公司制造,采用低温固化预浸料,模具由 E-玻纤布制成,为低成本原型机模具系统。机翼采用创新的 FMC(Foam Matrix Core)技术在 Foam Materix 公司制造。FMC 的主要工艺过程如下:

① 以补偿件代表蒙皮厚度放入模具内。

② 注入泡沫,使之膨胀达补偿件内缘并固化。

③ 从模具中取出已固化成型的夹芯。

④ 去掉补偿件,在夹芯外缠上纤维。

⑤ 用 RTM 法成型,使零件连同夹芯一起固化。

⑥ 翼面的内部零件,如肋、金属接头、管线等于发泡前预置于模腔内。

该方法大大减少了零件数和固化后的机加装配工作量,其成本较常规方法可降低一半。Foam Materix 公司由于革新了 UCAV 无人机机翼的设计和制造技术,获得了波音供应商 2002 年度革新奖。实际上 FMC 技术原用于复合材料冲浪板、滑板和小帆船的制造上,是由民用制造技术转移而来的。

X-45A 机身由高速切削的铝合金龙骨、梁及隔框覆以复合材料蒙皮构成。将美国先进复合材料集团开发的 LTM45EL 长寿命机织碳/环氧低温固化预浸带采用铺层方式制造蒙皮、进气道及舱门,工装由 Janickl 工业公司提供。该机身上部蒙皮约 9 m×3.7 m,被铺成一个整体件,而下部蒙皮则被加工成两个 4.5 m×3.7 m 的部分。喷管部分的上、下蒙皮将分别采用 Cytec 公司的 BMI-5250.4 碳纤维/双马树脂制造。它的固化温度范围处于 177~204 ℃,使用温度在 59~204 ℃之间。

X-45A 动力为一台霍尼维尔 F124-GA-100 涡扇喷气发动机,其进气口置于飞机的上方。X-45A 机身内部有两个武器弹舱,其中一个携带试验设备,另一个则挂载一枚 450 kg 的 JDAM 炸弹或者 6 枚 113 kg 炸弹。

2. X－47B

X－47B 是一架试验型无人战斗航空器(UCAV),由美国国防技术公司诺斯罗普·格鲁门公司开发。X－47B 是人类历史上第一架无需人工干预、完全由计算机操纵的无尾翼、喷气式无人驾驶飞机,也是第一架能够从航空母舰上起飞并自行回落的隐形无人轰炸机,还是世界上首架陆基和航空母舰都能使用的无人驾驶侦察攻击机。X－47B 无人机如图 9－48 所示。

X－47B 拥有蝙蝠型双翼与翼身融合的飞翼构型,其外形酷似前辈 B－2 隐形轰炸机,只是体积更为小巧。X－47B 全机由复合材料制成,可称全复合材料飞机,飞机空重 1 740 kg,机体结构由 4 个部分组成,即沿机体中心线上、下各两大部分组成,充分地发挥了复合材料大面积整体成型的优点。外翼由铝合金部件和碳纤维环氧复合材料蒙皮组成,其尺寸大约为 4.88 m×1.22 m。每个机翼装有副翼,并拥有高度集成的电子和液压管路。该机翼设计还包括机翼折叠能力,这样可以使飞机在母舰上占有更小的空间。

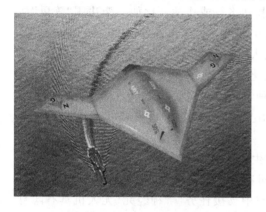

图 9－48　X－47B 无人机

图 9－49　X－47B 在航空母舰上

3. "神经元"

欧洲"神经元"无人战斗机项目由法国领导,瑞典、意大利、西班牙、瑞士和希腊参与,其中法国达索航空公司负责项目管理、系统构架设计、飞行控制系统设计和总装,法国泰莱斯公司负责提供数据中继设备和指挥控制接口,瑞典萨伯公司协助达索进行总体设计和试飞工作并提供中机身、航空电子设备和燃油系统,意大利阿莱尼亚航空公司负责提供发射/弹射系统、电气和空速子系统并参与试飞,欧洲航空防务与航天集团(EADS)旗下的西班牙航空制造股份有限公司(CASA)负责提供机翼、数据链和地面站,希腊航宇工业公司(HAI)负责提供后机身、尾喷管和综合装配架(integration rig),瑞士 RUAG 公司负责风洞试验和提供武器发射装置,比利时也打算参与该项目,其工作可能包括设计一种射频卫星数据中继设备。

"神经元"无人战斗机可以在不接受任何指令的情况下独立完成飞行,并在复杂飞行环境中进行自我校正,此外它在战区的飞行速度超过现有一切侦察机。2012 年 11 月,"神经元"无人机在法国伊斯特尔空军基地试飞成功。法国国防部称其开创了新一代战斗机的纪元。"神经元"无人机如图 9－50 所示。

图 9－50　"神经元"无人机

"神经元"无人机长约 10 m,翼展约 12 m,最大起飞质量 7 t,有效载荷超过 1 t,采用 1 台"阿杜尔"(Adour)发动机,飞行马赫数约为 0.8,续航时间超过 3 h,具有航程远、滞空时间长等基本特点。该机具有低可探测性,采用飞翼布局,大量使用复合材料,安装 2 个内部武器舱,携带数据中继设备,并能装备 1 台雷达。

从技术性能上看,"神经元"无人机主要具有以下 4 大特点:

① 隐身性能突出。在外形设计和气动布局上,该机借鉴了 B—2A 隐身轰炸机的设计,采用了无尾布局和翼身完美融合的外形设计,其 W 形尾部、直掠三角机翼以及锯齿状进气口遮板几乎就是 B-2 的缩小版。

在机体材料选择上,该机采用全复合材料结构,雷达辐射能量少。此外,由于该无人机没有驾驶员座舱,体积和重量的减少使其在隐身方面具有有人机难以媲美的先天优势。

② 智能化程度高。"神经元"综合运用了自动容错、神经网络、人工智能等先进技术,具有自动捕获和自主识别目标的能力,也可由指挥机控制其飞行或作战。比如一架法国"阵风"战斗机可以同时指挥 4~5 架"神经元"无人机,在有人机前方进行侦察或进行攻击。

"神经元"无人机解决了编队控制、信息融合、无人机之间的数据通信以及战术决策与火力协同等技术,实现了无人机的自主编队飞行,其智能化程度达到了较高水平。

③ 对地攻击方式多样。"神经元"无人机是一种集侦察、监视、攻击于一身的多功能无人作战平台。该机不仅能完成侦察、监视、通信中继和电子干扰等任务,更重要的是能采取多种方式对地实施攻击。

它能在其他无人侦察机的配合下,反复在敌核生化制造和储存地区进行巡逻、侦察和监视,一旦发现目标便可根据指令摧毁这些目标。也可在前方空中控制员的指挥下,与地面力量密切配合,执行由武装直升机和攻击机完成的近距空中支援任务。"神经元"无人机具有隐身性能好和突防能力强的优势,能够诱敌暴露目标,并对其实施快速攻击。

同时,"神经元"无人机既能通过机载数据链系统引导友机规避或攻击目标,又能在友机引导下自主攻击目标。它战术反应敏捷灵活,攻击方式巧妙多变,令敌人防不胜防。

④ 效费比高。"神经元"无人机兼具有人战机和导弹的优点,在作战使用时更具效费比。与有人战斗机相比,它不但生产成本低,而且可以不考虑飞行员的生理限制和生命保障,其费用比有人机节省大约 65%。

与导弹相比,"神经元"无人战斗机可多次重复使用,可以回收或自动着陆,由于装备有高速数据链系统,因而比导弹更加灵活。另外,"神经元"无人机如挂载联合直接攻击弹药打击地面目标,其成本远低于"战斧"巡航导弹。

如图 9-51 所示为"神经元"无人机各主要生产阶段示意图。

"神经元"无人机采用直掠三角机翼设计,翼肋采用正交肋与顺气流肋混合布置,在翼尖与机翼中部处布置正交肋,到根部逐渐由正交肋转变为顺气流肋。

顺气流肋有利于维持翼剖面形状,为传递根部扭矩只需要一个加强肋,在肋距相同时,顺气流肋比正交肋数量要少,但当对桁条和蒙皮支持作用相同时,顺气流肋的总长度将比正交肋多出 28% 左右(具体值与后掠角大小有关),从而使结构重量增加。顺气流肋由于上下缘外表面有扭曲,肋与梁、桁条不垂直相交,使制造和装配成本有所增加,并且顺气流肋和桁条划分的蒙皮格子由于其中一条对角线较长,因此受剪稳定性较差。综合以上因素,"神经元"无人机机翼翼肋布置主要采用正交式,只是在翼根处转换成顺流式以传递扭矩。

由图 9-52 可见,"神经元"无人机在机翼根部采用两个固支接头与机身侧边相连。由于

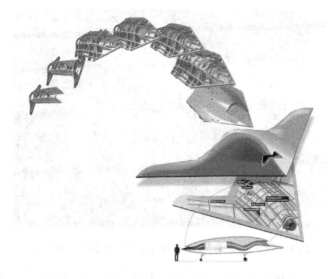

图 9 - 51 "神经元"无人机各主要生产阶段示意图

后掠翼可以看成由平直翼向后偏转一个角度所形成,故其受力特点主要取决于直接与机身连接的根部结构,在根部区域以外其构造和受力与平直翼没有太大差别。由于在翼面积、展弦比、梯形比、顺气流剖面弦长等参数均相同时,后掠翼结构的实际长度比平直翼大,而垂直于其构造轴线的剖面的弦长减小,因此"神经元"作为高速无人机,为减小波阻,采用薄翼型,所以其机翼较平直翼更细、更薄,致使其弯曲刚度、扭转刚度都比平直机翼差,为达到同样的刚度要求,其翼面结构重量将增大。由于后掠翼的"后掠效应",所以其机翼前缘纵向元件受力较小,后缘纵向元件受力较大。对于"神经元"这种后掠翼无人机,其翼盒的刚心线不再与机身轴线垂直,最简单的结构形式是,翼面到机身侧边后通过某种结构措施使翼盒的走向转折到与机身轴线垂直,并使翼盒的全部或部分构件的内力保持连续,再把力传给机身框。

图 9 - 52 技术人员正在装配机翼

由图 9 - 53 可见,"神经元"无人机机翼机身采用耳片垂直、螺栓水平布置的集中式接头对接,垂直剪力和垂直弯矩靠螺栓受剪传递,水平剪力靠耳片受挤压传递,水平弯矩也靠螺栓剪切传递。为了在根部将蒙皮传来的扭矩由集中式接头传走,在根部设置了加强肋,将扭矩转化成一对垂直力偶传给翼梁腹板,并连同翼梁腹板中原来的剪力一起通过与缘条和接头牢固连

图 9-53　"神经元"无人机翼身采用两个固支接头相连

接的加强垫片、加强支柱或角盒传到上下叉耳接头的耳片上,再由螺栓受剪向中翼传递。从图 9-53 中还可以看到上下耳片的间距布置得尽量大,从而使相同水平弯矩时,螺栓所受的剪力最小。

9.3.4　大型短程无人侦察机:RQ-5"猎人"

RQ-5"猎人"无人机是美国与以色列联合研制与生产的短程侦察、监视、目标捕获无人机。其可以在距离前线部队和海军基准点 150 km 以外为美军军、师级和美国海军陆战队远征旅提供侦察、监视和目标截获保障。该无人机能昼夜飞行,不受气象条件限制,可以携带火箭助推器进行起飞。如图 9-54 所示为 RQ-5"猎人"无人机在空中飞行,"猎人"无人机的基本参数如表 9-6 所列。

表 9-6　"猎人"无人机基本参数

图 9-54　RQ-5"猎人"无人机在空中飞行

参　数	参数值
翼展/m	8.8
机长/m	6.8
机高/m	1.7
最大起飞质量/kg	727
最大负载量/kg	125
最大燃料质量/kg	136
实用升限/m	4 572
操作飞行速度/节	110
最大飞行航程/km	没有中继 125; 有中继 200
最大续飞能力/h	12

"猎人"无人机属于大展弦比直机翼无人机,为了提高其侧向安定性,采用固定在两侧机翼上的双尾撑布局形式来提供所需的尾容量(尾臂长度与垂直安定面的面积之积)。

尾撑是指连在飞机机身后部或在机身两侧机翼上独立设置的直径明显小于机身的舱身构造,部分起着后机身的作用,末端装有尾翼,故起到了力臂的作用。为便于分析,可以把双尾撑布局简化为如图 9-55 所示的刚架结构,其中 P 为垂直尾翼传递给尾撑的载荷,a 为尾撑的长度,b 为水平安定面的长度,EI_1 和 EI_2 分别为尾撑与水平安定面结构的弯曲刚度。

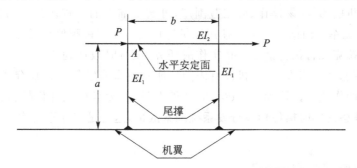

图 9-55　双尾撑布局的结构简化模型

由材料力学可知该刚架结构的计算模型(由于对称,仅取一半)如图 9-56 所示。

单尾撑布局无人机可以简化为悬臂梁的形式,如图 9-57 所示,其中 P 为垂直尾翼传递给尾撑的载荷,a 为尾撑的长度,EI_1 为尾撑结构的弯曲刚度。

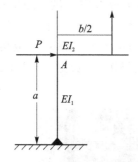

图 9-56　钢架的计算模型

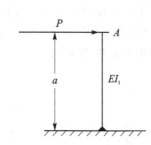

图 9-57　单尾撑布局的结构简化模型

由力学知识经计算可知,在相同的结构材料用量下,单、双尾撑布局的结构刚度之比为 $1:2$,从结构刚度角度来看,理论推导指出双尾撑布局优于单尾撑布局,这也是"猎人"无人机选用双尾翼的原因之一。

"猎人"无人机采用上单翼布局(见图 9-58),翼面贯通机身并在中央翼与机身侧边交接

图 9-58　"猎人"无人机采用上单翼布局

处通过接头与机身对接,翼面上的剪力、扭矩和反对称弯矩都由这些接头传给机身,这种结构布局机体内部空间利用率高,结构重量轻,经济效益好。

"猎人"无人机能力强、易操作、应用范围广,可满足陆军的增程多用途(ERMP)无人机系统需求。1999 年美军在前南地区多次使用该机进行实时航空视频侦察任务。2004 年,"猎人"无人机已经在伊拉克飞行执行达 2 160 次作战任务,飞行时数达到 11 223 h。在这些任务执行中,除气候极端恶劣,"猎人"无人机没有因为其他原因取消任务。2004 年 6 月,"猎人"无人机在巴格达上空的作战时数达到了 5 000 h。"猎人"战术无人机允许作战指挥官能够深入敌军领地,通过机载昼夜实时摄像侦察分发系统勘察敌情,这也是美陆军首次将无人机运用到作战行动使用中。

9.3.5 大型靶机:"长空一号"

靶机泛指作为射击训练目标的一种军用飞行器,这种飞行器利用遥控或者是预先设定好的飞行路径与模式,在军事演习或武器试射时模拟敌军的航空器或来袭导弹,为各类型火炮或导弹系统提供假想的目标与射击的机会,属于无人机的一种。

20 世纪 60 年代,由于苏联援助的取消、专家的撤离,解放军空军试验用的拉-17 无人靶机严重缺失,国家下决心搞自己的无人靶机,从而促成了"长空一号"。"长空一号"(CK-1)高速无人机由位于巴丹吉林沙漠的空军某试验训练基地二站在 1965—1967 年成功定型,主要负责人是被誉为"中国无人机之父"的中国工程院院士赵煦将军。"长空一号"靶机如图 9-59 所示。

图 9-59 "长空一号"靶机

"长空一号"是一架大型喷气式无线电遥控高亚声速飞机,可供导弹打靶或防空部队训练。"长空一号"经过适当改装可执行大气污染监控、地形与矿区勘察等任务。因"长空一号"本身体积很小,为在视觉模拟体积较大的敌机,机上一般装有曳光管或拉烟管。此外机上还装有红外增强翼尖吊舱、被动式雷达回波角反射器,机尾带红外曳光弹为 4 枚"海鹰"1 号曳光弹,以增以强红外和雷达特征。

"长空一号"的起飞非常有特色,采用一架可回收的发射车进行助推起飞。飞机固定在发射车的三条短滑轨上,发动机舱底部有一推力销,用于固定。起飞时飞机发动机启动,带动发射车开始滑跑。当滑跑速度达到 275 km/h 时,飞机已经得到足够的升力可以升空。这时推力销在发射车上的冷气作动筒作用下拔开,飞机脱离发射车,开始爬高。发射车因无动力而减速,随后地面人员发出无线电指令,抛出制动伞,并控制刹车使发射车停住。"长空一号"的基本技术数据如表 9-7 所列。

表 9-7　"长空一号"的基本技术数据

参　数	参数值
翼展/m	7.5
展弦比	6.8
机身直径/m	0.55
总长/m	8.435
总高/m	2.955
总重/kg	2 000～2 500
最大飞行高度/m	10 000～18 000
最低使用高度/m	500～5 000
飞行速度范围/(km·h^{-1})	550～910
航程/km	600～900
续航时间	低空和中空: 70 min 以上; 中空和高空: 45～60 min

该机采用典型的高亚声速布局,机身细长流线,机翼平直,展弦比大。机身前、后段为铝合金半硬壳式结构。发动机及其进气道装在机身下部的吊舱内。翼尖短舱、尾翼翼尖、进气道唇口、机头与机尾罩均用玻璃钢制造。中单翼结构的矩形机翼采用不对称翼剖面,有 2°的下反角,机翼安装角为 0°45′。水平尾翼安装在垂直尾翼中部,平尾和垂尾均采用对称翼剖面的矩形翼面。机翼和尾翼均为铝合金单梁式薄壁结构。由于采用无中央翼的中单翼翼身结构布局形式,故在机身中段与机翼连接处设置机身加强框与机翼在机身侧面对接连接。翼梁接头与机身加强框接头连接,对接处即是翼面的设计分离面。在翼根处布置了加强翼肋,将沿翼盒周缘作用的闭合剪流转换成两个腹板上的一对剪力,再出对接接头传给机身,从而传递扭矩。机载设备、自动驾驶仪分别装在前后段,机身中段为压力供油式油箱。设计中直接利用机身外壳作为油箱壁,节省了重量。改进型号的机翼下有两个小型副油箱。"长空一号"结构图如图 9-60 所示。

"长空一号"作为我国独立研制的第一种多用途喷气式无人机,开创了一个先例。其性能能满足研制时军方的多种要求,如靶机、采样、监控等。但与国内及世界其他无人机相比,"长空一号"有着明显的缺点,有的甚至可以说是致命的。由于"长空一号"采用了典型的高亚声速布局,速度较慢,无法模拟高速目标;机体结构狭小,发动机又占据了下方的主要空间,无法安装更多的设备,因此用途非常单一;无论起飞还是回收,都显得笨拙,而且硬着陆方式会导致部分机体损坏,必须进行维修才可重复使用,浪费资源,且增加了后勤维护难度。由于研制时间较早,复合材料使用得不多,仅在翼尖短舱与进气道唇口等非主承力结构上使用,前后机身与机翼材料仍使用铝合金,相比使用现代复合材料技术设计的无人机,其结构重量较大。但如作为一种靶机使用,"长空一号"还是基本能胜任的。

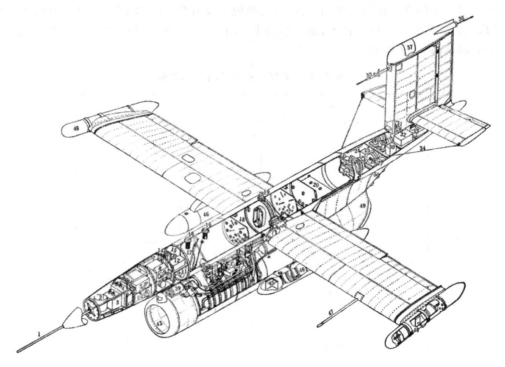

图 9 - 60 "长空一号"结构图

习　　题

1. 机翼与机身的总体结构布局形式有哪几种？

2. 小型无人机一般采用上单翼气动布局,针对该种布局通常采用哪种结构布局形式？该结构布局形式具有什么特点？

3. 小型无人机的蒙皮通常采用什么结构材料？其具有什么优点？

4. 小型无人机翼面的结构形式有哪几种？

5. 常规布局的机身典型结构形式有哪些？主要差异是什么？

6. 尾撑结构的特点是什么？尾撑杆的设计过程中以哪些载荷为依据？

7. 三种典型无人机主要采用哪种设计方法？具有怎样的特点？什么是中型无人机？

8. "小猎鹰"无人机结构有什么特点？

9. "隼"无人机结构有什么特点？

10. 请分析"猎人"无人机为什么采用双尾撑结构？

11. 后掠式机翼翼肋布置主要有哪些形式？试分析为何"神经元"无人机翼肋布置主要采用正交式？

12. 试介绍"全球鹰"无人机机翼结构形式,并简述 RQ - 4B 与 RQ - 4 机翼组合方式的区别。

13. 为什么"捕食者"系列无人机采用 V 形尾翼设计？

14. 试详述复合材料在"捕食者 A"无人机上的应用。

参考文献

[1] 吴立新,刘平生,卢健.无人机分类研究.洪都科技,2005(3):1-11.

[2] 秦武,张爱华,李进.美国的小型无人机.飞航导弹,2007(2):22-25.

[3] 张元明,赵鹏飞.低速小型无人机中的复合材料结构及分析.玻璃钢/复合材料,2003(6):36-40.

[4] 蔡全.某小型无人机的机体结构及其强度计算.杭州:浙江大学,2008.

[5] 潘荣华,宋国栋,杨学永.无人机复合材料结构和制造工艺.南京航空航天大学学报,2009,S1:119-122.

[6] 王建华,陈令国,朱成香,等.小型无人飞机复合材料典型结构形式分析.教练机,2011(3):36-41.

[7] 李光超.小型无人机机体寿命分析研究.西安:西北工业大学,2007.

[8] 洪达,周磊,郑震山.国外小型舰载固定翼无人机装备回收技术发展研究.飞航导弹,2014(4):50-54.

[9] 崔英.先进的小型和迷你型海军无人机.现代舰船,2007(11):32-36.

[10] 《飞机设计手册》总编委会.飞机设计手册第 10 册:结构设计.北京:航空工业出版社,2001.

[11] 杨乃宾,张怡宁.复合材料飞机结构设计.北京:航空工业出版社,2001.

[12] 郦正能,等.飞行器结构学.北京:北京航空航天大学出版社,2005.

[13] 王志瑾,姚卫星.飞机结构设计.北京:国防工业出版社,2010.

[14] 陶梅珍,等.现代飞机结构综合设计.西安:西北工业大学出版社,2014.

[15] 《世界无人系统大全》编写组.世界无人系统大全.北京:航空工业出版社,2015.

[16] Han L L. Network Payload Integration for the Scan-Eagle UAV. Thesis Collection, 2007.

[17] 陈绍杰.无人机上复合材料的应用与研究.飞机设计,2003(3):26-30.

[18] 林岳峥,祝利,王海.全球鹰无人侦察机的技术特点与应用趋势.飞航导弹,2011(9).

[19] 王蕾.捕食者无人机综述.中国航空学会轻型飞行器专业委员会学术交流会,2005.

[20] 程文礼,邱启艳,赵彬.无人机结构复合材料应用进展.航空制造技术,2012(18).

[21] 邓扬晨,等.无人机单、双尾撑布局的结构效率研究.飞机设计,2005(4).

[22] 沈亮,欧阳平.捕食者系列无人机特点及发展经验.飞航导弹,2012(12):33-36.

[23] 王芳,周桂钧.大型察打一体无人机体系化运用研究.飞航导弹,2014(9):66-70.

[24] 赵煦.大型无人机系列的研制与发展.中国工程科学,2003,5(1):38-41.

[25] 秦亮等.各国大型主战无人机研究进展.航空制造技术,2015(15):14-17.

第 10 章　旋翼类无人机结构设计

旋翼类无人机是一种依靠旋翼来直接产生升力的飞行器。旋翼类无人机主要包含无人直升机、无人多旋翼飞行器以及自转旋翼无人机等。近年来,旋翼类无人机的研究逐渐成为无人机领域的研究热点。与固定翼无人机相比,大部分旋翼无人机具有机动性强、定点悬停和垂直起降等优点,可广泛应用于农药喷洒、空中摄影、环境检测、军事侦察等领域,具有巨大的产业化前景。旋翼类无人机按旋翼的控制方式可分为可变轴距机制和固定轴距机制无人机。目前,具有代表性的可变轴距机制单旋翼直升机已经投入到农药喷洒和空中摄影等实际应用领域,对于其控制方法也有了大量的研究。但单旋翼直升机机械结构复杂,机体的制造、组装、维修和保养都需要熟练技术人员的支持。目前越来越多的科研团队已把目光转移到了固定轴距机制的多旋翼无人机。四旋翼无人机作为多旋翼机的代表,其自主控制的研究最为活跃,主要包括室外自主飞行、编队飞行、室内避障以及室内 SLAM(Simultaneous Localization and Mapping)的研究等。

10.1　旋翼类无人机简介

10.1.1　无人直升机

无人直升机(Unmanned Helicopter)主要依靠一个或者两个主旋翼来提供飞行过程中所需的升力(见图 10-1)。与载人直升机相似,若无人直升机只有一个主旋翼,则需要有一个小的尾翼来平衡主旋翼所产生的自转力。无人直升机可以实现垂直起降,因此相对于固定翼无人机而言对于起降场地的要求相对较低,但是其也有较为明显的缺点,一是续航时间不够长,载荷相对较小;二是结构较为复杂,操控难度也相对较大。

图 10-1　无人直升机

一般的无人直升机大致分为双桨纵列式直升机、双桨横列式直升机、共轴反桨式直升机和单旋翼直升机。纵列式、横列式布局一般用于重型直升机中。由于无人直升机较轻,故一般采用结构较为简单的共轴反桨和单旋翼布局形式,如图 10-2 所示。

(a) 单旋翼无人直升机　　　　　　　　　　(b) 共轴双旋翼无人直升机

图 10-2　无人直升机的种类

1. 单旋翼无人直升机

单旋翼无人直升机是最常见的无人直升机形式,在其机身后部与主旋翼不同平面内安装一尾桨系统用于平衡因主旋翼转动引起的反扭矩,同时尾桨还可以用于实现直升机的方向操纵。它的主要优点是设计和制造简单,只需一套操作系统和减速传动系统。但其需要安装尾桨来平衡主旋翼产生的反扭矩,且尾桨还要消耗一定的功率(通常悬停时占 8%~10%,平飞时占 3%~4%)。

2. 共轴反桨式直升机

这种无人直升机两个主旋翼上下安装在同一个主轴上,由一台或两台发动机驱动。两个主旋翼转动方向相反,可以互相抵消反扭矩,使机身不随旋翼转动。它的优点是采用了两个主旋翼从而减小了主旋翼桨叶的尺寸;缺点是结构和操纵变得相当复杂,使重量增加。

10.1.2　多旋翼无人机

多旋翼无人机(Multirotor 或 Multicopter)是一种由多组动力系统所组成可以实现垂直起降(VTOL)的飞行平台(见图 10-3)。按旋翼数目可分为四旋翼、六旋翼和八旋翼等。其

图 10-3　多旋翼无人机(DJI 经纬 M600)

中以四旋翼飞行器最具有代表性且最为常见。绝大多数多旋翼飞行器都属于静不稳定飞行器，在操控的过程当中需要装配自动飞行控制系统。多旋翼飞行器其本身最大的特点是结构紧凑，动力利用率高，同时可自主或遥控飞行。小型多旋翼飞行器具有体积小、轻便、易隐藏的特点，可以在复杂环境执行监视等任务。民用方面，多旋翼飞行器在航拍、救灾、勘探、侦察、农业等各个领域都得到了广泛的关注与应用，同时其优异的机动性以及操作简单、成本相对低廉，更为各大科研机构所青睐。

10.1.3　无人自转旋翼机

自转旋翼机（Autogyro 或 Gyroplane）是一种利用前飞时的相对气流吹动旋翼自转以产生升力的旋翼航空器。它的前进力由发动机带动螺旋桨直接提供。旋翼机必须滑跑加速才能起飞。自转旋翼机简称自旋翼机或者旋翼机，是旋翼航空器的一种，介于飞机和直升机之间。旋翼机大多以尾桨提供动力前进，用尾舵控制方向。它的旋翼没有动力装置驱动，仅依靠前进时的相对气流吹动旋翼自转以产生升力。旋翼机不能垂直上升和悬停，必须像飞机一样滑跑加速才能起飞。旋翼机的结构相对简单，安全性也较好，一般用于旅游或体育活动。

对于无人自转旋翼机而言，目前国内外的研究都比较少。据文献报道，瑞典陆军曾推出了一种"侏儒"无人自转旋翼机（见图 10 - 4），可搭载摄像机等任务设备用于侦察，全机质量 100 kg，最大任务载荷 20 kg，最低飞行速度 30 km/h，滞空时间可达 3～5 h。总体上，世界范围内的无人自转旋翼机产品的报道还非常少见，一些相关研究工作也基本上集中于少数大学等研究机构的理论性研究层面，以及原理性验证样机阶段。可以说，在无人自转旋翼机开发使用方面，目前还没有哪个国家形成规模产业和产品系列，基本上还都未处于真正的起步阶段，因此，有着广阔的发展空间。

图 10 - 4　"侏儒"无人自转旋翼机

20 世纪由于技术及理论的不成熟，飞机升降时常因故障而失速，导致多人丧生。为了解决这一问题，人们想了很多办法。1923 年，西班牙的 Juan de la Cierva 运用旋翼空气动力学理论成功研制出第一架旋翼机。旋翼机利用旋翼旋转时桨叶相对气流的高速运动，避免了早期飞机在起降时因速度过低而导致的旋翼来流角太大而导致的失速。虽然都有旋翼，但旋翼机的旋翼是靠前飞时的相对来流吹动的，在定常飞行时其旋翼产生的反扭矩几乎为零，故也不需像直升机那样设计一套复杂的反扭矩系统。旋翼机在结构上远比直升机要简单得多，这也是旋翼机比直升机更早出现的原因之一。

正是早期对旋翼机的探索和实践，使人们理解了旋翼的工作原理，并且在很大程度上推动了直升机的发展，如今天在很多直升机上依然常见的铰接式旋翼就来源于旋翼机。然而事物的发展往往是曲折的。如今很多人知道飞机、滑翔机、直升机,但却鲜有人知道旋翼机,更不用说它的工作原理了。当然这也是有其客观原因的:第一,作为旋翼类飞行器,旋翼机上高速旋转的旋翼直接限制了它的最大速度的提高,原因和直升机一样,旋翼机如果飞行速度太高,也会面临前行桨叶激波和后行桨叶失速的问题,所以在高速区域,旋翼机相比飞机没有优势;第二,同为旋翼类飞行器,旋翼机不具备直升机那样的悬停能力,所以,与直升机相比,旋翼机的低速性能也没有优势。可以看出,长期以来旋翼机一直处于高不成低不就的尴尬处境中,人们也渐渐对旋翼机失去了兴趣,因此,在很长一段时间内,旋翼机的发展一直处于低谷中,只有少数航空爱好者以及一些旋翼机协会仍在不断地摸索与改进。

然而随着通用航空的发展,社会对空中交通工具的需求量越来越大,此时,经过爱好者们多年的改进与完善,旋翼机以其简单可靠的结构设计,安全稳定的飞行性能,低廉的制造成本以及超短距起降的能力再次进入人们的视野。相比飞机,旋翼机起降速度要低得多,不会像飞机那样发生失速的危险,对场地的要求也低得多;相比直升机,旋翼机的结构要简单可靠得多,并且由于其旋翼一直处于自转工作状态,不需要像直升机那样要进行一系列复杂的操纵才能进入自转状态,旋翼机的低空飞行安全性比直升机要高。

旋翼机比直升机较早试飞,然而旋翼机却没有被重视,似乎停滞了前进的脚步,而直升机却得到了成功的研究。虽然无人直升机具有垂直起降和空中悬停性能,而且作为军事装备使用具有零伤亡的优势,军事使用潜力大,但由于无人直升机的操纵和响应特性较飞机复杂多变,较难实现全包线稳定控制,所以无人直升机并没有广泛适航于军事和民用领域。

作为一种完全不同于固定翼飞机和直升机的飞机,旋翼机具有以下几个主要特点:

① 具有与直升机极为相似的外形特征,特别是旋翼和机身外形,通常均采用与直升机非常接近的外形设计。

② 具有极端缓慢飞行和极低高度飞行的能力,空中最低飞行速度可达到 10 m/s 以下,接近直升机悬停状态,飞行高度可接近零。

③ 起飞或着陆距离很短,具有超短距起飞和近乎垂直着陆的能力,通常起飞距离可达 10~70 m,着陆距离可达 0~15 m,对场地要求很低,不需要专用机场跑道。

④ 具有较高的续航能力和较大的载荷能力,最大载荷能力可达最大起飞重量的 40%。

⑤ 安全性高,因其飞行采用的是风车原理,即使在强风和发动机空中停车等极端情况下,仍能保持飞行或安全降落,在航空器领域素有最安全的飞机之称。

⑥ 结构和机载控制系统简单,造价低廉,经济性好,约为直升机成本的 1/5~1/10,操纵简单,维护成本低。

10.2　无人直升机结构设计

无人直升机的整体结构通常包含机身、旋翼、尾桨、起落装置、发动机舱、传动装置及其他系统的受力结构等部件结构或组件结构。机身、旋翼这样的大结构,通常称为部件结构。机身、旋翼又可沿机身纵向或旋翼展向分成几个大段,这样的一大段结构通常称为组件结构。无人直升机结构必须具有适当的抵抗永久变形和破坏的能力。在规定的使用期内,无人直升机结构受正常载荷作用时不能出现永久变形和损坏,以保持无人直升机的飞行性能和确保飞行安全。

在无人直升机结构中,旋翼是最关键、最重要,同时也是最为复杂的系统。旋翼的性能在很大程度上决定了无人直升机的飞行性能,因此旋翼设计是无人直升机设计水平和技术难点的体现。对于无人直升机而言,机身结构和布局相对简单。由于无人直升机较固定翼飞机而言过载较小,因此其结构受力相对简化,这也使得无人直升机结构形式多变,布局也相对容易。在无人直升机结构设计中比较突出的一点是无人直升机振动源多,分别来自旋翼系统、发动机、传动系统。同时,振动频率也较为丰富,所以存在着比固定翼飞机更为严重的振动和疲劳问题。除此之外,其操纵系统也较为复杂,使得其研制难度也相应提高。随着复合材料的不断发展,无人直升机主结构中的复合材料应用也越来越广泛。

10.2.1 机身结构设计

1. 机身主体设计

机身是直升机的基体,用于支持和固定发动机、主减速器、旋翼、尾桨和起落架等部件,以及燃油和各种电子设备等。如图 10-5 所示为美国 MQ-8B 无人侦察直升机的结构图。

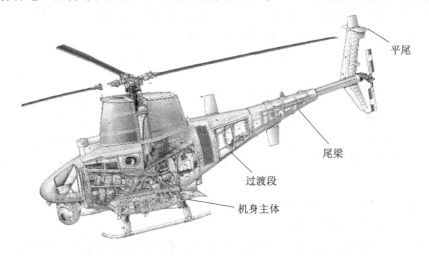

图 10-5　MQ-8B 无人直升机结构图

对于无人直升机机身结构的设计,不同类型的直升机有着不同的结构形式和设计特点。由于无人直升机的用途不同,结构设计要求也有着明显的差别。首先,由于机身结构承受来自旋翼、尾桨、起落架、动力装置、传动装置、操纵系统等所有部件和装载的各种载荷,因此,要保证上述各部件的正常工作和使用时的安全可靠,就必须保证机身结构在任何允许的使用情况下都具有足够的强度和一定的刚度。并在满足一定强度和刚度要求的前提下,尽可能减轻直升机机身结构重量,这是进行无人直升机机身结构设计时的一个重要原则。为了减轻机身结构重量,必须合理选择机身的结构承力形式,各主要承力构件的布置要恰当,载荷情况及相应的外载荷的确定要合理。其次,需要选择良好的机身外形,以提高无人直升机的飞行性能。除此之外,由于固定在机身结构上的旋翼和尾桨等部件产生的交变载荷传给机身,会引起机身结构振动,影响无人直升机的正常使用,并产生结构疲劳,因此在机身设计中必须采取措施控制和降低机身结构的振动水平。同时,无人直升机机身结构也应具有良好的耐损性和维护性。

无人直升机机身的结构形式一般可以分为以下三种:

（1）桁架式结构

桁架式结构是由无缝钢管支撑的缘杆、立柱、横杆和斜撑杆等构件焊接而成的空间桁架。它与其他部件的连接点均设在空间桁架的节点上,节点上均装有传递集中力的对接接头,杆件以轴向力的形式承受载荷。机身的弯矩、剪力和扭矩均由桁架承受。不难看出,这种机身结构的特点是利用杆件来传递载荷,因此机身重量轻,便于承受集中载荷。桁架式结构广泛应用于轻型无人直升机中,图 10-6 所示为法国的"云雀Ⅱ"直升机。

图 10-6　法国"云雀"直升机的桁架机身结构

（2）薄壁式结构

薄壁式结构一般是由纵向构件(梁、缘条)和横向构件(隔框)组成的骨架,以及覆盖在它们外面并形成光滑表面的受力蒙皮相互连接而组成的空间结构。按承力形式,薄壁结构又分为桁梁式、桁条式和硬壳式 3 种。桁梁式、桁条式结构在固定翼无人机机身结构设计中已有提及,故在此不加赘述,图 10-5 中的尾梁结构即为典型的桁梁式结构。薄壁结构机身的主要承力构件是隔框、桁条、蒙皮、地板和接头等。在机身结构布置时,一方面要根据全机总体布置、各部件的相互连接关系和机身设计的基本要求,协调加强框和加强桁条的位置,同时又根据选定的比较有利的隔框和桁条间距,布置普通隔框和普通桁条。

（3）组合壁板式结构

由于无人直升机不必留出驾驶舱空间,因此飞机机身结构可以设计得非常紧凑,只需用几块铝合金或复合材料壁板就可以固定直升机的发动机、主旋翼系统与油箱等结构。这种高空间利用率的结构在中小型无人直升机领域得到了广泛的应用。如图 10-7 和图 10-8 所示为几种典型的壁板式结构。

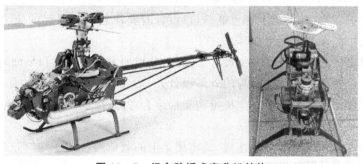

图 10-7　组合壁板式直升机结构

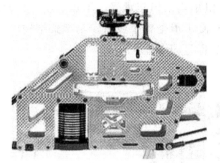

(a) 玻璃纤维壁板结构　　　　　　　　(b) 碳纤维壁板结构

图 10-8　复合材料壁板结构

值得注意的是,复合材料结构在中小型无人机中有着广泛应用,与铝合金材料相比它的比强度、比刚度高,可以大大减轻结构重量,而且破损安全性好,成型工艺简单,所以受到人们的普遍重视。壁板结构经常采用复合材料进行制造。

尾梁用来支撑中减速器、尾减速器及固定水平安定面和斜梁或下垂尾,承受作用在水平安定面和斜梁或下垂尾的气动载荷;同时还承受尾桨的推力和反扭矩及中减速器的扭矩。

对于前三点式起落架,通常在尾梁后部装有尾撑或尾橇;对后三点式起落架,则后起落架一般安装在尾梁上,尾梁将承受尾撑或尾橇或后起落架着地时产生的载荷。

2. 尾梁设计

典型的尾梁结构形式有桁架式结构、半硬壳式结构、桁梁式结构以及夹层结构。桁架式结构是最早的尾梁结构形式,用钢管焊接或用铝管螺接而成,必要时外部用蒙皮整流,通常适用中、小型直升机;半硬壳式结构只用一层铝板卷成一个圆锥形并截去尾部,设计有若干维形框和对接框,除纵向连接传动轴整流罩设置两根纵向型材外,无其他纵向构件;不少直升机尾梁采用桁梁式结构,纵向构件有长桁、梁,在转角处承力大的部位设置梁,其余是长桁,横向构件设置若干隔框;夹层结构尾梁采用芳纶布蜂窝做夹芯,面板采用薄铝板、铝箔或者碳布、芳纶布、玻璃布铺成,是当前发展的新趋势。

在进行尾梁结构设计时应注意以下问题:

① 尾梁根部蒙皮和长桁组成的板块易出现受压失稳,并最终导致全机破坏,因此设计时应在承压一侧增加蒙皮厚度、蜂窝密度或加密长桁间距来解决。

② 尾梁因要承受尾桨产生的交变载荷(交变载荷必然会引起疲劳),所以在结构设计时要考虑动力响应问题,使尾梁的固有频率与尾桨频率避开。

③ 尾梁一般位于发动机后部,因此应注意温度场对尾梁的影响。

为了使用维护需要,在尾梁上有可能开口,设计时要注意开口引起的应力集中,疲劳载荷有可能在应力集中区域引起尾梁损坏。

尾梁与机身主体之间设计有一个设计分离面,分离面大多为平面和平面对合,通过若干螺栓进行连接。其位置通常取决与机身的外形设计,一般在外形急剧变化的部位。尾梁与机身主体的对接形式要根据外形设计和全机结构布局综合考虑,目前采用的形式有 3 种。

(1) 均匀分布传力的设计方式

均匀分布传力方式又称围框式连接,是将尾梁上的载荷通过几乎均匀分布的、直径相同的螺栓传给机身。采用这种连接方式的好处是利用对接框能有效地传递载荷,该传力设计方式适用于对接框结构形式为圆形的、外形较为规则的尾梁,而不适用于传递载荷方式不集中的桁梁式尾梁结构形式。

（2）集中传力的设计方式

集中传力方式适用于尾梁和机身都是梁式结构的情况。其传力特点是尾部的载荷通过蒙皮集中传到梁,由梁经过连接接头的螺栓传给机身。该连接方式的好处是充分利用力结构主承力件梁,连接螺栓的数量大大减少,装配工作量相对减少。不足之处是连接框没有充分利用,需要设计一个参与承力的扩散段,重量上有损失。对于采用桁梁式结构,截面外形呈三角形,在三角顶点承力大的位置布置有梁的外形结构,采用 3 点对接连接最为合适,但传力有限,只适用于轻型直升机的连接。

（3）集中传力与均布传力混合的设计方式

该传力设计方式结构布局的特点是:全机采用桁梁式结构布局,不规则对接截面,在承力大的外形转角部位有可能布置大梁,而在较规则的部位则有可能布置长桁。为了发挥集中传力和均布传力的优点,克服各自的不足,采用混合连接对节省重量很有效。

3. 短翼设计

并不是所有的无人直升机都有短翼。一般来说,无人直升机安装短翼主要有两个目的:一是为了挂载武器或副油箱;二是短翼也可以提供升力。此外,也有用短翼来固定起落架或作为整体油箱的。

短翼一般是由前梁、后梁、根肋、端肋、上下蒙皮组成的一个基本受力盒体。在盒体内可布置悬挂肋和接头。短翼的基本结构还有前蒙皮、后缘、悬挂接头以及与机身连接的接头。

4. 尾翼设计

无人直升机尾翼包括垂直安定面（习惯称斜梁或大垂尾）、水平安定面（平尾）,根据无人直升机总体布局要求,有的无人直升机还有侧垂直安定面（或称侧端板）和下垂尾。

垂尾主要承受尾桨产生的侧向力和气动载荷,此外还提供前飞时的方向稳定力矩。垂尾由纵向梁和横向肋构成一个封闭的盒段,承受和传递扭矩、剪力和弯矩。根据承力大小,采用不同形式的结构,常见的两种结构形式是桁梁结构和夹层结构。目前无人直升机中较为先进的垂尾采用全复合材料结构。

桁梁式结构的尾翼由前后梁和两侧壁构成一个完整的扭力盒。而对夹层结构而言,斜梁两侧的壁板件几乎全用夹层结构进行设计。采用夹层结构可以省去较多的肋和紧固件,纵向前后梁和墙仍有所保留,但对于不同的机型而言有着不同的设计方案。

下垂尾（见图 10－9）并不是所有无人直升机都具有的结构构件。一般来说,对于后三点式的无人直升机而言,为了能够支撑尾轮,常设计有下垂尾。另外,前三点式无人直升机为了能够连接尾撬,常设计有下垂尾,或尾桨较低的直升机也常常设计有下垂尾,也有的是为气动平衡需要,一般根据总体布置要求确定是否需要下垂尾。

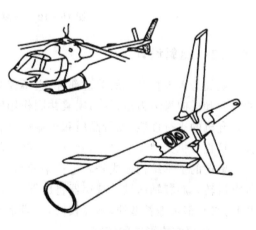

图 10－9　下垂尾上垂尾对接形式

如果下垂尾作为尾轮的支撑结构,则必须根据尾轮的载荷设计得较强。对于载荷较小的下垂尾,其结构相对比较简单,下垂尾与上垂尾作为一个整件与尾梁通过接头连接起来。

平尾又称水平安定面,其作用是前飞时提供负升力,形成无人直升机的抬头力矩,保证无人直升机的良好纵向安定性和操纵性。平尾的安装位置根据机型的不同也有所不同,有的安装在尾梁上;有的安装在垂直安定面上;有的直升机斜梁一侧安装尾梁,另一侧安装平尾。

平尾一般采用梁式结构,纵向用两根梁或者墙作为承力件,横向设计若干肋维持翼剖面形状,组成承力盒段,传递弯矩、扭矩和剪力。

平尾与机身的连接形式要根据总体要求确定,有两种类型:一种是可操纵平尾;另一种是不可操纵平尾。由于全机平衡的需求,不可操纵的平尾常常需要通过地面调整才能确定正确的平尾安装角,所以将其设计成可调整的结构。对于可操纵平尾而言,其自由转动在结构上通常是由平尾和尾梁或与上垂尾连接部位的管梁结构来实现。管梁一般布置在平尾焦点轴线处,但也有偏后的。

垂直安定面又称侧垂尾或侧端板(见图 10-10)。装在尾梁上的平尾,为了气动平衡需求,常在其尾端部增加侧垂尾。侧垂尾沿飞行对称面的安装角度不一定相同,平面形状为梯形或接近方形,截面一般是对称翼型。由于气动载荷不大,侧垂尾一般设计得较为单薄,面板可由两层碳布铺成或薄铝板成型,夹芯是泡沫或纸蜂窝做的夹层结构。承载大的侧垂尾也有用梁式的,在固定的连接部位要进行局部加强。

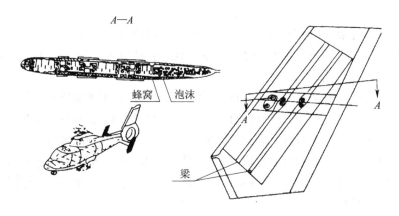

图 10-10 一种全复合材料制的侧垂尾

10.2.2 旋翼设计

旋翼是无人直升机的关键部件,它不仅为无人直升机提供升力和前进动力,而且提供相应的纵向和横向操纵力矩,并与尾桨共同作用实现直升机航向操纵。旋翼的空气动力特性决定了直升机的飞行性能、飞行品质和可靠性,同时也是直升机振动和噪声的主要来源。旋翼设计技术是直升机关键技术之一,旋翼设计技术的进步是直升机更新换代的主要标志之一。

旋翼的基本结构形式是若干片桨叶与一个桨毂相连。桨毂装于旋翼轴上,由发动机带动旋翼运转。旋翼轴通过主减速器将旋翼与机身连成一个整体。任何一种旋翼都有两片以上的桨叶,桨叶都是细长型的,刚度较低,一般是变剖面的,且沿展向有相对的预扭转。

1. 旋翼结构形式的选择

旋翼结构形式是指旋翼桨毂的结构形式。随着设计技术的进步和新材料的应用,旋翼结构形式不断发展变化。

旋翼结构形式主要包括铰接式、无铰式和无轴承式等。

（1）铰接式

铰接式旋翼通常有全铰接、跷跷板和柔性铰等形式。

1）全铰接式

在全铰接式旋翼中,把具有金属轴承的水平铰(挥舞铰)、垂直铰(摆振铰)和轴向铰(变距铰)的结构称为全铰接式。这种旋翼桨叶在挥舞和摆振方向都是根部铰支,而在扭转方向(即变距)属于根部铰支又带有弹性约束。因为桨叶变距摇臂通过变距拉杆与自动倾斜器连接,所以在摆振铰附近设有减摆器(见图 10 - 11)。

铰接式旋翼的另一种结构形式是水平铰和垂直铰重合布置(见图 10 - 12)。

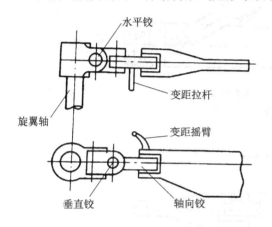

图 10 - 11　铰接式旋翼原理图

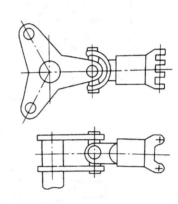

图 10 - 12　水平铰和垂直铰重合铰接式旋翼原理图

2）跷跷板式

跷跷板式旋翼桨毂两片桨叶连在一起共用一个中心挥舞(水平)铰,有变距铰(轴向铰),而没有摆振铰(垂直铰),因而也没有减振器(见图 10 - 13)。

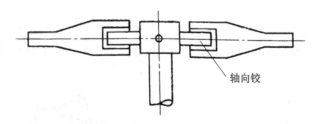

图 10 - 13　跷跷板式旋翼原理图

3）柔性铰式

柔性铰旋翼桨毂取消了常规机械铰链,而以金属片与橡胶材料硫化而成的层压弹性轴承代替。桨叶的挥舞和摆振运动在其根部均为弹性约束,变距运动除有操纵线系约束外,还附加了弹性轴承扭转变形约束。此种旋翼形式以星形柔性旋翼及球柔性旋翼为典型形式。球柔性旋翼桨毂示意图如图 10 - 14 所示。

（2）无铰式

无铰式旋翼只有变距铰,没有挥舞铰和摆振铰,其挥舞和摆振方向都是固支的,桨叶刚性连接到桨毂上,挥舞和摆振运动依靠桨根的弹性变形来实现(见图 10 - 15)。

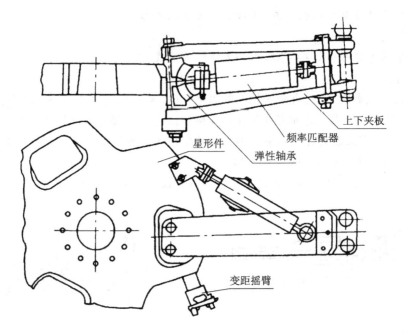

图 10 - 14　球柔性旋翼桨毂示意图

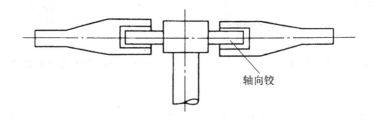

图 10 - 15　无铰式旋翼桨毂结构示意图

（3）无轴承式

无轴承式旋翼形式的桨毂结构完全取消了挥舞铰（水平铰）、摆振铰（垂直铰）和变距铰（轴向铰），桨叶的挥舞、摆振和变距运动，完全依赖于桨毂支臂及桨叶的弹性弯曲和扭转变形来实现（见图 10 - 16）。

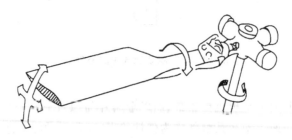

图 10 - 16　无轴承旋翼的构造原理图

2. 旋翼桨叶设计

桨叶结构设计的主要工作是根据无人直升机总体结构设计和气动设计确定的参数，设计出满足总体技术要求的桨叶结构。桨叶结构设计要满足桨叶气动外形、旋翼动力学、疲劳和强度、可靠性与维修性、工艺性和经济性要求。

旋翼桨叶的主要结构设计参数有桨叶质量、桨叶重心、惯性矩、静距、剖面刚度和质量分布、静挠度和洛克数等。

（1）桨叶质量

按照桨叶的弦长、展长及翼型的分布情况对桨叶的质量特性进行统计分析，评判总体分配的桨叶质量，分析桨叶质量的合理性。单片桨叶的质量为

$$G_{\text{blade}} = \int_0^R M_i \, \mathrm{d}x \tag{10-1}$$

式中：M_i 为桨叶剖面的线质量；R 为桨叶展向的最大位置。

航空器结构设计通常遵循重量最轻原则。但对于旋翼桨叶的结构设计而言，除了满足强度、刚度和动力学要求之外，还要求直升机旋翼桨叶能够为直升机自转下滑状态提供足够的能量。因此，旋翼桨叶不能设计得过轻。为满足旋翼的自转性能要求，旋翼最小转动惯量应符合如下条件：

$$\frac{I\Omega^2}{2W} \geqslant A \tag{10-2}$$

式中：I 为旋翼的转动惯量；Ω 为发动机停车时的旋翼转速；W 为直升机质量，A 为自转因数。

桨叶除了要满足桨叶质量特性和质量平衡要求，还要求满足气动力平衡要求。结构设计通常设置多种配重，调整桨叶质量和质量分布。

（2）桨叶重心

结构设计主要调整桨叶的展向中心和弦向中心，桨叶的展向中心主要影响桨叶的静距和惯性矩。桨叶展向中心外移，桨叶的静距和惯性矩会增大，同时桨叶的离心力载荷会变大，一般设计在 $(0.5 \sim 0.55)R$ 的位置。

桨叶的弦向中心是无人直升机桨叶结构设计的重要参数，弦向中心直接影响桨叶的颤振和稳定性特性，通常要求桨叶的弦向重心在 25% 弦长之前。

（3）惯性矩

进行桨叶结构参数设计时，必须给出桨叶绕水平铰的质量惯性矩。桨叶绕水平铰的挥舞惯性矩为

$$I_{\text{flap}} = \int_{R_0}^R M_i X^2 \, \mathrm{d}x \tag{10-3}$$

式中：R_0 为水平铰的展向位置；R 为桨叶展向的最大位置。

（4）静　距

静距的控制与桨叶质量和重心控制有关。桨叶绕水平铰的静距为

$$M_{\text{static}} = \int_{R_0}^R M_i X \, \mathrm{d}x \tag{10-4}$$

（5）剖面刚度和质量分布

剖面刚度和质量分布是桨叶结构设计的核心工作。剖面刚度和质量特性直接影响桨叶的动力学特性、强度和疲劳特性。动力学设计时，通过调整桨叶剖面刚度和质量分布来改变桨叶动力学特性，也称调频设计。调频设计的主要措施是改变桨叶的质量和刚度分布。

（6）静挠度

桨叶设计应保证桨叶的静挠度要求。影响桨叶静挠度的主要因素是桨叶挥舞方向的刚度分布和桨叶根部的约束刚度，设计时必须严格控制，确保桨叶在各种状态下桨叶和机身其他部位有足够的间隙。

（7）洛克数

洛克数实际上反映了桨叶气动力和惯性力的比值关系,洛克数越大,桨叶越轻。洛克数可由下式得到:

$$\gamma = \frac{\rho a c R^4}{I_{\text{flap}}} \qquad (10-5)$$

式中:ρ 代表空气密度;a 为翼型的升力线斜率,c 为桨叶弦长,R 为旋翼半径,I_{flap} 为桨叶挥舞惯性矩。

3. 桨叶构型设计

桨叶构型设计的主要任务是选取合适的桨叶剖面构造形式,基本确定桨叶的构造、动力学特性及工艺性、可靠性等特性。

桨叶的主要结构有大梁、蒙皮、后段件和接头。此外,还有桨叶罩、后缘调整片、前缘包片、平衡配重等。桨叶的构型主要根据桨叶材料与大梁的形状以及接头形式来区分。

金属桨叶通常由大梁、接头、后段件及桨叶罩、后缘调整片、前缘包片、平衡配重等零组件组成。根据大梁的形状和成型工艺的不同,可分为空心挤压梁桨叶(见图 10-17)、C 形挤压梁桨叶、管梁桨叶(见图 10-18)和多闭腔组合梁桨叶(见图 10-19)。

对于空心挤压梁桨叶而言,空心挤压大梁可根据桨叶设计要求,将大梁挤压成 D 形梁,也可挤压成梯形梁。这种构型的桨叶抗扭刚度好,大梁可以独立承受桨叶的复杂载荷。但挤压梁内腔尺寸和表面质量要求较高,工艺制造难度较大。

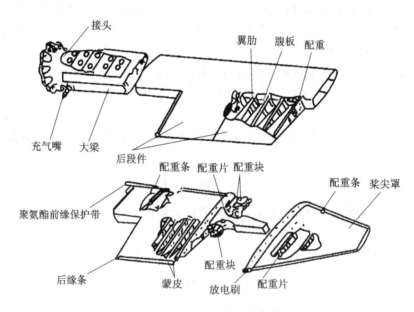

图 10-17 空心挤压梁桨叶

管梁桨叶的管梁一般由合金钢或钛合金挤压成型,截面形状根据桨叶整体构型和承力的要求可以是圆形或椭圆形。

多闭腔组合梁室有钢板折弯成型的 C 形、D 形梁元件,通过焊接或胶接组成多闭腔承力结构。

随着复合材料成型技术的不断发展,无人直升机上复合材料的利用率越来越高。复合材料桨叶也成为无人直升机上桨叶设计的主要构型之一。国内外复合材料旋翼桨叶的典型剖面

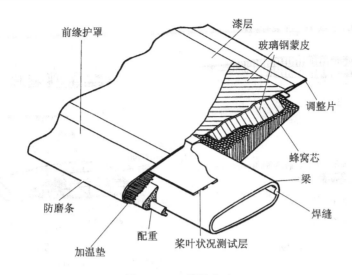

图 10 - 18　管梁桨叶

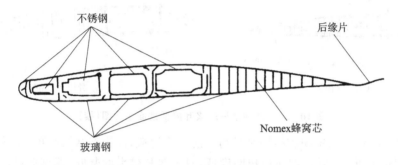

图 10 - 19　多闭腔组合梁桨叶

形式按照大梁的构造划分主要有 C 形梁、D 形梁以及多管梁结构形式。按照剖面分割或者封闭区间的划分有单闭腔、双闭腔和多闭腔等形式。图 10 - 20 给出了几种常见桨叶的典型剖面构造。

1—前缘包皮；2—单向带大梁；3—内抗扭层；
4—泡沫填芯；5—层压板蒙皮；6—后缘条

(a) 单闭腔

1—前缘包皮；2—单向带大梁；3—抗扭盒形件；
4—泡沫填芯；5—层压板蒙皮；6—后缘条

(b) C形梁双闭腔

1—前缘包皮；2—单向带D形大梁；
3—内抗扭层；4—层压板蒙皮；
5—泡沫填芯；6—后缘条

(c) D形梁双闭腔

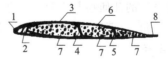

1—前缘包皮；2—单向带大梁；3—抗扭盒形件；
4—前Z形梁；5—后E形梁；6—混杂复合材料层压板；
7—泡沫填芯；8—后缘条

(d) 多闭腔

图 10 - 20　几种常见的桨叶典型剖面示意图

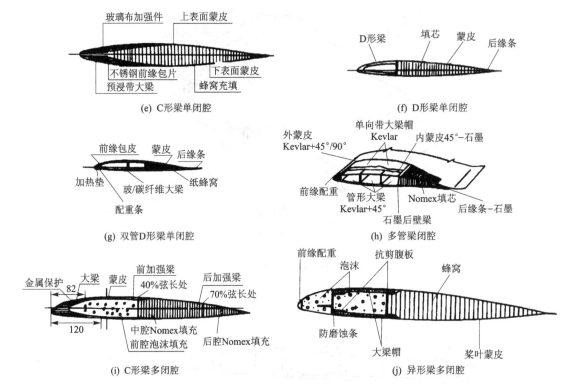

图 10-20　几种常见的桨叶典型剖面示意图(续)

图 10-20 中,C 形梁单闭腔结构是最简单的剖面构造,该构型结构简单、工艺性好。由于采用后部开口的 C 形梁结构,剖面抗扭刚度低,对于弦长较大的桨叶,翼型后段区蒙皮与填充材料的胶接强度是这种结构的设计难点,所以这种构型通常用于中小型无人直升机的桨叶。双闭腔 D 形梁相对于单腔 C 形梁结构而言,结构相对复杂,但能提高桨叶的扭转刚度和桨叶后缘蒙皮的粘结强度。多闭腔结构则充分利用了复合材料的可设计性,使桨叶内部的结构设计趋于优化,其刚度、重量和强度特性更优。多闭腔大梁的桨叶是一种多路传力的结构,桨叶破损安全特性好。但是其结构复杂,工艺质量要求高,工艺制造难度大。

4．桨毂设计

桨毂是旋翼系统的重要组成部分,旋翼形式是由桨毂形式决定的。它随着材料、工艺和旋翼理论的发展而发展,到目前为止,已在实践中应用的旋翼形式有铰接式、跷跷板式、无铰式和无轴承式。桨毂的不同结构形式在前文有具体介绍,在此不再赘述。

桨毂结构设计的几何参数主要包括桨毂半径、水平铰外移量、垂直铰外移量、摇臂节点位置、预锥角、预掠角、上下限动角和前后限动角等。

（1）桨毂半径

桨毂半径主要取决于结构尺寸和运动协调等条件,如减摆器的位置和折叠桨叶销的倾斜角度（如需折叠）。选择不同的桨毂半径进行结构运动协调,可以确定优化的桨毂半径。通常桨毂半径应尽可能小,以保证结构紧凑、重量最轻。

（2）水平铰和垂直铰外移量

水平铰外移量的取值应满足旋翼操纵功效、角速度阻尼、装配协调与运动协调,以及重量限制等要求。垂直铰外移量直接影响桨叶绕垂直铰的摆振固有频率和桨毂重量。从桨毂结构考虑,在满足结构装配、运动协调的情况下,垂直铰外移量应尽可能小,这样能保证桨毂结构紧凑、重量小。而从桨叶绕垂直铰的摆振固有频率考虑,垂直铰外移量应尽可能大。因此需要综合考虑两方面因素来选择垂直铰外移量。

（3）摇臂节点位置

摇臂旋转平面节点布置主要由桨毂水平铰外移量、桨叶挥舞调节系数和桨叶边距半径决定。摇臂节点位置需要进行结构运动协调,以保证足够的运动间隙。

（4）预锥角和预掠角

预锥角的设计目的是增大桨叶离心力的卸载作用,减小桨毂根部的静弯矩,从而提高结构的使用寿命。由于桨毂在不同飞行状态对应不同的挥舞角,故应根据设计需要按设计状态确定预锥角,即

$$\beta = \frac{nG}{kF} \qquad (10-6)$$

式中:G 为起飞重量;n 为预锥角设计状态的过载;F 为桨叶离心力;k 为桨叶片数。

桨毂预掠角的设计能减小桨叶后摆振及桨毂根部较大的附加静弯矩,同时保证减摆器能在适当的范围内运动,不至于因桨叶后摆静位移过大而导致减摆器损坏。确定桨毂预掠角的公式为

$$\delta_0 = \frac{N_n}{kM_e \omega l_e} \qquad (10-7)$$

式中:N_n 为旋翼需用功率;ω 为旋翼转速;k 为桨叶片数;M_e 为桨叶绕摆振铰质量静距。

（5）限动角

上限动角用来保证桨叶在任何状态下,由于突风等原因引起的桨叶向上挥舞过大时不发生机体翻转,同时有保证正常工作情况下留有足够的间隙,并防止撞击上限动器。上限动角通常不大于 30°。

桨叶在自重作用下会向下弯曲,桨叶下垂距离较大。为保证旋翼在停机状态和小转速状态下不会因地面突风等情况而导致桨叶打到尾梁,需要设置下限动角以保证结构安全。同时下限动角的设置需要保证正常状态下留有足够的间隙,并防止撞击下限动器。

在进行桨毂结构设计时还需要考虑前（后）限动角来防止旋翼桨叶在非正常工作状态下的前（后）摆角过大。

桨毂典型构件包括中央件、连接件、柔性件、柔性梁、减摆器、动力减振器、限动器和折叠机构等。桨毂的典型构型有全铰接式、星形柔性和球形柔性等。下面以这三种桨毂结构形式为例,说明桨毂构型设计和结构受力分析。

① 全铰接式旋翼桨毂具有水平铰、垂直铰和轴向铰,3 个铰的排列顺序不尽相同,水平铰和垂直铰的位置可以重合。复合材料全铰接式桨毂如图 10-21 所示。

桨叶的离心力自桨叶接头经过桨毂上的 3 个铰传到桨毂中心。各个桨叶的离心力在桨毂中心互相平衡。在挥舞平面内,挥舞弯矩在水平铰处为零,但水平铰以内部分承受由水平铰支反力产生的弯矩和剪力。在摆振面内,桨毂垂直铰以外部分承受摆振剪力和摆振力矩。桨叶产生的铰链力矩由变距拉杆平衡,并传给自动倾斜器。轴向铰一般通过推力轴承传递离心力,有两个或两个以上的径向轴承传递弯矩,在确定推力轴承承载能力时,应考虑由推力轴承承担的弯矩。水平铰和垂直铰的轴承一般为径向滚柱轴承,可承受离心力和弯矩。

② 星形柔性旋翼桨毂（见图 10-22）主要由中央星形件、球面弹性轴承、粘性减摆器、夹板

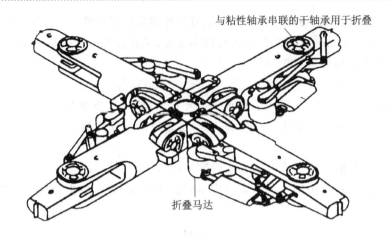

与粘性轴承串联的干轴承用于折叠

折叠马达

图 10 - 21　复合材料全铰接式桨毂

等组成。球面弹性轴承是星形柔性旋翼桨毂的核心,它可以提供桨叶的各种运动并承受桨叶传来的所有载荷,起到挥舞铰、摆振铰和轴向铰的作用。该结构形式相当于有弹性约束的铰接式旋翼桨毂,其球面弹性轴承承受离心力,它与星形件柔性臂端的自润滑关节轴承配合形成轴向铰。桨叶和弹性轴承之间的载荷通过复合材料的上、下连接件传递。这种结构巧妙地综合了无铰式和全铰接式的优点,同时,整体成型的复合材料中央件具有很好的破损安全特性。

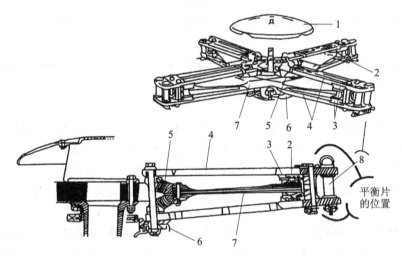

平衡片的位置

1—桨毂整流罩;2—自润滑定位轴承;3—粘弹性减摆器;4—上、下夹板;
5—压层球面弹性轴承;6—变距操纵摇臂;7—中央星形;8—桨叶连接销

图 10 - 22　星形柔性桨毂结构

星形件在挥舞方向是柔性的。挥舞剪力和挥舞弯矩通过夹板传到球面弹性轴承中心,使球面弹性轴承产生剪切弹性变形,再将载荷传给中央星形件。在摆振面内,摆振剪力和摆振弯矩通过对应接头传到上、下夹板,一部分载荷在粘弹性减摆器处通过粘弹减振器的变形传给星形柔性臂,其余部分再经过上、下夹板传至弹性轴承中心处,使球面弹性轴承发生剪切弹性变形,传给中央星形件。

③ 球柔性桨毂构型是一种较为新型的弹性铰式桨毂(见图 10 - 23),其弹性轴承、阻尼器与星形柔性桨毂的构造相当,但省略柔性臂和关节轴承,结构更加简化。

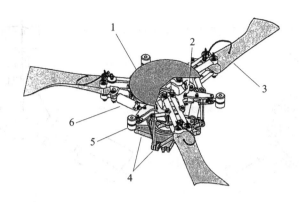

1—整流罩；2—旋翼桨毂；3—桨叶；4—自动倾斜器；5—防振器；6—减摆器

图 10 - 23　球柔性桨毂构造图

球柔性桨毂的中央件通常是钛合金件，夹板一般是铝合金件。弹性轴承结构和星形柔性桨毂相同。

10.2.3　尾桨设计

1. 尾桨结构构型

尾桨是单旋翼直升机的一个重要组成部分，它安装在直升机的尾部。发动机产生的功率（扭矩）通过传动装置，按需要转速带动尾桨转动。对于机械驱动的单旋翼直升机，尾桨结构形式主要包括铰接式、无轴承、涵道尾桨及无尾桨等形式。

（1）铰接式尾桨

铰接式尾桨通常包括跷跷板式、万向铰式及无摆振铰式等形式。

跷跷板式尾桨（见图 10 - 24）有一个共用的中心水平铰，没有垂直铰，而有轴向铰，这种形式的尾桨既有铰接式的特点，又有无铰式的特点。对于高性能的轻型直升机还可采用双跷跷板式尾桨。交错叠装在尾桨轴上的两套跷跷板式尾桨，可以提高尾桨推力，并适当减小桨尖速度同时也能降低噪声水平。

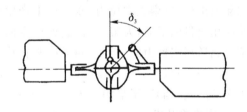

图 10 - 24　跷跷板式尾桨构型图

万向铰接式尾桨桨毂（见图 10 - 25）从中心向外的连接关系是：万向轴内有套齿与尾减速器输出轴套齿啮合，万向轴外一对轴颈与万向铰壳铰接，万向铰壳体通过另一对轴颈与桨毂壳体铰接，两对轴颈的轴线互相垂直，桨毂壳体上有轴向铰，轴向铰外连接桨叶。

三叶及三叶以上的直升机尾桨多采用无摆振铰式结构（见图 10 - 26），此种形式尾桨桨毂构造复杂，轴承数目多且工作条件差，摆振面受力严重，结构重量大，维护使用不便。

（2）无轴承尾桨

无轴承尾桨的桨毂和桨叶都是复合材料结构，尾桨桨毂构造为简单的复合材料板结构，尾桨桨叶的挥舞、摆振、变距运动完全靠复合材料大梁桨根区域的弹性变形来实现。两片桨叶大梁是一个整体，离心力在大梁中自身平衡，没有单独的桨毂，构造极其简单，重量很轻。无轴承尾桨构型图如图 10 - 27 所示。

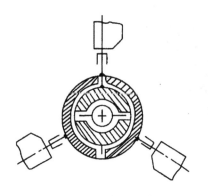

图 10 - 25　万向铰接式尾桨构型图

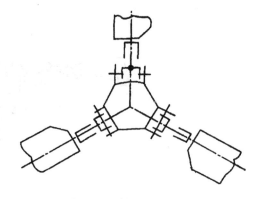

图 10 - 26　无摆振铰式结构

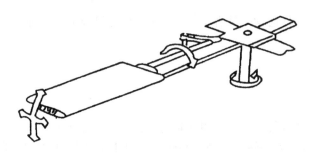

图 10 - 27　无轴承尾桨构型图

（3）涵道尾桨

涵道尾桨的涵道风扇安装在尾端内，主要由风扇和涵道组成，风扇提供拉力，涵道壁上产生吸力并转换成相当量的推力，大桨距时，涵道产生的推力约占整个涵道尾桨推力的一半。涵道尾桨在构造上没有水平铰和垂直铰，只有总距操纵，桨毂受力状况类似于无铰形式。涵道尾桨如图 10 - 28 所示。

2. 尾桨桨叶设计

尾桨桨叶设计思想与旋翼桨叶基本相同，工作程序也基本一致，所以在进行尾桨桨叶结构设计时，可以沿用旋翼桨叶的基本方法。但尾桨桨叶也有其

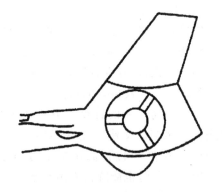

图 10 - 28　涵道尾桨

固有的一些特性，尾桨的设计目的就是以最小的功率和最轻的重量产生所需的推力，达到平衡反扭矩和直升机航向操纵要求。

与旋翼桨叶设计相比，尾桨桨叶设计的主要特点如下：

① 尾桨直径小。

② 尾桨挥舞产生的锥度角小，由桨叶挥舞运动引起的科氏力较小。

③ 尾桨一般只有总距操纵，没有周期变距操纵。

④ 为了兼顾正常飞行和自转飞行，尾桨桨叶一般不带预扭角。

金属尾桨桨叶主要由大梁、接头、后段件及桨间罩等部分组成。大梁多采用铝合金挤压型材加工成型。复合材料尾桨桨叶结构形式与旋翼桨叶类似，主要有 C 形梁单闭腔结构、双壁

腔 D 形梁结构和多闭腔复合结构等。尾桨桨叶的连接形式主要取决于尾桨桨毂的构造形式，从功能和构造上都与旋翼桨叶有一定的相似之处。对于尺寸较小的尾桨而言，其连接形式较为简单。例如，对于无轴承尾桨，有单独柔性梁的，多采用螺栓与桨叶衬套连接；也有柔性梁与尾桨桨叶连在一起固化成型的，这样就不存在桨叶与桨毂的连接。

3. 尾桨桨毂设计

尾桨桨毂的设计参数选择原则与旋翼桨毂类似。构型形式主要有跷跷板式和无轴承式。通过确定水平铰外移量、挥舞调节系数、桨毂半径、操纵节点位置等进行尾桨桨毂几何参数的确定。下面以涵道桨毂为例，说明尾桨桨毂的构型设计。尾桨桨毂由桨毂组件、外轴承、内轴承、整流罩、中央盘、操纵盘、扭力带星形组件、上部环、下部环、阶梯形螺栓、连接桨叶、扭转带星形件和花键轮缘组成。涵道式尾桨桨毂结构图如图 10 - 29 所示。

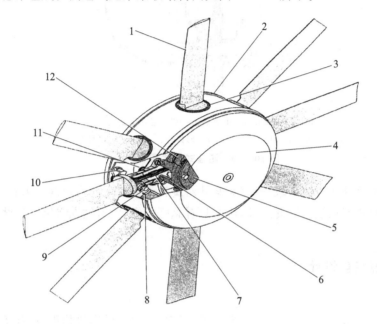

1　尾桨桨叶;2—桨毂组件;3—外轴承;4—整流罩;5—中央盘;6—操纵盘;
7—扭力带星形组件;8—下部环;9—阶梯形螺栓;10—上部环;11—内轴承;12—花键轮缘

图 10 - 29　涵道式尾桨桨毂结构图

桨毂体通过花键法兰盘安装在尾减速器的输出齿轮上，桨毂体的每一个轴承孔处于每一个桨叶之间，有两个轴承，使两者能够相对运动。中央盘通过操纵盘操纵桨叶根部的摇臂来操纵桨叶变距。通过阶梯形螺栓把扭力带星形件的每个支臂与每片桨叶相连。尾轴传来的发动机扭矩经由桨毂体带动桨叶转动。

扭力带星形件承受离心载荷并且能使桨叶发生扭转变形。桨叶的总距控制由中央盘和操纵盘组件控制，中央盘固定在控制杆上。整流罩固定在尾桨桨毂体的上表面保护桨毂体。下部环和上部环作为配重，用来降低尾桨桨叶的铰链力矩，从而降低操纵载荷。涵道式尾桨桨毂剖面图如图 10 - 30 所示。

在进行尾桨设计时，首先要避免共振，其次需要考虑支持刚度的影响。由于尾桨桨叶安装角变化范围大，因此在进行尾桨设计时应考虑安装角对于固有频率的影响。相对于旋翼桨叶而言，尾桨的颤振问题不像旋翼那样严重。同时，由于转速的提升，二阶谐波科氏力成为主要

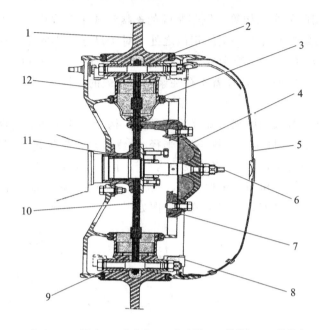

1—桨叶;2,3—轴承;4—中央盘;5—整流罩;6—操纵杆;7—操纵盘;
8—下部环;9—上部环;10—扭力带星形件;11—花键法兰盘;12—尾桨桨毂体

图 10-30　涵道式尾桨桨毂剖面图

载荷。由于尾桨桨叶相对弦长较长,尾桨桨叶对旋转面内的弯曲力矩的抗力较大,因而常规铰接式尾桨均不设置摆振铰。除此之外,尾桨只有总距操纵,没有周期操纵。尾桨轴承磨损没有旋翼严重。

10.2.4　起落装置设计

1. 概　述

无人直升机起落架由承力机构、减振装置、机轮、收放和转向机构组成,起落架可使无人直升机从地面/水面起飞、着陆、滑行、停放并吸收着陆撞击能量。

起落架系统是无人直升机的主要系统之一,其工作性能的好坏直接影响无人直升机的起飞、着陆性能和航空器的安全。起落架也是无人直升机上受力较大的部件,在每次起落中都承担着无人直升机的全部重量及冲击载荷,并且经常要接触液体、冰雪、油污及沙砾等,因此为防止起落架腐蚀、损伤、机械部件卡滞及电子部件的失效,需要经常对起落架进行清洗、保养和润滑。

2. 起落架结构形式

起落架的结构形式取决于无人直升机的型号、尺寸等因素,起落架的结构形式主要影响无人直升机的结构受力和起落架的收放。有些较大型无人直升机往往安装的是一些简单可靠的固定式起落架。固定式起落架简单可靠、维护量小并且成本较低,但也会因为无法收起而影响一些飞行性能。对于更快速的无人直升机,起落架对其飞行性能的影响变得更加明显,因此采用可收于机身的可收起式起落架。可收起式起落架的优点是减少了起落架的阻力,降低了燃油消耗率,大大提高了无人直升机的性能;缺点是重量较重,结构复杂,并且维护量大。固定式和可收起式起落架的结构形式可分为构架式、支柱套筒式和摇臂式三类。

（1）构架式起落架

构架式起落架如图 10-31 所示,这种结构形式的起落架应用在某些直升机的主起落架上。构架式起落架主要由减振器、撑杆（一根或两根）以及轮轴和机轮等组成。减振器和撑杆分别与机身铰接,减振器与撑杆之间也采用铰接。机轮通过轮轴固定在撑杆的外端。当起落架受到地面的反作用力时,减振器和撑杆主要承受拉伸和压缩的轴向力,撑杆承受的弯矩较小,因此构造简单。但这种起落架一般较长,其原因是减振器必须具有一定尺寸的行程,并且当气体和油液压缩到行程的终止位置时,还应具有一定的余量,这就使减振器的尺寸增大,起落架的尺寸也随之增大。

（2）支柱套筒式起落架

支柱套筒式起落架主要由减振器、撑杆（或收放作动筒）、防扭臂、轮轴和机轮组成（见图 10-32）。减振器通过撑杆以及自身的接头固定在机身下部结构上,机轮通过轮轴直接固定在减振器的下端。这种结构形式的起落架结构简单、紧凑,减振器的外筒具有较强的抗扭能力。但这种起落架承受水平撞击时,减振支柱不能很好地起到减振作用。因为在没有倾斜角的支柱套筒式起落架上,水平撞击力不能使减振支柱受到压缩。此外,在着陆和滑行过程中,起落架上的载荷通常是不通过支柱轴线的,而支柱套筒式起落架的减振支柱在这种载荷作用下要承受较大弯矩,使活塞杆和外筒接触的地方产生较大的摩擦力。这样,不仅减振支柱的密封装置容易磨损,而且它的工作性能也要受到很大影响。在减振支柱的维护、修理工作中,要注意活塞杆上下轴承的磨损情况和密封装置的状态。支柱套筒起落架如图 10-32 所示。

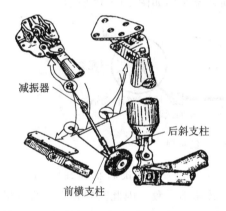

图 10-31　构架式起落架

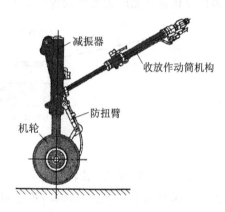

图 10-32　支柱套筒起落架

（3）摇臂式起落架

如图 10-33 所示,摇臂式起落架主要由减振器、撑杆（收放作动筒）、摇臂、轮轴和机轮组成,机轮通过摇臂连接在减振器的下端。

摇臂式起落架不管是承受垂直方向还是水平方向的撞击,都可以使摇臂围绕支壁上的铰接点转动,从而压缩减振器,使起落架起到减振作用。摇臂式起落架解决了起落架的水平撞击载荷的减振问题。

摇臂式起落架与支柱套筒式起落架相比,具有以下优点:承受水平撞击时,减振器能较好地发挥作用;摇臂式起落架的减振器一般只承受轴向力,不受弯矩,因此密封装置的工作条件要好得多。

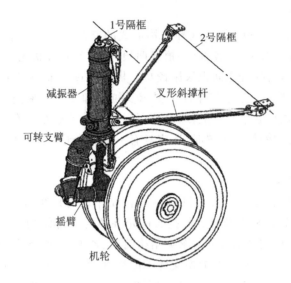

图 10 - 33 摇臂式起落架

10.2.5 传动装置设计

现代直升机的传动系统是一个由各附件组成的传递机械能的整体，一般包括动力装置、减速器以及传动轴和联轴节等部件。典型的直升机传动系统布局如图 10 - 34 所示。

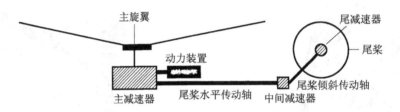

图 10 - 34 典型直升机传动系统布局

由于发动机向旋翼、尾桨传递功率时存在两个矛盾：一是发动机的转轴和旋翼、尾桨的转轴不在一条直线上；二是发动机的转速和旋翼、尾桨的转速不一致。因此需要在无人直升机上设置传动系统用于汇总发动机输出轴的功率，并将其按照一定比例和方向传递给旋翼、尾桨和安装在主减速器上的有关附件。

无人直升机传动装置的主要组成部分有主减速器、中减速器、尾减速器、传动轴及旋翼刹车装置。单旋翼直升机传动装置如图 10 - 35 所示。

1. 减速器结构设计

主减速器利用齿轮传动来降低输入轴转速，增大输出轴扭矩，并改变传动方向。主减速器的特点是传递功率大和减速比大。

减速器中的齿轮传动机构主要由两种轮系组成：一种是普通的定轴轮系，另一种是周转轮系。

定轴轮系中，各齿轮的轴线相对于机架的位置是固定的，在传动过程中，单位时间内通过啮合点的齿数是相同的。这样齿数少的必然转动得快，齿数多的转动得慢，达到减速和增速的目的。轮系的传动比是指轮系中输入与输出轴的角速度（或转速）之比或齿数比，即

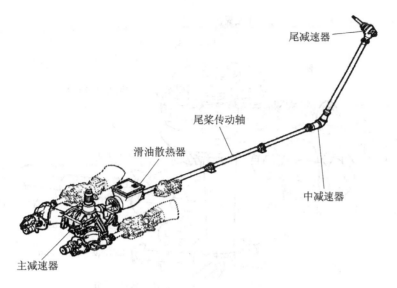

图 10-35　单旋翼直升机传动装置(含中减速器)

$$i_{ab} = \frac{\omega_a}{\omega_b} = \frac{n_a}{n_b} = \frac{z_b}{z_a} \tag{10-8}$$

而周转轮系中有一个或者几个齿轮的轴线位置并不固定,而是绕着其他齿轮的固定轴线回转。主减速器中的传动机构中的周转轮系,均由两个中心轮和一个行星齿轮安装盘以及几个行星齿轮组成。

对于图 10-36 中的行星轮系而言,其传动比为

$$i_{ab} = \frac{\omega_1}{\omega_H} = \frac{2(R_1 + R_2)}{R_1} \tag{10-9}$$

式中: R_1 为主动齿轮的半径; R_2 为传动齿轮半径。

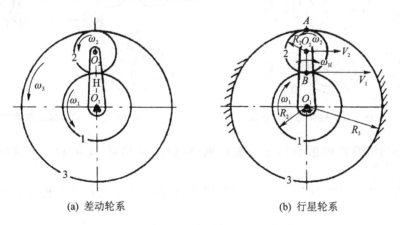

(a) 差动轮系　　　　　　　(b) 行星轮系

图 10-36　周转轮系

主减速器通常由若干机匣组成,用于支撑和安装减速齿轮及轴系。现代无人直升机的主减速器多采用模块化的结构设计,以便于拆装维护。典型的主减速器内部齿轮及轴系传动方式如图 10-37 所示。

主减速器内部不同机械部件之间啮合面的接触摩擦会产生很大的热量,从而可能导致部

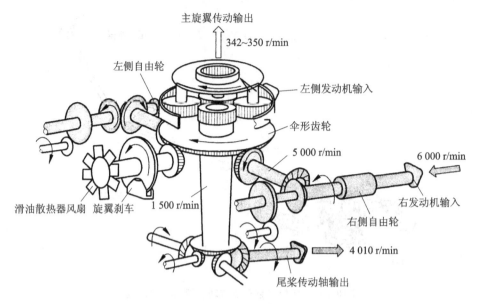

图 10-37 典型主减速器内部齿轮及轴系传动方式

件的高温。因此需要设计润滑系统来润滑啮合部件,同时带走热量。主减速器润滑系统通常包括油泵、油滤、散热装置、系统指示传感器、管路和活门等。

油泵用于加压润滑油,通常安装在主减速器底部油槽的最低点,以便能够最大量地吸入润滑油。根据润滑系统的特点,油泵多采用直齿轮泵(见图 10-38)和偏心齿轮泵(见图 10-39)。

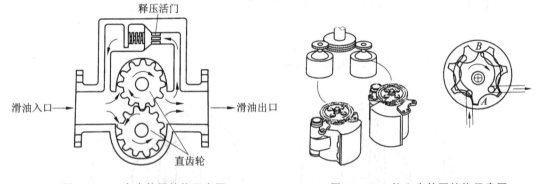

图 10-38 直齿轮泵结构示意图   图 10-39 偏心齿轮泵结构示意图

主减速器润滑系统的散热系统一般由散热风扇、散热器、支架和一些排风管组成(见图 10-40)。

无人直升机传动系统中除安装有主减速器外,根据位置和功用还安装有中间减速器和尾减速器。

中间减速器通常由镁合金铸造的壳体以及内部安装的一组混合齿轮组合而成,其用途为改变传动方向、改变传动转速并传递至尾减速器。

中间减速器普遍采用浸润式润滑,同时采用风冷的方式进行滑油冷却,为了改善冷却效果,减速器通常会尽可能地增大其迎风面积。典型直升机中减速器结构如图 10-41所示。

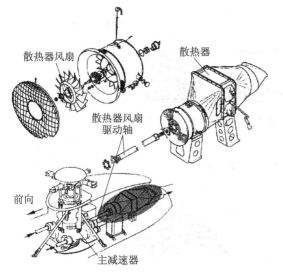

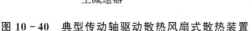

图 10 - 40　典型传动轴驱动散热风扇式散热装置

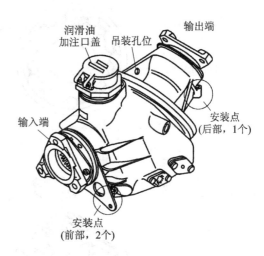

图 10 - 41　典型直升机中减速器结构示意图

尾减速器的作用为改变传动方向和获得正确的尾桨转速。由于尾旋翼的负载需要通过尾减速器传递到机身,所以尾减速器的壳体强度、安装稳固性和刚度都必须满足要求。与中间减速器类似,尾减速器通常也是由镁铝合金铸造的壳体以及内部安装的一些混合齿轮组合而成,尾减速器同样采用浸润式润滑。除此之外,由于尾旋翼变距的需要,尾减速器通常采用一个中空的输出轴,变距控制杆穿过这根轴将伺服结构与尾桨毂连接在一起。典型的直升机尾减速器结构如图 10 - 42 所示。

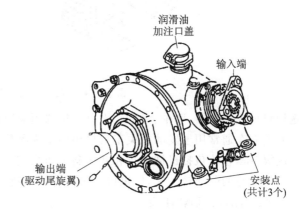

图 10 - 42　典型直升机尾减速器结构示意图

2. 自由轮、离合器和旋翼刹车

自由轮组件的主要设计目的是不会在发动机输出轴上产生反向的扭转力矩。自由轮组件的主要形式有滚棒式和制动轮式。

滚棒式自由轮组件由内环、外环和中间滚棒轴承组成。内环与发动机输出轴连接,在发动机的驱动下转动。内环上安装一个凸轮环,支持着中间滚棒轴承。外环连接减速器内的驱动输入轴。滚棒式自由轮组件如图 10 - 43 所示。

制动轮式自由轮组件结构与滚棒式相似,区别是用"8"字制动块替代了滚棒轴承,其排列方式与滚棒轴承相似。制动块的垂直高度略大于外环内直径与内环外直径的间距,在弹簧力的作用下,固定在一个由两部分组成的支架内,并通过摩擦力啮合内、外轴承圈。制动轮式自由轮组件如图 10 - 44 所示。

离合器设计安装的目的是为了改善发动机的气动性能,使发动机启动后能可靠地将发动机功率传给旋翼和尾桨,并减小发动机的气动负荷。离合器主要包括两大类:机械式离合器和液压机械式离合器。离合器的选择取决于无人直升机的类型。通常情况下,小型无人直升

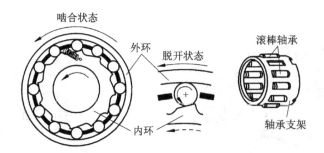

图 10 - 43　滚棒式自由轮组件

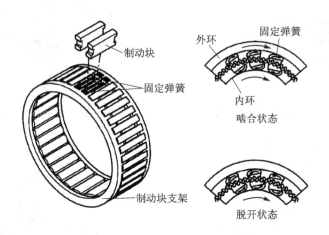

图 10 - 44　制动轮式自由轮组件

机选用机械式离合器,而中、大型无人直升机选用液压机械式离合器。

旋翼刹车通常用于发动机关车后尽快停止旋翼桨叶的转动,或露天停放时保持旋翼的静止。旋翼刹车系统包括机械刹车和液压刹车两大类。通常情况下,旋翼刹车系统安装在主减速器伞形齿轮的驱动输入端,但也可以选择将旋翼刹车系统安装在主减速器的传动轴上。

3. 传动轴及传动轴连接

无人直升机传动系统传动轴通常分为主传动轴、中间传动轴和尾传动轴。

主传动轴用于连接发动机、复合齿轮箱到主减速器齿轮箱,中间传动轴用于连接主减速器和中间减速器,尾传动轴用于连接中间减速器和尾减速器。

传动轴的连接方式通常包括膨胀连接、法兰盘连接、花键连接、万向连接和柔性连接等。

10.2.6　无人直升机减振设计

1. 概　述

无人直升机由于转动部件很多,不可避免地存在振动。振动是一种快速的振荡运动,可能是由于旋转部件失去平衡,或者是在类似于空气动力这样的外力作用下产生的。这样的振荡运动可以表述为:位移或振幅、频率。

另一种振动的表述方法常用来描述旋翼系统中的振动水平,即由振动频率与旋翼旋转速率相比较。例如,在旋翼旋转一周发生振动 6 个循环,也就是 6R 振动或者比率为 6∶1。

由于直升机设计及工作特性,直升机承受的振动可能来自桨叶、传动机构、发动机,这些振动可以对机体结构产生应力甚至损坏,缩短部件的使用寿命。在飞行中振动的起源主要来自于主桨及尾桨,这样就产生一种内在固有的振动。

2. 振动原因

转动部件的振动频率一般与部件的转动速度有关,而直升机上部件的转动速度各不相同,因此振动频率是识别振动来源的一个主要指标。振动按频率一般分为低频振动、中频振动、高频振动三类。

(1) 低频振动

对各种主桨系统来说,最常见的振动原因是桨叶锥体偏差。所谓锥体是指直升机所有桨叶叶尖转动轨迹都在一个平面内,因此首先应该在地面进行桨叶锥体的检查,符合要求后再进行悬停状态的检查。一般振动可以分为两种形式:垂直振动和横向振动,如图 10 - 45 所示。

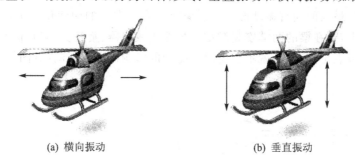

(a) 横向振动　　　　　　　　　　　(b) 垂直振动

图 10 - 45　无人直升机的振动形式

1) 垂直振动

由于桨叶产生的升力不相等,即主桨锥体超标而引起,与飞行速度有直接关系,飞行速度越大,振动越大。如果振动发生在低速状态下可以通过调节变距拉杆长度来减小振动;如果振动发生在高速度状态下,则须调节桨叶调整片角度来减小振动值。引起垂直振动的一些常见起因有:桨叶同轴度(翼尖轨迹)不好、桨叶锥体调整片调整不正确、频率匹配器失效、变矩轴承磨损以及粘结、减振器失效。

2) 横向振动

因主桨系统平衡超标而引起,与主桨速度有直接关系。如果振动随着旋翼转速的增大而增加,一般是展向平衡超标,应该在轻的一端加配重。如果振动随着转速减小而增大,一般是弦向平衡超标引起桨叶后掠过大。但要注意的是,不能通过调整桨叶后掠角的方法来修正振动,这样会引起低头力矩。引起横向振动的一些常见起因有:频率匹配器(俗称减摆器)设定及相位不正确,桨叶不平衡,垂直关节轴承粘结或者卡滞。

(2) 中频振动

有一种振动不常见,但危险性却很大,俗称尾桨蜂鸣振动,这种振动一般在下列条件的综合影响下才会发生:旋翼转速太高,飞行速度太小,大气温度太低,尾桨桨叶角太大,气流方向是右前方且气流很不稳定。

中频振动一般由尾桨引起。在一些直升机上,由于尾桨的高转速,一旦尾桨出现缺陷,就可能产生中频至高频的振动。中频振动常见的起因是:尾桨组件不平衡,尾减速器传动轴同轴度过分偏离设计值,水平安定面连接点松动或磨损,减速箱齿轮磨损,尾斜梁连接螺栓松动。

(3) 高频振动

高频振动由高速运转部件产生,一般情况下认为是由发动机引起的。另外,有一些传动部件的转速与发动机相同,例如,离合器、飞轮机构以及连接发动机与主减速箱的输入轴,所以在进行高频振动分析时,这些部件也应被考虑为潜在的起因。

3．减振措施

前文已经提到了一些振动形成的原因,下面将进一步介绍减少振动的方法。首先,需要注意的是,不正确的维护也会造成直升机的振动。目前为减少固有振动所用到的常用方法有:安装节点梁、采用柔性安装盘以及安装减振器。

(1) 节点梁

如果一根弹性梁的两端系有重物,并做垂直振动运动,在弹性梁上将有一点位置不发生上下移动,这个点就是节点(见图 10-46)。

如果在重心位置上再系上一个重物,将会出现两个节点,分别位于两段梁的中心点上。利用这个原理可以将最大的固有振动源——主减速器安装在梁的中间位置上,两边的节点位置将梁连接到机体上,并在梁的两端安装配重。虽然主减速器、桨毂头、桨叶仍产生固有振动,但由于安装点位于节点位置,机体就不会受固有振动的影响而发生振动(见图 10-47)。

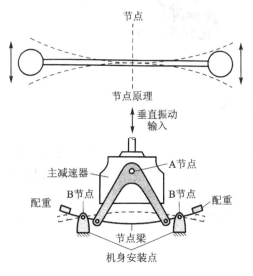

图 10-46　节点梁原理

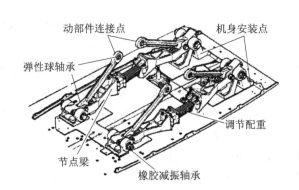

图 10-47　节点梁实际安装图

(2) 柔性安装盘

主减速箱及桨毂头组件被安装在一个柔性盘上,柔性安装盘通常由钛合金或具有相似特性的金属制成。主减速箱安装于盘的中心,在盘的边缘连接到机体。柔性盘的作用就像一个改进的节点梁结构,吸收掉大部分由主减速箱及主桨组件产生的固有振动。除了吸收振动,柔性安装盘还可以吸收主减速器产生的反扭矩作用力以及纵向、横向的载荷。柔性安装盘如图 10-48 所示。

(3) 减振器

随着科技的发展,多年以来应用于直升机的减振器种类也越来越多,常用的减震器包括弹性共振体、自调谐振动吸收装置(STVA 或 AVCS)、桨毂阻尼器、双向吸振器。

弹性共振体是最简单的一种减振器,工作原理为共振质量理论。通过弹簧上的重物产生一个与固有振动刚好相反的垂直共振,以产生一个节点来消除掉大部分振动。

自协调振动吸收装置也是一种共振体,只是该装置可以通过一些简单的电路自动进行调谐从而减小实际振动。在机身装有一个加速度传感器,探测一定频率范围内的振动,并且产生

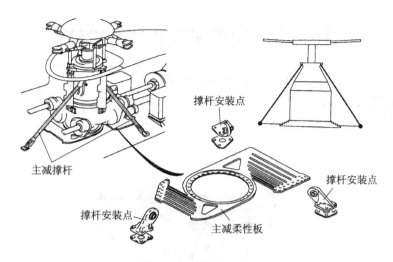

图 10 - 48 柔性安装盘

电流给一个与配重相连的伺服马达,伺服马达可以移动两个配重块来改变共振体重量分布,从而改变共振体的振动频率以达到降低实际的振动值的目的。

桨毂减振器安装在桨毂上,吸收其振动以使振动不会传递到直升机机身结构上。其基本结构包含一个由球形枢轴连接支撑的重物,静止时重物被几个相同的张力弹簧固定在一个固定位置,运动中重物可以克服张力弹簧而在任何水平方向上移动,类似于共振体,该重物也会根据产生的振动而做与之相反的运动,从而减小振动的影响。桨毂减振器如图 10 - 49 所示。

桨毂减振板是一种能在振动传递到机体结构之前消除或者减小主桨毂头产生振动的方法。这种减振装置通常包括两个各有 4 个呈 X 形的铝材锻件减振板,每个减振板被制成 I 形截面结构,以实现以最小的重量达到最大的刚度要求。在减振板末端通过两个悬摆式端轴连接一个独立的配重组件,每个减振板都被设计成吸收特定的振动。桨毂减振板如图 10 - 50 所示。

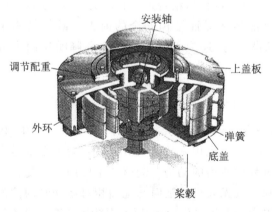

图 10 - 49 桨毂减振器

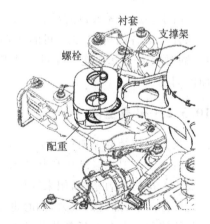

图 10 - 50 桨毂减振板

10.3　多旋翼无人机结构设计

多旋翼无人机(见图10-51)是一种由多个旋翼提供飞行动力的无人飞行器。相对于其他无人机而言,其机械结构相对简单并且易于维护。同时其也具有无人机垂直起降的优点。随着硬件小型化和性能的提升,电池能量密度的增加,多旋翼无人机续航时间和载荷运载能力不足的现状会逐步得到改善。

图 10-51　DJI Inspire 1 多旋翼无人机

10.3.1　设计原则

多旋翼无人机结构主要由机架、旋翼、悬臂、云台以及起落装置所组成。合理的机体设计能够保证动力、控制等系统设备布置安装的合理性以及各零部件之间的可靠性。多旋翼无人机机体主要遵循以下几个基本设计原则:

① 刚度、强度满足负载要求,机体不会发生晃动、弯曲。
② 满足其他设计原则下,重量越轻越好。
③ 合适的长宽高比,各轴间距、结构布局适宜。
④ 飞行过程中,在满足其他设计原则下,保证机体振动越小越好。
⑤ 外观美观且结构耐用。

由于多旋翼无人机的承载较小,因此结构形式相对简单,结构形式也较为多变,在设计时应综合考虑各结构构件之间的协调关系,尽可能地在保证结构安全的前提下减轻结构重量,同时提高旋翼性能。在进行多旋翼无人机设计时,还应着重考虑减振和降噪这两个方面的问题。

10.3.2　机身主体

机身主体结构主要包括机架、旋翼系统、起落架、云台和机壳等(见图10-52)。其中,机架是机身的主要承载结构和其他部件的连接结构,同时也用来放置机载设备。旋翼系统是多旋翼无人机的动力系统,用来提供无人机飞行过程中所需的动力。起落架主要用于承受无人机地面停放、着陆时的重力,同时也承受、消耗和吸收无人机着陆时与地面相对运动时的撞击和颠簸能量。云台是任务载荷的支撑平台,可以为无人机提供运动补偿,保持机载图像设备的稳定。机壳是无人机的外壳,可以起到整流、保护机载设备、提供线材通路的作用。

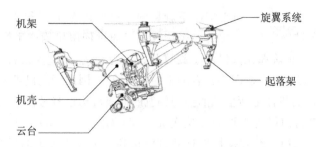

图 10 - 52 机身主体结构

10.3.3 结构总体布局

多旋翼无人机的机体设计需要满足设计相关要求。多旋翼无人机设计的基本要求主要分为三个方面：首先，需要考虑有效载荷质量和续航时间这两个重要性能参数；其次，进行机体设计时需要考虑无人机的便携性要求；最后，需要考虑无人机的使用条件。多旋翼无人机机体工作时要承受扭转、弯曲等多种载荷产生的弯矩和剪切力，同时还要受到来自动力源激振而产生的振动。若无人机需要在恶劣环境下进行工作，则需要冗余旋翼的存在以提升无人机抵抗恶劣环境的能力。

对于多旋翼无人机机体设计而言，机体尺寸是机体设计的重要参数。常见的机体基本布局形式有交叉型和环型两种。按旋翼数量分可以分为三旋翼、四旋翼、六旋翼和八旋翼等布局形式（见图 10 - 53）。

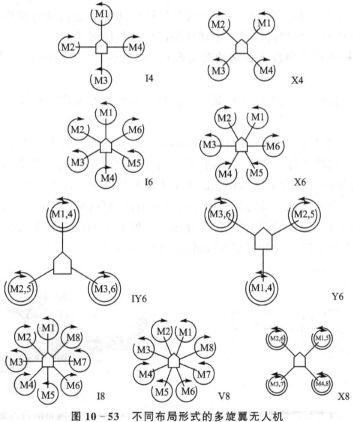

图 10 - 53 不同布局形式的多旋翼无人机

三旋翼无人机有三个旋翼,通常情况下旋翼的布局形式为 Y 形和 T 形(见图 10-54)。无人机前端的两个旋翼被固定住,后端的一个旋翼可以通过伺服机构产生横向的扭转,为无人机提供偏航的操控动力。三旋翼无人机由于旋翼分布较为开阔,因此为云台中的摄像设备提供了更为开阔的视野。三旋翼无人机因为具有最少的旋翼数量,因此所能提供的升力也相对较小,同时没有冗余旋翼的存在,机体上所搭载的控制偏航的伺服机构很容易在坠机事故中损坏。

四旋翼无人机是目前最为常见的多旋翼无人机(见图 10-55)。四旋翼布局的结构形式在机械结构、运载能力、稳定性和操控性这几方面达到一个较为理想的平衡状态。四旋翼无人机相对的旋翼旋转方向相反,使得旋翼旋转所产生的力矩得以平衡。

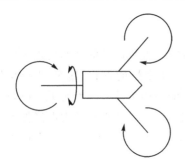

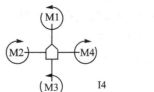

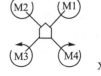

图 10-54　三旋翼无人机　　　　　　图 10-55　十字形和 X 形四旋翼无人机

而按照飞行方向与机身的相对关系而言又分为十字形和 X 形。其中,十字形结构布局的四旋翼无人机的显著特点是其结构布局的对称性。这也使得十字形结构布局的四旋翼无人机相对于 X 形布局而言更易进行操控。X 形结构布局机动性能更强且前视相机的视场角不容易被遮挡,是现今四旋翼结构布局形式中应用最广泛的布局形式。

四旋翼无人机中有两种较为特殊的布局形式:第一种为 Y4 布局形式,第二种为 V 尾布局形式。

Y4 型结构布局四旋翼无人机从外观上来看与三旋翼无人机较为相似(见图 10-56)。但是在无人机尾部存在一套伺服机构,即在尾部旋翼所在位置的电机下面还存在一个无刷电机。这样一来,无人机的偏航操控可以通过调节尾部两个电机的相对转速来实现。Y4 型四旋翼无人机同三旋翼无人机的飞行形式大致相同,但是由于旋翼数量的增加使得无人机能够提供更大的升力,同时也能够在一套伺服机构无法正常工作的情况下保证无人机的安全性。

V 尾布局形式的无人机机身前部有两个正常布局的旋翼(见图 10-57),而在机身后部的两个旋翼的轴距较近且垂直平面内呈 V 形分布。这种形式的四旋翼无人机相对于其他布局形式的四旋翼无人机而言气动性能相对较低,因此较少使用。

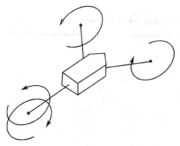

图 10-56　Y4 布局四旋翼无人机　　　　图 10-57　V 尾布局四旋翼无人机

除了四旋翼无人机之外,另外两种比较常见的布局形式为六旋翼和八旋翼。常见的六旋翼无人机结构形式如图 10‑58 所示。六旋翼无人机有六个电机,和四旋翼无人机类似,六旋翼无人机电机按照一个顺时针旋转另一个逆时针旋转的形式沿周向成对布局。也就是说,六旋翼无人机拥有三个顺时针旋转和三个逆时针旋转的电机。在操控方面,六旋翼布局形式的无人机和四旋翼类似,但是因为拥有更多的电机而使其能够提供相对更大的升力。运载能力的提升使得六旋翼无人机更适合装备专业的设备用于航拍、植保等空中作业。

如果对六旋翼无人机的结构布局形式进行更为细致的划分,又分为 X 形、十字形以及 Y6 型布局。其中 X 形及十字形布局无人机的旋翼沿机身方向均匀分布。X 形布局中有一个旋翼面向机身前方,而十字形布局中则有两个旋翼面向前方(见图 10‑59)。与四旋翼无人机类似,X 形布局六旋翼常用于航拍航摄,而十字形布局则常用于特技飞行。

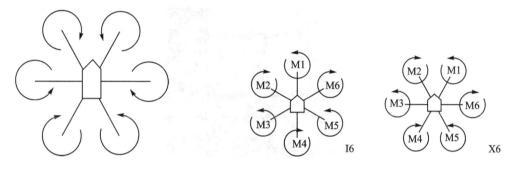

图 10‑58　六旋翼无人机　　　　　　图 10‑59　十字形布局和 X 形布局的六旋翼无人机

Y6 型无人机结构布局如图 10‑60 所示,属于共轴反桨多旋翼无人机。Y6 型布局无人机每一个机臂上有两个电机,以上下布局形式进行安装。同一机臂上两个电机在工作时通过沿相反方向转动所产生的力矩来调整无人机的姿态平衡。Y6 型无人机前方延伸出两个悬臂呈 V 字形排布,能够为无人机云台中集成的影像设备提供更开阔的视野。而六旋翼共轴反桨的另外一种布局形式 IY6(见图 10‑60)由于在机身正前方延伸出一个机臂,则不具备这一特性。

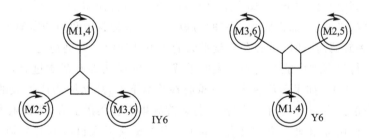

图 10‑60　IY6 及 Y6 型六旋翼无人机

八旋翼无人机的结构布局形式主要有三种:I8、V8 以及 X8(见图 10‑61)。X8 型无人机结构布局和四旋翼类似,但是不同之处在于 X8 型无人机的每一个机臂上安装有两个电机,因此相对于四旋翼而言它所能够提供的升力大得多。但是,由于旋翼数量的增加使得 X8 型无人机的整体效率相对于四旋翼而言要低。I8 和 V8 型布局的无人机由于能够提供更大的运载能力,因而更常用于植保作业。

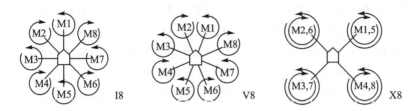

图 10-61　八旋翼无人机

除了常规式的布局以外,还有环型布局的多旋翼无人机如图 10-62 所示。该布局结构能够较大程度地避免飞行过程中机架所产生的振动,能够增加机架的结构强度。但是,由于机架的尺寸增大使得重量也相应增加,因此导致无人机飞行的灵活性降低。

图 10-62　环型布局四旋翼

10.3.4　重心位置

重心的位置变化关系到旋翼无人机在飞行过程中的稳定性和操纵性。因此,在设计时首先要将重心设计到多旋翼的中心轴上,以保证各旋翼所产生的力和力矩的均衡。其次,重心相对于多旋翼螺旋桨所形成桨盘平面的相对位置也会影响无人机飞行。

当多旋翼无人机前飞时,由于螺旋桨的柔性,诱导的来流会产生阻力(见图 10-63)。如果多旋翼重心在桨盘平面的下方,那么阻力所形成的力矩会使多旋翼俯仰角转向 0°方向。若多旋翼重心在桨盘平面上,那么阻力形成的力矩会促使多旋翼俯仰角朝发散的方向发展,直至翻转。因此,当多旋翼前飞时,重心在桨盘平面的下方会使前飞运动稳定。

多旋翼再飞行过程中可能会受到来流的干扰。当阵风从螺旋桨吹过时,诱导的来流会产生阻力(见图 10-64)。如果多旋翼无人机重心在桨盘下方,那么阻力所形成的力矩会促使多旋翼俯仰角朝发散的方向发展,直至翻转。若多旋翼重心在桨盘上方,那么阻力形成的力矩会促使多旋翼无人机俯仰角朝 0°方向变化。因此,当多旋翼无人机收到外界风干扰时,重心在桨平面上方可以抑制扰动。

由此可见,无论重心在桨盘平面的上方或者下方都不能使多旋翼稳定,而需要通过反馈控制将多旋翼平衡。需要注意的是,如果重心在桨盘平面很靠上的位置,会使多旋翼的某个运动模态很不稳定。因此实际设计时建议将重心配置在无人机桨盘周围,可以略微靠下。这样对于控制系统在执行控制时更为容易。图 10-65 给出了多旋翼无人机重心高度和稳定性的关系。

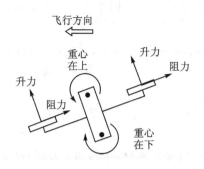

图 10 - 63　无人机在前飞时的受力情况

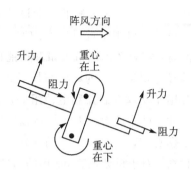

图 10 - 64　无人机在风干扰情况下的受力情况

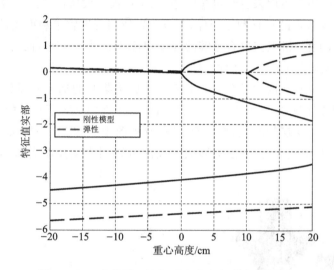

图 10 - 65　多旋翼无人机重心高度与稳定性的关系

10.3.5　机架设计

机架(见图 10 - 66)是多旋翼无人机的承载平台。所有设备都由机架承载。因此,多旋翼机架的好坏在很大程度上决定了多旋翼无人机的易用程度。耐用性、安全性、使用简便性、元器件安装合理性等是衡量机架设计好坏的评判标准。除此之外,机架需要具有足够的强度以保证在多旋翼无人机失控飞行和追撞等突发情况时提供对于机载设备的可靠保护。

机架主体(见图 10 - 67)是承载机载设备和连接悬臂的结构件。机架的主体材料可以选用木材、塑料、金属或复合材料。有趣的是,对于多旋翼无人机而言,机架的主要目的只是将所有的装置组合在一起,因此任何有一定刚性、坚

图 10 - 66　多旋翼无人机机架

固的轻质材料都可以用来制作机身。但是,在进行商业化考量时,需要进行更为细致的设计。对于机架设计而言,需要对以下几个方面进行考量:

> 外观：多旋翼无人机的工业设计是影响消费者的主要购买因素之一。它应该具有专业的设计和可用于批量生产的加工水平。

> 配置：需要考虑电机数量和性能以及布局形式以匹配不同的设计要求。目前，最常见的经过市场检验的典型布局形式为四旋翼布局，它配备了 4 个用于装载电机的机臂以及用于支撑控制器和电池组等设备的中心板。

> 尺寸：尺寸是影响无人机运输便捷性、操控性以及动力系统效率选型的因素之一，需要根据总体设计要求来进行确定。

> 材料：对于机架而言，常用的材料为金属（如铝合金）、木材、塑料和复合材料（如碳纤维层合板）等。机架可以采用单一的材料，也可以利用多重材料的组合形式。

> 设备安装：机架主体用来容纳包含传感器、飞控板等仪器设备。一般而言，对于设备的固定需要用到特定的板材和连接件，但也可以使用管道胶带和束线带来减少成本。

> 结构强度及刚度：机架需要有足够的强度保障飞行的安全性，同时也需要有足够的刚度，减少机体振动对仪器设备的影响。

> 结构重量：机架的结构重量会影响电机及螺旋桨桨叶的选型及设计，在进行多旋翼无人机的机架设计时，需要在保证结构安全性、稳定性的前提下尽量的减少结构重量。

机架主体一般由三层层板组成，形成两个隔间（见图 10-68）。底层层板和中间层层板所形成的隔间、顶层层板和中间层层板所形成的隔间可以用来固定机臂或者容纳并保护机载设备。

图 10-67　机架主体结构形式

图 10-68　某多旋翼无人机机架结构

　　因此，对于层板隔间的使用形式可以分为两种（见图 10-69）：一种是利用上层隔间固定机臂，下层隔间用来安装仪器设备。这种布局形式的好处是通过调高机臂垂直方向的相对位置以给云台上的图像设备提供更好的拍摄视野，同时也可以给起落架的设计提供更大的减重空间。这种布局形式常应用于多旋翼航拍的无人机中。另一种布局形式是利用上层隔间来安装仪器设备，下层隔间用来固定机臂。该布局形式的无人机将仪器设备安装在上层隔间，使仪器设备尽量远离地面，这样既方便仪器设备的维护同时又能给机载设备提供更好的保护。但由于机臂上螺旋桨位置相对靠下，可能对图像设备的取景产生影响。该布局形式常用于特技飞行的多旋翼无人机中。

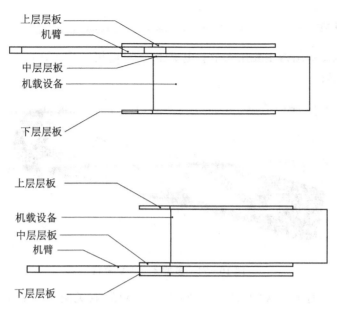

图 10-69 机架层板的两种不同布局形式

若用来固定机臂的隔间能够提供足够容量来布置电池组、飞控、图传等仪器设备，也可以采用两层层板结构来构建机架主体。机架的下层板一般用来固定悬臂和固定机载云台。该结构形式应用于相对较小的多旋翼无人机的设计中。

对于机架层板而言，用来安装飞控板、自驾仪等设备的中心板需要进行开槽开孔处理，用于给机臂等其他零件提供安装预留孔，同时也为线缆提供布置空间。除此之外，对层板的开槽处理还能够起到减轻结构重量的作用（见图 10-70）。另外，对于机架中心层板而言在进行设计时可以考虑其通用性，在层板上预留连接孔以供不同数量悬臂的多旋翼无人机使用。

图 10-70 某六旋翼无人机机架

常用的多旋翼无人机机架材料（见表 10-1）主要有碳纤维层合板、玻璃钢、聚碳酸酯、丙烯酸塑料、铝合金和轻木。其中，碳纤维层合板是表中所有材料中综合性能最好的一种。相比于其他材料而言，碳纤维层合板具有更大的比强度，同时其加工成本相对适中，使其被广泛运用于多旋翼无人机的设计制造中。

表 10-1 机架材料

参 数	碳纤维	玻璃钢	聚碳酸酯	丙烯酸塑料	铝合金	轻木
密度/(lb·in^{-3})	0.05	0.07	0.05	0.04	0.1	0.002 7~0.008 1
刚度/Msi	9.3	2.7	0.75	0.38	10.3	0.16~0.9
强度/Ksi	120	15~50	8~16	8~11	15~75	1~4.6
成本（越大越优）	1	6	9	9	7	10
加工难度	3	7	6	7	7	10

10.3.6　悬臂设计

多旋翼无人机悬臂结构主要用来承载电机驱动器、电机以及旋翼装置。如图 10-71 所示为多旋翼无人机悬臂。

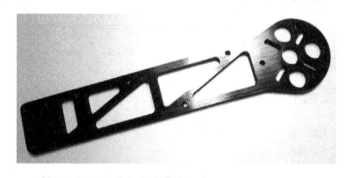

图 10-71　多旋翼无人机悬臂

悬臂的形状主要有圆管状(见图 10-72)和平板状结构(见图 10-73)。圆管状悬臂结构的电机固定机构加工复杂,且相对容易松动而影响无人机的飞行稳定性。因此,在强度要求允许的情况下悬臂选型时应尽量选择平板状结构。此外,为了得到较高的强度和较轻的重量,现阶段主要采用碳纤维复合材料。对于要求悬臂尺寸大,厚度较厚的情况,可在碳纤维板中加入减震木板以减轻悬臂重量并减小电机高频振动对传感器的影响。

图 10-72　圆管状悬臂　　　　　　　　图 10-73　平板状悬臂

悬臂结构尺寸大小影响了整个多旋翼无人机的尺寸。更重要的是,悬臂尺寸的变化会影响旋翼的布局,从而影响无人机气动性能以及结构。悬臂尺寸越大,旋翼间的气流干扰相对越小,同时在动力装置相同的情况下更容易改变无人机的飞行姿态。

对于悬臂设计需要考虑的一个重要的问题是无人机在飞行过程中悬臂的振动问题。由于飞行控制板上的加速度传感器对振动十分敏感,而加速信号直接关系传感器对于到姿态角和位置的估计。除此之外,对于航拍飞行器而言机体振动还会影响航拍设备的成像质量。因此,减振设计对于多旋翼无人机的结构设计来说显得尤为重要。

悬臂是机体振动的主要来源之一。悬臂的变形会导致异步振动的产生,因此,在进行悬臂设计时应合理地提高悬臂的整体刚度。一般而言,与铝合金悬臂材料相比,碳纤维悬臂具有足够的抗弯特性和抗扭特性,同时也具有更轻的重量。因此在无人机机臂设计上具有更大的优势。

　　除了无人机机臂的选材策略之外,影响机体振动的另一个重要因素是机臂的安装。机臂安装的不合理会增大机体振动过大的可能性。首先,进行多旋翼无人机的机臂安装时,需要使机架重心落在整体旋翼的重心,保证质量和刚度的均匀分布(见图 10-74)。其次,对于悬臂的安装固定方式应该选择更为可靠的设计。

　　对于较为简单、体积相对较小的或具有板状悬臂的多旋翼无人机而言可以通过螺栓直接将悬臂固定在机架层板上(见图 10-75)。

图 10-74　四旋翼无人机悬臂布局形式　　　图 10-75　无人机悬臂固定形式(无轴承式)

　　对于体积较大,螺旋桨提供动力更大的或具有管状悬臂多旋翼无人机而言可以采用轴承-螺栓固定的形式,即悬臂通过轴承(见图 10-76)进行固定,并利用螺栓将轴承固定在机架上(见图 10-77),以此来增加飞行过程中无人机悬臂的稳定性。

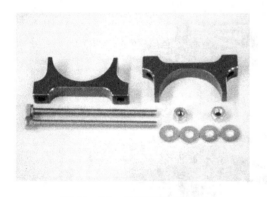 

图 10-76　悬臂固定用零件　　　　　图 10-77　无人机悬臂固定形式(轴承式)

　　对于体积更大的多旋翼无人机,例如六旋翼和八旋翼等,尺寸的限制使无人机在进行运输和维护时存在不便。因此,有必要将折叠结构或快拆结构融入悬臂设计之中。通过对悬臂的折叠或拆卸收放来减小无人机的尺寸。对于悬臂的折叠机构而言,常见的折叠设计有两种。一种为悬臂根部折叠,这种结构形式的折叠机构通过轴承对悬臂进行支撑,同时利用螺栓将上下层板与轴承固定,最后将上下层板与机架层板通过螺栓进行连接。在下层层板处设计有一转轴实现悬臂的折叠;在上层层板处通过固定螺栓来进行飞行时悬臂的固定锁死,通过拆卸螺栓来完成悬臂的快速折叠(见图 10-78)。

折叠的最终效果如图 10-79 所示。

图 10-78　根部折叠悬臂撑起状态　　图 10-79　根部折叠悬臂收起状态

　　另一种悬臂折叠方式为中间段折叠(见图 10-80)。机臂采用横向折叠设计,使结构紧凑牢固。折叠后整机呈环抱式,小巧便捷,对运输工具的要求大大降低,可更广泛地适用于各类作业环境。这种设计方式更适用于体积较大的植保无人机。由于悬臂在中间段有分离,因此在需要额外地对连接结构进行补强设计,减小悬臂的振动,确保无人机在飞行过程中的安全性。

图 10-80　中间段折叠悬臂(零度智控 Z10 植保无人机)

　　对于多旋翼无人机而言,在飞行过程中螺旋桨的旋转会产生作用在机臂上的升力,可以认为悬臂在端部承受着集中载荷。针对不同结构形式的悬臂而言,可以考虑将悬臂简化为悬臂梁模型,对悬臂进行简单近似的静强度校核。机臂悬臂梁模型如图 10-81 所示。

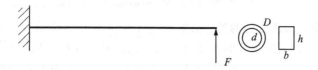

图 10-81　机臂悬臂梁模型

假设旋翼机某悬臂上有旋翼所产生的最大拉力为 F,悬臂长度为 L,则梁的最大弯矩为

$$M_{max} = FL \tag{10-10}$$

梁的最大弯曲正应力可由下式计算,W_z 为梁的抗弯截面模量:

$$\sigma_{max} = \frac{M_{max}}{W_z} \tag{10-11}$$

若悬臂采用圆管结构,则抗弯截面模量为

$$W_z = \frac{\pi(D^3 - d^3)}{32} \tag{10-12}$$

式中:D 和 d 分别为圆管横截面外径和内径。

若悬臂采用方形平板结构,则截面抗弯模量为

$$W_z = \frac{bh^2}{6} \tag{10-13}$$

可以按照弯曲正应力的强度条件进行简单的强度校核计算:

$$\sigma_{max} \leqslant [\sigma] \tag{10-14}$$

式中:$[\sigma]$ 为材料的许用应力。

在进行最大正应力强度校核后,还需要根据梁的最大切应力强度条件进行校核。但一般而言,满足正应力强度条件的梁一般都能满足剪应力的强度条件。对于小型的多旋翼无人机而言,可以简单地利用悬臂梁模型进行局部结构的强度校核,对于尺寸和承载较大的多旋翼无人机则可以利用有限元方法进行校核计算。

10.3.7　旋翼布局

旋翼桨叶(见图 10-82)的布局形式主要有两种:一种为单桨布局,另一种为共轴双桨布局(见图 10-83)。

图 10-82　旋翼无人机螺旋桨叶

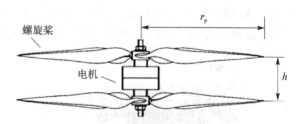

图 10-83　共轴双桨桨叶布局形式

相对于单桨而言,共轴双桨的布局形式能够在不增加旋翼整体尺寸的前提下,提高旋翼无人机的运载能力,同时也能够减少螺旋桨对图像设备的视野遮挡。但需要注意的是,双桨的动力并不是由单桨简单的叠加,这种布局形式会造成单个螺旋桨效率的下降。相对于单桨效率

而言,共轴双桨的效率是其 1.6 倍。根据实验,桨叶半径和双桨间距的关系可设定为

$$h/r_p > 0.357 \qquad (10-15)$$

螺旋桨桨盘的安装形式分为两种(见图 10-84):一种是螺旋桨桨盘水平安装,这种安装形式相对简单,但是在无人机飞行时需要通过云台的转动来保持相机的水平;另一种是螺旋桨桨盘倾斜安装(见图 10-85),这种结构布局形式的无人机至少需要六个桨叶,在无人机飞行过程中无需云台转动来保持相机的水平。

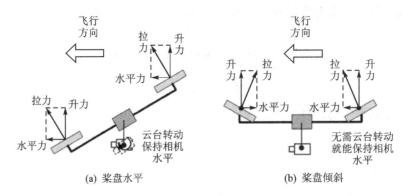

(a) 桨盘水平　　　　　　　　　　　(b) 桨盘倾斜

图 10-84　桨盘的不同安装形式

图 10-85　桨盘倾斜多旋翼 CyPhyLVL1

螺旋桨桨盘相对于机臂的安装位置形式有两种:第一种螺旋桨桨盘位于机臂上方(见图 10-86),在这种结构布局形式下,螺旋桨产生拉力使无人机爬升;同时,在无人机着陆阶段不易碰到障碍而损伤桨叶;除此之外,这种桨叶安装形式对于相机视野的遮挡小。第二种布局形式为螺旋桨桨盘位于机臂下方(见图 10-87),在该结构布局下,螺旋桨通过产生推力使无人机起飞,螺旋桨下洗气流完整;同时,还能防止雨水的冲刷;另外,由于螺旋桨产生的气流低于飞行控制板的气压计高度,使得气压计测量相对更加准确。

图 10-86　桨叶位于悬臂上方(零度智控 Xplorer)

图 10-87　桨叶位于悬臂下方(亿航 Ghost)

多旋翼无人机在飞行时,两旋翼相互之间会对彼此的流场产生影响,从而影响无人机的飞行效率。

对于具有不同旋翼数量的旋翼无人机而言,旋翼中心与中间轴所形成的轴间夹角不尽相同。图 10 - 88 给出了多旋翼机体半径 R 与最大旋翼半径 r_{max} 的示意图,它们之间的关系为

$$R = 1 + \frac{1}{\sin(\theta/2)} r_{max} \tag{10-16}$$

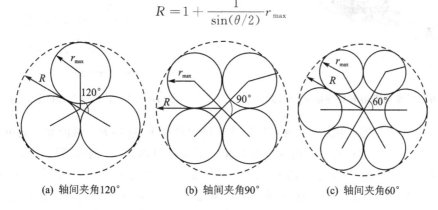

(a) 轴间夹角120°　　　　(b) 轴间夹角90°　　　　(c) 轴间夹角60°

图 10 - 88　桨叶直径和机体半径示意图

实验表明,当桨尖与桨尖之间的距离从一个桨半径到 0.1 个桨半径变化时,气流对无人机的整体性能影响很小。因此,为了能使无人机结构尽量紧凑,可以通过以下关系式对旋翼最大半径进行设计,即

$$r_{max} = 1.05r_p \sim 1.2r_p \tag{10-17}$$

旋翼的尺寸会影响旋翼无人机的机体尺寸,而无人机的机体尺寸则对多旋翼惯性、有效负载具有很大影响,并最终影响最大可达角加速度和线加速度。

由上述分析可以得出的结论是,无人机机体尺寸越大,其机动性越差。

10.3.8　起落架设计

多旋翼无人机起落架是多旋翼无人机的重要组成部分(见图 10 - 89)。在无人机处于停飞状态时用来支撑多旋翼无人机的重力。其次,由于起落架将多旋翼无人机机身撑起,从而避免螺旋桨和地面距离过近而发生触碰。另外,由于起落架的存在使无人机在起飞时的地效得以减弱使无人机在起飞阶段更容易进行控制。同时,在多旋翼无人机降落阶段,起落架可以吸收和消耗多旋翼在着陆过程中所产生的撞击能量,保证无人机降落的安全。

图 10 - 89　多旋翼起落架

多旋翼无人机起落架一般由短杆、长杆、脚架及脚架固定座等零件组成。长、短杆的材料可以根据所设计无人机的承载需求进行选择。经常用于起落架杆件设计的材料有碳纤维复合材料、玻璃纤维、塑料、铝合金等。脚架与接地长杆之间通过脚架固定座进行连接(见图 10 - 90)。短杆则用来对脚架进行固定维型。在与地面接触的长杆的触地点上可以采用海绵套进行减振,该形式结构的起落架承载能力相对较大,常应用于植保无人机中(见图 10 - 91)。

图 10-90　起落架脚架与长杆的连接形式

图 10-91　某植保无人机起落架的结构形式

对于航拍多旋翼无人机而言,由于其起飞重量相对较小,这些无人机的起落架可以采用更为简单的结构形式,如图 10-92 所示。有时起落架甚至可以安装在各旋翼下方,例如 DJI 公司开发的 Inspire 1 无人机所采用的可收放式起落架设计(见图 10-51)。在飞行过程中,收起起落架为航拍设备提供良好的拍摄视野;在降落过程中,通过旋翼下所安装的起落架进行降落。折叠机构通过电机驱动实现起落架的收放,并通过弹簧等装置进行限位(见图 10-93)。

图 10-92　亿航 Ghost 和 DJI"精灵 4"

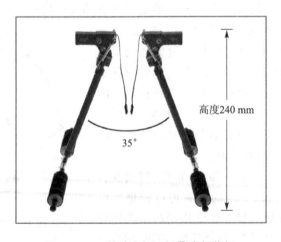

图 10-93　某无人机可折叠式起落架

10.3.9 云台结构设计

云台主要应用于航拍的无人机中,是用来安装和固定摄像机的支撑设备(见图 10-94)。多旋翼无人机在飞行过程中发生倾转时,云台能够平稳转动使照相机光轴缓慢变化,有利于图像成像的稳定以及视频的平滑输出。同时,云台也能够减少多旋翼无人机在飞行过程中因外部因素而导致的相机抖动。

图 10-94　航拍多旋翼无人机云台

云台在工作时,通过角度传感器对角度进行测量,电机通过接受控制的信号来进行定位,从而对无人机姿态进行进一步的调整。

通常一个云台需要由动力系统、电路控制系统、减振系统和支撑结构所组成。其中,与平台结构设计密切相关的减振系统是通过带阻尼的减震器,为云台吸收无人机传来的振动;支撑系统则为其他部件提供安装平面。

传统的多旋翼无人机云台常见的结构形式有两种:二轴云台和三轴云台。二轴云台包括横滚轴和俯仰轴,而三轴云台则在二轴云台的基础上增加了方位轴。其中。俯仰轴和横滚轴可以用来补偿无人机的机体振动。而方位轴则主要负责对目标的瞄准。对多旋翼无人机而言,无人机可以沿任何方向平动,也可以迅速改变其方位角。

云台中负责连接横滚轴电机与俯仰轴电机的为内框架(见图 10-95),整个内框架随横滚轴运动。传统的内框架为左右对称设计,这样重量较大的载荷部分落在两个支撑点中间,有助于减小载荷所产生的扭矩,提升整体结构的刚度。内框架也可以采用单侧臂的设计形式,不仅可以减少一般的重量,更重要的是在加工中不需要保证左右两侧的同轴度,能够减小加工难度。

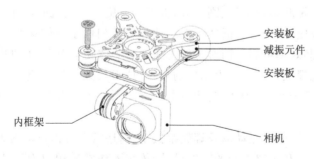

安装板
减振元件
安装板

内框架

相机

图 10-95　多旋翼无人机云台

阻尼减振元件是云台进行减振的重要部件之一。无人机的机体振动引起阻尼减振器的形变需要克服减振器的阻尼做工,这些克服阻尼所做的功被转化为了内能,以达到减振的目的,从而为云台上的其他结构提供保护。有时,为了能够提升阻尼减振元件的减振效果,可以在云台上安装多级阻尼减振器。

目前现有的大部分云台采用悬挂式的安装方式。通过两块安装板分别与无人机机体和云台其他部分相连。两安装板之间为阻尼减振元件。常见的减振元件有泡沫、凝胶垫、橡胶减振球和泡棉胶垫等。在实际使用过程中,阻尼减振元件经过反复变形可能会产生损坏。因此,需要定期检查、及时更换以确保云台的运行安全。

10.3.10 减振设计

对多旋翼无人机结构进行减振设计意义重大。首先集成在飞行控制板中的加速度传感器对振动信号十分敏感。加速度信号直接关系到姿态角和姿态角速率的估计,而飞控程序中融合了加速度计和气压计。同时,无人机需要利用 GPS 数据来进行位置的测量,在无人机定高、悬停、返航、导航、定点和自主飞行模式下,位置估计显得尤为重要。因此,加速度传感器所感知的加速度信号直接关系到姿态角和位置的估计。无人机结构的减振设计就成为了设计过程中必须要考虑的因素之一。

在安装加速度计时,需要进行低通机械或者数字滤波。大多数多旋翼飞控板,在 MEMS加速度计上都配有一个模拟抗锯齿滤波器,在信号采样之前要经过电子电路滤波。减振的另外一个重要作用是提高成像的质量,这样就可以不依赖云台进行减振。这对于多旋翼的小型化至关重要。

对于多旋翼无人机而言,机体振动主要来源于机架变形、电机和螺旋桨不对称。

在机架设计中,由于机架变形特别是机臂变形会导致异步振动的产生,因此应该合理地提高机臂的刚度。一般,碳纤维机架具有足够的抗扭特性和抗弯特性,同时具有较轻的重量,常作为机架的主要材料。相比而言,铝合金机架重量更大,但是刚性更好。除此之外,在机架减振设计中,应该要尽量保证电机与机臂的安装连接和机臂与控制云台安装连接的可靠性,使其能具有一定的减振缓冲效果。

对于电机而言需要进行减振设计,首先要保证电机在运行过程中能够保持平滑稳定。在进行电机安装时,需要保证桨夹和电机轴承、螺旋桨重心共轴,避免电机转动时所产生的偏心力。

螺旋桨也是机体振动的主要来源之一。首先,螺旋桨应匹配机架型号和机体重量,并在顺时针和逆时针旋转时具有相同的韧性。制造螺旋桨的常用材料有碳纤维复合材料、木材、塑料等。碳纤维复合材料螺旋桨价格低、刚度大,常用于多旋翼无人机的设计之中。螺旋桨的尺寸及转速也影响振动效应。一般地,低转速大尺寸螺旋桨相比于高转速小尺寸螺旋桨所产生的振动更大,但是螺旋桨效率更高。而对于低转速大尺寸螺旋桨而言,电机模块在各螺旋桨所产生的升力不平衡时绕螺旋桨轴会产生相应的扭转,使得机架的韧性更差。对多旋翼无人机而言,横向振动强度应低于 $0.3g$,纵向振动要求低于 $0.5g$。但在实际工程中要求所有轴的振动强度在 $0.1g$ 之内。

除了考虑机架振动、电机振动以及螺旋桨振动外,还需要考虑自动驾驶仪器与机架之间的隔振问题。对于自驾仪和机架之间的隔振设计,传统方法常采用双面泡沫胶带和尼龙扣将自驾仪固定在机架上(见图 10-96)。但在许多情况下,因为飞行控制单元重量很小,导致泡沫胶带或尼龙扣不能起到足够的减振作用。现已被测试过的可行的隔振方案有:Dubro 泡沫、凝胶垫、O 形环悬挂安装和耳塞式安装等。目前市面上也有飞控减振器,它由 2 块玻纤支架,4 个减振球和 2 块泡棉胶垫组成(见图 10-97)。

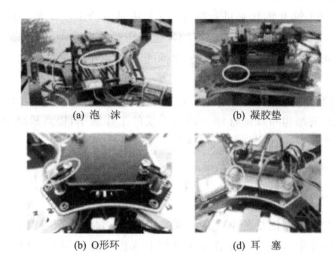

(a) 泡　沫　　　　　　　　　(b) 凝胶垫

(b) O形环　　　　　　　　　(d) 耳　塞

图 10 - 96　自驾仪与机架隔振元件

图 10 - 97　飞控减振器

10.3.11　降噪设计

　　飞行过程中的螺旋桨是噪声的主要来源之一,具有一定厚度的螺旋桨桨叶周期性地扫过周围空气介质,并导致空气微团的周期性变化,从而产生厚度噪声。而桨叶叶面的压力场变化则会引起由拉力噪声和阻力噪声所组合而成的负载噪声。除此之外,螺旋桨叶片负载的随机变化会产生随机变化的紊流,从而会产生宽带噪声。这些噪声会对多旋翼无人机本身和周围环境产生危害。首先,多旋翼无人机机身处于螺旋桨的直接辐射声场中,各灵敏传感器可能会收到噪声的音响而失真。其次,较大的噪声会影响周围飞行环境,造成噪声污染。另外,若考虑不周,螺旋桨辐射的噪声所诱发的机体结构振动与声疲劳,则有可能严重影响飞机的安全性。最后,一些小型多旋翼出于隐秘侦察的需求,需要保持飞行时的足够安静,过大的噪声会暴露其位置。

　　多旋翼无人机能够采取的减噪措施主要有以下几种:

　　① 由于叶尖相对马赫数对螺旋桨辐射噪声的影响极为重大,因此通过降低叶尖相对马赫数可以起到减噪效果。

　　② 通过增加螺旋桨桨叶数目来起到降噪效果,这样可以在保持拉力和功率的前提下,减小螺旋桨的外径,从而达到降低叶尖相对马赫数的目的。

③ 通过改进沿展向桨叶形状来进行降噪,因为从噪声的声功率沿径向分布来看,叶尖部位最高。通过设计,将气动负载沿展向分布的峰值向内径方向移动,有可能实现降噪。

④ 通过减小桨叶的总体积进行降噪,这样就能减小桨叶剖面的相对厚度和弦长,从而大幅度降低厚度噪声。

多旋翼无人机的结构形式相对简单,但是结构的布局设计却直接影响了无人机的飞行性能及飞行安全。合理的结构布局能够增大动力系统的工作效率,提高机载设备的安全性能,从而使无人机在操控性和稳定性之间达到较好的平衡。

10.4 无人自转旋翼机结构设计

自转旋翼机是人们研制成功的第一种旋翼类飞行器,它依靠前飞时的相对来流吹动旋翼自转提供拉力克服自身重力飞行。旋翼机在结构上远比直升机简单,这也是旋翼机比直升机更早出现的原因之一。自转旋翼机如图 10 - 98 所示。

图 10 - 98 自转旋翼机

从外形上看,旋翼机与直升机非常相似,它们的机身上方都装有一副巨大的旋翼,也有一些较小的固定翼面以及机身、尾翼、起落架和动力装置。旋翼机的旋翼依靠前方来流吹动始终处于自转状态,一旦发动机空中停车,它可以直接依靠旋翼自转着陆;而直升机旋翼还需要一个操纵转换进入自转的过程,所以旋翼机没有直升机的低速回避区,更安全。旋翼机的旋翼自转,没有自发动机至旋翼的减速和传动装置;同样由于旋翼自转,不需要平衡旋翼反扭矩的尾桨,因而其结构大大简化。由于其结构复杂程度以及飞行操纵方式更接近于螺旋桨飞机,因而其制造、使用、维护成本远远低于直升机。现代旋翼机采用旋翼预转技术,即起飞前通过简单传动装置将旋翼预先驱转,然后通过离合器切断传动链路后起飞,使它可以跳式跳跃或超短距起飞(0~30 m),而且旋翼机降落时,通过操纵旋翼锥体后倾,可实现点式着陆,不需要专用机场。因而近十几年,该类飞行器再次成为航空领域关注的热点。

自转旋翼机的结构设计形式多样,但是大多数设计的基本构成要素是一样的。一架具备基本功能的自旋翼机通常包括:机身、旋翼系统、尾翼和起落架四个部分。另外,还有一些部分是可选的,如机翼。自转旋翼机结构示意图如图 10 - 99 所示。

机身提供其他部件的安装结构,基本的要求是具有很高的比强度。机身的常见材料是铝

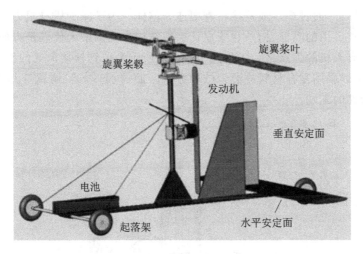

图 10-99　自转旋翼机结构示意图

合金管材和复合材料。旋翼系统提供自转旋翼机飞行所必须的升力和控制能力,常见的是带桨毂倾斜控制的跷跷板式旋翼,也可以采用全铰式旋翼。尾翼提供稳定性和俯仰、偏航控制,与固定翼飞机的尾翼类似。起落架提供在地面上的移动能力,类似于固定翼飞机的起落架,常见的为前三点式(Tricycle)或者是后三点式(Conventional)。机翼不是自转旋翼机必须的组成部分,但是增加机翼可以提供额外的稳定性和升力,提高巡航速度。例如美国新研制的卡特旋翼机(Carter Copter),由于增加了附加的固定机翼,从而在性能上有较大的改进,可以达到较高的巡航速度和短距起降的能力(见图 10-100)。

图 10-100　卡特旋翼机

现今,无人自转旋翼机机型较少,处于尚未真正起步的阶段。因此,其结构设计可以参考载人的自转旋翼机,并在此基础上进行针对性的改进。

10.4.1　机身结构设计

1. 结构形式

机身用于提供其他部件的安装结构,需要具有较高的比强度来保证旋翼机的安全。自转旋翼机的机身结构常采用桁架式结构,这种结构形式的机身骨架由铝合金制成,并且使用实心杆件或管材做成撑杆,通过焊接或栓接将骨架连为整体。为了减少机身阻力,可以在桁架式结构外面固定用于整形用的隔框、桁条和蒙皮。这种结构形式的最大优点是方便外场修理,这也是无人机相对于有人机的优点之一。如图 10-101 所示为单管栓接形式的机身框架。除此之外,机身结构也可以采用复合材料或混合结构方式。旋翼、起落架、尾翼等其他部件连接在机身骨架杆件或管件的末端。

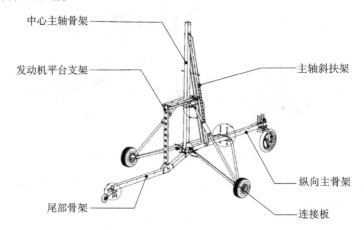

中心主轴骨架

发动机平台支架

主轴斜扶架

纵向主骨架

连接板

尾部骨架

图 10-101 无人自转旋翼机机身骨架

机身的主骨架是旋翼机的主要承力结构。中心主轴骨架用于连接旋翼和纵向主骨架。在主轴骨架中段有用于安装尾推发动机的平台支架。同时,为了能保证主轴骨架的结构稳定,在中心主轴前部通过主轴斜扶架与中心主轴和纵向主骨架连接,构成三角结构以保持结构的稳定。机身尾部骨架主要用于连接机身尾翼。骨架之间的连接形式可以根据设计需求和设计工艺等进行选择,一般有焊接形式和螺栓连接形式。对于螺栓连接所构成的机身骨架而言,可以通过管材或实心杆件打孔来进行连接,也可以通过连接板对骨架连接处进行加固,增大机身骨架的局部强度。

2. 基本构件

构成无人自转旋翼机的基本构件有梁、隔框、桁条、承力蒙皮和加强件等。

(1)梁

自转旋翼机机身的纵向构件,剖面尺寸相对较大。一般为杆材或管材。梁主要承受和传递弯曲载荷和轴向载荷,提高蒙皮的承载能力。梁是机身内最强的纵向部件,可以从前端贯穿到后端。

(2)隔 框

无人自转旋翼机机身结构中横向的结构件通常被称为隔框,其中承受集中载荷,同时也是其他部件安装点的隔框叫加强框。普通隔框通常是很轻的构件,用于保持机身形状,提高纵向构件的抗失稳能力,承受蒙皮传来的气动载荷。加强框则有较强的缘条和腹板,在集中载荷作用处还有较强的接头,主要安装在起落架、发动机等部件的安装点。需要注意的是,对于具有承力蒙皮的无人自转旋翼机而言,隔框是必不可少的传力及维形构件;但对于桁架式结构的机身而言,可以不需要单独设计隔框或加强框。

(3)桁 条

桁条也属于机身结构的纵向构件,相对于梁而言,尺寸小、重量轻。桁条可以贯穿整个机身长度,它们穿过隔框的开口,其主要作用是保持蒙皮的强度和形状。

（4）承力蒙皮

承力蒙皮可以承受大多数载荷。蒙皮可以通过铆接与长梁、桁条、隔框和其他结构相连。对于无人自转旋翼机而言，可以将蒙皮作为备选构件来减轻结构的重量。

（5）加强件

分段的纵向梁通过螺栓进行连接，需要对连接部分进行加强以保证结构的强度足够。

10.4.2　旋翼系统结构设计

1. 旋翼基本原理

旋翼由数片桨叶和桨毂组成，桨叶铰接于桨毂，桨毂和旋翼轴连接（见图 10 - 102）。旋翼系统主要给旋翼机提供升力和俯仰、滚转姿态操纵。旋翼桨叶沿展向各剖面形状为翼形剖面。旋翼自转形成一个后倒的圆形桨盘，产生升力，并且旋翼机在空中飞行时部分操纵力也由旋翼产生。若旋翼机没有机翼部分，则升力完全由旋翼提供。

图 10 - 102　自转旋翼机旋翼头

旋翼机在前飞时桨叶升力的不对称性势必会导致机体发生滚转，为了克服这一难题，西尔瓦研制了带挥舞、摆振及变距的全铰式旋翼，成功地解决了飞行中的平衡和操纵问题。桨叶是无人自转旋翼机的关键部件，设计是否合理可靠直接影响旋翼机的飞行品质和飞行安全。

2. 旋翼桨叶承载分析

旋翼旋转时，作用于桨叶挥舞面内的有升力、重力、挥舞惯性力和离心力分力（见图 10 - 103），其中主要载荷是桨叶因旋转而产生的离心力，其次是挥舞和摆振面内存在的弯矩，再者就是桨叶横切面存在的剪力。自转旋翼机桨叶的大梁是最为重要的受力元件，承担大部分桨叶载荷；承受高速旋转桨叶的离心力与挥舞和摆振弯矩，并传递给旋翼桨叶。桨叶大梁作为提供桨叶抗弯刚度的主件，同时也提供抗扭刚度。桨叶蒙皮主要承担并传递桨叶的扭矩和摆振弯矩，后缘蒙皮对调整剖面弦向摆振刚度很有效。当需要时，可以通过在桨叶后缘设置后缘条的方法来提高桨叶的弦向摆振刚度。

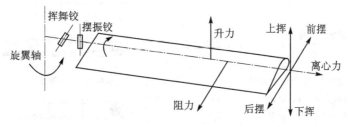

图 10 - 103　全铰式桨叶受力特性

挥舞、摆振两个平面的弯矩、剪力、离心力和扭矩作用在自转旋翼机桨叶的横剖面上。一般仅考虑离心力、挥舞弯矩和摆振弯矩对自转旋翼机桨叶的静强度限制。桨叶静强度基本是由离心力的载荷所决定的。桨叶上的静值弯矩和交变弯矩两部分构成桨叶弯矩,交变弯矩对自转旋翼机桨叶寿命有决定性意义。自转旋翼机上的桨叶载荷表现出来的不同特点因飞行状态的不同而改变。低速飞行时,随着迎角的增加诱导速度场的不均匀性增大,在确定桨叶强度及寿命时应予以充分考虑。在中等速度范围内,随着飞行速度的增加,诱导速度趋向均匀而且绝对值也变小,桨叶载荷随之减小。

3．旋翼桨叶选材设计

早期的旋翼机旋翼选材多使用铝合金等金属材料。随着材料学的不断进步,先进复合材料因其可靠性更高、经济性更好、使用寿命更长、旋翼性能更优越等优势,逐渐成为旋翼制造材料的首选。从总体看,桨叶要承受巨大的旋转离心力,即承受极大的弯矩、剪力、拉力。也正是因为应力水平在桨叶整体分布异常的高,因此高性能纤维的选择应该被放在重要的位置。

旋翼桨叶是细长式旋转构件(弹性梁),为了产生升力必须高速旋转,因此要承受很大的离心载荷;同时又要考虑很大的交变气动载荷的作用,桨叶的受力情况十分复杂。出于气弹响应及稳定性的考虑,一般要求桨叶的整体有效重心约在 25％ 的弦长前。因此,桨叶的结构设计,其剖面构造形式多为前缘实而重、后缘薄而轻的非对称闭合梁。

从航空航天领域发展的趋势看,纤维增强树脂基复合材料逐渐成为制造航空航天飞行器结构件材料的主流,在旋翼桨叶选材设计中目前使用较多的是玻璃纤维或碳纤维增强环氧树脂复合材料。从比强度、比刚度、比疲劳强度来说,碳纤维是优秀的材料,但是它更脆一些。而玻璃纤维复合材料因为其优异的纵向拉伸强度,轻质、较高强度、较高模量以及稳定的化学性能等特点,成为了制造旋翼机旋翼桨叶大梁材料的首选。

4．旋翼桨叶剖面结构设计

旋翼机旋翼翼型的选择可以参考直升机翼型。在直升机翼型中,按照大梁的构造划分,比较常见的有 C 形梁、D 形梁以及多管梁结构,不同桨叶剖面优缺点对比如表 10-2 所列。按照剖面分隔或封闭区间的划分有单闭腔、双闭腔和多闭腔等。综合考虑不同剖面桨叶的优缺点,在不必考虑桨叶的扭转力矩时,复合材料旋翼桨叶一般采用 C 形结构,这样既能充分发挥其优点,又能有效地节省成本,是旋翼机翼型的首选。

表 10-2　不同桨叶剖面优缺点对比

结　构	优　点	缺　点	桨叶剖面构型示意图
C 形梁结构	结构简单,工艺性好,易保证制造质量,有利弦向中心布置	最大缺点是抗扭刚度偏低	前缘配重　C 形大梁　填芯　蒙皮　后缘条
D 形梁结构	扭转刚度大大提高	成型工艺比 C 形梁结构复杂	前缘配重　D 形大梁　填芯　蒙皮　后缘条
多管梁结构	抗扭刚度大,适合先进薄翼型,具有良好的破损安全特性和优异的抗弹击性能	成型工艺最复杂,制造难度和费用大	前缘配重　多管梁　填芯　蒙皮　后缘条

5. 旋翼桨叶翼尖及翼根段结构设计

传统的直升机复合材料桨尖结构除蒙皮、大梁外,要求预制的零件多,相对复杂。而旋翼机旋翼就简单得多,在旋翼桨尖结构设计时,采用整流罩封闭桨叶尖端就可以了。相应的桨尖配重也可以在整流罩中填加金属块来实现。至于桨尖形状,考虑到制造成本,仍采用传统的矩形桨尖。当然,随着旋翼机的发展和功能的强大,以后的旋翼机桨尖形状也将如直升机一般,开始尝试由单纯的矩形桨尖到尖削桨尖、尖削后掠桨尖、抛物形桨尖等变化。同理,考虑旋翼机多采用的旋翼跷跷板式结构,以及为了避免旋翼根部处应力载荷过大造成旋翼根部疲劳断裂,保证传力、受力状态良好,旋翼桨叶与旋翼毂的连接多采用加强板螺栓连接形式。因此在旋翼桨叶根部处设计时,也可设计成整流罩或者切断面直接封闭形式。此种设计的优点是结构简单,制造容易。

6. 旋翼桨叶蒙皮铺设

旋翼桨叶蒙皮提供桨叶的主要升力面和扭转刚度,承受部分离心力和弯矩,是桨叶的外部维形件也是重要的次承力件。蒙皮的铺设一般选用织物,通常采用玻璃纤维增强复合材料或玻璃纤维与碳纤维增强复合材料混合铺层。蒙皮内表面与大梁相贴,外表面有时需要增加一层薄的预浸平纹玻璃布,保护碳布蒙皮因损伤带来的表面应力集中问题,可获得较好的表面粗糙度,主要以±45°对称铺层为主,辅助以少量的0°/90°铺层。

7. 旋翼桨叶内腔填芯

桨叶内腔填芯主要起到支撑作用,选材上主要要求抗压强度高、密度小、耐冲击。目前,比较常用的旋翼桨叶内腔芯材有 3 种:聚甲基丙烯酰亚胺(PMI)泡沫填芯、耐高温芳香族聚酰胺(Nomex)蜂窝填芯以及铝蜂窝填芯。但是经过实践检验,为了避免碳纤维复合材料与金属铝电偶腐蚀和在空中遭到雷击,一般不会使用铝蜂窝填芯。旋翼机桨叶采用 C 形大梁与泡沫填芯相配合的结构形式,工艺过程更加简化,还能保证工艺质量和外形平整。

8. 旋翼桨叶的固有特性

共振是无人自转旋翼机在飞行过程中可能遇到的问题之一。为避免共振,要使旋翼的固有频率不与转速的整数倍重合,具体设计时要注意飞行时旋翼转速的变化,飞行时旋翼工作转速范围内避免发生共振。此外,固有频率与激振力频率之间应有一定的距离,否则桨叶会发生强烈的共振,通常采用改变桨叶的质量分布和刚度分布来改变桨叶的固有频率。具体要求如下:

① 与 K 次/转的激振力至少相距 0.5 次/转(K 为桨叶片数)。

② 与 $2K$ 次/转和 $3K$ 次/转的激振力至少相距 1 次/转。

③ 与 1,2,3 和 4Ω 至少相差 0.25Ω。

④ 扭转固有频率与挥舞弯曲固有频率之间至少相差 0.25Ω。

在现代桨叶设计中,多采用多目标优化及灵敏度分析来满足设计要求。

桨叶旋转时受升力和离心力相互作用,升力使桨叶向上弯曲,离心力使桨叶向外拉直而变得刚硬。当旋翼转速下降时,离心力减小,此时升力作用大于离心力作用,桨叶弯曲变形过大使旋翼变得不稳定。因此,设计时在桨尖加合适的配重,以增大桨叶的惯性来保证桨叶有足够的离心力。旋翼转速下降,也会导致后行桨叶上出现气流从桨叶后缘向前缘流动的反流状态,造成旋翼不稳定。解决的方法是采用大抗扭转刚度桨叶和桨叶重心向前移动的桨尖配重。常规桨叶的抗扭刚度较小,前飞时桨叶的动力中心、重心及变距轴重合于一点,正常工作时气动中心向后缘移动产生扭转,容易引起不稳定的气动弹性响应。因此,设计时应加大桨叶的扭转刚度,使桨叶不易在气动力下出现扭转变形。

在停机状态下,桨叶在自重作用下产生很大的向下弯曲变形,从使用要求及结构考虑桨叶不能与螺旋桨及尾翼干涉,因此设计时需要提出桨叶的弯曲刚度要求。

旋翼桨叶工作时受离心力、挥舞弯矩、摆振弯矩及扭矩的作用。在多轴应力状态,高频率、低幅值的振动疲劳载荷作用下,疲劳问题异常突出,桨叶抗疲劳设计是在设计时须重点考虑的问题。

在进行旋翼系统设计时,还需要对旋翼的气动特性进行试验研究,所用到的设备有风洞、旋翼台、天平、激光测速仪等。在不安装桨叶的情况下,通过吹风测出旋翼桨毂的气动力和力矩值;安装桨叶后,通过试验台动力机带动旋翼轴和桨叶转到预定转速,等旋翼转速稳定后记录试验值,主要测定自转旋翼稳定转速与风速、旋翼轴后倾角、总距角的关系等。

旋翼机的起飞方式可以是鹞式跳跃起飞,简称跳飞。通过发动机驱动旋翼预转以能量转换方式实现跳飞。发动机动力通过一组减速皮带轮、传动轴传至减速器,减速器经一组锥齿轮实现减速和转向,通过制动装置在被动皮带轮处实现动力离合。另外,通过齿轮盘和链条带动散热风扇转动。减速器结构简单,重量轻(见图 10 - 104)。

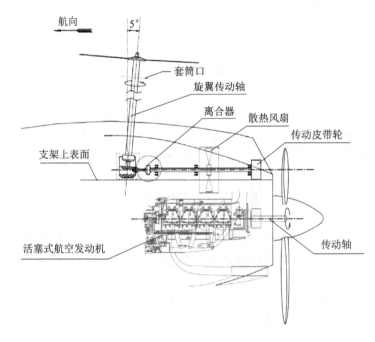

图 10 - 104　跳飞传动系统方案

10.4.3　桨毂结构设计

桨毂作为旋翼系统的主要部件起着承受并传递桨叶各种载荷给机身,提供桨叶挥舞、摆振、变距运动的自由度,以满足旋翼机的气动特性及操纵功能的作用。桨毂常用全铰接式、跷跷板式。旋翼桨毂中央件如图 10 - 105 所示。

1. 旋翼桨毂的受力特性

桨叶通过桨毂与旋翼轴连接,作用在桨叶上的载荷都要传给桨毂,因此桨毂在受很大离心力的同时,在挥舞平面和摆振平面内受很大的交变弯矩,设计时其疲劳问题需要重点考虑。

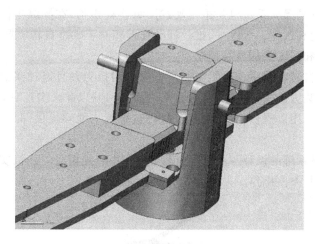

图 10 - 105　旋翼桨毂中央件

2. 旋翼桨毂结构设计

目前旋翼机应用较多的跷跷板式旋翼桨毂属于半铰式结构。旋翼桨毂的中央件主要起两大作用。一是实现旋翼与旋翼主轴的连接。二是实现各支臂上桨叶载荷的汇集、平衡和传输。桨毂结构中的中心铰可以实现桨叶的挥舞运动(见图 10 - 106)。为了消除一阶谐波的哥氏力,桨毂设计时应当尽量采用悬挂式布局,即中心铰悬挂点位于两桨叶重心连线和旋翼轴的交点上。由于跷跷板旋翼不存在桨毂力矩,所以操纵时完全靠拉力矢量倾斜来产生操纵力矩。

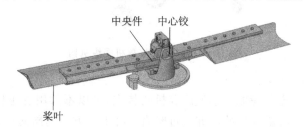

图 10 - 106　旋翼桨毂结构

10.4.4　操纵机构设计

无人自转旋翼机操纵机构相对直升机操纵机构较为简单,这也是无人旋翼机一大优势所在。通常自转旋翼机操纵系统主要包括总距通道和纵、横向通道的总距杆、周期变距杆、自动倾斜器、助力器、操纵线系等。通过操纵总距杆来改变自转旋翼的总距角度;通过操纵周期变距杆来改变自动倾斜器倾斜角,以进行纵、横向周期变距操纵。

自转旋翼机的操纵系统采用硬式操纵线系,除了必要的操纵杆、传动推拉杆、摇臂外,还配有单腔液压助力器。液压助力器设计考虑了故障卡死不能正常工作时仍可以转成硬杆连接方式工作,以保证安全飞行。

无人自转旋翼机由于其重量轻、外型尺寸小,以及操纵灵敏度高,其操纵系统可以不采用总距杆来改变总距,也可以不使用自动倾斜器来进行周期变距,而是采用对应设计的连杆机构和配合使用的舵机来实现操纵。在没有总距杆和自动倾斜器的操纵下,采用连杆机构就可以顺利地实现该类型航向、纵向以及横向的操纵。采用舵机加以配合可以很好地实现旋翼机的偏航、俯仰和滚转。

　　无人自转旋翼机的操纵系统也是采用硬式操纵连杆机构,在操纵主体部件上安装有舵机等相关设备进行控制和调配。操纵杆、推拉杆和摇臂相对于大型自转旋翼机较为简洁,形式更加紧凑,操纵灵敏度和裕度更加容易控制。

　　从总体上来说,自转旋翼主要提供克服重力向上的拉力并且通过桨盘的倾转实现俯仰力矩和滚转力矩;螺旋桨为旋翼机提供向前的拉力和速度,并以此来实现对旋翼转速和倾转椎体的控制;旋翼机的垂尾用以提供偏航力矩实现偏航;平尾也能够提供部分的俯仰,主要是控制机身的姿态。

　　无人旋翼机操纵系统的设计主要采用杆件构架,并配置相应的舵机实现方向转动。这样的结构形式紧凑简明,方便操作。无人旋翼机操纵机构如图 10 - 107 所示。

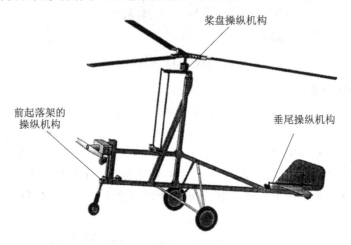

图 10 - 107　无人旋翼机操纵机构

1. 桨盘操纵机构

　　桨盘机构的设计应充分考虑中小型旋翼机的特点,可以不采用总矩杆和实现周期变矩的自动倾斜器。无人机自转旋翼机的俯仰通过竖直拉杆上下方向的同向运动来实现,具体来说,竖直拉杆运动时可以使桨盘发生前后倾斜,并获得桨盘的倾倒力矩从而实现机身的俯仰。而当竖直拉杆沿上下方向反向运动时,桨盘发生左右倾倒,从而实现机身的滚转运动。桨盘操纵机构如图 10 - 108 所示。

图 10 - 108　桨盘操纵机构

2. 垂直尾翼操纵机构

对于无人自转旋翼机而言,垂尾操纵结构的设计可以参考同级别无人机的设计形式。在无人机的尾梁上安装方向舵舵机,来连接尾舵拉杆。在舵机进行操纵时,垂尾操纵面随拉杆进行摆动,从而为旋翼机提供偏航力矩,以实现旋翼机的偏航运动。垂直尾翼操纵机构如图 10 - 109 所示。

3. 前起落架操纵机构

无人自转旋翼机起落架操纵结构常采用舵机连杆机构实现转动的方法来达到前轮转向的目的。在机身前梁处布置舵机,通过舵机连接导向轮舵机拉杆来进行机轮的转向控制。前起落架操纵机构如图 10 - 110 所示。

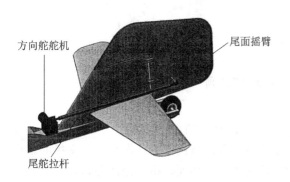

图 10 - 109　垂直尾翼操纵机构

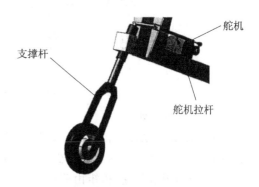

图 10 - 110　前起落架操纵机构

10.4.5　尾翼结构设计

无人自转旋翼机尾翼结构由水平安定面、垂直安定面、方向舵等组成,主要用来保持旋翼机纵向平衡,实现旋翼机的方向操纵。旋翼机尾翼如图 10 - 111 所示。

图 10 - 111　旋翼机尾翼

1. 安定面设计

旋翼机的平尾、垂尾等中型翼面常采用夹层壁板墙式结构(见图 10 - 112)。夹层壁板墙式结构由上下壁板蒙皮、墙和若干肋组成,有单墙式或多墙形式。弯曲载荷主要由壁板传递,剪力由墙传递,扭矩由夹层壁板和墙所组成的闭式传递。翼肋支持夹层壁板翼面并传递局部集中载荷。在夹层壁板墙式结构中,由于夹层壁板既要承受正应力,又要承受剪应力,因此设计为可承受面内正应力的复合材料夹层结构。翼墙为复合材料夹层结构或木制夹层结构。这种结构形式结构协调关系相对简单,结构承载能力较强。

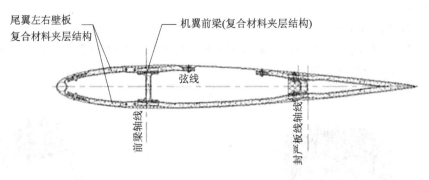

图 10-112　尾翼典型结构剖面

2. 操纵面设计

对于尾翼操纵面而言,一般采用全高度泡沫夹芯结构(见图 10-113)。全高度泡沫夹芯结构主要由上下蒙皮、前后梁和少量肋组成,弯曲载荷主要由被内部泡沫芯材密集支撑的蒙皮来传递,剪力由墙传递,扭矩由蒙皮和前后墙所组成的闭室来传递。由于泡沫芯材对蒙皮的密集支撑,因此除端部安排翼肋外,其他翼肋相对可以较少或者取消,翼肋数量可以依据蒙皮稳定性和局部集中力载荷传递的需要合理布置。在全高度泡沫夹芯结构中,蒙皮为复合材料层压板,厚度一般较薄,在泡沫芯材的密集支撑下,既承受正应力,又承受剪应力。翼墙和翼肋可以采用复合材料夹层结构或者木制层板结构。

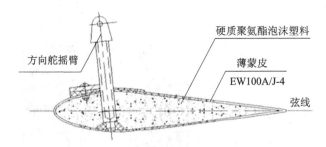

图 10-113　方向舵剖面典型结构

10.4.6　起落架结构设计

1. 起落架布局形式

无人自转旋翼机起落架形式有前三点式和后三点式。前三点式起落架的两个支点(主轮)对称地安置在飞机重心后面,第三个支点(前轮)位于机身前部,尾部通常还装有保护座,防止在飞机离地时出现擦尾。前三点式起落架如图 10-114 所示。

后三点式起落架的两个支点(主轮)对称地安置在飞机重心前面,第三个支点(尾轮)位于飞机尾部。后三点式起落架如图 10-115 所示。

前三点式起落架的飞机,地面运动的稳定性好,由于飞机重心位于主轮前面,因而有助于

图 10 - 114　前三点式起落架

图 10 - 115　后三点式起落架

阻止飞机在着陆滑行时转向,着陆时也更容易操纵。其缺点就是前起落架承受的载荷较大,而且前轮在滑跑中容易产生摆振。后三点式起落架飞机的缺点是在地面运动的稳定性较差,飞机容易就地打转,操纵比较难。因此无人旋翼机常见的起落架布局形式为前三点式。

2. 起落架结构设计

起落架装置应有足够的强度来保证无人旋翼机起飞降落时的安全性。

起落架主轮需布置在空机重心之后,以防止侧风中着落时的侧倾。前轮尽可能布置在机身前段。起落架由机轮、支撑杆(板)、减振器、减摆器等组成。前起落架一般布置在机身前梁的前端,通过支撑杆与机身前梁相连(见图 10 - 116)。

主起落架一般为撑杆式(见图 10 - 117)或板簧式(见图 10 - 118)。撑杆式起落架结构中底部两根杆件分别与机身前梁相连,上部斜撑杆则与机身骨架中心主轴相连。当旋翼机着陆时受载较为严重,可以考虑对旋翼机起落架进行减振设计。常采用的减振方式

支撑杆

图 10 - 116　旋翼机前起落架

为弹簧减振,通过弹簧的压缩来进行着陆时的能量吸收(见图 10 - 117),该减振器形式结构清晰,制造简单,同时也能够起到较好的减振作用。

图 10-117　旋翼机主起落架(撑杆式)

图 10-118　旋翼机起落架(板簧式)

习　　题

1. 什么是自转旋翼机? 它和直升机相比有什么特点?
2. 多旋翼无人机的结构构件主要有哪些?
3. 多旋翼无人机有哪些应用?
4. 多旋翼无人机重心布局对无人机的稳定性有什么影响?
5. 请你设想一下多旋翼无人机未来的发展趋势。
6. 多旋翼无人机和固定翼无人机在航拍上有什么优点和缺点?
7. 多旋翼无人机机体振动源有哪些? 怎样进行结构减振设计?
8. 无人自转旋翼机桨毂的作用是什么?
9. 无人直升机的桨毂有哪些形式?
10. 无人直升机机身设计有哪些结构形式?
11. 无人直升机尾桨有哪些结构形式?
12. 引起无人直升机机体振动的原因有哪些?
13. 简述全铰接式无人直升机旋翼的结构特点?
14. 请简述无人自转旋翼机的桨叶受载特点?
15. 你觉得旋翼类无人机有哪些发展趋势和应用前景?

参考文献

[1] Bristeau P J,Martin P,Salaun E,et al. The role of propeller aerodynamics in the model of a quadrotor UAV//Control Conference(ECC). European:IEEE,2009:683-688.
[2] 聂博文,马宏绪,王剑,等.微小型四旋翼飞行器的研究现状与关键技术.电光与控制, 2007,14(6):113-117.
[3] 刘瑞,蒋蓁,雷小光.小型机载云台结构设计和分析.机电工程,2010,27(2):5-7.
[4] 方美发,李龙棋,唐晓腾.一种四旋翼飞行器样机的制作.闽江学院学报,2014,35(2): 59-66.
[5] 田卫军,李郁,何扣芳,等.四轴旋翼飞行器结构设计与模态分析.制造业自动化,2014(4):

37-39.

[6] Øyvind Magnussen, Ottestad M, Hovland G. Multicopter Design Optimization and Validation. Modeling Identification & Control, 2015, 36(2): 67-79.

[7] 王伟, 马浩, 徐金琦, 等. 多旋翼无人机标准化机体设计方法研究. 机械设计与制造, 2014 (5): 147-150.

[8] 朱清华, 李建波, 倪先平, 等. 旋翼机总体设计的几个问题//全国直升机年会, 2006: 28-32.

[9] 马存旺, 金延伟, 朱清华. 自转旋翼设计中的几个结构问题. 飞机设计, 2013(4): 13-20.

[10] 佟刚, 郝旭. 旋翼机复合材料旋翼桨叶设计制造及展望. 航空制造技术, 2014(Z2): 84-86.

[11] 钱伟. 自转旋翼飞行器桨叶优化设计. 南京: 南京航空航天大学, 2013.

[12] 申斌, 吴一波, 林冬生. 旋翼机的发展与应用. 科技传播, 2013(23).

[13] 王焕瑾, 高正. 自转旋翼机的历史、特点和优势. 直升机技术, 2001(3): 22-28.

[14] 胡泽. 无人机结构用复合材料及其制造技术综述. 航空制造技术, 2007(6).

[15] 路录祥, 王新洲, 王遇波. 直升机结构与设计. 北京: 航空工业出版社, 2009.

[16] 陈康, 刘建新. 直升机结构与系统. 北京: 清华大学出版社, 2016.

第 11 章　太阳能无人机结构设计

11.1　机型介绍

太阳能无人机(Solar Powered Airplane)是以太阳辐射作为推进能源的无人机。其顺应了当代绿色、环保的要求,具有"永久"飞行的能力。太阳能无人机巡航时间长,飞行高度高,覆盖区域广,可以执行多种任务,具有常规飞行器不可替代的优点。太阳能在航空器上的应用研究,是我国新世纪航空工业重点发展的一个新领域,也是各国航空工业研究的一个新热点,然而太阳能无人机的实用化还需要相关技术的发展,各国已把高空长航时太阳能无人机列为重要的研究方向。

11.1.1　Sunrise 太阳能无人机

1974 年 11 月 4 日,世界上第一架太阳能无人机 Sunrise Ⅰ 在美国加利福尼亚州试飞成功,标志着太阳能时代的来临。Sunrise Ⅰ 是由 AstroFlight 公司的 R. J. Boucher 设计的,由 4 096 块太阳能电池驱动,此次试飞,太阳能无人机在 100 m 左右的高度飞行了大约 20 min。随后,对无人机进行了改良并很快设计制造出来的 Sunrise Ⅱ 于 1975 年 9 月 12 号首飞成功。Sunrise Ⅱ 使用了新型的太阳能电池板,比 Sunrise Ⅰ 电池板的效率高出 14%,总功率高达 600 W。Sunrise Ⅰ 和 Sunrise Ⅱ 太阳能无人机如图 11-1 所示。

(a) Sunrise Ⅰ太阳能无人机　　(b) Sunrise Ⅱ太阳能无人机

图 11-1　Sunrise Ⅰ 和 Sunrise Ⅱ 太阳能无人机

但是在此后的二十几年中,由于相关技术的落后,太阳能无人机发展非常缓慢。直到 20 世纪末,随着太阳电池效率、二次电源能量密度的提高,以及微电子技术、新材料技术等的发展,太阳能无人机终于驶上了飞速发展的快车道。太阳能无人机以太阳能为能源,对环境无污染,使用灵活、成本低,有着广阔的应用前景。其在民用上可用于大气研究、天气预报、环境及灾害监测、农作物遥测、交通管制、电信和电视服务、自然保护区监控、外星球探测等;在军事上可用于边境巡逻、侦察、通信中继、电子对抗等任务。由于太阳能无人机具有众多优势,许多国家都在进行相关技术的研究。

11.1.2　Sunbeam 太阳能无人机

Sunbeam Ⅰ是由美国杨伯翰大学研制的一款小型遥控太阳能验证机。该机采用飞翼布局形式,翼展 0.38 m,机翼面积 0.055 m²,质量 0.071 kg,失速速度 8 m/s。美国 Sun Power 公司提供了高效率、低重量的太阳能电池为无人机提供能量。16 块太阳能电池铺设在机翼上表面,串联起来直接驱动推进系统和控制系统。Sunbeam Ⅰ太阳能无人机如图 11－2 所示,其参数如表 11－1 所列。

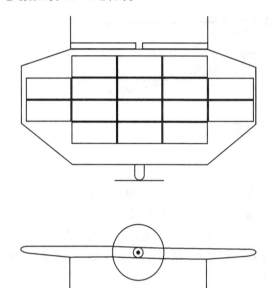

图 11－2　Sunbeam Ⅰ太阳能无人机

表 11－1　Sunbeam Ⅰ太阳能无人机参数

参　　数	参数值
翼展/m	0.38
机翼面积/m²	0.055
质量/kg	0.071
失速速度/(m·s⁻¹)	8

11.1.3　SoLong 太阳能无人机

SoLong 是美国 AC 推进公司开发的用于遥测遥感的民用太阳能无人机。该机采用上单翼 V 形尾翼布局形式,翼展 4.75 m,机翼面积 1.5 m²,全机重 12.8 kg,锂电池重 5.6 kg,太阳电池输出功率 225 W,马达最大功率 800 W,最小平飞需用功率 95 W,飞行速度 43～80 km/h,最大爬升率 2.5 m/s,操纵半径 8 km。SoLong 太阳能无人机的能源系统是由翼面的 76 块光电转换效率为 20% 的 Sun Power－A300 单晶硅太阳电池和 120 节 Sanyo18650 锂电池构成。锂电池用于储存白天富裕的能量,并于夜间释放,维持系统运行。SoLong 无人机采用 Kontronik Tango45－06 三相无刷马达,4.2 倍减速后驱动直径 0.6 m 的折叠变矩螺旋桨。为了提高从太阳电池获得的功率,机上带有 AC 推进公司开发的质量 100 g、效率 98% 的 300 W 峰值功率追踪器。该机机体使用了大量碳纤维、凯芙拉等复合材料。SoLong 太阳能无人机如图 11－3 所示,其参数如表 11－2 所列。

表 11－2　SoLong 太阳能无人机参数

参　　数	参数值
翼展/m	4.75
机翼面积/m²	1.5
全机质量/kg	12.8
飞行速度/(km·h⁻¹)	43～80
最大爬升率/(m·s⁻¹)	2.5
操纵半径/km	8
复合材料使用部位	机体

图 11-3　SoLong 太阳能无人机

11.1.4　"墨卡托"太阳能无人机

　　"墨卡托"是英国 QinetiQ 公司为比利时 Flemish 技术研究所设计的高空长航时无人机，可用于自然灾害跟踪预报、通信中继、目标定位、环境科学监测、农作物遥测等。该机采用正常布局形式，翼展 16 m，全机重 27 kg。有效载荷 2 kg。"墨卡托"太阳能无人机的能源系统是由高效率的柔性太阳能电池和锂电池组成，并集成于机体结构中，降低了全机重量。"墨卡托"太阳能无人机如图 11-4 所示，其参数如表 11-3 所列。

图 11-4　"墨卡托"太阳能无人机

表 11-3　"墨卡托"太阳能无人机参数

参　　数	参数值
翼展/m	16
有效载荷/kg	2
全机质量/kg	27

11.1.5　HELIPLAT 太阳能无人机

HELIPLAT 是意大利都灵工业大学设计的高空长航时太阳能无人机,用于研究高空长航时无人机通信平台的相关技术。该机采用双尾撑布局,翼展 73 m,机翼面积 176 m²,根梢比为 3,全机重 816 kg,有效载荷 100 kg,巡航速度 71 km/h。该机能源系统由高效单晶硅太阳电池和燃料电池组成,推进系统配置 8 台直流无刷电机。机体使用了大量的复合材料,主机翼和水平尾翼主梁采用不同的材料和铺层方式,机翼的管状碳纤维/环氧复合材料是整个机翼的主要承力部件,承受着作用于机翼上的拉、弯、扭载荷。HELIPLAT 无人机如图 11-5 所示,其参数如表 11-4 所列。

图 11-5　HELIPLAT 无人机

HELIPLAT 无人机制造了一个翼展缩比比例 1∶3,弦长缩比比例 1∶2,其余各部分厚度及布局与原型尺寸构型一致的缩比无人机,以验证技术方案的可行性。缩比无人机总重为 312 kg,翼展 24 m,机翼表面积约为 27 m²。翼肋采用 FX63-137 翼型。飞行过程中的载荷主要为机动载荷和阵风载荷。机翼结构设计许用应变为 1 000 $\mu\varepsilon$,翼尖的允许挠度为机翼跨度的 5%,参数如表 11-5 所

表 11-4　HELIPLAT 无人机参数

参　数	参数值
翼展/m	75
机翼面积/m²	176
全机质量/kg	816
有效载荷/kg	100

列。主梁为 M55J 碳纤维/环氧树脂蜂窝夹层结构。单层 M55J/环氧厚度为 0.135 mm,密度为 1 580 kg/m³,性能如表 11-6 所列。蜂窝材料为 Korex 或 Nomex。成型工艺为热压罐成型,固化温度为 120 ℃,成型压力为 0.3 MPa。

表 11-5　HELIPLAT 缩比无人机模型参数

参　数	参数值
翼展/m	24
机翼表面积/m²	27
全机质量/kg	312

表 11-6　单层 M55J 环氧树脂性能参数

工程常数	数　值	强　度	数　值
E_1	279.3 GPa	X_t	1 036 MPa
$E_2=E_3$	5.84 GPa	X_c	381 MPa
$G_{12}=G_{13}$	4.05 GPa	ε_{xt}	0.37%
$\nu_{12}=\nu_{13}$	0.36		

机翼前缘和翼肋起维形保持气动外形的作用,机翼前缘两个翼肋之间通常采用轻质刚性泡沫(如 PMI 泡沫)填充并与主梁粘接。机翼前缘最外侧为复合材料层合板结构。整个机翼结构共分为 3 段,中段为长 11.2 m 的等截面内机翼和两侧两段 6.57 m 长的变截面外机翼。中段 11.2 m 等截面内机翼包含两根 4.18 m 长的主梁和与之相连的 4.2 m 长的翼盒。主梁插入翼盒 0.44 m 的深度后用连接件进行固定连接。特制的金属连接件允许主梁和翼盒间方便拆卸与连接。

翼肋分为碳纤维/环氧复合材料泡沫夹层翼肋和碳纤维/环氧复合材料蜂窝夹层翼肋 2 种。翼肋与机翼主梁间采用微球增强玻璃环氧胶进行粘接,其中碳纤维/环氧复合材料蜂窝夹层结构翼肋被有序安装在机翼主梁上的合适位置。碳纤维复合材料翼盒由 M55J 碳纤维/环氧预浸带铺层制得。这种高模量碳纤维能极大增加机翼的弯曲刚度,减小翼尖挠度。无人机的水平尾翼和双垂尾主梁结构都采用 M55J 碳纤维/环氧复合材料夹芯结构来承受弯曲、扭转、剪切载荷,芯层采用 Nomex 蜂窝。

11.1.6 "太阳神"(Helios)太阳能无人机

"太阳神"(Helios)太阳能无人机是美国航境(Aerovironment)公司在美国国家航空航天局(NASA)的环境研究无人机和传感技术(ERAST)项目资助下设计制造的第四代太阳能无人机。前三种型号为"探路者"(Pathfinder)、"探路者"改进型(Pathfinder Plus)和"百夫长"(Centurion),如图 11-6 所示。

(a) "探路者"(Pathfinder)无人机

(b) "探路者"改进型(Pathfinder Plus)无人机

(c) "百夫长"(Centurion)无人机

(b) "太阳神"(Helios)无人机

图 11-6 "太阳神"的四代太阳能无人机

　　第一代,"探路者"(Pathfinder)。1993 年,"探路者"方案经过几次修改后被美国"环境研究飞行器与传感器技术"(ERAST)项目采纳,主要用于研制持续飞行的亚声速无人机。"探路者"太阳能无人机的机长为 3.66 m,机高 3.05 m,无人机自重 206.4 kg,最大升限 22 860 m,翼展为 29.87 m,弦长为 2.4 m,展弦比为 12.3,机翼面积为 72.46 m²,该机装有 6 台功率各为 0.8 kW 的电动机,太阳能电池输出总功率为 6.5 kW。太阳能组件最大输出功率 7.2 kW,采用 6 组螺旋桨驱动电机,电动机功率为 1.25 kW。1997 年 10 月 25 日,"探路者"太阳能无人机开始执行自然科学任务,飞行高度达到 21 300 m,太阳能备用电池可在日落后提供 5 h 的电能,可以在海洋上飞行监测风暴,提供精确的飓飞预测,以及农作物、森林生长等情况。其参数如表 11-7 所列。

　　"探路者"的机翼由中央翼盒、左右内翼和左右外翼共五段组成,机翼平面形状为矩形,外蒙皮由云杉材料制成,主梁为石墨/芳纶/环氧复合材料圆管,翼肋为镂空的复合材料薄壁壳结构,每个翼肋质量仅为 80 g。

　　第二代,"探路者"改进型(Pathfinder Plus)。它在"探路者"基础上改进而成,翼展 36.3 m,飞行高度达到 24 000 m。机翼上电机增加到 8 个,电动机功率为 1.5 kW,"探路者"改进型参数如表 11-8 所列。"探路者"改进型除展弦比更大外,机翼内部结构与"探路者"类似。不同的是"探路者"改进型翼肋采用两种结构形式及材质:靠近两侧的机翼段翼肋采用没有镂空的轻木制造,靠近中间的机翼段采用桁架式的复合材料翼肋,因为机翼中间部分对翼肋的力学性能要求更高。

表 11-7　"探路者"太阳能无人机参数

参　　数	参数值
翼展/m	29.5
质量/kg	252
飞行高度/m	21 300
电机数量/台	6

表 11-8　"探路者"改进型太阳能无人机参数

参　　数	参数值
翼展/m	36.3
飞行高度/m	24 000
电机数量/台	8

　　第三代,"百夫长"(Centurion)。1998 年,"百夫长"在"探路者"改进型基础上设计而成,翼展 68.1 m,飞行高度 24 000 m,总重约 550 kg,飞行速度在 17~21 mi/h(1 mi=1.609 km)。"百夫长"太阳能无人机机翼共分为 5 段,中间段长 13.4 m,其余各部分长 12.2 m,机翼为等截面结构,机翼主结构均采用碳纤维/环氧复合材料和芳纶纤维/环氧复合材料制成。机翼大梁呈管状,分里外两部分。里面是由石墨/环氧复合材料制成的直径为 12.7~22.9 cm 的圆管,在圆管外侧包有一层芳纶复合材料的蜂窝结构,大大提高了梁的刚度。翼肋全部采用石墨/环氧复合材料桁架式结构,在连接处的翼肋肋条较宽。机翼外蒙皮是 0.5 mm 的透明塑料薄膜,薄膜内有 2 根以芳纶为材料做成的张线,它们被分别连接到机翼的对角线上,呈十字状。机翼上铺设的太阳能电池片是桑帕瓦公司制造的水晶硅太阳能电池片,厚度为 0.152 mm,效率为 18.5%,这种电池片被贴在机翼 15% 翼弦后的机翼上表面,面积为 114.3 m²,约占整个机翼面积的 75%,发电量大约为 29 kW/h,可向 14 台直流电动机提供能量,驱动直径为 2.0 m 的螺旋桨,可使无人机持续飞行 14~15 h。在机翼展向分布着 60 个升降舵,为该机提供俯仰操纵和稳定,其参数如表 11-9 所列。

　　第四代,"太阳神"(Helios)。"太阳神"太阳能无人机是美国研制的最新机型,价值达

1 500 万美元。2001 年 8 月 13 日,"太阳神"在美国夏威夷考艾岛海军基地起飞,创造了非火箭驱动飞行器 29 432.5 m 的飞行高度记录,这是一个由无污染的太阳能航空器创造的飞行史上一个真正的里程碑,一个标志性的成就。"太阳神"是一架飞翼布局的太阳能无人机,翼展 75.3 m,面积 183.6 m²。太阳能电池可以产生 40 kW 电力,14 台无刷直流电机驱动"太阳神"机翼上 14 个螺旋桨,每个电机功率为 1.5 kW。在早晨阳光不是很强烈时,"太阳神"装备的太阳能电池可以为无人机提供 10 kW 的电能,使无人机能够以 33 m/s 的速度爬高。中午时分,电池提供的电能达到 40 kW,无人机的动力性能达到最佳状态,能以 30~50 km/h 的巡航速度飞行。晚上,无人机则依靠储存的电能进行巡航飞行。

"太阳神"太阳能无人机几乎为全复合材料无人机,用碳纤维合成物制造,部分起落架材料为越野自行车车轮。机翼中的管状主梁为整个机翼结构的主要承力部件,是 Nomex 蜂窝夹芯结构,内外管壁为碳纤维复合材料,并用芳纶纤维复合材料进行增强,主梁的端部和根部较厚,以吸收飞行过程产生的持续弯曲扰动。翼肋为碳纤维/环氧复合材料。

"太阳神"根据配置不同分为高空型和长航时型,分别用于高空飞行和长航时飞行的技术验证。高空型"太阳神"HP01 于 2001 年 8 月 13 日创造了 29.5 km 的飞行高度记录,留空时间 18 小时零 1 分。高空型"太阳神"重 720 kg,其能源系统由高效的双面单晶硅太阳电池和锂电池组成,推进系统由 14 台永磁直流无刷马达和两叶宽弦层流定矩高空螺旋桨组成,每台马达额定输出功率 1.5 kW,螺旋桨直径 2 m,如表 11-10 所列。

表 11-9 "百夫长"太阳能无人机参数

参　数	参数值
翼展/m	68.1
总质量/kg	550
飞行高度/m	24 000
电机数量/台	14

表 11-10 "太阳神"太阳能无人机参数

参　数	高空型	长航时型
飞行高度/km	29.5	
翼展/m	75.3	
机翼面积/m²	181	
电机数量	14	10
螺旋桨直径/m	2	2
质量/kg	720	1 053

长航时型"太阳神"HP03 重 1 053 kg,与高空型"太阳神"相比,其储能设备更换为燃料电池,并且对机体做了局部的更改,马达减为 10 台。不幸的是,2003 年 6 月 26 日,"太阳神"在试飞时突然空中解体,坠入夏威夷考艾岛附近海域,如图 11-7 所示。事后经调查,主要原因

图 11-7　长航时"太阳神"太阳能无人机在飞行中解体

是"太阳神"号在空中飞行 36 分钟时突然遭遇强湍流,引起两个翼端向上弯,致使整个机翼诱发严重的俯仰振荡,超出无人机结构的扭曲极限。

11.1.7　"西风"号太阳能无人机

"西风"号——全球首架太阳能无人侦察机,是由英国研制的,于 2006 年 8 月试飞成功。它依靠太阳能电池提供动力,可持续飞行 3 个月之久,对目标实施长时间的高密度监控。2006 年 8 月初,"西风"号模型机在美国新墨西哥州成功完成试飞,该机是为高空设计的,自身动力过于弱小,不能实现自主起飞。在试飞过程中,3 名男子顺着风沿着跑道一路狂奔,才总算将它"送"上蓝天,在之后的研制过程中,寻找一种稳定可靠的发射方式是研究重点。"西风"号太阳能无人机为常规布局形式,全机重 33 kg,翼展 12.2 m,速度 70 m/s。该机的机翼由碳素纤维制成,全球定位系统导航,最大飞行高度可以达到 18 000 m。该机能源系统由太阳能电池板和 40 节锂电池组成,太阳能电池板收集到的太阳能一方面驱动螺旋桨,一方面储存到 40 节锂电池中,供夜间使用,"西风"号太阳能无人机如图 11-8 所示,其参数如表 11-11 所列。

图 11-8　"西风"号太阳能无人机

表 11-11　"西风"号太阳能无人机参数

参　数	参数值
质量/kg	33
翼展/m	12.2
速度/(m·s^{-1})	70
最大飞行高度/m	18 000

11.1.8　"天空使者"号太阳能无人机

"天空使者"号是苏黎世瑞士联邦理工学院和欧洲宇航局合作设计的一款太阳能驱动火星研究飞行器。无人机总重 2.6 kg,翼展 3.2 m,速度 30 km/h。为使其能够在火星上空飞行,必须满足的火星飞行条件有:低密度大气层、微弱的太阳能、多变的风向和冰点以下温度。为了满足这些限制条件,科学家们论证得出无人机的最佳翼展约为 3 m。而电池重量占了整个无人机 2.6 kg 的一半。2005 年初,科学家们建造和测试了首台原型机,通过手动发射,该原型机在地球上空持续飞行了 5 h。原型机采用了包括西印度轻木滤芯和碳纤维在内的刚性轻质材料。飞行器配备了 216 块硅太阳能电池,在理想太阳光条件下可以为无人机提供 80 W以上的电力。由于拥有小而轻质的结构,"天空使者号"可以装载一些高技术设备。数字传感器可以测量高度和空速,这使无人机能够在诸如海岸或者峡谷之类的目标上空飞行。携带的电荷耦合照相机(CCD)可拍摄地面图像。当无人机自动驾驶出现故障时,科学家还可以通过一个地面控制站监控和给飞行中的无人机发送指令。"天空使者"号太阳能无人机如图 11 - 9所示,其参数如表 11 - 12 所列。

图 11 - 9 "天空使者"号太阳能无人机

表 11 - 12 "天空使者"号太阳能无人机参数

参 数	参数值
质量/kg	2.6
翼展/m	3.2
速度/(km · h^{-1})	30

11.2 太阳能无人机总体设计

航空航天技术是 20 世纪初以来世界上发展最引人注目的技术之一。现代无人机发动机使用的能源仍然是传统的石油产品"航空汽油"(用于航空活塞式发动机)和"航空煤油"(用于涡轮喷气发动机)。飞行于空中的航空发动机耗油量之大非常惊人,如波音 747 客机每小时耗油 11 t。如果波音 747 客机从哈尔滨飞到广州,耗油约 50 t。除了对有限的石油资源的大量消耗之外,喷气发动机残余物对大气的污染,噪声对生活环境的干扰也是严重的问题。现在人们正在寻求航空新的绿色能源,例如太阳能用于无人机为航空能源提供了一条崭新的途径。太阳能无人机可不耗一滴油完成长时间的飞行,并且成本低,可以无偿地获得能源。太阳能无人机不依赖化石能源,不用燃料就可以把无人机送上天,这虽然只是太阳能无人机发展史上的一小步,但在实现这一小步的背后,充满了人类不间断的尝试与挑战。

太阳能电池具有永久性、清洁性和灵活性等优点,是新能源技术研究的一个重要方向。太阳能电池寿命长,只要太阳存在,太阳能电池就可以一次投资而长期使用;与火力发电、核能发电相比,太阳能电池不会引起环境污染;太阳能电池可以大中小并举,大到百万千瓦的中型电站,小到只供一户用的太阳能电池组,这是其他电源无法比拟的。

太阳能飞机的特点使它在整个综合能源体系中的作用受到一定的限制,同时这也是设计太阳能无人机所面临的最大挑战。

太阳能无人机的飞行过程可以概括为能量的收集、储存、管理和消耗的过程。在设计过程中,必须将各系统的最高水平进行高效整合。太阳能无人机融合了无人机领域的许多高端技术,无论在技术范畴还是应用范畴都代表着无人机的一个重要发展方向。随着各部分关键技术的突破,将有更多种类和布局的太阳能无人机在世界各地腾空而起。

自 1974 年第一架太阳能无人机问世以来,太阳能无人机的发展仅有 40 多年的历史,总体来说还处于试验阶段。作为航空技术和新能源技术相结合的产物,可以从机体平台、能源系统、推进系统三个角度来分析太阳能无人机的技术标准。

11.2.1　机体平台

太阳能无人机大多采用了传统气动布局,这些布局已有成熟的分析方法,技术风险低,也有无人机采用新的气动布局。太阳能无人机为了提高气动效率,大多采用大展弦比机翼,尤其是高空长航时太阳能无人机,展弦比都在 30 左右。为了降低重量,碳纤维、凯芙拉等先进复合材料被大量使用。由于太阳能电池转换效率低、重量大以及储能系统能量密度小等原因,造成了太阳能无人机翼载荷小、机体柔性大、载荷能力差、外形尺寸大等不足。对于高空长航时太阳能无人机,大展比带来的气动弹性问题影响了无人机的稳定性和安全性。如图 11 - 10 所示为某太阳能无人机。

图 11 - 10　太阳能无人机

在太阳能无人机结构的设计中,应重点考虑以下几个问题:

① 结构主要设计参数的分析确定,如过载、安全系数、许用应力、许用应变等;

② 大面积太阳能电池板的铺设问题;

③ 轻质材料、超轻质材料的使用,提高结构使用效率;

④ 结构的分解、拆装及构件之间的连接设计问题;

⑤ 整机、部件的重量重心及集中质量的布置问题；

⑥ 结构的大变形问题；

⑦ 气动弹性问题；

⑧ 桁架、壁板等受压构件的结构稳定性问题；

⑨ 无人机的运动稳定性问题；

⑩ 机体结构的动力特性及低频振荡问题。

这些问题，都是由太阳能无人机的特点所致，在太阳能无人机的结构设计中多多少少都会有所体现，所以，在太阳能无人机结构的设计当中应加以注意。

11.2.2　能源系统

能量管理系统的主要作用就是实时地监测各单元的能源需求量并合理高效地进行能量调配，使太阳能电池吸收的能量得到最好的利用，从而使无人机的航程与航时得到扩展。对于逐渐发展起来的大型太阳能无人机，随着其飞行领域的扩展和设备的增多，能量管理系统将更为复杂，自动化程度和可靠性要求都要更高。开发一套功能强大、高效、高可靠性的能量管理系统将是未来太阳能无人机发展的关键技术。

太阳能电池既是产生电能的功能元件，又作为蒙皮的一部分承载气动载荷。其厚度小、刚度差、易碎、易裂等特点，对于弦长较小的机翼曲面环境很难适应，当飞行中机翼弯曲变形较大时，电池片将严重受损。这就要求机体平台既要解决对太阳电池的封装问题，又要为电池提供良好的铺设平台。此外，大型太阳能无人机上电池铺设面积大，焊点多，线路复杂，客观上降低了组件的可靠性，对工艺要求较高，太阳能铺设如图 11-11 所示。总体来说，对太阳能电池的各种处理和铺设是太阳能无人机设计制作过程中一个重要的环节，该部分消耗的时间和经费在整个研制时间和研制费用中都占有较大的比例。

图 11-11　太阳能电池铺设示意图

储能系统也是太阳能无人机中重要的组成部分，目前国外太阳能无人机概念设计阶段都提出储能器应选择高能量密度、高效率的燃料电池，个别小型太阳能无人机则选用了性能较好的锂聚合物电池。燃料电池在大型飞行器上的应用已获得成功，但对于轻、微型飞行器，其现有的体积和重量是无法获得应用的。目前国外轻、微型太阳能无人机都采用高比能量的锂电池。锂电池技术成熟，应用简单方便、安全性和可靠性都较好。为降低全机重量，能源系统多集成于机体结构中。其能源动力流程如图 11-12 所示。几种常见的太阳能电池比较如表 11-13 所列。

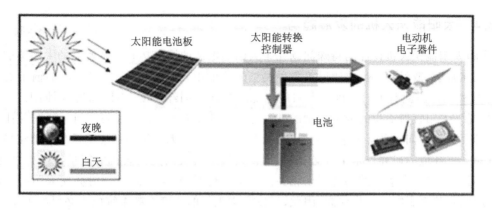

图 11 - 12　太阳能无人机能源动力示意图

表 11 - 13　几种太阳能电池比较

电池类型	转换效率/%	实验室效率/%	稳定性	成熟度
单晶硅	18	25	稳定	产业化
多晶硅	15	20	稳定	产业化
非晶硅	6	15	稳定	产业化
硫化镉	13	17	稳定	产业化
砷化镓	34	50	稳定	量产
铜硼镓硝	17	20	稳定	量产

11.2.3　推进系统

太阳能无人机的动力装置由太阳能电池组、直流电动机、减速器、螺旋桨和控制装置组成。它利用光电池将太阳能转化为电能,通过电动机驱动螺旋桨旋转产生飞行动力。白天,太阳能无人机依靠机体表面铺设的太阳能电池将吸收的太阳光辐射能转换为电能,维持动力系统、航空电子设备和有效载荷的运行,同时对机载二次电源充电;夜间,太阳能无人机释放二次电源中储存的电能,维持整个系统的正常运行。如果白天储存的能量能满足夜间飞行的需要,则太阳能无人机理论上可以实现"永久"飞行。

为提高系统可靠性,太阳能无人机多采用分布式推进系统,并以直驱方式为主。长航时太阳能无人机多采用定矩螺旋桨,以减少可动部件,小型太阳能无人机上采用减速驱动方式以提高螺旋桨效率。推进系统中亟待突破的技术有两点:一是先进的稀土永磁直流无刷电机的设计;二是高高空低雷诺数下飞行的螺旋桨的设计。

现阶段,太阳能无人机由于动力、能源系统技术水平的限制,在任务飞行阶段一直维持着微弱的能量平衡,所以在整个太阳能无人机的设计过程中,需要以能量为中心进行综合设计,优化各子系统的效率和集成系统的效率。推进系统是太阳能无人机能源消耗最多的子系统,通过控制分配算法合理分配推力可以提高能源利用效率。太阳能无人机的推力控制分配系统设计面临的问题主要有 2 个:① 在提供无人机所需的推力与偏航力矩的基础上,尽可能地提高整个系统的能源利用效率;② 尽量削弱由于螺旋桨推进系统本身动态特性较慢造成的衰减与滞后效应。

11.2.4　太阳能无人机的发展趋势

影响太阳能无人机设计的特殊问题在于太阳能电池的输出功率与其所受的太阳辐射量成正比,而在直射、散射、反射、热辐射等各种类型的辐射中,直射对于太阳能电池的输出贡献最大,约为 80%。因此对于无人机上太阳能电池阵列在不同经纬度、不同高度、不同天气、不同时间情况下太阳直射面积的数学模型的准确建立就非常重要,这直接关系到电池在各任务阶段中不同因素、不同水平下的输出响应,进而关系到太阳能无人机的起飞重量与气动布局。此外,针对大气环境的研究也是十分必要的,尽管大气不对太阳能无人机的能量产生提供帮助,但却与阻力的产生和能量的消耗密切相关。高空飞行时,较强的阳光辐射会使太阳能电池表面温度较高,从而影响其工作状态,因此,开发高空飞行的环境控制系统成为必要的工作。

从太阳能无人机的技术特点和相关技术的发展现状来看,太阳能无人机将会有以下发展趋势:

① 太阳能无人机将采用新布局、新材料和新工艺来提高无人机结构效率和气动效率,降低无人机的重量,减小无人机的尺寸,提高载荷能力。发展新的飞行控制技术,提高无人机的安全性和可靠性。发展小型的太阳能无人机,并向微型太阳能无人机方向努力。

② 能源系统将采用更高效的太阳能电池和储能器。单晶硅太阳能电池的效率将逐步提高,此外高效柔性薄膜太阳能电池可与机体曲面贴合。储能器技术的发展趋势也将大大降低全机重量。

③ 太阳能无人机的推进系统将采用新型高效的电机和螺旋桨。HELIPLAT 项目已经在研制一种更为高效的轴向磁通电机,它的低速大转矩特性和高的功率重量比将显著提高推进系统的效率并降低其重量。低雷诺数空气动力学的发展将逐步提高螺旋桨的效率。

11.3　太阳能无人机平台结构设计

太阳能无人机的结构设计与其他非太阳能类型无人机的结构设计,其原理、思路和原则相差不大。但是,在太阳能无人机的结构形式、结构功能以及选材问题等方面,从太阳能无人机结构本身的特点出发,会有一定的差别。因此,会导致太阳能无人机结构在某些设计要求方面(如:结构稳定性、运动稳定性、大变形带来的影响等)矛盾非常突出。下面主要针对太阳能无人机的结构特点和要求,对太阳能无人机结构设计进行基本的一些说明和分析。各部件及零组件的具体结构设计,可参考本书第 4~8 章的相关内容。

11.3.1　机身结构设计

1. 总体要求

由于太阳能无人机受力小,故机身多采用桁架式结构,机体为一个立体构架。桁架式结构是一个立体构架,构架由两个垂直的(侧面的)和两个水平面的(上面和下面)桁架组成,中间有构架式框和斜撑杆。桁架的组成原件(杆)只承受拉力或压力,而蒙皮起维形作用,只承受局部气动载荷。桁架一般是静定结构。桁架结构生存性差,空间利用困难。如图 11-13 所示,该机身截面为三角形。对于大型的太阳能无人机,可采用多机身设计,以提高机身刚度。

2. 分离面设计原则

在太阳能无人机结构设计过程中,为了便于无人机构件的生产和装配,以及满足使用和协

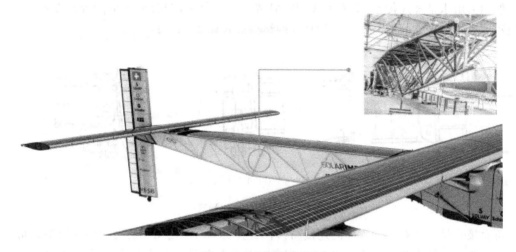

图 11-13　桁架式机身

调、互换性要求的需要将无人机机身整体划分为若干个单元组件、部件，这就形成了设计分离面和工艺分离面。

太阳能无人机设计分离面通常是那些经常使用维护，又可互换的组、部件之间的连接界面，设计分离面为可拆卸连接。设计分离面的选取划分主要根据无人机的使用要求、可维护性要求及互换性项目等要求来确定，一般原则是：

① 设计分离面应易于部件间的协调，保证装配的准确性；

② 设计分离面尽可能选在低应力区，满足结构完整性准则、强度和刚度要求，重量轻；

③ 分离面的连接应尽可能简单、可靠，便于使用维护和分解互换。

工艺分离面通常是为便于生产装配而划分的结构连接界面，如机身与机翼、尾翼的连接界面等，一般原则是：

① 依据总的生产装配工艺指令和界面要求选取、划分；

② 便于不同生产地区、不同国家之间的合作，易于运输和储存；

③ 依据结构状态不同，部件的应力性质差异，以及新材料、新工艺的生产特点选取和划分，以利于组织生产；

④ 应具有较好的开敞性和足够的生产工艺空间，以利于协调、安装；

⑤ 结构的工艺分离面应与各系统的对接（连接）分离面具有一致性；

⑥ 工艺分离面尽可能选择在低应力区，以利于减轻工艺分离面的连接重量；

⑦ 分离面的连接形式应力争简单可靠，避免套合装配，减少工装。

3. 接头设计

太阳能无人机的接头一般采用耳片式和角盒式，耳片式接头主要承受剪切作用力，角盒主要承受拉力。

耳片分为水平耳片、垂直耳片和混合耳片。水平耳片是指耳片水平安置，结构形式复杂，配合要求高，上下耳片贴合面也需精加工；该形式能有效地传递所有方向的载荷，并能有效地利用翼身结合空间的高度，使所受的作用力减小但机翼根部要承受较高的弯曲应力和剪应力。垂直耳片是指耳片沿框轴线安置，机身和机翼分别采用单耳和双耳配合连接，结构形式简单配合要求易保证，由于耳片宽度较大，使上下耳片的螺栓距离较小，所受的力增大；这种耳片承受沿航向的作用力有限，为此必须设置其他类型接头。混合耳片是指升力由垂直耳片传递，侧向力和航向力由水平耳片传递,受力形式较好但结构形式复杂,配合面多但配合精度不高,能有效地利用翼身结合空间的高度。三种耳片的结构形式如图 11-14 所示。

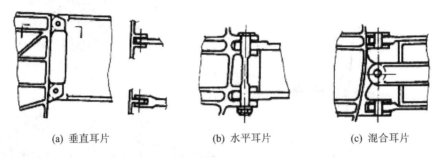

(a) 垂直耳片   (b) 水平耳片   (c) 混合耳片

图 11-14 耳片结构形式

角盒接头是一种对接分离面的连接结构,工艺性良好,广泛用于受力构件的连接。角盒接头分为一般角盒接头和预紧角盒接头,一般角盒接头的设计可根据情况设计成整体角盒或单独角盒零件。角盒的形式有槽形角盒、角形角盒和 T 形角盒等,如图 11-15 所示。槽形角盒的端板受三边支持,具有较高的承载能力,但螺栓的安装空间受到限制。角形角盒的端板受两边支持,承载能力较槽形角盒低,但螺栓安装空间较槽形角盒好。T 形角盒其端板只有一边支持,承载能力低,但零件制造和安装协调简单。

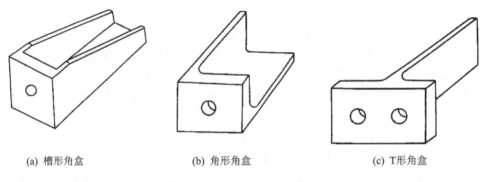

(a) 槽形角盒   (b) 角形角盒   (c) T形角盒

图 11-15 角盒的结构形式

"太阳神"太阳能无人机机翼连接处的结构如图 11-16 所示。

图 11-16 "太阳神"太阳能无人机机翼连接处

11.3.2　机翼结构设计

由于当前太阳能电池较低的能量转化率,与传统燃油动力相比太阳能动力系统具有较小的输出功率并且对机体布局提出更多要求。为获得最大的采光面积,太阳能无人机往往被设计成具有较大翼面积的非常规布局或飞翼布局。为获得较好的升阻特性,太阳能无人机往往采用大展弦比机翼,而机翼结构不得不为减轻重量而牺牲刚度。对于这种大展弦比柔性机翼,目前仍然缺乏足够的技术手段来解决诸如大展弦比飞翼布局的非线性稳定性和控制问题等。对于常规布局太阳能无人机,大展弦比柔性翼的结构变形及气动弹性问题将对无人机的安全飞行造成隐患。为获得较好的光照及气流环境,它往往被设计成在平流层进行高空飞行。因此低翼载、低速、高空飞行也成为太阳能无人机的一个突出特点。

机翼是无人机的一个重要部件,机翼设计的优劣在很大程度上决定着无人机的性能。结构设计的任务是根据无人机总体设计所提供的机翼平面形状、翼型配置、机翼与机身相对位置及机翼的部位安排,设计出能满足技术要求或研制合同任务书要求的具体机翼结构。机翼结构设计必须考虑受力系统布置和构件的强度、刚度,确定翼梁和桁条的位置,起落架的固定和收放,发动机安装,襟翼、副翼、扰流片和阻力板的安排和操纵等因素。

机翼结构设计分为打样设计和详细设计。打样设计(初步详细设计)包括对机翼进行构造方案比较,受力系统布局,结构形式选择,主要装载布置,综合协调对主要结构位置和几何尺寸进行确定以及设计计算等,最后绘出打样图。然后通过详细设计完成机翼结构的全部生产图设计,绘出全部生产图样。

机翼结构设计应主要满足以下要求:

① 空气动力外形和表面质量要求;

② 结构重量要求;

③ 静、动力和热强度要求;

④ 气动弹性品质要求;

⑤ 使用寿命要求,维修性要求;

⑥ 工艺性和继承性要求;

⑦ 经济性和成本要求。

1. 机翼结构设计的步骤

① 选择结构受力形式和受力系统布局并布置主要受力结构,确定主要构件材料,初步确定沿展向各剖面纵向元件数量及结构元件的初步尺寸。

② 外载荷计算,绘出控制切面的内力图,或外载分配到结构计算模型中的各节点上的节点载荷。

③ 机翼蒙皮的分块,连接形式的确定,维护检查口盖的确定,管道、电缆和附件系统的位置协调。

④ 翼梁、翼肋和桁条的布置,绘制机翼结构理论图。

⑤ 进行机翼强度、刚度、振动、颤振、静气动弹性、噪声疲劳等设计、分析和试验。这些在打样设计和详细设计阶段要进行多次迭代。

⑥ 按满足强度、刚度要求的构件尺寸,进行零、组件和部件结构设计,进行与系统的细节协调,确定选择结构形式,对稳定性进行设计计算和对连接结构进行必要的设计计算,绘制生产图。

⑦ 对关键部位要考虑其疲劳、耐久性、损伤容限特性,也可考虑进行必要的分析计算和验证试验,以确定是否满足技术要求的使用寿命和检修间隔要求。

太阳能无人机机翼上需要铺设太阳能电池板,因此需要对翼型做适当处理。小型太阳能无人机翼型处理方法很简单,在需要铺设电池片的位置用直线代替原来的曲线,这样在整个翼面上即可形成多个平面,非常便于铺设太阳能电池片,如图 11-17 所示。

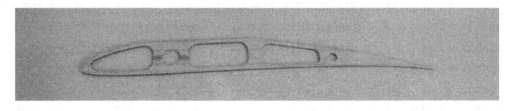

图 11-17 翼型直线处理

当然,如此处理对翼型有相当的损失,为了弥补在气动上的损失,可在机翼的后期制作中将翼型缺失的部分重新加装热缩蒙皮或塑料薄膜等透明材料,在表面热缩蒙皮的作用下,翼型在一定程度上得以恢复,如图 11-18 所示。

图 11-18 翼型的恢复

大展弦比机翼有两个显著特点:第一是根部的弯矩较大,上壁板的受压稳定性难以满足;第二是机翼扭转刚度差,翼尖的扭转变形大,容易发生副翼反效和颤振。因此要满足一定刚度要求的大展弦比复合材料机翼设计是机翼结构设计的难点之一。通常翼面结构较容易满足气动弹性对弯曲刚度的要求,但要满足扭转刚度和弯曲与扭转刚度比却比较困难。复合材料翼面可通过气动弹性剪裁,实现提高扭转刚度而不增加结构弯曲刚度,翼面的弯曲和扭转频率可独立设计,选择弯扭刚度最佳的结构方案。

"太阳神"太阳能无人机机翼结构如图 11-19 所示,图中正在铺设电池板,该机翼由圆形主梁和桁架肋组成,根肋为加强肋,比普通肋要强。从图 11-20 可以明显地看到普通肋非常轻薄。

太阳能无人机是以太阳辐射作为推进能源的无人机。为了获取足够的太阳能,无人机机翼面积应较大。太阳能无人机巡航速度慢,翼载荷低,多采用单梁或双梁式机翼。双梁式机翼

图 11-19 "太阳神"太阳能无人机机翼结构

图 11-20 "太阳神"太阳能无人机

的梁缘条很强,太阳能无人机往往采用矩形空心梁和圆形空心梁,蒙皮很薄。单梁式机翼有一根比较强的梁,一般布置在翼剖面最大的高度处,另外还布置1～2根纵墙,与梁和蒙皮构成较大的闭室来承受机翼的扭矩,墙仅传递剪力。

翼梁结构必须能承受限制载荷而不发生有害的永久变形。在直到限制载荷的任何载荷作用下,变形不得影响安全飞行。若为双梁式机翼,前梁尽量置于占翼弦长的15%左右处,后梁一般位于翼弦长的55%～60%处。单梁式机翼把翼梁布置在机翼剖面最大高度附近。

翼肋布置时应考虑集中载荷的部位,应首先设置加强肋,如机翼各段对接处。对于大展弦比太阳能无人机最佳肋间距为700 mm 左右,多采用桁架肋,如图 11-21 所示。

太阳能无人机机翼的平面形状一般为直机翼,中段为矩形翼,外段为梯形翼。机翼截面结构可参考图 6-7 所示的单梁双墙式结构,翼梁位于弦向30%位置,前、后墙分别位于弦向5%

图 11-21 桁架肋示意图

与 80％位置，同时沿机翼展向分布若干翼肋。其翼梁、蒙皮为复合材料经高温高压固化而成，前、后缘内部填充泡沫以维持气动外形并提高局部强度。太阳能电池铺设于机翼的上表面。

大型太阳能无人机的翼肋均采用碳纤维复合材料，结构形式为"缘条＋腹板＋碳管"：缘条用于连接蒙皮和翼梁；腹板用于保持翼型，为了减重普遍在腹板上大量镂空而形成桁架结构；其中杆件可直接选用各类标准碳管。

2. 机翼设计分离面的划分

太阳能无人机翼展很大，不能整体运输，故应沿翼展把机翼分成几段，根据要求设计成可拆卸和不可拆卸的对接形式。设计原则及需要考虑的问题有：根据使用和维护的需求设计；尽量减少分离面，减轻重量，以提高疲劳强度；要考虑工艺的限制，如毛坯外廓尺寸，设备加工、安装能力的限制等；注意结构的拆卸要方便，受力要可靠。

3. 机翼与机身连接结构形式

机翼上的总体内力——弯力、剪力、扭转将由机身提供支反力来平衡。机翼与机身的连接位置及连结形式将影响结构的传力路线。根据传力分析，选择适当的连接位置、连结形式，可以减少应力集中，调整传力路线，以便达到合理分配刚度的目的。太阳能无人机多采用上单翼布局，机翼穿过机身，可保证机翼结构的完整性。对机翼与机身连接接头及对接区其他构件应考虑疲劳和损伤容限设计要求。接头及其连接件的设计许用应力要通过疲劳分析确定，并确定紧固件载荷分布。连接处应注意减少应力集中，构件的圆角不应小于 6 mm，尽可能使用对称接头。紧固件与孔间的配合应合理选择，以减少装配残余应力。根据连接结构形式，合理设置构件传递和承受剪力、扭矩和弯矩，传力路线要短并且清楚明确。

11.3.3 尾翼的设计

尾翼结构布局承力系统安排的主要目的就是在满足气动力布局和结构设计要求的前提下，尽可能地提高其结构效率。尾翼的安定面有垂直安定面和水平安定面两种。尾翼安定面常采用的结构布局形式有梁式、单块式、多墙式、整体式或混合式等。梁式结构的特点主要是纵向有很强的梁,蒙皮很薄,长桁较弱,梁的缘条剖面比长桁剖面大得多。太阳能无人机的尾翼一般采用单梁式或双梁式结构,单梁式结构的梁布置在弦长的 55%～60% 处。双梁式结构中的前梁布置在弦长的 12%～17% 处,后梁布置在弦长的 55%～60% 处。

11.4　材料的选择

太阳能无人机是一种大展弦比、低翼载的超轻型无人机,机翼、机身等主要部件呈现为大尺寸柔性结构。由于复合材料结构比强度高、比刚度大、阻尼特性好、疲劳寿命长、材料品种多、结构可设计性强等特点,大量应用于太阳能无人机,包括其主承力部件。复合材料选材的相关原则如下。

11.4.1　层压结构选材要求

原材料的选择原则如下:

① 材料应具有高的比强度和比刚度。

② 材料应满足结构使用环境要求,如工作温度、吸水性能、湿热老化和热老化性能等。

③ 材料应满足结构特殊性能要求,如阻燃、烟雾、燃烧、毒性、耐冲击等。

④ 在预浸料制造、固化成型、机械加工、修补等方面应具有良好的工艺性。

⑤ 材料成本低,性能价格比高。

在具体选择纤维时,应按比强度、比刚度、拉伸断裂应变和性能价格比四项指标,并结合结构使用要求综合考虑后选定。选择纤维时,首先要确定纤维的类别,其次要确定纤维品种的规格。选择纤维类别是根据结构的功能选取,能满足一定的力学、物理和化学性能。

纤维的选择原则如下:

① 若结构要求有良好的透波、吸波性能,则可选取 E 或 S 玻璃纤维、凯芙拉纤维、氧化铝纤维等作为增强材料。

② 若结构要求有高的刚度,则可选用高模量碳纤维或硼纤维。

③ 若结构要求有高的抗冲击性能,则可选用玻璃纤维、凯芙拉纤维。

④ 若结构要求有良好的低温工作性能,则可选用低温下不脆化的碳纤维。

⑤ 若结构要求尺寸不随温度变化,则可选用凯芙拉纤维或碳纤维。它们的热膨胀系数可以为负值,可设计成零膨胀系数的复合材料。

⑥ 若结构要求既有较大强度又有较大刚度时,则可选用比强度和比刚度均较高的碳纤维或硼纤维。

除了选用单一纤维外,复合材料还可由多种纤维混合构成混杂复合材料。这种混杂复合材料既可以是由两种或两种以上的纤维混合铺层构成,也可以是由不同纤维构成的铺层混合构成。

先进复合材料树脂基体的选取原则如下:

① 应满足结构的使用温度范围要求。

② 应满足对基体的力学性能要求。

③ 基体的断裂应变应当与纤维的断裂应变相匹配,基体与纤维应具有高的界面结合强度。

④ 基体的理化性能应满足结构的使用要求;树脂应具有良好的耐介质和自然老化性能,对高温下使用的基体要考虑热老化性能。

⑤ 满足工艺性要求。如挥发物含量、黏性、预浸料使用期、固化加压带、固化温度及工件固化后的收缩率等。

11.4.2 层合板设计的一般原则

层合板设计主要包括选取合适的铺层角,确定各铺层角铺层的百分比和铺层顺序三方面内容,具体原则如下:

① 均衡对称的铺设原则。除了特殊需要外,结构一般均设计成均衡对称层合板形式,以避免拉-剪、拉-弯耦合而引起固化后的翘曲变形。如果设计需要采用非对称或非均衡铺层,应考虑工艺变形限制。将非对称和非均衡铺层靠近中面,可减小层合板工艺变形。

② 铺层定向原则。在满足受力的情况下,铺层方向数应尽量少,以简化设计和施工的工作量。一般多选择 0°、90°和±45°等 4 种铺层方向。如果需要设计成准各向同性层合板,可采用[0/45/90/-45]s 或[60/0/-60]s 层合板。对于采用缠绕成型工艺制造的结构,铺层角(缠绕角)不受上述 π/4 角度的限制,但一般采用±α 缠绕角。

③ 铺层取向按承载选取原则。铺层纤维轴向应与内力的拉压方向一致,以最大限度利用纤维轴向的高性能。具体地说,如果承受单轴向拉伸或压缩载荷,纤维铺设方向应与载荷方向一致;如果承受双轴向拉伸或压缩载荷,纤维方向按受载方向 0°、90°正交铺设;如果承受剪切载荷,纤维方向按+45°,-45°成对铺设;如果承受拉伸(或压缩)和剪切的复合载荷情况,则纤维方向应按 0°,90°,+45°,-45°多向铺设。90°方向纤维用于改善横向强度,并调节层合板的泊松比。

④ 铺设顺序原则。其主要从三方面考虑:
> 应使各定向单层尽量沿层合板厚度均匀分布,避免将同一铺层角的铺层集中放置。如果不得不使用时,一般不超过 4 层,以减少两种定向层的层内开裂和边缘分层。
> 如果层合板中含有±45°层、0°层和 90°层,应尽量在+45°层和-45°层之间用 0°层或 90°层隔开,在 0°层和 90°层之间用+45°层或-45°层隔开,并应避免将 90°层成组铺放,以降低层间应力。
> 对于暴露在外的层合板,在表面铺设织物或±45°层,将具有较好的使用维护性,也可以改善层合板的压缩和抗冲击性能。

⑤ 铺层最小比例原则。为使复合材料的基体沿各个方向均不受载,对于由方向为 0°、90°、±45°铺层组成的层合板,其任一方向的最小铺层比例应≥6%~10%。

⑥ 冲击载荷区设计原则。对于承受集中力冲击部位的层合板,要进行局部加强。应有足够多的纤维铺设在层合板的冲击载荷方向,以承受局部冲击载荷。还要配置一定数量与载荷方向成±45°的铺层,以便将集中载荷扩散。另外,还需采取局部增强措施,以确保足够的强度。对于使用中容易受到外来冲击的结构,其表面几层纤维应均布于各个方向,相邻层的夹角尽可能小,以防止基体受载和减少层间分层。对于仍不能满足抗冲击要求的部位,应局部采用混杂复合材料,如芳纶或玻璃纤维与碳纤维混杂。

⑦ 连接区设计原则。应使与钉载方向成±45°的铺层比例≥40%,与钉载方向一致的铺层比例大于 25%,以保证连接区有足够的剪切强度和挤压强度,同时也有利于扩散载荷和减少孔的应力集中。

⑧ 变厚度设计原则。在结构变厚度区域,铺层数递增或递减应形成台阶逐渐变化,因为厚度的突变会引起应力集中。要求每个台阶宽度相近且≥2.5 mm,台阶高度不超过宽度的1/10。然后在表面铺设连续覆盖层,以防止台阶处发生剥离破坏。

层压结构强度设计原则如下:

① 复合材料结构按许用应变设计时,可采用按使用载荷设计,按设计载荷校核的方法。

② 关于使用载荷与设计载荷的安全系数按强度规范的规定选取。

③ 结构强度计算用的许用值除单传力通路的主结构选用"A"级数据值外,均用"B"级数据值。

④ 在有限元分析复合材料结构时,校核强度用的强度理论有:霍夫曼(Hoffman)、蔡-希尔(Tsai - Hill)、蔡-吴(Tsai - Wu)等二次失效准则。蔡-吴失效准则中的相关项取 $F_{12}^* = -0.5$。这些准则仅适用于铺层一级的静强度。

⑤ 复合材料结构经有限元分析后,能准确知道结构各部位的应变分布。通过调整铺层,使各部件各部位的应变分量控制在许用值范围以内,则此结构满足强度要求。

⑥ 当材料许用值按温度区间给出时,则在给出部件载荷的同时应给出对应的温度,以求分析合理。

11.4.3　蜂窝夹层结构选材要求

夹层结构最大的优点是具有比较大的弯曲刚度和强度,在碳布或预浸料之间加入蜂窝芯,形成夹层结构,能够有效提高结构刚度和抗屈曲能力。面板材料的选择包括增强纤维和树脂基体的选择,具体可参照上一小节。常用的蜂窝芯材有铝蜂窝、玻璃布蜂窝、芳纶纸蜂窝。三种蜂窝芯材的性能比较如表 11 - 14 所列。

表 11 - 14　蜂窝芯材性能比较

芯　材	与复合材料面板胶接性	力学性能	成　本	透电磁波性	与复合材料面板间的电腐蚀	与复合材料面板间的热应力
铝蜂窝	差	好	低	差	有	大
玻璃布蜂窝	好	差	较低	好	无	小
芳纶纸蜂窝	好	较好	高	好	无	小

复合材料夹层结构用芯材不仅要有足够的强度和刚度,较低的价格和密度及较好的工艺性,还要考虑芯材与复合材料面板间的相互匹配,包括与面板间的胶接性、电腐蚀性和热应力等。一般无人机结构上复合材料夹层结构件多选用芳纶纸蜂窝芯材,雷达罩则多采用玻璃布蜂窝芯材,一般不选用铝蜂窝芯材。

11.4.4　结构参数选择的一般要求

结构参数选择的一般要求如下:

① 面板必须具有足够的厚度以承受设计载荷作用下的拉力、压力和剪力。

② 夹芯必须具有足够的抗剪强度和模量,以承受设计载荷下的剪力。

③ 夹芯必须具有足够的厚度,足够的剪切模量和强度,以防止设计载荷作用下产生总体失稳破坏。

④ 夹芯应具有足够的抗压强度,以防止法向载荷或挠曲变形所产生的压塌破坏。

⑤ 夹芯的弹性模量和面板的抗压强度都必须足以防止面板在设计载荷下的皱损破坏。

⑥ 夹芯蜂窝孔大小的选择要足以防止面板承受设计载荷时产生的蜂窝格间失稳。

⑦ 玻璃布蜂窝夹层结构的面板常用厚 0.1～0.29 mm 的无碱玻璃布,总厚为 0.3～2.0 mm。夹芯用一层无碱玻璃布,厚 0.1 mm。蜂窝格子边长以 4 mm、4.5 mm 和 5 mm 的正六角形应用最多。夹芯厚度一般为 5～10 mm。

胶粘剂包括面板胶和发泡胶。面板胶把上、下面板与蜂窝夹芯粘接在一起,应有足够的胶接强度(主要是剪切强度和剥离强度),良好的耐环境性(耐热性、热氧化稳定性、耐湿及耐介质、辐射等),良好的工艺性等。另外面板胶还应与面板及芯材有良好的粘合性,特别应与复合材料面板所用树脂有良好的相容性,能在较低的成型压力下与复合材料面板进行共固化(成型压力过高易把蜂窝芯材压塌)。发泡胶是先填充在蜂窝夹芯的格孔中,后经加温膨胀将芯材和其他被粘接件粘接在一起。因此,发泡胶除应有一定的粘接性能和使用温度范围外,还应有较低的密度和一定的膨胀系数、较低的挥发分(挥发分小于1%)、良好的导热性等。

11.4.5　复合材料结构选材要求

复合材料结构选材要求如下:

① 应使用性能已得到充分表征、有使用经验和有可靠且稳定供应渠道的材料。若选用未在结构中使用过的新材料,除对性能表征和供应商有要求外,应通过足够的试样、元件(包括典型结构件)以及带结构特征的组合件试验验证后才能选用。

② 应考虑与制造工艺的一致性。

③ 应满足结构使用环境和力学性能要求,具体包括:

➢ 料最高使用温度应高于结构最高使用温度;

➢ 具有良好的抗冲击性能(包括损伤阻抗和含缺陷/损伤后的剩余强度),开孔与充填孔的拉伸与压缩强度以及连接挤压强度;

➢ 良好的耐介质(如液压油、清洁剂等)和耐老化等方面性能。

④ 应具有良好的工艺性(成型固化工艺性、机械加工性、可修补性等)。

⑤ 应根据可接受的成本要求进行选材。

⑥ 应满足结构特殊性能要求,如:

➢ 电磁屏蔽、搭接电阻、电磁性能和透波率等;

➢ 阻燃、燃烧时烟雾毒性等内部结构材料特性;

➢ 具有与相关材料很好的匹配性。

⑦ 环境保护要求的投资费用小。

11.4.6　复合材料体系的力学性能数据应满足的要求

复合材料体系的力学性能数据应满足的要求如下:

① 应采用规定的表征方法(包括性能测试标准和数据处理方法)来得到设计所需性能数据。

② 性能表征应充分考虑对所要求的强度和刚度有影响的所有因素,特别是要考虑使用中遇到的吸湿量与高温联合作用的最严重情况、制造和使用中可能出现的缺陷/损伤(主要的开孔和低速冲击损伤)的影响。

11.4.7 对替换材料和原用材料所作变更的评定

对替换材料和原用材料所作变更评定要求如下：

① 在将替换材料用于产品以前，应按相关标准对替换材料与原有材料的等效性进行评定，以保证不会对结构性能带来有害影响。

② 原用材料的组分来源、材料配方变更、主要工艺过程和生产厂家的变更等，均属于需要进行正式评定的重大变更类型。应按相关标准对变化产生的影响进行评定，以保证不会对结构性能带来有害影响。

习　　题

1. 试述太阳能无人机结构设计的特点，以及与一般无人机结构设计的主要区别。
2. 从结构设计分析的观点出发，应如何控制太阳能无人机的结构重量？
3. 举例说明太阳能无人机在总体结构布局方面通常有哪些特点？

参考文献

[1] 邓海强, 余雄庆. 太阳能飞机的现状和发展趋势. 航空科学技术, 2006(1)：28-30.

[2] 张碧辉, 李洪波, 辛树鹏. 太阳能飞机翼肋结构拓扑优化设计. 航空工程进展, 2015(1)：105-109.

[3] 朱晓彪. 特大展弦比机翼的特性与设计. 洪都科技, 2005(2)：1-5.

[4] 杨龙. 大展弦比太阳能无人机结构动力学研究. 长沙：国防科学技术大学, 2013.

[5] 黄春芳, 曾竟成, 江大志, 等. 先进复合材料在无人机和太阳能飞机上的应用. 材料保护, 2013(S2)：133-136.

[6] 巨亚鸽, 周建兴, 邰忠天. 高空长航时太阳能无人机系统研究//2014(第五届)中国无人机大会论文集. 北京：航空工业出版社, 2014.

[7] 方振平, 陈万春, 张曙光. 航空飞行器飞行动力学. 北京：北京航空航天大学出版社, 2012.